单片机原理、应用与 PROTEUS 仿真

——汇编 + C51 编程及其多模块、混合编程

（本科版）

主　编　张靖武　周灵彬　刘兴来
副主编　李百明　王　义　王春花

電子工業出版社
Publishing House of Electronics Industry
北京·BEIJING

内容简介

本书采用 PROTEUS、Keil 双设计仿真平台；使用汇编、C51 双语言编程；在 PROTEUS、Keil 联合设计环境下讲述了 C51、汇编多模块、混合编程基础及实例；突出实践，有大量设计实例、实验及实践作品。全书将 PROTEUS EDA 及 Keil 作为教学内容及手段融于一体，是实施“理论、仿真、实践融合”、“教、学、做一体”新型教学模式的特色教材。

书中以 AT89C51/S51 为主体讲述了单片机原理与应用技术。内容包括硬件结构基础，汇编语言指令系统和程序设计，C51 程序设计基础，中断系统，定时器/计数器，人机交互通道接口技术，后向通道接口技术，前向通道接口技术，串行通信通道接口技术，实际应用，C51、汇编多模块、混合编程等。其内容也适用于以 8051 为内核的兼容单片机（如 STC89C51、P87C51…）。

本书内容精练、实用、新颖，可作为高等工科院校本科电子信息类、电气类、机电类、兵器类、自动化类、仪器类、汽车类、计算机应用类等相关专业“单片机原理与应用”课程的教材，也可作为电子工程师、相关专业大学生、单片机应用爱好者的参考书。

图书在版编目（CIP）数据

单片机原理、应用与 PROTEUS 仿真：汇编 + C51 编程及其多模块、混合编程：本科版/张靖武，周灵彬，刘兴来主编. —北京：电子工业出版社，2015. 8
创新型人才培养“十二五”规划教材
ISBN 978-7-121-26130-5

Ⅰ. ①单… Ⅱ. ①张… ②周… ③刘… Ⅲ. ①单片微型计算机 - 系统仿真 - 应用软件 - 高等学校 - 教材 Ⅳ. ①TP368. 1

中国版本图书馆 CIP 数据核字（2015）第 111449 号

策划编辑：柴　燕（chaiy@ phei. com. cn）
责任编辑：柴　燕
印　　刷：北京七彩京通数码快印有限公司
装　　订：北京七彩京通数码快印有限公司
出版发行：电子工业出版社
　　　　　北京市海淀区万寿路 173 信箱　邮编：100036
开　　本：787 × 1092　1/16　印张：19　字数：486. 4 千字
版　　次：2015 年 8 月第 1 版
印　　次：2023 年 8 月第 9 次印刷
定　　价：45. 00 元

凡所购买电子工业出版社图书有缺损问题，请向购买书店调换。若书店售缺，请与本社发行部联系，联系及邮购电话：（010）88254888。
质量投诉请发邮件至 zlts@ phei. com. cn，盗版侵权举报请发邮件至 dbqq@ phei. com. cn。
服务热线：（010）88258888。

前　　言

单片机就是“微控制器”，是嵌入式系统中重要的组成部分。将它嵌入到应用对象中，成为众多产品、设备的智能化核心。单片机在国民经济各领域中获得了广泛的应用。《单片机原理及应用》课程已成为高等工科院校本科许多专业的专业基础课程或专业核心课程。

本书主要特点是：

1. 紧跟现代信息技术发展，将先进的 PROTEUS EDA 及 Keil C51 既作为课程内容又作为教学手段深度融合于书中。

PROTEUS 是 Labcenter Electronics 公司研发的著名 EDA（电子设计自动化）软件。它是单片机（AT89C51/S51、PIC、MSP430…）应用系统先进的设计与仿真平台，是真正实现了在计算机上完成从原理图设计与电路设计、程序设计与仿真调试、系统硬软件联合实时仿真与功能验证，直至 PCB 设计的完整的 EDA。Keil 是 Keil elektronik gmbH 和 Keil software 研发的著名软件，是目前流行的 51 系列单片机应用系统的研发软件；支持 C51 和汇编语言。将 PROTEUS 及 Keil 深度融合于“单片机原理与应用”等相关课程中，可使课程内容、教学模式、教学方法等发生革命性变化。笔者经过 12 年的教学实践证明：本书是实现“理论教学、实验（训）教学、仿真教学相融合”及“教、学、做为一体”的教学改革中的成功范例。

2. 紧跟单片机智能产品研发现状，使用两种编程语言（汇编语言、C51 语言），并较详细地讲述了 C51、汇编多模块编程、混合编程。

在单片机智能产品研发中，除使用汇编语言外，越来越多的工程师在使用 C51 语言。为此，本书在内容、实例、实验等方面都采用两种语言同步编写。

C51 语言、汇编语言均有各自的优点、不足，均有各自丰富的成功模块。为综合发挥两种语言的优点，取长补短，为高效采用已有的成功模块，汇编语言、C51 多模块编程及它们之间的混合编程，已得到越来越广泛的应用，成为现代科技人员必备的技术与技能。因此，本书的第 12 章，较为详细地讲述了“C51、汇编多模块、混合编程”。

3. 突出实践，强化仿真，安排大量实例、实验。

“单片机原理与应用”课程是实践性很强的课程，且是教师难教、学生难学的课程。为此，必须突出实践，强化仿真。本书安排实例、实验近 40 个。每个实例、实验均按硬、软件计算机设计→仿真与仿真调试→实际制作的步骤进行。所有实例、实验、实际应用作品都经过教师和学生分别的实践验证。

本书以 AT89C51/S51 单片机为主体来讲述单片机原理及应用，其内容适用于以 8051 为内核的兼容单片机（如 STC89C51、P87C51…），并可作为学习其他类型单片机的基础。

本书各章所述内容中的实例、实验、编程语言间均有相对的独立性。这样，教师既可同时选用两种语言讲授，也可单独选用汇编语言讲授或单独选用 C51 语言讲授，还可根据专业的课时要求挑选章节、实例、实验的数量，以满足课时时数从 36 ~ 78 之间的不同要求。

本书可作为高等工科院校本科电子信息类、电气类、机电类、兵器类、自动化类、仪器类、汽车类、计算机应用类等相关专业“单片机原理与应用”课程的教材，也可作为电子工程师、相关专业大学生、单片机应用爱好者的参考书。

本书共 12 章。张靖武编写第 12 章，周灵彬编写第 1、3 章，刘兴来编写第 7、8、10 章，李百明编写第 4、5 章，王义编写第 6、11 章，王春花编写第 2、9 章。全书由张靖武、周灵彬、刘兴来策划，最后由张靖武统稿、定稿。李百明负责多媒体课件制作。

参加本书编写的还有疏晓宇、诸成成、朱嘉、屠俞炳、陈敏杰、李臻、陈伟鹏、吴世敏、黄文众、李守帅、干星雨，他们分别负责所有实例、实验的程序检查、仿真检验、实际制作等具体工作。

衷心感谢广州市风标电子技术有限公司（PROTEUS 中国总代理 Http://www.windway.cn）匡载华总经理的大力支持与帮助。

电子工业出版社柴燕同志在编辑出版此书的过程中做了大量且细致的工作，特此表示由衷的感谢。

由于编著者水平有限，书中难免有不妥甚至错误之处，恳请读者批评指正。

本书免费提供多媒体课件、PROTEUS 仿真设计及习题参考解答，可在华信教育资源网（www.hxedu.com）下载。

编著者

目　　录

第 1 章　单片机及 AT89C51 单片机硬件结构

1.1　嵌入式系统、单片机、AT89C51/S51 单片机

1.1.1　嵌入式系统、单片机

1. 嵌入式系统

现代计算机系统有两大分支：通用计算机系统和嵌入式计算机系统（简称嵌入式系统）。前者是人类的“智力平台”；后者是人类工具的“智力嵌入”。

嵌入式系统是嵌入到应用对象中的微型计算机系统，是硬件、软件结合的智力系统。例如，嵌入式微控制器、嵌入式微处理器、SOC 等。其中“嵌入式微控制器”简称为“微控制器（Microcontroller Unit，MCU）”。

微控制器是面向应用对象、突出控制功能的芯片。在该芯片中集成了中央处理器（CPU）、存储器（ROM、RAM）、I/O 口、…等主要功能部件及连接它们的总线。国内早期称它为“单片机”，一直沿用至今。但应将“单片机”理解为“微控制器（MCU）”。

2. 单片机（微控制器）

单片机就是微控制器，它是嵌入式系统中重要且发展迅速的组成部分。单片机接上振荡元件（或振荡源）、复位电路和接口电路，载入软件后，可以构成单片机应用系统。将它嵌入到形形色色的应用系统中，就成为众多产品、设备的智能化核心。所以，生产企业称单片机为“微电脑”。单片机的种类很多、型号也很多。若依“位”来分类，有 4 位、8 位、16 位、32 位、64 位等单片机。目前仍应用很广的 8 位单片机型号就很多，例如，MCS－51、AT89C、AT89S、P87C、W7851、STC、GMS90、HT、PIC、AVR、68HC11、MB8900、…等系列。其中，2～7 种是采用 MCS－51 系列（基本型为 80C51）单片机内核的兼容机，且指令系统相同。图 1-1 列出了几种常用单片机照片。图 1-2 为 MCS－51 系列单片机中 80C51（也是 AT89C51 等兼容单片机）的内部结构原理示意框图。

图 1-1　AT89C51/S51、PIC、AVR、ARM 等

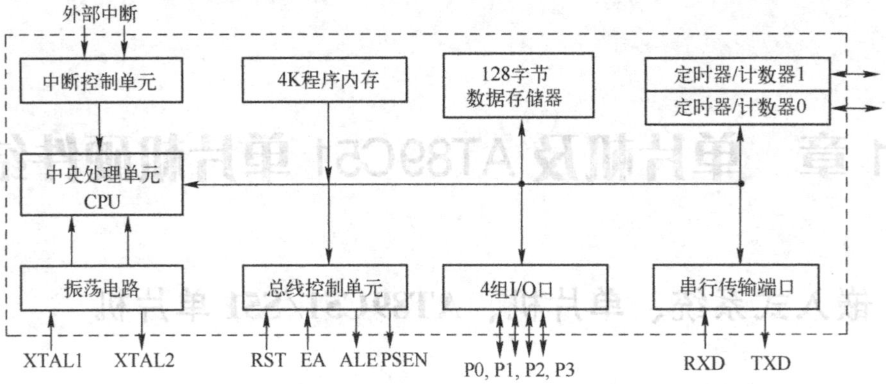

图1-2　MCS-51系列单片机中80C51的内部结构原理示意框图

3. 单片机特点

单片机除具体积小、灵活性强、可靠性高、用途广、价格低优点外，还具有许多特点。

(1) 突出控制功能

单片机结构、功能和指令系统都突出了控制功能。对对象控制灵活且实时。

(2) ROM和RAM分开

ROM用来固化调试好的程序、常数、数据表格等；RAM只存放运行中的临时数据、变量、结果等。故系统运行可靠，即使掉电，也能确保程序、常数、数据表格等的安全。

(3) 单片机资源具有广泛的通用性

同一种单片机可用于不同的对象系统中，只要固化不同的应用程序即可。

(4) 易于扩展外部ROM、RAM、定时器/计数器、中断源等资源

单片机的资源（ROM、RAM、定时器/计数器、中断源等）能满足一般应用系统的要求。若应用系统大，单片机本身的资源可能不够，就需扩展资源。单片机有便于扩展的结构及控制引脚。利用它们容易构成各种规模的单片机应用系统。

1.1.2　单片机发展概况

1. 单片机发展简要历程

1975年美国得克萨斯仪器公司发明了世界上第一个4位单片机TMS-1000。

1976年Intel公司推出8位单片机MCS-48系列单片机。

1980年Intel公司推出8位单片机MCS-51系列单片机。

1982年Intel公司推出16位单片机MCS-96系列单片机。

近年来，ARM等公司推出了各种型号的32位单片机，并获得了迅速发展，例如，ST公司基于ARM9内核的32位STR91x系列产品，该产品是包含以太网、CAN、USB和DSP功能的Flash MCU。64位MCU也开始走向市场，如东芝64位单片机TX99/H4系列。

2. 我国单片机发展简况

自1986年来，我国单片机已走过近30年。经历了从单片机独立发展到嵌入式系统全面发展的时期。其中，8位单片机仍占据国内单片机市场的重要地位。以MCS-51为内

核的功能更强的兼容单片机不断推出，产量大、应用广。国内近几年获得广泛应用的 STC 系列单片机就是典型的实例。8 位单片机系列多、型号多。表 1-1 列出了几种以 MCS－51 为内核的兼容单片机的主要配置，它们也有相互兼容的封装，应用广泛。

表 1-1　几种常用 8 位单片机的主要配置

型　号	存　储　器					定时器/计数器个数	I/O 口引脚数	串口数	中断源	最高晶振频率
	ROM	OTP	EPROM	Flash	RAM					
Intel 80C51	4KB				128B	2	32	1	5	12MHz
AT89C51				4KB	128B	2	32	1	5	24MHz
AT89S51				4KB	128B	2	32	1	5	24MHz
AT89S53				12KB	256B	3	32	1	9	24MHz
P87C51		4KB			128B	2	32	1	5	33MHz
W78E51			4KB		128B	2	32	1	5	40MHz
STC89C51 RC				4KB	512B	3	35	2	8	80MHz

1.1.3　AT89C51/S51、STC 单片机

1. AT89 系列机

AT89 系列机是 ATMEL 公司将先进的 Flash 存储器（快闪擦写存储器）技术和 MCS－51 系列单片机内核相结合的低功耗高性能 8 位单片机系列，是应用广泛的 8 位主流机型之一。AT89 系列机包含 AT89C51/52/53/54/55/58、AT89S51/52/53/54/55/58 等。

AT89C51/S51 还与许多 MCS－51 兼容机（STC89C51/52、P87C51、W78E51 等）的引脚兼容，可直接代换。低档型 AT89C1051/2051 等的应用也较广泛。

2. AT89C51/S51 单片机

AT89C51 单片机是 AT89 系列机中的标准型，除有 MCS－51 的优点外，还有下列优点。

（1）片内 ROM 是 Flash 存储器（快闪擦写存储器），电擦写方便，且可重复擦写。

（2）静态逻辑设计，可进行低至 0Hz 频率的静态逻辑操作。

AT89S51 单片机是 AT89C51 的增强型，增加了 ISP 在系统编程、看门狗、双 DPTR 等功能。本书以 AT89C51 为主体来讲述，其内容也适用于与其兼容的其他系列单片机。

3. STC 系列单片机

STC 系列单片机是目前国内应用较多的以 8051 为内核的单片机，扩充了 ROM、RAM、中断源、定时器、A/D、D/A、PWM 等资源。本书所述实例、实验均可在 STC89C51 /52 等单片机上直接运行。书中许多实际制作也是采用 STC 系列单片机。

1.2　单片机应用系统及其应用领域

1.2.1　单片机最小系统和单片机应用系统

以上讨论的单片机，实际上是一块芯片。使用单片机时要外接元器件、接口电路，还

要下载相应的应用软件（程序）。

1. 单片机最小系统

单片机最小系统是系统中单片机载入软件、接通电源后就能工作的最小电路配置。它与单片机类型有关。AT89C51/S51 单片机最小系统是 AT89C51/S51 接上时钟电路、复位电路、并将 EA 引脚接电源引脚的最小电路配置。

2. 单片机应用系统

单片机应用系统是满足嵌入式对象要求的包括全部电路和应用软件的系统。其全部电路是指在单片机最小系统基础上配置必要的扩展电路和面向应用对象的接口电路。其中接口电路可作如下分类。

（1）人机交互通道接口电路

人机交互通道接口电路包括键盘、拨码盘、显示器、打印机等输入/输出接口电路。

（2）后向通道接口电路

后向通道接口电路是应用系统面向控制对象的输出接口，通常有 D/A（数/模）转换器、开关量输出、功率驱动接口等。

（3）前向通道接口电路

前向通道接口电路是应用系统面向检测对象的输入接口，通常由各种传感器（如温度传感器、压电传感器）、A/D（模/数）转换器等组成。

（4）串行通信通道接口电路

串行通信接口电路是满足数据通信或构成多机网络系统的接口电路。

1.2.2 单片机应用领域

单片机广泛应用于工业、农业、国防、科技、教育、金融、家庭等领域。

1. 工业控制智能化

工业过程控制、过程监测、机电一体化控制、机器人等系统是多以单片机为核心的单机或多机网络系统。

2. 智能化仪器、仪表

目前，各种电工、电气、电子科技测量仪器和仪表普遍采用以单片机为核心的系统，使测量系统具有智能功能，如存储、数据处理、查找、判断、联网和语言功能等。

3. 智能化通信产品

现代通信设备基本采用嵌入式系统（含单片机）智能控制，如手机、电话机、小型程控交换机、楼宇自动通信呼叫系统、列车无线通信系统等。

4. 智能化家用电器

国内外家用电器已普遍采用单片机智能化控制系统，如洗衣机、电冰箱、空调器。

5. 智能化汽车电子系统

单片机已应用到汽车电子系统中。例如，BMW 745i 轿车就使用了 60 多个 8 位单片机。

总之，单片机是电子产品智能化核心。图 1-3 ~ 图 1-8 列举了本书编著者为慈溪迈思特电子科技、宁波门业、绍兴海德数码等公司研发或合作研发的以单片机为核心的部分产品。

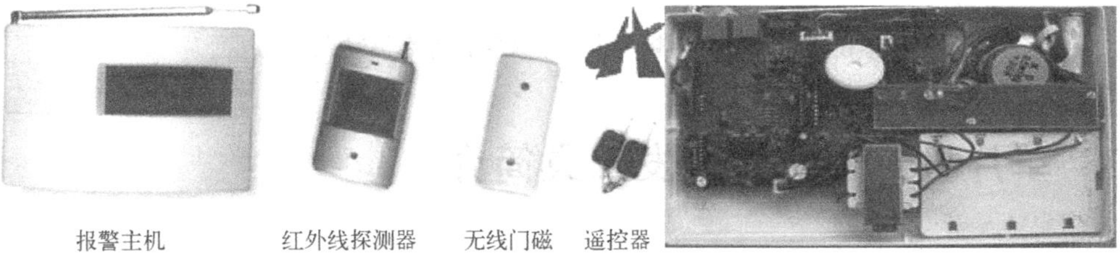

图 1-3　HH - 168 微电脑防盗报警器及控制板

图 1-4　纯水机微电脑控制板及其操作面板

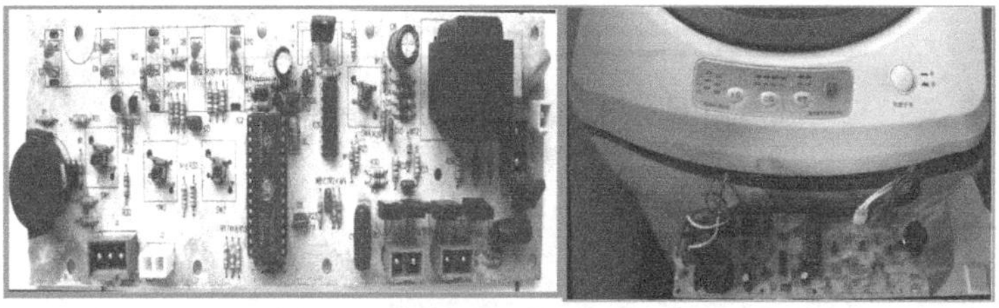

图 1-5　洗衣机控制板及嵌入总机运行的情况

图 1-6　自动开盖垃圾筒控制板及其外形

图 1-7　微电脑多功能饮料机及其控制板

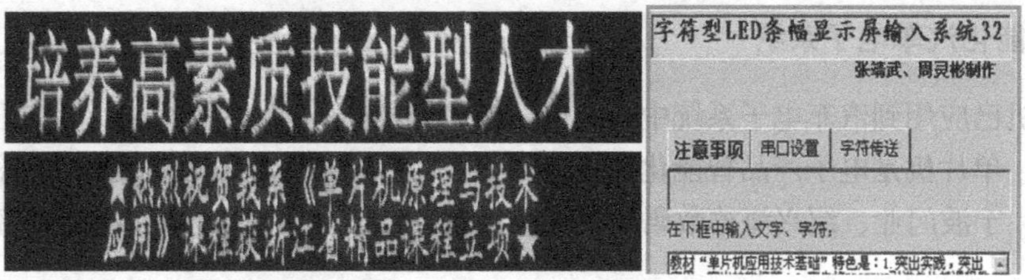

图 1-8　LED 条幅型大屏幕及字符计算机输入系统

1.3　单片机应用系统研发工具简介

1.3.1　单片机软件调试仿真器

单片机软件调试仿真器有多种，如 Keil、WAVE。图 1-9 所示为 Keil 软件调试仿真器工作界面情况 。Keil 支持汇编语言和 C51 语言。

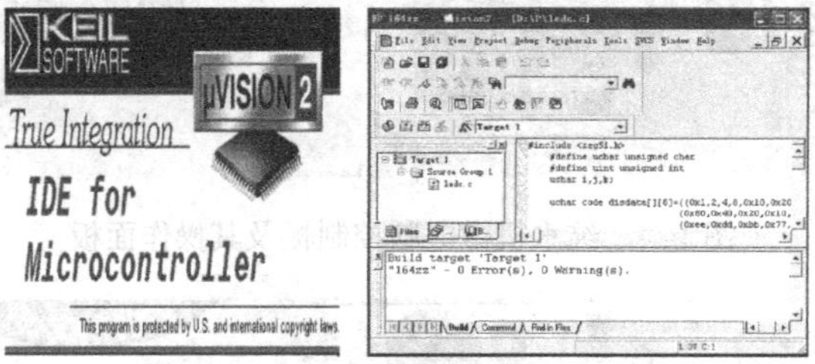

图 1-9　Keil 软件调试仿真器界面

1.3.2　单片机仿真器

单片机仿真器又称单片机硬件仿真器，图 1-10 所示的是万利 52P 型仿真器。使用时先要将其软件安装到计算机中，再将通信插口与计算机并行口相连，最后将对应单片机型号的仿真头与单片机开发应用板的单片机插座对插。使用该仿真器可对用户设计的单片机应用系统进行实时仿真，还可采用设置断点等方式进行调试。

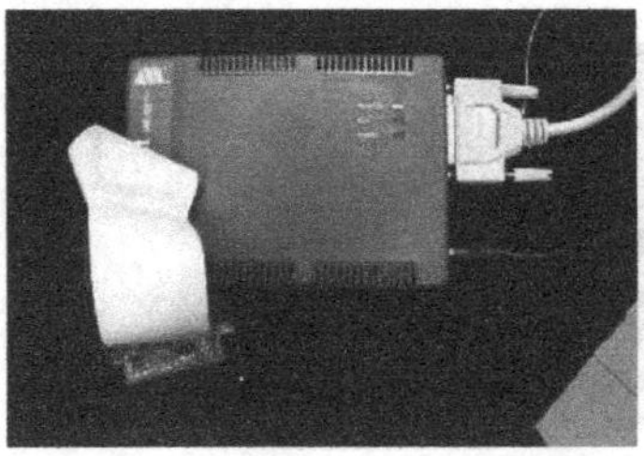

图 1-10　万利 52P 型单片机仿真器

1.3.3　编程器和 ISP 在系统编程

编程器完成将单片机应用系统目标代码编程（固化、烧入）到单片机 ROM 中的任务。图 1-11 左所示的是 WH - 500 型编程器，使用时要通过串口与计算机相连。该编程器可对许多型号的单片机进行编程操作。

有 Flash ROM 存储器的单片机（如 AT89S51/52）可进行 ISP 在系统编程。即使单片机已装配在 PCB 上也能进行 ISP 编程。图 1-11 右所示的是 AT89S51 单片机的 ISP 在系统编程下载线照片。

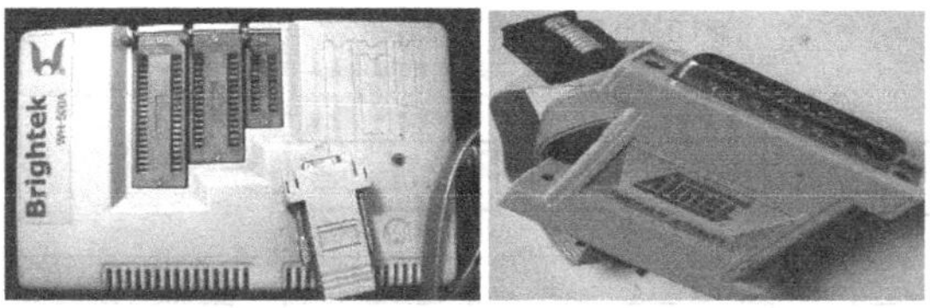

图 1-11　编程器和 ISP 在系统编程

1.3.4　PROTEUS EDA（电子设计自动化）

PROTEUS 是英国 Labcenter Electronics 公司研发的 EDA（以下简称 PROTEUS）。

PROTEUS 不仅是模拟电路、数字电路、模数混合电路的设计与仿真平台，更是当今最先进的多种型号单片机（微控制器）应用系统的设计与仿真平台。它真正实现了在计算机上完成从原理图（电路）设计、程序设计、仿真与单片机代码级调试、系统测试分析与功能验证直到 PCB 设计的完整的电子自动化设计过程。其结构体系如图 1-12 所示，主要由 ISIS 电路设计与仿真平台、ProSPICE 混合模式仿真器、VSM 单片机系统协同仿真和 ARES PCB 设计构成。PROTEUS 还有众多的虚拟仪器（示波器、逻辑分析仪等）、信号源；还有高级图表仿真 ASF。它们提供了检测、调试、分析的手段。

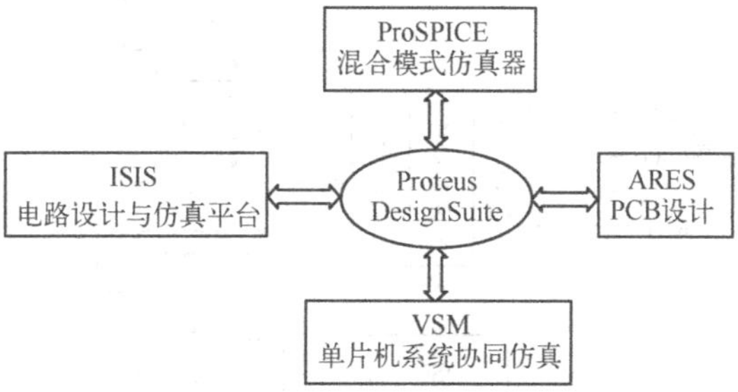

图 1-12　PROTEUS 基本结构体系

本书使用 PROTEUS7.10 版。它既是课程内容，又是先进的教学方法与手段。

注：ISIS（Intelligent Schematic Input System）：智能原理图输入系统；VSM（Virtual System Modelling）：PROTEUS 虚拟系统模型；ProSPICE：混合模型仿真器；ARES（Advanced Routing and Editing Software）：高级布线编辑软件；PCB（Printed Circuit Board）：印制电路板。

1.4　AT89C51 内部结构和引脚功能

1.4.1　内部结构框图和主要部件

1. 内部结构框图

AT89C51 内部结构框图如图 1-13 所示。图中包含了该单片机的基本硬件资源。此结构也类同众多与 MCS-51 单片机兼容的单片机的基本结构。

2. 内部结构主要部件

从图 1-13 可知，AT89C51 有下列主要功能部件。

① 一个以 ALU 为中心的 8 位中央处理器（CPU），完成运算和控制功能。

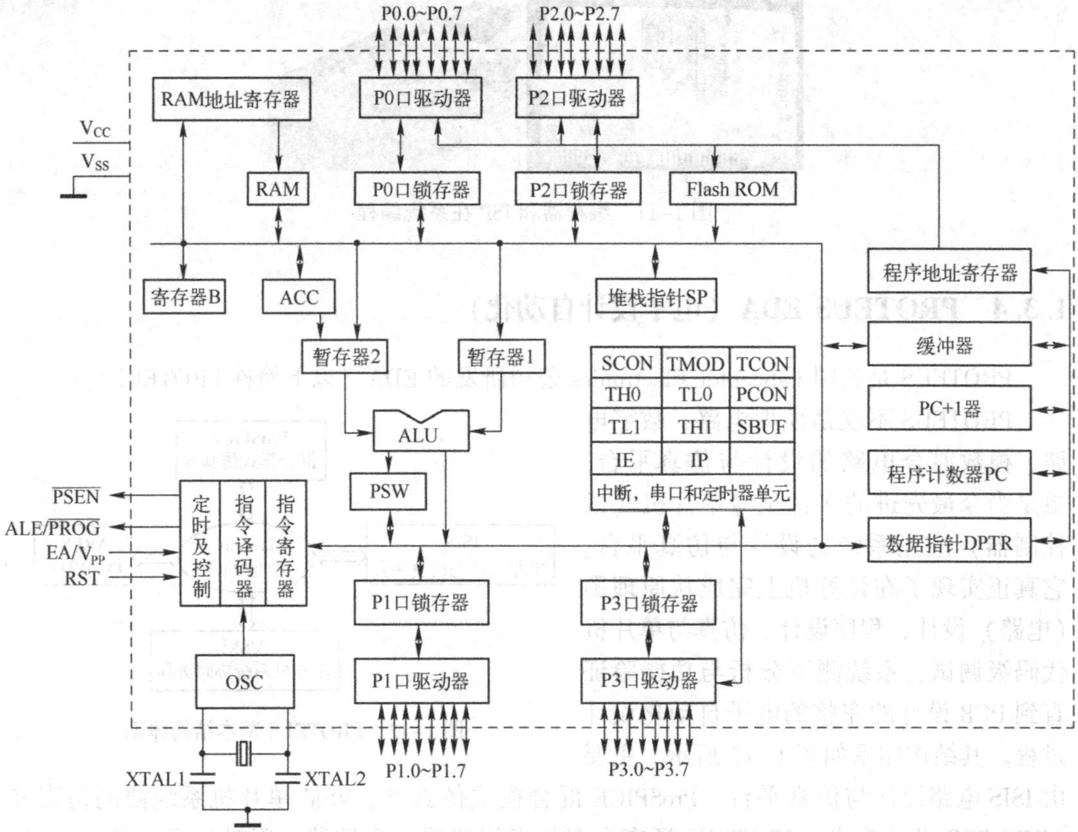

图1-13　AT89C51内部结构框图

② 128B的内部数据存取存储器（内部RAM），其地址范围为00H～7FH。

③ 21个特殊功能寄存器（在内部RAM的SFR块中，又称专用寄存器），离散分布于地址80H～FFH中。

④ 程序计数器PC，是一个独立的16位专用寄存器，不在SFR中。其内容（PC）为将要执行的指令地址（程序存储器中的地址）。

⑤ 4KB Flash内部程序存储器（片内ROM），用来存储程序、原始数据、表格等。

⑥ 4个8位可编程I/O口（P0、P1、P2、P3）。

⑦ 一个UART串行通信口。

⑧ 2个16位定时器/计数器。

⑨ 5个中断源，两个中断优先级的中断控制系统。

⑩ 一个片内振荡电路和时钟电路。

1.4.2　引脚功能

图1-14所示为AT89C51单片机实物图（双列直插式）、封装的引脚图和逻辑符号图。40个引脚可分为4类：电源、时钟、控制和I/O引脚。

1. 电源引脚

① GND（20）：接地端。

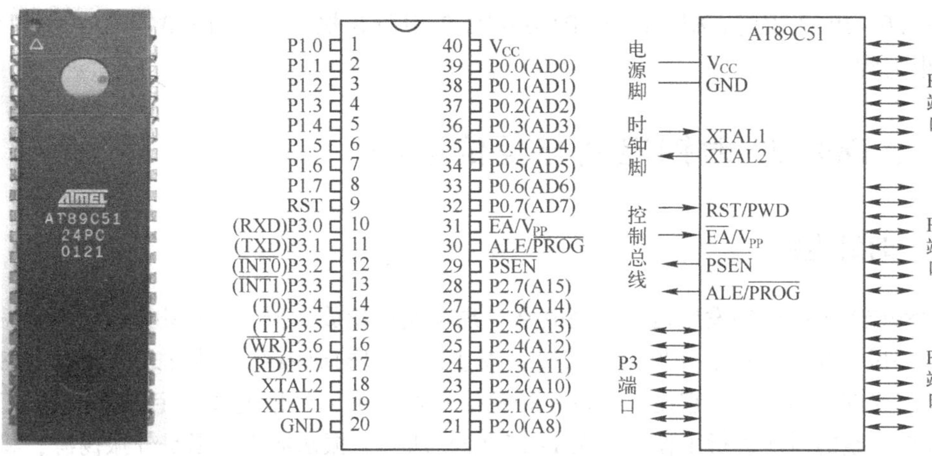

图1-14　AT89C51单片机实物图（双列直插式）、封装的引脚图和逻辑符号图

② V_{CC}（40）：接DC电源端，在-40～85℃时，V_{CC}=5.0V±20%，极值为6.6V。

2. 时钟引脚

① XTAL1（19）：外接振荡元件（如晶振）的一个引脚。采用外部振荡器时，此引脚接振荡器的信号。

② XTAL2（18）：外接振荡元件（如晶振）的一个引脚。采用外部振荡器时，此引脚悬浮。

3. 控制线

① RST（9）：复位输入端。

② ALE/（$\overline{PROG}$）（30）：地址锁存允许/编程脉冲。在对Flash存储器编程期间，此引脚用于输入编程脉冲（$\overline{PROG}$）。

③ $\overline{PSEN}$（29）：外部ROM读选通信号。

在从外部程序存储器取指令（或常数）期间，每个机器周期出现两次$\overline{PSEN}$有效信号。但在此期间内，每当访问外部数据存储器时，这两次有效的$\overline{PSEN}$信号将不出现。$\overline{PSEN}$有效信号作为外部ROM芯片输出允许OE的选通信号。在读内部ROM或RAM时，$\overline{PSEN}$无效。

④ $\overline{EA}/V_{PP}$（31）：内、外ROM选择/编程电源

$\overline{EA}$为片内外ROM选择端。ROM寻址范围为64KB。AT89C51单片机有4KB的片内ROM，若不够用时，可扩展片外ROM。当$\overline{EA}$保持高电平时，先访问片内ROM，当PC的值超过4KB时，自动转向执行片外ROM中的程序。当$\overline{EA}$保持低电平时，只访问片外ROM。在Flash编程期间，此引脚用于施加编程电压V_{PP}。

4. P0～P3口的32根引脚

4个并行I/O（输入/输出）口，即P0、P1、P2、P3。P0有P0.0～P0.7引脚8根，

P1有P1.0~P1.7引脚8根，P2有P2.0~P2.7引脚8根，P3有P3.0~P3.7引脚8根，共32根引脚。

1.5 AT89C51时钟电路与复位电路

1.5.1 时钟电路

AT89C51内有时钟发生器、振荡电路（高增益反相放大器），振荡电路与外接振荡元件（如晶振）构成振荡器，振荡器与时钟发生器一起构成内部时钟方式，产生AT89C51工作所需要的时钟信号。它使单片机在时钟信号控制下，严格地按一定的节拍进行工作，或者说按一定的时序进行工作，如图1-15（a）所示。振荡器也可以是外振荡源，将其信号接单片机XTAL1脚，XTAL2脚悬空，则构成外部时钟方式，如图1-15（b）所示。

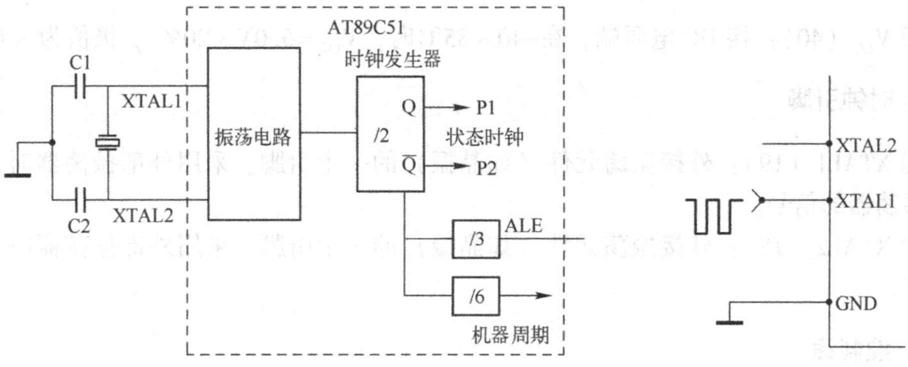

（a）内部时钟方式　　（b）外部时钟方式

图1-15　AT89C51时钟方式原理框图

1. 振荡元件、振荡周期

在AT89C51芯片内部有一个高增益反相放大器，其输入端为芯片引脚XTAL1，其输出端为芯片引脚XTAL2。只要在片外通过XTAL1和XTAL2引脚跨接振荡元件（如晶体振荡器、陶瓷振荡器等），则可构成一个稳定的自激振荡器（简称振荡器），单片机上电后即可工作。图1-15中的振荡元件是晶体振荡器（简称晶振），两个电容C1、C2主要起频率微调和稳定的作用。对晶振而言，电容容量一般为30pF左右。

当时钟精度要求不高时，也可以用陶瓷谐振器、电感电容振荡电路等代替晶振。这时两个电容C1、C2的容量约为47pF。设计电路板时，晶振、C1、C2均应尽可能地靠近单片机，以减少分布电容的影响，从而保证振荡器稳定、可靠地工作。

对AT89C51来说，振荡器的工作频率可达24MHz。振荡频率的倒数称为振荡周期。

2. 时钟发生器、状态时钟周期

内部时钟发生器实质上是二分频的触发器（图1-15）。其输入由振荡器引入，输出为两个节拍（P1节拍和P2节拍）的状态时钟信号。由图1-16可知，状态时钟周期是振荡周期的两倍，又称为状态周期或S周期。在每个状态周期的前半周期，节拍1（P1）信号有效；后半周期，节拍 2（P2）信号有效。

3. 机器周期

状态时钟再经 6 分频后形成机器周期信号（图 1-15）。再由图 1-16 可知，一个机器周期由 6 个状态组成，即 S1、S2、S3、S4、S5、S6。所以，一个机器周期包含 6 个状态时钟周期或包含 12 个振荡周期。

4. 指令周期

指令周期是指单片机执行一条指令所占用的时间，一般用机器周期表示。AT89C51 单片机有单机器周期指令、双机器周期指令和四机器周期指令。

5. 振荡周期、状态时钟周期、机器周期、指令周期之间的关系

由图 1-16 可知，振荡周期、状态时钟周期、机器周期、指令周期之间的关系。当单片机外接晶振频率为 12MHz 时，AT89C51 单片机的振荡周期、状态时钟周期、机器周期分别为 1/12μs、1/6μs、1μs；对应的单周期指令、双周期指令和四周期指令的指令周期分别为 1μs、2μs、4μs。

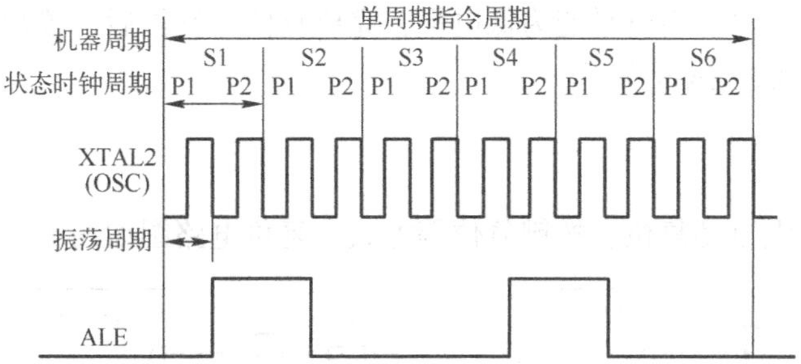

图 1-16　振荡周期、状态时钟周期、机器周期、指令周期之间的关系

6. ALE 信号

ALE 信号是“地址锁存允许”信号。当访问外部存储器时，ALE 信号用来锁存 P0 口送出的低 8 位地址。即使不访问外部存储器，ALE 引脚仍以不变的频率周期性地输出信号。此频率为振荡器频率的 1/6，如图 1-16 所示。因此，它可作为对外输出的时钟，或用于定时目的。然而要注意的是：每当访问外部数据存储器时，将跳过一个 ALE 脉冲。

1.5.2　复位电路

1. 复位

复位是令单片机初始化的操作，其主要功能是初始化单片机的工作状态。例如，程序计数器 PC 的值初始化为 0000H，即（PC）=0000H，这样，单片机复位后其 CPU 就从程序存储器 ROM 的 0000H 单元开始取指执行程序。另外，当程序运行出错或因操作错误而使系统处于死锁状态时，为摆脱困境，也可按复位键来重新初始化单片机。

除程序计数器 PC 初始化外，复位操作还对其他属于片内 RAM 的 SFR 块中的特殊功能寄存器的值有影响，它们的复位初始化状态如表1-2所示。

表1-2　复位状态下受影响寄存器的值（表中“×”表示不定）

寄存器	复位时的内容	寄存器	复位时的内容
ACC	00H	TL0	00H
B	00H	TH0	00H
PSW	00H	TL1	00H
SP	07H	TH1	00H
DPTR	0000H	SCON	00H
P0～P3	FFH	SBUF	不定
IP	×××00000B	IE	0××00000B
TMOD	00H	PCON	0×××0000B
TCON	00H		

2. 复位信号

RST引脚是复位信号的输入端。要实现复位操作，必须使RST引脚上至少保持两个机器周期的高电平，再从高电平变为低电平，完成复位。复位后，单片机CPU从ROM中的0000H单元开始取指执行程序。

3. 复位电路

复位操作有上电自动复位、按键复位等方式。复位电路图如图1-17所示。

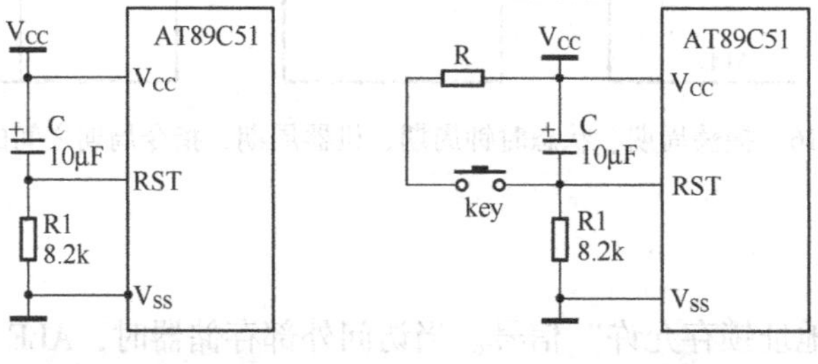

图1-17　复位电路图

上电复位电路如图1-17（a）所示，是通过外部复位电容充电来实现复位的。上电瞬间，RST引脚的电位与V_{CC}相同，随着充电电流的减小，此引脚电位将逐渐下降。RST引脚的高电平持续时间取决于电容的充电时间，应大于两个机器周期。图中的电阻值、电容值为12MHz晶振时的常用值。

按键复位是通过按键使复位引脚与V_{CC}电源接通来实现的，如图1-17（b）所示。其中R为保护电阻（10Ω左右），视情况可不要。按下复位按键时，RST引脚为高电平；复位按键松开后，RST引脚逐渐降为低电平，复位结束。

除了这两种复位方式外，还有外部脉冲复位等方式。外部脉冲复位由外部提供一个复位脉冲，此复位脉冲宽度（高电平）应大于两个机器周期。

1.6　存储器结构

1.6.1　存储器组成

AT89C51 存储器由程序存储器 ROM 和数据存储器 RAM 组成。ROM 可分为片内 ROM 和片外 ROM。片内 ROM 为 4KB，地址范围为 0000H ~ 0FFFH；片外 ROM 可扩展到 64KB。RAM 可分为片内 RAM 和片外 RAM。片内 RAM 由 128B（00H ~ 7FH）的片内数据存储器和 21 个特殊功能寄存器（在 80H ~ FFH 中）组成；片外 RAM 可扩展到 64KB。图 1-18 和图 1-19 所示的分别为程序存储器 ROM 和数据存储器 RAM 的结构。

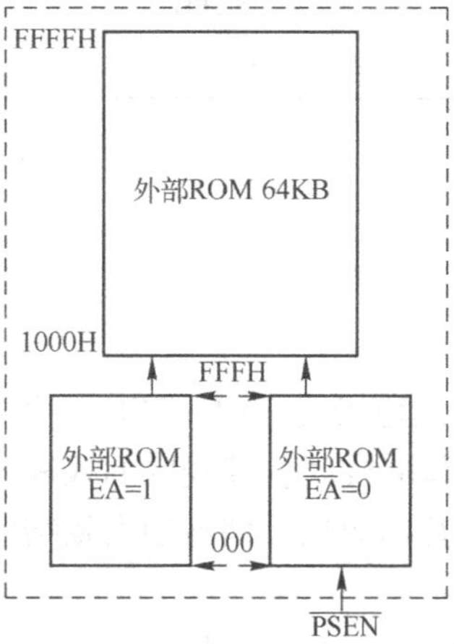

图 1-18　程序存储器 ROM 结构

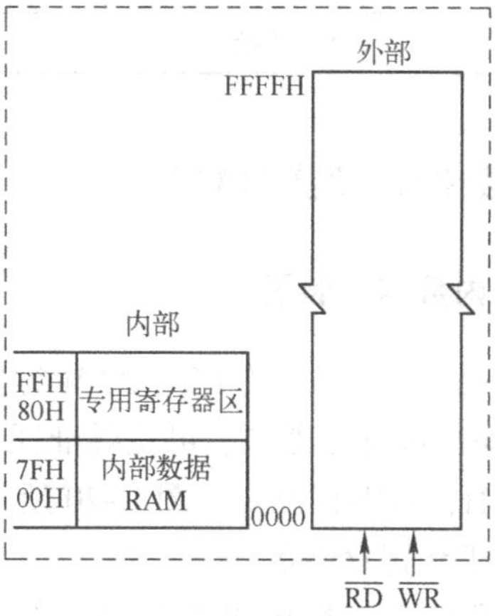

图 1-19　数据存储器 RAM 结构

1.6.2　程序存储器 ROM

AT89C51 有 4KB 的片内 ROM，用于存储（固化）编好的程序、表格、常数，所以又简称“程序内存”。当程序内存不够用时，可扩展片外程序存储器，最大扩展范围为 0000H ~ FFFFH（即 64KB），其结构如图 1-18 所示。

片内 ROM、片外 ROM 的地址是统一编址的，地址范围为 0000H ~ FFFFH，共 64KB。

单片机工作时，只能读 ROM，不能写 ROM，所以 ROM 被称为只读存储器。单片机断电后，存储在 ROM 中的程序、表格、常数等不会消失。

ROM 的地址单元 0000H 是特殊的地址单元。单片机复位后，程序计数器 PC 的内容为 0000H，故系统必须从 0000H 单元开始取指令并执行程序。它是系统的启动地址，用户程序的第一条指令应放置在 0000H 开始的单元中。

低 4KB 地址的程序可存储在片内 Flash ROM 中，也可存储在片外 ROM 中。片外 ROM 的低 4KB 地址与片内 ROM 重叠，执行选择由 $\overline{EA}$ 引脚来控制。$\overline{EA}=0$（低电平），复位后，系统从片外 ROM 中的 0000H 地址单元开始执行程序，且只能执行片外 ROM 中的程序。$\overline{EA}=1$（高电平），复位后，从片内 ROM 的 0000H 地址单元开始执行程序，当 PC 值大于 0FFFH（4KB）时，系统自动转到片外 ROM 中执行程序。

ROM内还有5个特殊的地址，是单片机的5个中断服务子程序的入口地址，相邻中断入口地址间的间隔为8个单元，如表1-3所示。当程序中使用中断时，一般在这些入口地址处安放一条跳转指令，而相应的中断服务程序安放于转移地址中。如果中断服务子程序小于等于8个单元，则可将其存储在相应入口地址开始的8个单元中。如果没有用到中断功能，这些单元也可作为一般用途的程序存储器。

表1-3　各种中断服务子程序的入口地址

中　断　源	入口地址
外中断0	0003H
定时器/计数器中断0	000BH
外中断1	0013H
定时器/计数器中断1	001BH
串口中断	0023H

1.6.3　数据存储器RAM

1. 片内数据存储器

AT89C51片内数据存储器RAM容量为128B，地址范围为00H～7FH。使用时可分为4个区，即工作寄存器区、可位寻址区、数据缓冲区和堆栈区。堆栈区的栈底地址复位后默认为07H，可编程改变。图1-20所示为AT89C51片内数据存储器的大致结构。

（1）工作寄存器区

片内数据存储器RAM中地址最低的32个单元（00H～1FH）是工作寄存器区，按地址由小到大分为4个组，即0组、1组、2组、3组，如图1-20下方所示。每组有8个8位寄存器，地址由低到高依次命名为R0～R7。当前工作的寄存器只能有一组，至于选用哪个组，由PSW中的RS0和RS1位确定，编程设置方法可参看表1-6。复位值RS0=0、RS1=0，是0组，也为默认组。若程序不很复杂，使用0组便可，这时其他组可当普通的RAM使用。

（2）位寻址区

工作寄存器区上面的16个单元（20H～2FH）构成固定的可位寻址存储区。每个单元有8位，16个单元共128位，每个位都有一个位地址，如图1-20所示。它们可位寻址、位操作，有位操作指令。

需要指出的是，位地址00H～7FH和片内RAM中的字节地址00H～7FH的编码表示相同。但要注意它们之间的区别，位操作指令中的地址是位地址，而不是字节地址。

若程序中没有位操作，则该区的地址单元可当普通的RAM使用。

（3）数据缓冲区

片内数据存储器RAM中，30H～7FH地址单元一般可做数据缓冲区用，用于存放各种数据和中间结果。没有使用的工作寄存器单元及可位寻址单元都可用作数据缓冲区用。

（4）堆栈区

堆栈区简称堆栈，是在片内数据存储器RAM中开辟的一片特殊数据存储区，是CPU用于暂存数据的特殊“仓库”。用堆栈指针SP指向堆栈栈顶地址，堆栈的最低地址叫栈

字节地址		位地址							
7F ⋮ 30		数据缓冲区							
2F		7F	7E	7D	7C	7B	8A	79	78
2E		77	76	75	74	73	72	71	70
2D		6F	6E	6D	6C	6B	6A	69	68
2C		67	66	65	64	63	62	61	60
2B		5F	5E	5D	5C	5B	5A	59	58
2A		57	56	55	54	53	52	51	50
29	可寻址位	4F	4E	4D	4C	4B	4A	49	48
28		47	46	45	44	43	42	41	40
27		3F	3E	3D	3C	3B	3A	39	38
26		37	36	35	34	33	32	31	30
25		2F	2E	2D	2C	2B	2A	29	28
24		27	26	25	24	23	22	21	20
23		1F	1E	1D	1C	1B	1A	19	18
22		17	16	15	14	13	12	11	10
21		0F	0E	0D	0C	0B	0A	09	08
20		07	06	05	04	03	02	01	00
1F 18		3 组（R0~R7）工作寄存器组							
17 10		2 组（R0~R7）工作寄存器组							
0F 08		1 组（R0~R7）工作寄存器组							
07 00		0 组（R0~R7），默认工作寄存器组							

图 1-20　AT89C51 片内数据存储器结构

底。可根据片内数据存储器的使用情况由指令设定；对堆栈存取数据遵守“先进后出”原则，在此过程中堆栈栈顶地址也相应变化，即 SP 的内容相应变化。复位后，栈底的地址单元为 07H，即(SP)＝07。设计者也可根据需要设置 SP 的初值。

2. 特殊功能寄存器（SFR）

特殊功能寄存器（SFR，也称专用寄存器）是单片机各功能部件所对应的寄存器，是用来存放相应功能部件的控制命令、状态或数据的区域。AT89C51 内的端口锁存器、程序状态字、定时器、累加器、堆栈指针、数据指针，以及其他控制寄存器等都是特殊功能寄存器。它们离散地分布在片内 RAM 的高 128B（80H ～FFH）中，共 21 字节，其分配情况如表 1-4 所示。其中有些寄存器既可字节寻址又可位寻址，有些只可字节寻址。凡是地址能被 8 整除（字节末位为 0H 或 8H）的特殊功能寄存器都是既可字节寻址又可位寻址的特殊功能寄存器，否则，只能按字节寻址。可位寻址的特殊功能寄存器的每一位都有位地址，有的还有位名称、位编号。有的 SFR 有位名称，却无位地址，也不可以进行位寻址、位操作，如TMOD。不可位寻址操作的SFR只有字节地址，无位地址，如SBUF。

表1–4 特殊功能寄存器（SFR）

特殊功能寄存器符号及名称	字节地址	位地址、位标志							
		D7	D6	D5	D4	D3	D2	D1	D0
B：B寄存器	F0	F7	F6	F5	F4	F3	F2	F1	F0
		B.7	B.6	B.5	B.4	B.3	B.2	B.1	B.0
ACC：累加器	E0	E7	E6	E5	E4	E3	E2	E1	E0
		ACC.7	ACC.6	ACC.5	ACC.4	ACC.3	ACC.2	ACC.1	ACC.0
PSW：程序状态字	D0	D7	D6	D5	D4	D3	D2	D1	D0
		CY	AC	F0	RS1	RS0	OV	…	P
IP：中断优先级寄存器	B8	…	…	…	BC	BB	BA	B9	B8
		…	…	…	PS	PT1	PX1	PT0	PX0
P3：P3口	B0	B7	B6	B5	B4	B3	B2	B1	B0
		P3.7	P3.6	P3.5	P3.4	P3.3	P3.2	P3.1	P3.0
IE：中断允许寄存器	A8	AF	AE	AD	AC	AB	AA	A9	A8
		$\overline{EA}$	…	…	ES	ET1	EX1	ET0	EX0
P2：P2口	A0	A7	A6	A5	A4	A3	A2	A1	A0
		P2.7	P2.6	P2.5	P2.4	P2.3	P2.2	P2.1	P2.0
SBUF：串口数据缓冲寄存器	99	不可位寻址							
SCON：串口控制寄存器	98	9F	9E	9D	9C	9B	9A	99	98
		SM0	SM1	SM2	REN	TB8	RB8	TI	RI
P1：P1口	90	97	96	95	94	93	92	91	90
		P1.7	P1.6	P1.5	P1.4	P1.3	P1.2	P1.1	P1.0
TH1：T1寄存器高8位	8D	不可位寻址							
TH0：T0寄存器高8位	8C	不可位寻址							
TL1：T1寄存器低8位	8B	不可位寻址							
TL0：T0寄存器低8位	8A	不可位寻址							
TMOD：定时器/计数器方式寄存器	89	不可位寻址							
		GATE	$C/\overline{T}$	M1	M0	GATE	$C/\overline{T}$	M1	M0
TCON：定时器/计数器控制寄存器	88	8F	8E	8D	8C	8B	8A	89	88
		TF1	TR1	TF0	TR0	IE1	IT1	IE0	IT0
PCON：电源控制寄存器	87	不可位寻址							
		SMOD	…	…	…	GF1	GF0	PD	IDL
DPH：数据指针高8位	83	不可位寻址							
DPL：数据指针低8位	82	不可位寻址							
SP：栈指针寄存器	81	不可位寻址							
P0：P0口	80	87	86	85	84	83	82	81	80
		P0.7	P0.6	P0.5	P0.4	P0.3	P0.2	P0.1	P0.0

(1) 累加器 ACC (Accumulator)

累加器助记符为 A，是一个最为常用的特殊功能寄存器。许多指令的操作数取自于它，许多运算的结果存放在其中。

(2) 通用寄存器 B (General Purpose Register)

乘除法指令中要用通用寄存器。也可做一般寄存器用。

(3) 程序状态字 PSW (Program Status Word)

程序状态字是一个 8 位寄存器，存放指令执行后的状态。其各位定义如表 1-5 所示。

表 1-5　PSW 的各位定义

PSW.7 (最高位)	PSW.6	PSW.5	PSW.4	PSW.3	PSW.2	PSW.1	PSW.0 (最低位)
C	AC	F0	RS1	RS0	OV	—	P

① 进位标志 C (Carry，也可用 Cy 表示)，用于表示加减运算过程中累加器最高位有无进位或借位。在加法运算时，若累加器最高位有进位，则 C =1，否则 C =0。在减法运算时，若累加器最高位有借位，则 C =1。此外，CPU 在进行移位操作时也会影响这个标志位。在布尔 (位) 处理机中，它被认为是位累加器，其重要性相当于 CPU 中的 A。

② 辅助进位 AC，加减运算时低 4 位向高 4 位进位或借位，AC 置 1，否则置 0。

③ 用户标志位 F0，这是一个供用户定义的标志位。

④ RS1 和 RS0 是工作寄存器组选择位，如表 1-6 所示。RS1 和 RS0 用于设定当前使用的工作寄存器的组号。

表 1-6　RS1、RS0 对工作寄存器组的选择

RS1、RS0	R0 ~ R7 的组号	R0 ~ R7 的地址
0　0	0	00H ~ 07H
0　1	1	08H ~ 0FH
1　0	2	10H ~ 17H
1　1	3	18H ~ 1FH

复位后，RS1 和 RS0 初始化值为 0，即选择的是 0 组。这时，R0 ~ R7 的地址分别为 00H、01H、02H、03H、04H、05H、06H、07H。

⑤ 溢出标志 OV (Overflow)，可以指示运算过程中是否发生了溢出，在执行过程中其状态自动形成。

⑥ 未定义位。用户不能使用。

⑦ 奇偶标志 P (Parity) 位。表明累加器 A (用二进制数表示) 中“1”的个数的奇偶性，奇数个置“1”，偶数个置“0”。

(4) 堆栈指针 SP (Stack Pointor)

堆栈是在片内数据存储器 RAM 区中开辟的一片特殊数据存储区。系统复位后，堆栈指针 SP 初始化值为 07H，使堆栈存放数据地址由 08H 开始。由于 08H ~ 1FH 单元分属于工作寄存器组 1 ~ 组 3。若程序设计中这些组全要用到，则要把 SP 的值设置为 1FH 或更大的值。当单片机调用子程序或响应中断时，将自动发生数据的入栈、出栈操作。除此之外，还有对堆栈进行操作的指令。

(5) 数据指针DPTR (Data Pointer)

DPTR是一个16位特殊功能寄存器，由两个8位寄存器DPH（高8位）和DPL（低8位）组成。DPTR既可作为一个16位寄存器来处理，也可作为两个独立的8位寄存器DPH和DPL来处理。DPTR主要用来存放16位地址。

(6) 串行数据缓冲器SBUF

串行通信都是通过数据缓冲器SBUF发送和接收的。实际上，SBUF有两个独立的寄存器，一个是发送缓冲器，另一个是接收缓冲器。

(7) 定时器/计数器寄存器

两对寄存器（TH0，TL0）、（TH1，TL1）分别为定时器/计数器T0、T1的16位计数寄存器，它们也可单独作为4个8位的计数寄存器用。

3. 片外数据存储器RAM

若片内RAM不够用时，可扩展片外数据存储器RAM，最大范围为0000H～FFFFH，共64KB。从图1-19可以看出片外RAM有部分地址（00H～FFH）与片内RAM是重叠的。汇编语言中，片内RAM、片外RAM以不同的指令操作码区别，片内RAM指令用MOV表示，片外RAM指令用MOVX表示。

1.6.4 两种省电工作方式

1. 与省电工作方式有关的殊功能寄存器PCON

89系列单片机提供了两种可通过编程实现的省电工作方式：空闲方式和掉电方式 。目的是必要时尽可能降低系统的功耗。两种省电方式都是由SFR中的电源控制寄存器PCON中的控制位来控制。PCON的各位参看本章“表1-4 特殊功能寄存器”，其中：

PD（PCON.1）——掉电方式控制位，编程置PD=1则进入掉电模式；

IDL（PCON.0）——空闲方式控制位，编程置IDL=1则进入为空闲工作方式。

2. 空闲工作方式

当CPU执行一条置IDL为1的指令（例SETB IDL）后，系统进入空闲工作方式。这时，振荡器仍然工作，CPU处于睡眠状态。片内RAM的内容、特殊功能寄存器等的内容都被保存。这时单片机消耗电流可降至3mA左右。

退出空闲工作方式有两种方法：①激活任何一个被允许的中断，并由硬件自动将IDL清0而中止空闲方式。中断响应后执行中断服务程序，紧跟RETI后执行使单片机进入空闲工作方式的那条指令后的指令。②硬件复位退出空闲工作方式。

3. 掉电工作方式

当CPU执行一条置PD为1的指令（如SETB PD）后，系统进入掉电工作方式 。此时振荡器停止工作，所有功能部件都停止工作，但内部RAM区的数据被保留。这时电源电压可降至2V，单片机消耗电流可降至50μA左右。

退出掉电方式的唯一方法是硬件复位，复位后所有的特殊功能寄存器的内容初始化，但不改变内部 RAM 区的数据。

1.7　I/O（输入/输出）口结构、功能及负载能力

1.7.1　I/O 口结构

AT89C51 单片机有 4 个并行双向 8 位 I/O 输出口，即 P0 ~ P3。每个口都有 8 根 I/O 引脚，总共有 32 根引脚。每个口都有一个锁存器，依次对应地址为 80H、90H、A0H、B0H 等 4 个特殊功能寄存器。它们的结构有同有异，功能与用途也有同有异。

每个 I/O 口可以进行“字节”输入/输出，也可进行“位”输入/输出。对各 I/O 口进行读、写操作，即可实现单片机的输入、输出功能。

每个 I/O 口的 8 个位的结构是相同的，所以每个 I/O 口的结构与功能均以其位结构进行讨论。

P1、P3、P2、P0 口的位结构如图 1-21 至图 1-24 所示。都含锁存器、输入缓冲器 1（读锁存器）、输入缓冲器 2（读引脚）和组成输出驱动器的 FET 晶体管 Q0。其中，P1 只作通用 I/O 口用，故结构最简单；P3、P2、P0 除作通用 I/O 口用外还另有功能，故结构比 P1 复杂，彼此间也有差别。注意：P1、P3、P2 口都有内部上拉电阻，而 P0 口无内部上拉电阻。

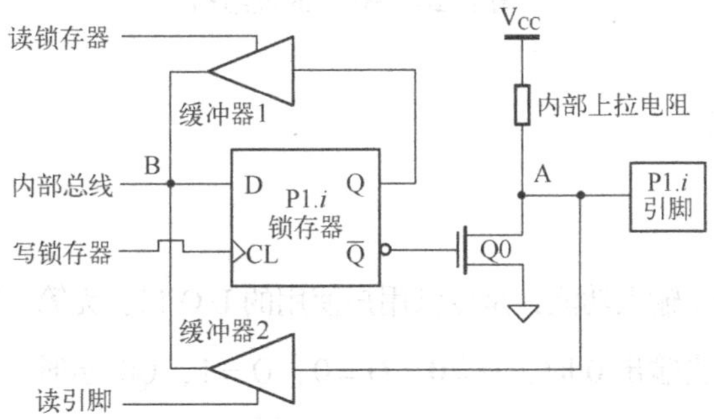

图 1-21　P1 口的位结构

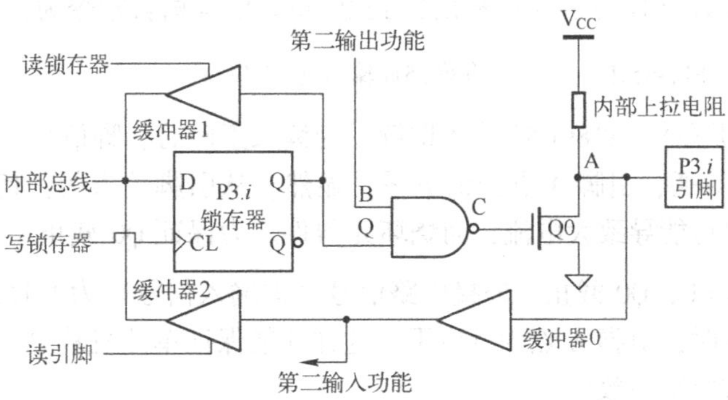

图 1-22　P3 口的位结构

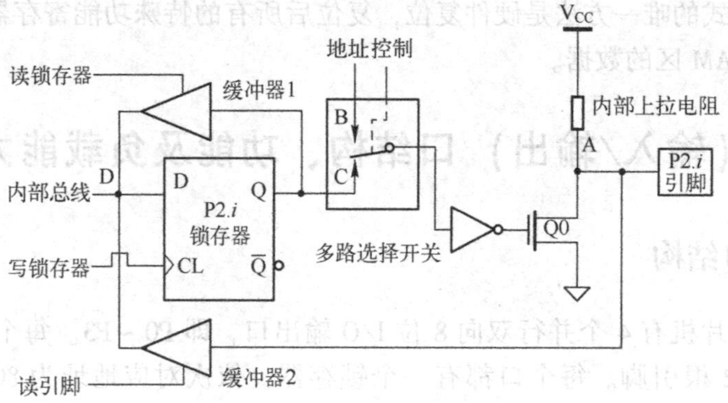

图 1-23　P2 口的位结构

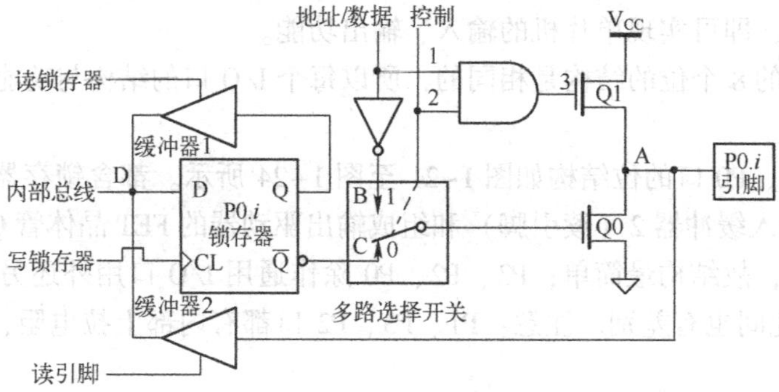

图 1-24　P0 口的位结构

1.7.2　I/O 口功能

1. P1 口

P1 口只有通用输出/输入功能，是专供用户使用的 I/O 口，无第二功能（参看图 1-21）。

① 输出。内部总线输出 0 时，D = 0，Q = 0，$\overline{Q}$ = 1，Q0 导通，A 点被下拉为低电平，即输出为 0；内部总线输出 1 时，D = 1，Q = 1，$\overline{Q}$ = 0，Q0 载止，A 点被上拉为高电平，即输出为 1。

例如，将立即数 55H 传送（即输出）到 P1 口。汇编语言指令为：

```
MOV      P1,#55H         ;将数 55H 输出到 P1 口
```

② 输入（读引脚）。AT89C51 输入即读，为读入正确的引脚信号，必须先保证 Q0 截止。因为，若 Q0 导通，引脚 A 点为低电平，显然，从引脚输入的任何外部信号都被 Q0 强迫短路，严重时可能导致大电流，而烧坏元器件。为保证 Q0 截止，必须先向锁存器写“1”，即 D = 1，$\overline{Q}$ = 0，Q0 截止。外接电路信号（即输入信号）为 1 时，引脚 A 点为高电平；输入信号为 0 时，引脚 A 点为低电平。这样才能保证单片机从 P1 口引脚输入的电平与外电路接入引脚电平一致。

例如，使用汇编语言输入指令“MOV A，P1”时，应先使锁存器置 1（即通常所说的置端口为输入方式），再把 P1 口的数据读入累加器 A 中。程序设计如下：

```
MOV      P1,#0FFH        ;置P1口为输入方式
MOV      A,P1            ;将P1口数据传送(输入)到累加器中(读I/O口)
```

③ 输入（读锁存器）。从图1-21可看出：还有一种输入为读锁存器。这是为了适应“读—修改—写”类型指令。这些指令是ORL、XRL、JBC、CPL、INC、DEC、DJNZ、MOV PX. Y，C、CLR PX. Y和SET PX. Y。指令中PX. Y表示P1. 0～P1. 7、P2. 0～P2. 7、P3. 0～P3. 7、P0. 0～P0. 7。所以，叙述对P0～P3均有效。

2. P3口

P3口除有通用输出输入功能外，还有第二功能（参看图1-22）。

（1）通用I/O

① 输出。图1-22中“第二输出功能”端B为高电平。经分析可知，尽管P3口的结构与P1口略有差别，但输出操作，P3口的功能与P1口类似。

② 输入（读引脚）。读操作时，“第二输出功能”端B为高电平，缓冲器0开通。尽管P3口的结构与P1口略有差别，但读操作时，它们的功能和操作类同，也要先进行写“1”操作。

③ 输入（读锁存器）类同P1。

（2）第二功能

P3口8个引脚的第二功能说明如表1-7所示。

表1-7　P3口引脚的第二功能说明

端口引脚	第二功能说明	端口引脚	第二功能说明
P3.0	RXD：串行输入口	P3.4	T0：计数器0的输入
P3.1	TXD：串行输出口	P3.5	T1：计数器1的输入
P3.2	$\overline{\text{INT0}}$：外中断0输入	P3.6	$\overline{\text{WR}}$：片外RAM写选通
P3.3	$\overline{\text{INT1}}$：外中断1输入	P3.7	$\overline{\text{RD}}$：片外RAM读选通

3. P2口

P3口除有通用输出/输入功能外，当有外部扩展时作为地址总线的高8位输出（参看图1-23）。

（1）通用I/O

① 输出。输出操作时，图1-23中的多路选择开关在内部控制信号作用下，连接C端（如图1-23所示），反相器输出为锁存器输出取反。经分析可知，尽管P2口的结构与P1口略有差别，但输出操作时，P2口的功能与P1口类同。

② 输入（读引脚）。读操作时，多路选择开关在内部控制信号作用下，连接C端（如图2-23所示），反相器输出为锁存器输出取反。经分析可知，尽管P2口的结构与P1口略有差别，但读操作时，P2口的功能与P1口类同，也要先进行写“1”操作。

③ 输入（读锁存器）类同P1。

（2）地址总线的高8位输出（多路选择开关与地址线接通）

当P2口某位要用作地址总线的高8位中的某位输出时，多路选择开关在内部控制信号作用下，连接B端。这时反相器的输出状态取决于B的状态。B点状态经多路选择开

关、反相器、Q0后，出现在引脚上。经分析可知，A点与B点的状态一致。这时P2口工作于地址总线的高8位输出状态。

P2口输出的高8位地址可以是片外ROM、片外RAM的高8位地址，与P0口输出的低8位地址共同构成16位地址线，从而可分别寻址64KB的程序存储器和片外数据存储器。地址线以字节为操作单位，8位一起输出，不能进行位操作。

如果AT89C51单片机有扩展程序存储器（地址≥1000H），访问片外ROM的操作连续不断，P2口要不断送出高8位地址，这时P2口不宜再用作通用I/O口。

4. P0口

P0口除有通用输出/输入功能外，当有外部扩展时用作地址（低8位输出）/数据线（参看图1-24）。

（1）通用I/O

① 输出。输出操作时，“多路选择开关”在内部控制信号作用下，连接C端（如图1-24所示），锁存器输出$\overline{Q}$通过多路选择开关与Q0相通；同时内部信号使与门控制输入端2置0，从而导致与门输出为0，Q1截止，输出驱动器处于开漏状态。经分析可知，只要外接一个上拉电阻，输出操作时，P0口的功能与P1口类同。

② 输入（读引脚）。读操作（多路选择开关接通锁存器，控制信号置0）时，多路选择开关在内部控制信号作用下，连接C端（如图1-24所示），锁存器输出$\overline{Q}$通过多路选择开关与Q0相通；同时内部信号使与门输入端2为0，从而导致与门输出为0，Q1截止，输出驱动器处于开漏状态，所以要外接一个上拉电阻。读操作时，P0口的功能与P1口类同，也要先进行写“1”操作。

③ 输入（读锁存器）类同P1。

（2）用作地址（低8位）/数据线

用作地址/数据线时，内部控制信号端置1，同时MUX与B端相连。这时，Q1的输入信号就是地址/数据线信号，Q0的输入信号就是地址/数据线信号取反后的信号。而A点的信号与地址/数据线信号一致，此时引脚输出地址/数据信息。

还要注意：用作地址/数据总线时，P0口不能进行位操作，也无须外接上拉电阻。用作通用I/O口时，输出驱动器是开漏电路，需外接上拉电阻。

1.7.3 I/O口的负载能力

1. I/O口的位（引脚）驱动能力

P0口的每一位以吸收电流的方式可驱动8个LS TTL输入。

P1～P3口的每一位以吸收或提供（输出）电流方式可驱动4个LS TTL输入。

一个LS TTL输入：I_{iH} 20μA，$I_{iL}=0.36$mA。

可见，每一位以吸收电流方式的驱动能力比以提供电流方式的驱动能力大得多。

2. 稳定状态下，I_{OL}（引脚吸收电流）的限制

每个引脚上的最大$I_{OL}=10$mA

P0 端口 8 个引脚的最大 $\sum I_{OL} = 26\text{mA}$

P1、P2、P3 端口 8 个引脚的最大 $\sum I_{OL} = 15\text{mA}$

所有输出引脚上的 I_{OL} 总和最大为 $\sum I_{OL} = 71\text{mA}$

1.8　PROTEUS 电路设计基础

1.8.1　PROTEUS ISIS 窗口

在计算机中安装好 PROTEUS 后，单击“开始→程序→Proteus 7 Professional→ISIS 7 Professional”启动 ISIS，进入 ISIS 窗口，如图 1-25 所示。窗口中蓝色方框内的区域为编辑区；它是电路设计（包括单片机应用系统）、仿真、调试平台。

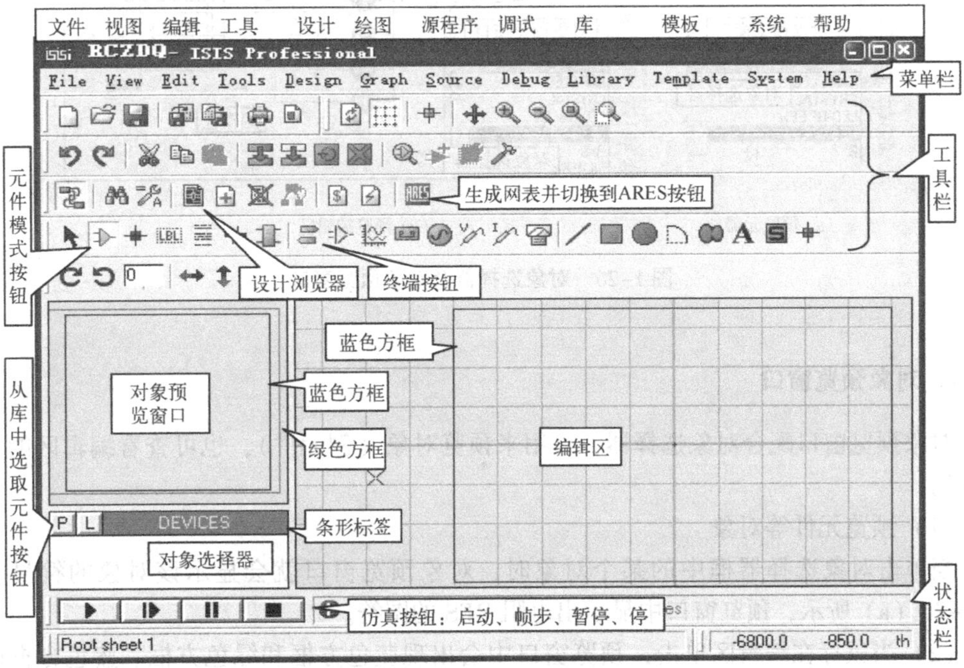

图 1-25　ISIS 窗口

1. 菜单栏

菜单栏中 File、View、Edit、Tools、Design、Graph、Source、Debug、Library、Template、System、Help 分别对应为文件、视图、编辑、工具、设计、绘图、源程序、调试、库、模板、系统、帮助。当鼠标移至它们时，都会弹出下级菜单。

2. 编辑区

窗口中的蓝色方框为图纸边界，其内为编辑区。在编辑区中可编辑设计电路（包括单片机系统电路），并能进行 PROTEUS 仿真与调试。

3. 对象选择器

对象选择器用来选择放置操作对象。在不同操作模式下“对象”类型也不同。在元件模式下，“对象”类型为从库中选取的元件；在终端模式下，“对象”类型为电源、地等；在虚拟仪器模式下，“对象”类型为示波器、逻辑分析仪等。对象选择器的上方带有一个条形标签，其内容表明当前所处的模式及其下所列的对象类型。如图1-25所示，当前为元件模式，所以对象选择器上方的标签为DEVICES。该条形标签的左角有P L，其中“P”为对象选择按钮，“L”为库管理按钮。

单击“P”（或在对象选择器中双击）则可从库中选取元件，并将所选元件对象的名称一一列于此对象选择器中。可单击其中某个元件，则该元件出现蓝色背景条，表示该元件被选中作为操作对象。图1-26显示出元件电阻RES被选中作为操作对象。

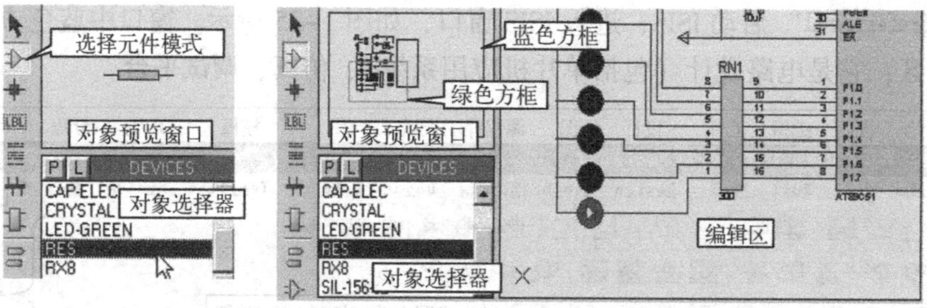

（a）预览元器件　　（b）预览编辑区

图1-26　对象选择器及对象预览窗口

4. 对象预览窗口

对象预览窗口配合对象选择器，可用来预览对象（例元件），也可查看编辑区的局部或全局。

（1）预览元件等对象

当单击对象选择器框中的某个对象时，对象预览窗口就会显示该对象的符号。如图1-26（a）所示，预览窗口中显示出电阻RES的图符。

（2）当鼠标在编辑区单击，预览窗口中会出现蓝色方框和绿色方框。蓝色方框内是编辑区的全貌，绿色方框内是当前编辑区中在屏幕上的可见部分。

（3）在预览窗口单击后再移动鼠标，绿色方框会改变位置，这时编辑区中的可视区域也相应的改变。如图1-26（b）所示，编辑区中可视区域处于整个可编辑区的左下角，即预览窗口中绿框包围部分。若要中断移动，再单击即可。

5. 工具栏、工具按钮及其功能

工具栏、工具按钮及其功能如图1-27所示，它提供了方便的可视化操作环境。

6. 仿真运行控制按钮

仿真控制按钮一般在ISIS窗口左下方，从左至右依次是启动、帧步、暂停、停止。

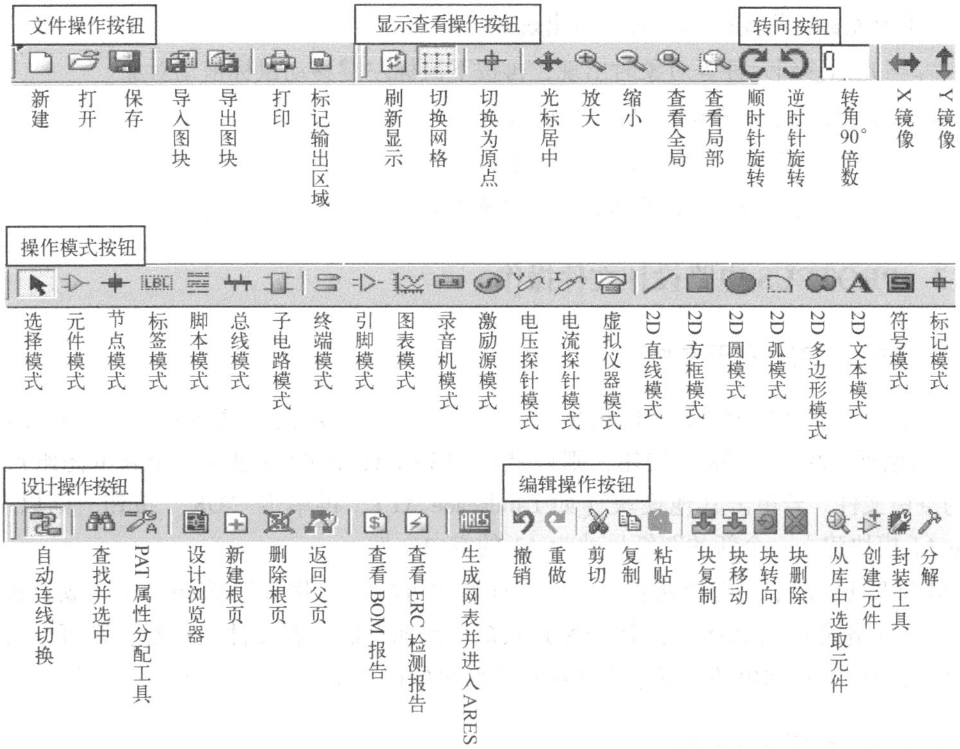

图 1-27　工具栏、工具按钮及其功能

1.8.2　PROTEUS 可视化助手

ISIS 界面直观，提供了两种可视方式说明设计进行中将要发生的事，如图 1-28 所示。

1. 虚线可视化助手

(1) 红色虚线轮廓：当光标移至对象时，其周围出现包围对象的红色虚线轮廓，说明该对象成为“热点”对象（即光标已捕捉到该对象）。

(2) 红色虚线：当光标移至电气连线（单连线、总线）时，沿电气连线中部出现红色虚线，说明该连线成为“热点”连线（即光标已捕捉到该连线对象）。

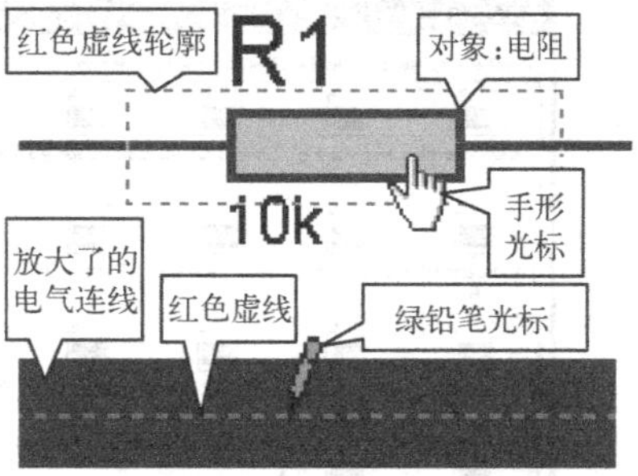

图 1-28　可视化助手

2. 多种光标形状

光标形状说明当单击鼠标时将发生的操作。

标准光标：选择模式时，光标在编辑区空白处的光标。

放置光标：单击进入放置对象状态。

绿色铅笔，放置电气连线光标：单击开始连线或结束连线。

蓝色铅笔，放置总线光标：单击开始连总线或结束连总线。

手形光标：将光标移至对象时出现。

当光标移到元件等对象时出现，再按下鼠标左键移动鼠标拖动对象。

↕拖动：按下鼠标左键拖动可移动线段。

单击可为对象设定属性值，用于PAT工具。

注：若显示选择OpenGL图形模式，热点对象为出现淡红色的背景框。

1.8.3 PROTEUS电路设计文件操作

1. 建立、保存、打开文件

单击菜单“FILE→NEW DESIGN”，弹出图1-29所示的新建设计（Create New Design）对话框。单击“OK”按钮，则以默认的DEFAULT模板建立一个新的图纸尺寸为A4的空白文件。若单击其他模块（如Landscaoe A1），再单击“OK”按钮，则以Landscaoe A1模块建立一个新的图纸尺寸为A1的空白文件。

单击工具按钮，选择路径、键入文件名后再单击“保存”按钮，则完成新建文件操作，文件格式为＊.DSN，后缀DSN是系统自动加上的。若文件已存在，则可单击工具栏中的按钮，在弹出的对话框中选择打开所要的设计文件（＊.DSN）。

2. 设置、改变图纸大小

系统默认图纸大小为A4（长×宽为10in×7in）。在电路设计过程中，若要改变图纸大小，单击菜单“System →Set Sheet Size”，出现如图1-30所示的窗口。可以选择A0～A4其中之一，也可选中底部“User（自定义）”复选框，再按需要更改右边的长和宽数据（in为英寸）。

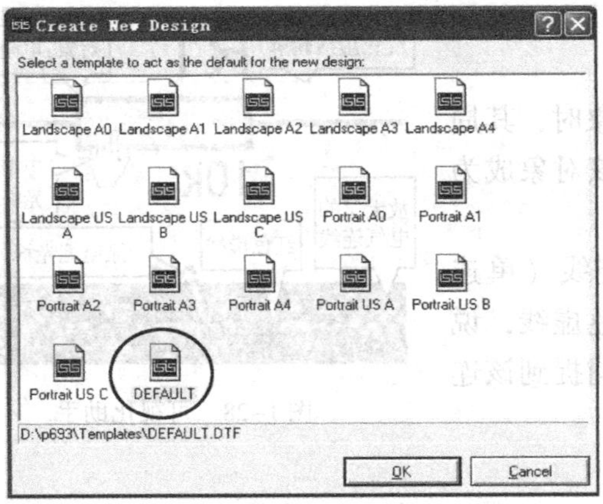

图1-29　创建新设计文件

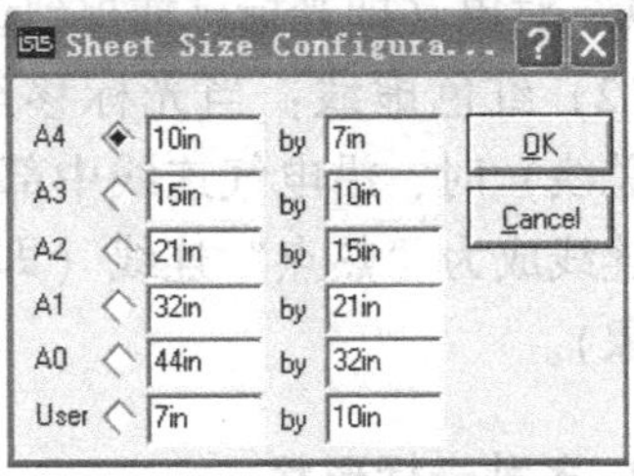

图1-30　图纸大小设置窗

1.8.4 PROTEUS元件操作

1. 从库中选取元件

如图1-31所示，先单击选中元件模式，再单击选择元件按钮“P”或在对象选择框中双击，则跳出图中所示的元件选择框。在“Keywords（关键字）”栏中输入元件名或其部分关键字。例如，要选取单片机 AT89C51，可输入“89C51”，则可看到与该关键字有关的元件列表。从列表中单击选中 AT89C51 所在行后，再双击，便可将 AT89C51 选入对象选择器中。若要退出选取元件操作，只要关掉元件选择框即可。

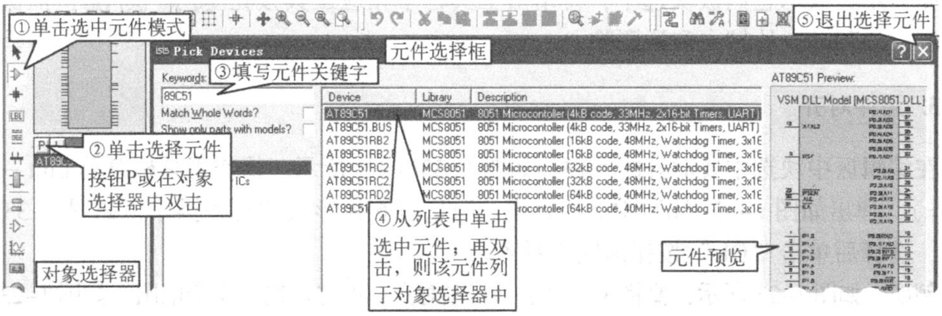

图 1-31　元件选择框和选取元件

2. 放置、选中、移动、转向元件

（1）放置

单击对象选择器中元件（出现蓝色背景条），将光标移至 ISIS 编辑区，单击则出现元件桃红色高亮轮廓，将该轮廓移至期望位置再单击则完成放置。

（2）选中与取消选中

单击编辑区中某元件，则该元件红色高亮显示，表示选中。若要取消选中，移动光标到编辑区中的空白处单击。

（3）移动

① 单击选中元件，再按住鼠标左键拖动至期望位置释放。

② 右击选中元件，在弹出的对象快捷菜单（图 1-32）中单击 Drag Objectrg（移动对象），出现桃红色高亮元件轮廓，移动它至期望位置单击。

③ 单击选中元件，再单击工具栏中工具，出现桃红色高亮元件轮廓，移动它至期望位置单击。

（4）转向

① 对象选择器中的元件转向：单击对象选择器中元件，再单击工具栏中转向工具按钮中相应按钮，对象预览窗口显示的元件作相应转向。

② 编辑区中的元件转向：右击元件，从弹出的快捷菜单（图 1-32）中单击相应的转向按钮。

③ 快捷方法：单击选中元件，再按键盘上的“+”、“-”键实现逆时钟转、顺时钟左转。

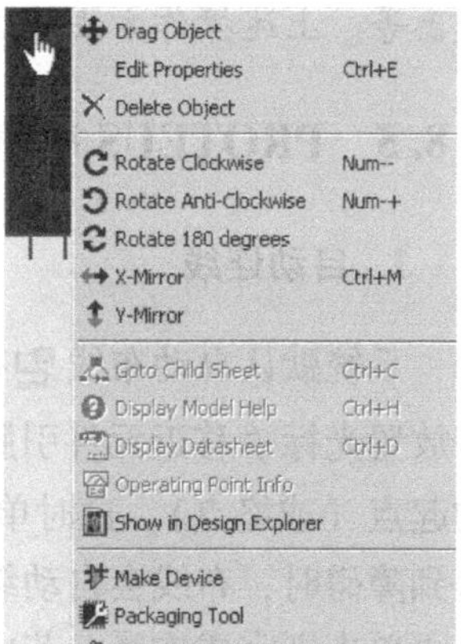

图 1-32　对象快捷菜单

（5）复制

单击选中元件，再单击工具栏中，出现桃红色高亮元件轮廓，移它至期望位置单击。

(6) 删除

右双击元件或右击元件在弹出快捷菜单（图1-32）中的单击命令✕。

(7) 块操作（多个元件同时操作）

通过按住鼠标左（或右）键拖出包围多个元件的虚框再释放，被完全包围的元件红色高亮显示，表示它们被块选中，再单击工具栏中相应工具按钮，依次实现块复制、块移动、块转向和块删除。

3. 元件对齐

在编辑区中块选中要对齐的元件，如图1-33（a）所示。操作工具栏菜单Edit→Align（对齐），弹出如图1-33（b）对齐对话框。可进行6种形式的对齐操作，如图1-33（c）所示，选择后单击“OK”按钮即完成对齐。

例如，如图1-23所示，要将4个电阻垂直左对齐，可先块选中4个电阻，如图1-23（a）所示；再操作工具栏菜单Edit→Align，如图1-33（b）所示；最后在弹出的对话框中选择“Align Left Edges”，如图1-33（c）所示；单击“OK”按钮，结果如图1-33（d）所示。

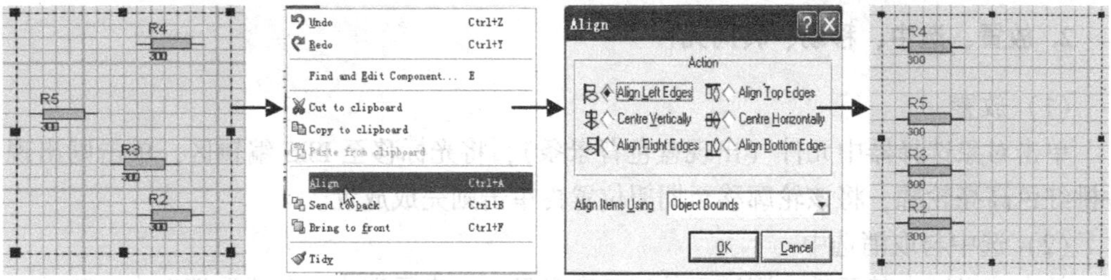

（a）选中要对齐的对象　（b）操作“Edit→Align”　（c）弹出对齐对话框选对齐方式　（d）对齐结果

图1-33　对象的对齐操作

注：上述操作都是在元件模式下，所以操作对象就是元件。若在其他模式下，对象也相应改变。例如，终端模式下的对象就是电源、地等；虚拟仪器模式下的对象就是数字示波器等。上述操作方法对这些对象也基本适应。

1.8.5　PROTEUS电气连线操作

1. 自动连线

系统默认自动布线有效。在激活任一“操作模式（例元件模式）按钮”情况下，将放置光标移近元件引脚端或连线，出现绿色铅笔光标，则表示已捕捉到连线的起点（或终点）。这时单击再移动光标则进行连线，系统会自动以直线、直角走线；当遇到障碍时，布线会自动绕开障碍，如图1-34（a）～（c）所示；直至捕捉到期望的终点再单击则完成连线。若中途需结束连线双击即可。

2. 手工连线

要进行手工直角画线，直接在移动光标的过程中需要转向处单击即可，并暂留×形标记，如图1-34（d）所示。若要手工任意角度连线，在移动光标过程中按住Ctrl键，移动

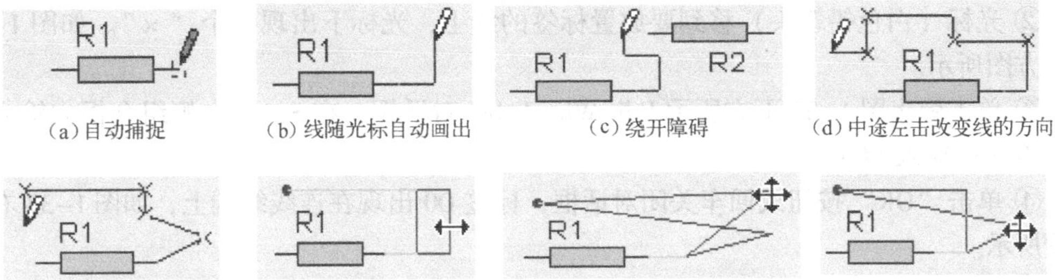

(a) 自动捕捉　(b) 线随光标自动画出　(c) 绕开障碍　(d) 中途左击改变线的方向

(e) 手工布任意角度线　(f) 平面拖动改变线形　(g) 单击斜线拖动改变线形　(h) 单击拐点拖动改变线形

图 1-34　画线及其移动、改变形状

光标，预连线轨迹会呈任意角度，确定后单击即可，并暂留 × 形标记，如图 1-34（e）所示。一但连线完成，暂留 × 形标记消失。

3. 移动连线

在选择模式下，将光标移近要改变的连线，则光标变为，表示捕捉到连线。若连线为垂直或水平的，单击后光标变为或，按住，再移动光标至期望位置，释放光标，则实现连线的水平或垂直平移，如图 1-34（f）所示；若连线为斜连线或连线拐点，单击后光标变为，按住，再移动光标至期望位置，释放光标，则可实现连线的变形调整，如图 1-34（g）、（h）所示。

4. 复制连线

如图 1-35 所示，若将 AT89C51 的 I/O 口 P1 的 8 引脚与排阻（RX8）的 8 引脚进行连线，可先将光标移至引脚 P1.0 开始连线至排阻的引脚 1，然后将光标分别依次移至引脚 P1.1 ~ P1.7 双击即可。

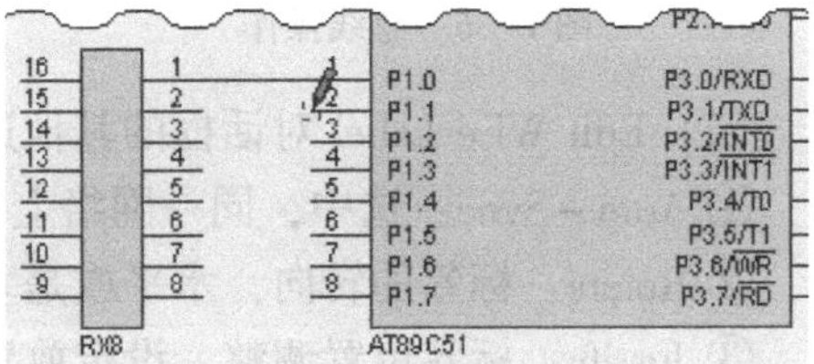

图 1-35　复制连线

1.8.6　PROTEUS 总线、标签操作

1. 总线操作

总线操作一般指数据、地址、控制总线的操作，例 AT89C51 单片机数据总线、地址总线、控制总线等，如图 1-36 所示。一般都是在总线操作模式进行，即点击操作模式按钮（下陷）选择总线操作模式。当光标移至总线时，光标变为蓝铅笔光标，表示可进行总线操作。总线操作的自动捕捉、连线、移动改变、删除、复制等都与电气连线操作类似。但要注意：总线的可视化光标为蓝铅笔光标。详细叙述参看参考文献［4］。

2. 标签操作

主要用来放置网络标号。同名网络标号表示它们间的连接关系，代替连线连接。

（1）操作步骤

① 单击 LBL 进入标签模式。

② 光标（白色铅笔头）移到要放置标签的线上，光标下出现一个“×”。如图 1-37 左上方图所示。

③ 单击弹出图 1-37 下方所示 Edit Wire Label 对话框，在 String 右侧组合框内输入标签名称（例输入 D0）。

④ 单击“OK”按钮或回车关闭对话框，标签 D0 出现在连线终端上，如图 1-37 右上方图所示。

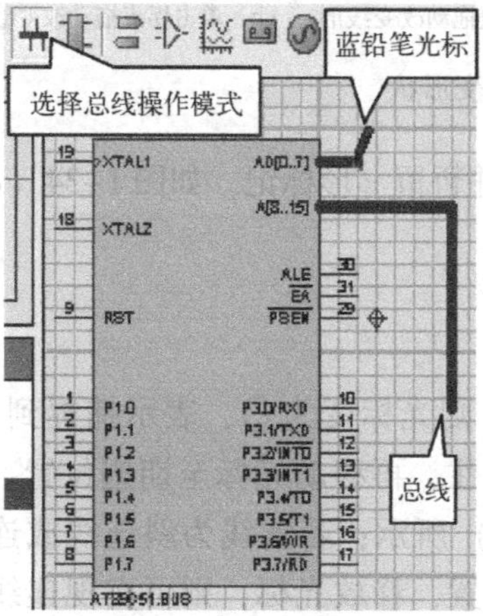

图 1-36　总线操作

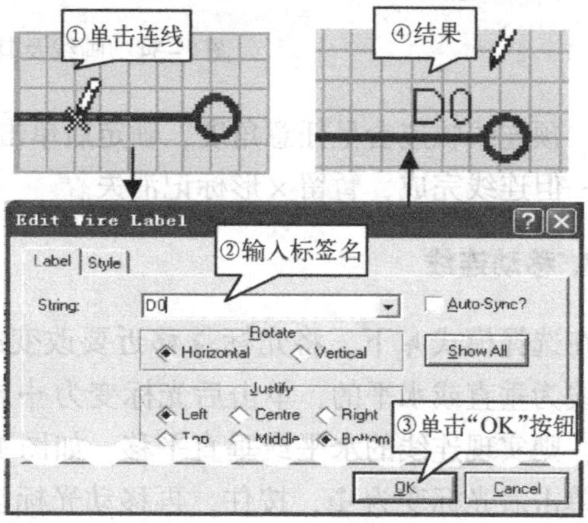

图 1-37　放置、编辑线标签

（2）Edit Wire Label 对话框的其他选项

① Auto - Sync：选中，同一网络上的所有标签始终保持同样的标签名。

② Rotate：标签的转向，水平或是垂直。

③ Justify：标签位置调整，设定放置点相对于标签水平（左、中、右）及垂直（上、中、下）方向上的位置。

PROTEUS 还提供了放置网络标号的快捷方法，即属性分配工具。读者可参看参考文献［4］第 3 章。

1.8.7　PROTEUS 终端操作

1. 终端类型

单击工具栏中的终端按钮，则在对象选择器中显示所有终端的列表，如图 1-38 所示。终端中有 DEFAUT（默认）、INPUT（输入）、OUTPUT（输出）、POWER（电源）、GROUND（地）、BUS（总线）。

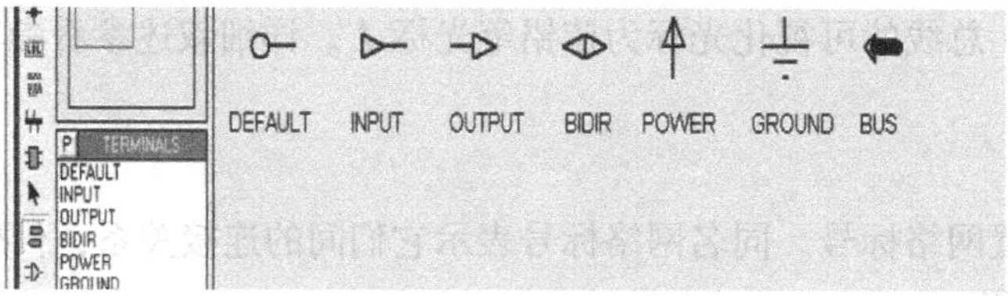

图 1-38　终端符号

2. 放置电源、地等的操作

它们的放置、选中、移动、转向、复制、删除、编辑、块操作等类同元件操作。

1.8.8　PROTEUS 对象属性设置（Edit Properties）

1. 设置元件属性

PROTEUS 可对电阻、电容、单片机等元件进行属性设置。

例 1：若要设置电阻 R1 的电阻值（属性），先双击该电阻，弹出如图 1-39 所示属性设置对话框，列出若干属性栏。例如，将属性“Resistance（电阻）”栏中原先的电阻值 10k 改写为 300，则其属性电阻值便设置为 300Ω 了。

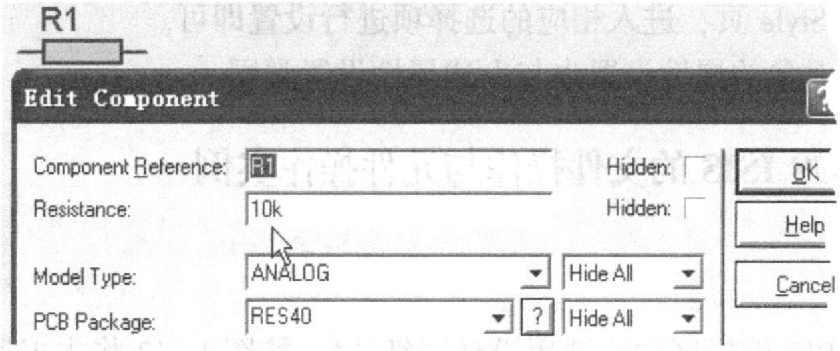

图 1-39　元件电阻属性设置对话框

例 2：若要设置 AT89C51 单片机的属性 Program File（目标代码文件）、Colok Frequency（时钟频率），先双击该单片机，跳出图 1-40 所示属性设置对话框，在属性栏 Program File 和 Colok Frequency 中填上相应文件、时钟频率值。图 1-40 中分别为 201. HEX 和 12MHz。

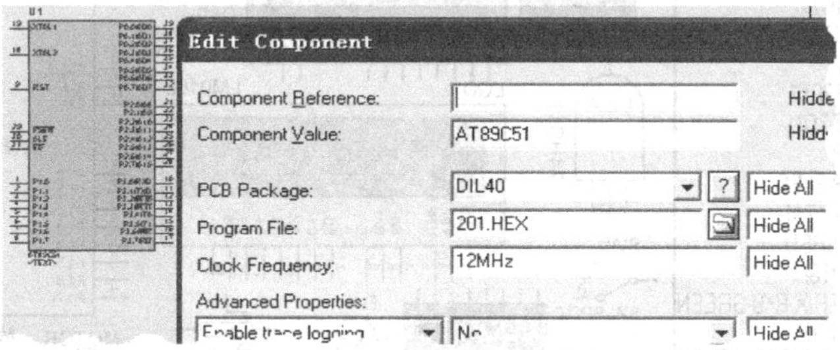

图 1-40　设置元件单片机属性

其他元件，如电感、电容、LED 等的属性设置与上述属性设置类似。

2. 设置终端属性

若要设置电源终端↑属性，先将光标移至↑符号上，出现包围↑符号的红色虚线轮廓，双击则弹出它的属性编辑框。该编辑框中的 String 右边的组合框内默认为空的（表示默认电源为 +5V）。其他电源电压值（可正可负），则要设置。

例如，要设置他的电压值为 +15V，双击↑符号，弹出如图 1-41 中所示的属性编辑框，在 String 右边的组合框内填入 +15V，单击“OK”按钮完成。

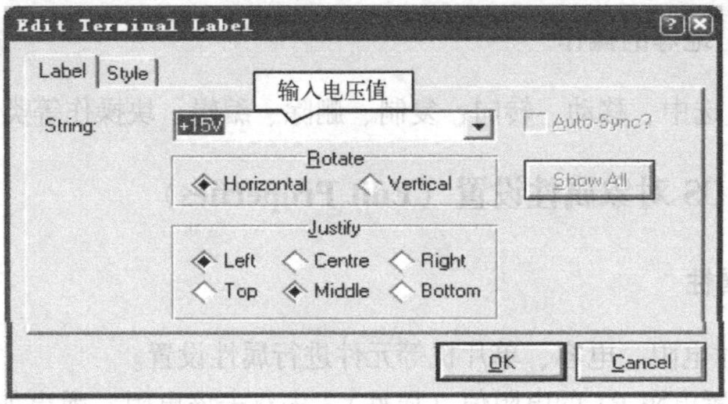

图1-41　设置电源终端为+15V

还可在该编辑框中设置字符串的方位等属性，也可设置大小、颜色、字体、字型等属性；只要单击选择Style页，进入相应的选择项进行设置即可。

其他有属性的对象的属性设置也与上述属性设置类同。

1.8.9　PROTEUS ISIS的文件操作与元件操作实例

1. 实例任务

在PROTEUS ISIS编辑区中，选用设计图纸A4，按图1-42将本书所用的主要元件一一从库中取出列于对象选择器中，并将对应元件模型一一放置到编辑区中。要求与图1-42所示情况完全一样。最后选择好存盘路径，以文件名B01S1. DSN存盘。

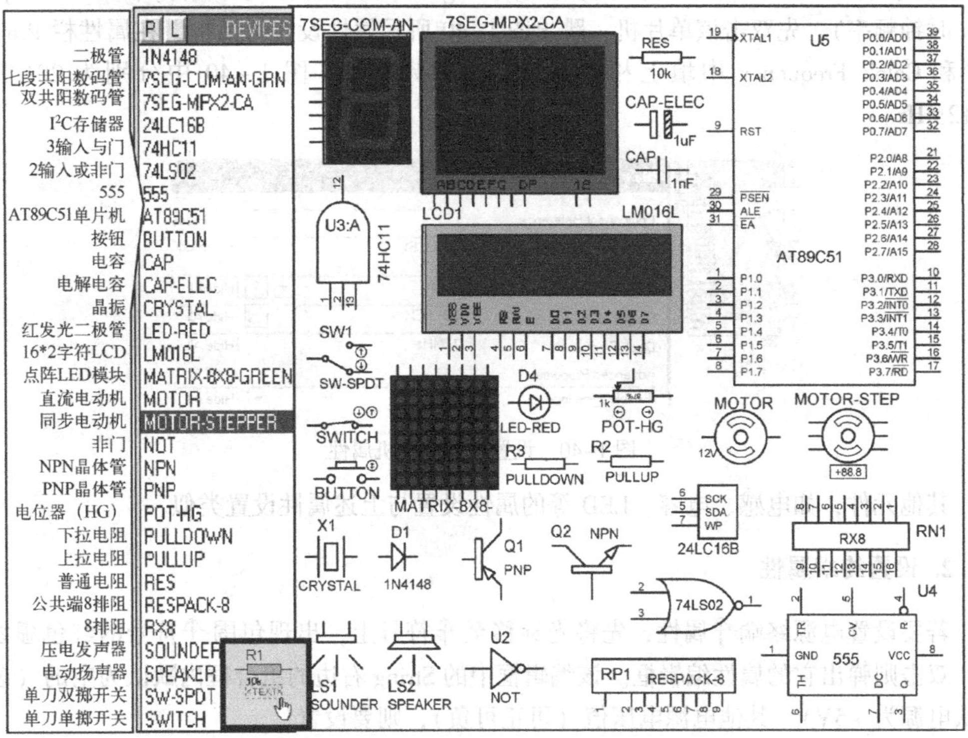

注：本书电路设计均采用PROTEUS中的元件符号、名称。注意它们与国标的对应关系。

图1-42　从PROTEUS中选取、放置、移动、转向元件

2. 实例操作

(1) 进入 PROTEUS ISIS 窗口

在计算机中安装好 PROTEUS 后，单击“开始→程序→Proteus 7 Professional→ ISIS 7 Professional”启动 ISIS。按本章 1.8 节叙述进行图纸尺寸设置及文件操作。

(2) 选取元件

根据图 1-42，按本章 1.8 的叙述从库中选取元件，并一一列于对象选择器中。

(3) 放置、移动、转向元件

根据本章 1.8 叙述，完全按图 1-42 所示，在编辑区中放置、移动、转向、删除、对齐等元件操作。要求放置状态与该图完全一致。

(4) 隐藏 <text> （<文本>）

放置元件有时在元件下方有 <text> 出现，如图 1-42 中对象选择器下方小图块中的手形光标所指。它对电路设计与仿真一般没有防碍，但有时有碍视线，可隐藏它。为此，可操作 ISIS 菜单项：“Template→Set Design Defaults”，在弹出的对话框中，将“Show hidden text?”项单击取消选择即可。

(5) 存盘

元件操作完成并符合任务要求后，选择好存盘路径以文件名 B01S1 存盘，存盘后的文件名为 B01S1. DSN（. DSN 是系统自动加上的）。存盘路径、文件名等尽量避免使用汉字。

实验 1：“AT89C51 最小系统”的 PROTEUS 设计与制作

1. 任务与目的

(1) 任务

在 PROTEUS ISIS 中进行 AT89C51 最小系统的电路设计；并根据设计安装实际的 AT89C51 最小系统。取设计 ISIS 文件名为 B01S2. DSN

(2) 目的

① 掌握单片机最小系统的电路设计，特别是复位电路和时钟电路的外接振荡元件电路。(要求图纸尺寸为 7in × 7in)

② 掌握 PROTEUS 电路设计中的电气连线操作、终端（如电源、地等）操作和属性设置操作。注意将单片机 EA 引脚（31）接电源。

③ 会实际安装最小系统。

2. PROTEUS 设计

① 进入 PROTEUS ISIS 窗口。在计算机中安装好 PROTEUS 后，单击“开始→程序→Proteus 7 Professional→ ISIS 7 Professional”启动 ISIS。按本章 1.8 节所述，进行图纸尺寸设置（4in × 4in）及文件操作。

② 选取元件放置元件。

根据图 1-43 左下方元件列表，按本章 1.8 叙述的方法从库中选取元件、终端、按钮等，并一一放置于编辑区中。复位电路中 R2 值约 10kΩ，在 PROTEUS 设计中，该电阻可用作 PULLDOWN（下拉电阻）。

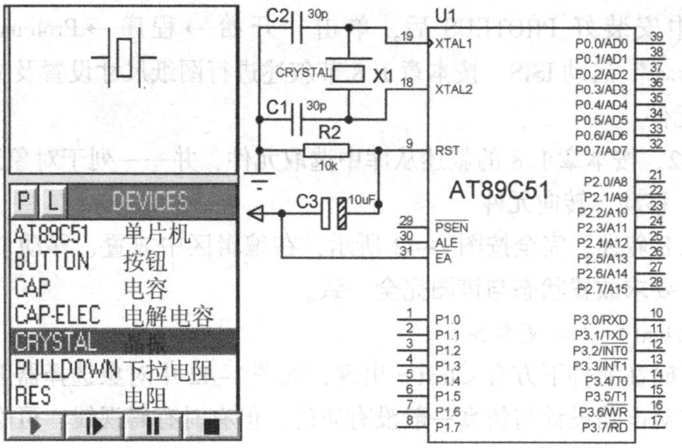

图 1-43　AT89C51 最小系统原理电路图

③ 按本章 1.8 节所述进行电气连线、属性设置操作。

④ 正确完成上列操作内容后，以文件名 B01S_1. DSN 存盘。

图 1-44　“单片机最小系统”照片

3. 实际制作

① 按 PROTEUS 设计成功的电路设计在单片机课程教学实验板（或面包板、实验 PCB）上安装好电路。

② 正确接上电源后，用示波器观察、测量晶振及 ALE 的振荡频率、周期等。

图 1-44 是学生实训制作完成的“单片机最小系统”照片。

习题与思考 1

1. 什么是单片机、单片机最小系统、单片机应用系统？
2. 单片机有哪些特点？
3. 为什么说 AT89C51 是 MCS－51 的兼容机？AT89C51 有何优点？
4. 单片机应用系统的接口电路有几类，各类内容是什么？
5. 面包板、实验 PCB 在产品研发过程中有什么作用？各有什么优缺点？
6. 简述单片机应用研发过程和研发工具。
7. AT89C51 单片机内部结构主要由哪些部件组成？它们的主要功能是什么？
8. 请将 AT89C51 的 40 个引脚按 4 类（电源、时钟、控制和 I/O 引脚）进行分类。
9. AT89C51 单片机引脚 $\overline{EA}$、RST、ALE、$\overline{PSEN}$ 的功能是什么？
10. 何谓单片机的振荡周期、状态时钟周期、机器周期和指令周期？它们有何关系？

11. 当 AT89C51 单片机外接晶振为 4MHz 时，其振荡周期、状态时钟周期、机器周期、指令周期的值各为多少？

12. 简述 AT89C51 单片机复位条件，并说明复位后寄存器中的数值状态。

13. AT89C51 单片机的 ROM 空间中，这 6 个地址（0、03H、0BH、13H、1BH、23H）有什么特殊的意义和用途？用户应怎样合理安排？

14. AT89C51 单片机的片内 RAM 是如何分区的，各有什么功能？

15. AT89C51 单片机有多少专用寄存器？分布在哪些地址范围？若对片内 84H 读/写将会产生什么结果？（提示：考虑 84H 为位地址、字节地址两种情况）

16. 分别说明程序计数器 PC 和堆栈指针 SP 的作用。复位后 PC 和 SP 中值各是多少？在程序设计时，有时为什么要对 SP 赋值？

17. 开机复位后，CPU 作用的是哪组工作寄存器？它们的地址是什么？CPU 如何确定和改变当前工作寄存器？

18. 位地址 3EH 和字节地址 3EH 有何区别？位地址 3EH 具体在片内中哪个 RAM 单元中的哪个位？

第 2 章　AT89C51 汇编语言及汇编语言程序设计

2.1　基本概念

2.1.1　指令、机器代码、程序、机器语言

1. 指令、机器代码

指令是单片机 CPU 执行某种操作的命令，是单片机 CPU 能识别和执行的 8 位二进制机器代码（又称目标代码，简称代码；参阅附录 B 指令表中的代码列）。单片机 CPU 所能执行的全部指令的集合称为指令系统。AT89C51 是 MCS－51 单片机的兼容机，所以其指令系统与 MCS－51 单片机一样，也是 255 条二进制机器代码的集合。

【例 2-1】三字节、单字节、双字节指令举例。

```
01110101 10010000 11110001        ;将数据 11110001 传送到片内 RAM 地址单元 10010000 中
11111000                          ;将寄存器 A 中的内容传送到寄存器 R0 中
10000000 11111110                 ;短转移指令,11111110 是转移相对地址
```

若用十六进制表示 8 位二进制，则此例为：

```
75H 90H F1H            ;将数据 F1 传送到片内 RAM 地址单元 90(即 P1 口)中
F8H                    ;将寄存器 A 中的内容传送到工作寄存器 R0 中
80H FEH                ;是短转移指令,FE 是转移相对地址
```

2. 程序、机器语言

要使单片机按人的意志来完成某一项任务，就要求设计者按单片机指令系统规则来编写一序列指令。这种按人的要求又符合单片机指令系统规则而编写的指令序列被称为程序。设计者编写程序的过程就称为程序设计。

根据机器代码编写出的程序称为机器代码程序，又称目标代码程序。单片机 CPU 能认识和直接执行它。机器代码程序可视为人与单片机相互交流的“语言”；所以又称为机器语言。例 2-1 是由 3 条指令构成的机器语言段。

2.1.2　汇编语言、汇编语言指令格式、常用符号

1. 汇编语言

用机器语言编写程序是编程方法之一，也是编程的基础；但要记住这么多机器代码实在不容易，编写的程序也不好阅读、检查和修改。因此，出现了用汇编语言表示机器语言

的方法。汇编语言是用助记符、字符串和数字等来表示指令的程序语言，汇编语言指令与机器语言指令是一一对应的（看附录 B 指令表），是接近机器语言又比较接近人的自然语言。汇编语言的助记符多是与指令操作相关的英文缩写，便于记忆、检查和修改，明显地提高了编程效率。用汇编语言编写的程序也称源程序。对应例 3－1 的汇编语言指令是：

```
MOV     P1, #0F1H        ;将数(称立即数)F1H 传送到特殊功能寄存器 P1 中
MOV     R0, A            ;将寄存器 A(累加器)中的内容传送到工作寄存器 R0 中
SJMP     $               ;短转移指令,符号$表示该条指令的首地址
```

其中，助记符“MOV”的中文意义是“传送”操作，“SJMP”中文意义是“短转移”。

汇编语言的优点是较接近机器语言、运行速度快、占用资源少，但也有不足之处。例如，编程效率较低，程序可读性较差，不好移植到不同类型单片机中。因而出现了 C51 高级语言。本书采用双（汇编、C51）语言讲述，相互对照、取长补短。

虽然汇编、C51 语言比机器语言易懂、方便，但单片机 CPU 是不认识的，必须要将它们转换成机器语言，这个过程一般由计算机汇编、编译软件实现。

2. 汇编语言指令的书写格式

AT89C51 汇编语言指令系统的指令格式一般为

[标号:]操作码　[操作数 1][,操作数 2][,操作数 3] [;注释]

标号：用符号表示的该条指令的首地址，根据需要设置。标号位于一条指令（语句）的开头，以冒号结束。它以英文字母开头，由字母、数字、下画线等组成。

操作码：操作码规定指令实现何种功能（传送、加减法等）操作。操作码是由助记符表示的字符串，是任一指令语句不可缺少的部分。操作码与操作数间应有空隔。

操作数：在汇编语言中，操作数可以是被传送的数据（立即数）、数据在 RAM 中的地址（数据地址）、指令的转移地址（代码地址）、位地址。可以采用字母、字符和数字等多种表示形式。操作数的个数因指令的不同而不同，多至 3 个操作数，各操作数之间要用逗号“,”号分开。

注释：为便于阅读而对指令附加的说明语句。注释必须以“;”开始，可以采用字母、数字和汉字等多种表示形式。

注意事项：

① 每条指令必须有操作码，方括号内所包含的内容可有可无，由指令、编程情况决定；

② 标号不能采用系统中已定义过的字符（如 MOV，DB 等）；

③ 标号与操作码之间要有“:”隔开；

④ 操作码和操作数之间一定要有空格；

⑤ 操作数之间必须用“,”隔开；

⑥ 每行只能有一条指令，一条指令（不含标号、注释）不能分写成多行；

⑦ 指令及指令中的标点符号应为英文。

3. 汇编语言常用符号

指令系统中除表示操作码的 42 种助记符之外（如 MOV，JB 等），还使用了一些符号。

这些符号的含义如下。

Rn——当前选中的工作寄存器组中的8个寄存器R0~R7（n=0~7）。

Ri——当前选中的工作寄存器组中的两个寄存器R0、R1（i=0，1）。

direct——8位直接地址。可以是片内RAM单元的地址（00H~7FH）或特殊功能寄存器的地址。

#data8——包含在指令中的8位二进制数。

#data16——包含在指令中的16位二进制数。

Addr16——16位二进制地址，用于LCALL、LJMP等指令中，能调用或转移到64KB程序存储器地址空间的任何地方。

Addr11——用于ACALL和AJMP指令中，可在该指令的下条指令首地址所在页的2KB范围内调用或转移地址的低11位。其含义在相关汇编语言指令中讲解。

rel——在相关的汇编语言指令中讲解它的意义。

DPTR——数据指针，可用作16位二进制的地址寄存器。

bit——位，片内RAM（包括特殊功能寄存器）中的可寻址位。

A——累加器。

B——特殊功能寄存器，常用于乘法、除法指令MUL和DIV中。

C——进位标志或进位位，或位处理器中的累加器，也可用Cy表示。

@——间址寄存器或基址寄存器的前缀，如@ Ri、@DPTR。

/——位操作的前缀，表示对该位操作数取反，如/bit。

(×)——×中的内容。

((×))——×中的内容为地址的空间中的内容。

←用箭头右边的内容取代箭头左边的内容。

$——指本条指令的首地址。

4. 汇编语言中的伪指令及其作用

汇编语言中除常用指令外，还有一些用来对“汇编”过程进行控制，或者对符号、标号赋值的指令。在汇编过程中，这些指令不被翻译成机器代码，因此称为“伪指令”。

表2-1列出了汇编语言中常用的6条伪指令。

表2-1 常用伪指令、格式、功能表

伪指令名称（英文含义）	伪指令格式	功 能
ORG（Origin）	ORG Addr16	汇编程序段起始
END	END	结束汇编
DB（Define Byte）	DB 8位二进制数表	定义字节
DW（Define Word）	DW 16位二进制数表	定义字
EQU（Equate）	字符名称 EQU 数据或汇编符	给左边的字符名称赋值
BIT	字符名称 BIT 位地址	位地址赋值

（1）ORG汇编程序段起始伪命令

格式：ORG Addr16

功能；规定下一程序段的起始地址。例如：

```
        ORG   0030H          ;指出下一程序段的起始地址为30H
STAR:   MOV   P1,#0          ;(P1)←0
```

第一句伪指令指出下一程序段的起始地址为30H，所以标号STAR所代表的地址就为ROM中30H。一个汇编语言程序，可以有多个ORG伪指令，以规定不同程序段的起始地址。但要符合程序地址从小到大的顺序，不能相同。注意：ORG与Addr16间要有空格。

（2）END 结束汇编伪指令

格式：END

功能：一般放在程序的结尾，表示汇编到此结束；在END后面的指令不进行汇编。

（3）DB 定义"字节"伪指令

格式：DB　8位二进制数表

功能：从指定的地址单元开始，定义若干个字节（8位）数据，数据与数据间用","来分割。若数据表首有标号，数据依次存放到以左边标号为首地址的存储单元中，这些数可以采用二进制、十进制、十六进制和ASCII码等多种形式表示。其中，ASCII码用引号"或单引号"括住。例如：

```
        ORG  100H
TAB:    DB 34
        DB 34H
        DB 0101B
        DB "a"
        DB 2
```

经汇编后，从ROM地址的100H单元开始依次存放22H、34H、05H、61H、32H。

（4）DW　定义"字"（双字节）伪指令

格式：DW　16位二进制数表

功能：从指定的地址单元开始，定义若干个长度为2字节的数据。因为16位数据必须占用2字节，所以不足16位的用0填充。例如：

```
        ORG     100H
TAB:    DW      12
        DW      45H
        DW      3343H
```

经汇编后，从ROM的0100H开始的单元依次存放00H、0CH、00H、45H、33H、43H，共占6个单元。

（5）EQU 赋值伪指令

格式：字符名称　EQU　数据或汇编符号

功能：将一个数据或特定的汇编符号赋予规定的字符名称。例如：

```
        AAR     EQU     R7     ;AAR = R7,字符名称 AAR 在指令中代表 R7
        DDY     EQU     200H   ;DDY = 200H,DDY 在指令中可代表 200H
        ORG     00H
        MOV     A,AAR          ;(A)←(R7)
        LCALL   DDY            ;调用首地址为 200H 的子程序
        SJMP    $
DDY:    ……
        END
```

汇编软件自动把EQU右边的“数据或汇编符号”赋给左边的“字符名称”。字符名称、EQU、数据或汇编符号之间要用空隔符分开。给字符名称所赋的值可以是8位或16位的数据或地址。字符名称一旦被赋值，它在程序中就作为一个数据或地址使用。通过EQU赋值的字符名称不能被第二次赋值，即一个字符名称不可以指向多个数据或地址。字符名称必须先定义后使用，所以赋值伪指令语句通常放在源程序的开头。

(6) BIT定义位地址伪指令

格式：字符名称　BIT　位地址

功能：将位地址赋值给字符名称。例如：

```
FT1   BIT   P0.0
FT2   BIT   ACC.1
```

将P0.0和A.1的位地址分别赋予字符FT1和FT2。编程中，FT1、FT2作为位地址。

注意：不同的汇编语言编辑、汇编器，其伪指令可能略有不同。本书采用PROTEUS提供的汇编语言编辑器SRCEDIT和汇编器ASEM51，也可采用Keil。

2.1.3　汇编和编程（固化）

用汇编语言编写的程序称汇编语言源程序（简称“程序”）。单片机CPU是不认识的，所以它们都必须转换成机器语言，也就是转换成二进制格式（BIN）文件或十六进制格式（HEX）文件（称目标代码文件）。这一转换过程称为“汇编”（C51语言的这种转换称“编译”）。一般用计算机软件来实现。例如，软件调试仿真器Keil。PROTEUS也提供了软件调试器，对AT89系列而言，它由编辑器SRCEDIT和汇编器ASEM51构成。

汇编后的BIN或HEX文件再通过编程器编程（固化）到单片机的ROM中。有的单片机（如AT89S51）还可通过ISP（在系统编程）下载到单片机Flash ROM中。编程后，程序中第一条指令必须安置在单片机ROM中0000H开始的单元中。单片机CPU从ROM的0000H地址开始取指令并执行。

【例2-2】下列汇编语言程序及其代码在ROM中的安排。

```
ORG     0000H          ;伪指令,下一条指令的首址是ROM中的0地址
MOV     P1,#0F1H       ;将数(称立即数)F1H传送到特殊功能寄存器P1中
MOV     R0,A           ;将寄存器A(累加器)中的内容传送到工作寄存器R0中
SJMP    $              ;短转移至该指令首地址
END                    ;伪指令,汇编到此结束
```

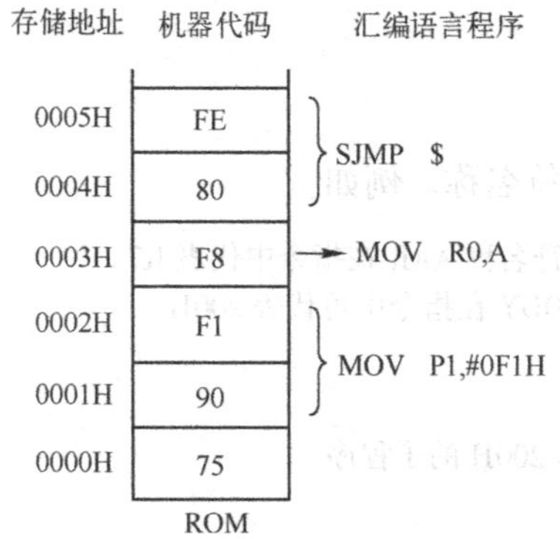

图2-1　程序机器码在ROM中的安排

经PROTEUS ASEM51或Keil汇编生成十六进制机器代码（省去了”H”）为

```
7590 F1
F8
80 FE
```

通过编程器编程或ISP下载（固化）到AT89C51或AT89S51 ROM中的机器代码安排如图2-1所示。

2.2　指令寻址方式

2.2.1　寻址、寻址方式、寻址存储器范围

1. 寻址、寻址方式

寻址就是单片机 CPU 寻找指令中操作数（数据、转移地址）的地址，寻找地址的方式称寻址方式。

2. 七种寻址方式及其寻址存储器范围

AT89C51 的硬件结构是寻址方式的基础。有七种寻址方式（表 2-2），它们体现在机器语言的各机器代码之中，在汇编语言指令中也有相应的表现形式。不同的寻址方式有不同的寻址存储器范围，表 2-2 列出了七种寻址方式及相应的寻址存储器范围。

表 2-2　七种寻址方式及相应的寻址存储器范围

寻址方式	寻址存储器范围
立即寻址	程序存储器 ROM
直接寻址	片内 RAM 低 128B，特殊功能寄存器
寄存器寻址	工作寄存器 R0～R7，A，C，DPTR，AB
寄存器间接寻址	片内 RAM 低 128B，片外 RAM
变址寻址	程序存储器 ROM(@A＋DPTR,@A＋PC)
相对寻址	程序存储器 ROM（相对寻址指令的下一指令 PC 值加 －128～＋127）
位寻址	片内 RAM 的 20H～2FH 字节地址中所有的位，可位寻址的特殊功能寄存器

2.2.2　直接寻址

特征：指令中直接给出参与操作的数据的地址，该地址一般用 direct 表示。例如：

机器代码：E5　direct　　;双字节指令

对应汇编语言指令：MOV　A,direct

若 direct 为 40H，则机器代码：E5　40

对应汇编语言指令：MOV　A,40H

该指令的功能操作是将片内 RAM 地址 40H 单元中的内容（参与操作的数据）传送到累加器 A 中。汇编语言中可用符号标识法表示功能操作，即用符号(A)←(40H)表示。

若该指令的机器代码首址在 ROM 中 0100H，且片内 RAM 地址 40H 单元中的内容为 68H。单片机 CPU 执行此指令的过程与结果可用示意图 2-2 表示，最后执行结果为(A)＝68H。

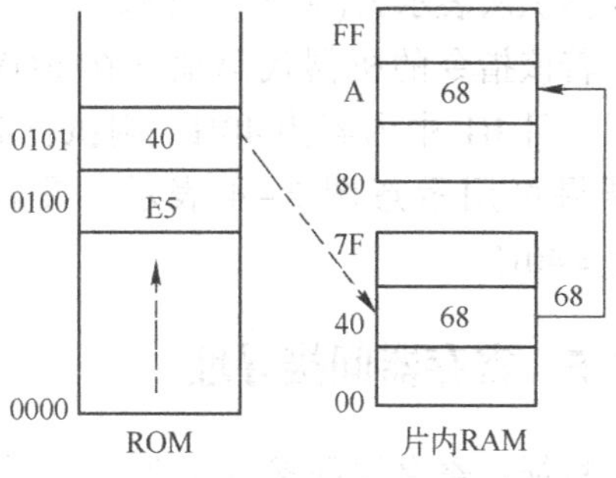

图 2-2　直接寻址指令 MOV A,40H 的执行示意图，执行结果为(A)＝(40H)＝68H

2.2.3 立即寻址

特征：指令中直接给出参与操作的数据（称立即数），用 data 表示。在汇编语言中，为标明立即数，在该 data 前加前缀"#"。立即数可以是 8 位二进制数和 16 位二进制数，分别用#data 和#data16 表示。例如：

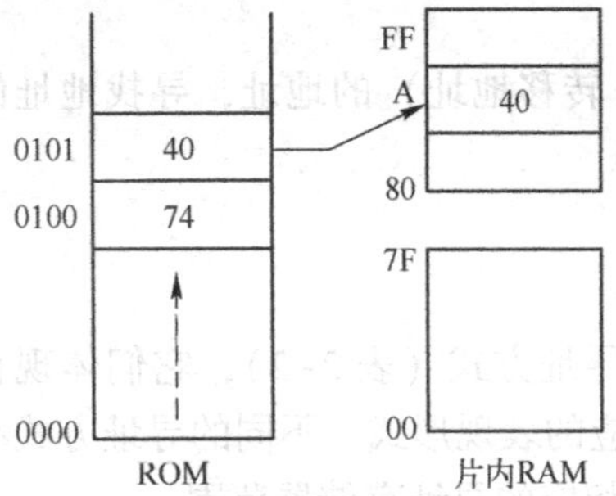

图 2-3　立即寻址指令 MOV　A,#40H 的执行示意图，执行结果为(A)=40H

机器代码：74　data　;双字节指令
对应汇编语言指令：MOV　A,#data
若 data 为 40H，则
机器代码：74　40H
汇编语言指令：MOV　A,#40H

该指令将立即数 40H 传送到累加器 A 中。用符号标识法表示为（A）←40H。

若该指令的机器码首址在 ROM 中的 0100H，则执行此指令的过程与结果可用示意图 2-3 表示，最后执行结果为(A)=40H。从图中可看出，立即数也有它所在的地址，该地址就在 ROM（此例为 0101）中，从而说明立即寻址范围为程序存储器 ROM。立即寻址实际上是寻找立即数在 ROM 中的地址。

2.2.4 寄存器寻址

特征：参与操作的数据所在地址为寄存器。

在汇编指令中直接以寄存器名来表示参与操作的数据的地址，寄存器包括工作寄存器 R0～R7、累加器 A、AB、数据指针 DPTR 和位运算寄存器 C。例如：

机器代码：E8～EF　;单字节指令
对应汇编语言指令：MOV　A,Rn　;n=0～7

机器代码是单字节，用其低 3 位（数值范围为 000～111）表示寄存器 R0～R7。若 Rn 为 R1，则

机器代码：E9　　;低 3 位为 001
对应汇编语言指令：MOV　A,R1

该指令将 R1 中的内容传送到累加器 A 中。用符号标识法表示为(A)←(R1)。

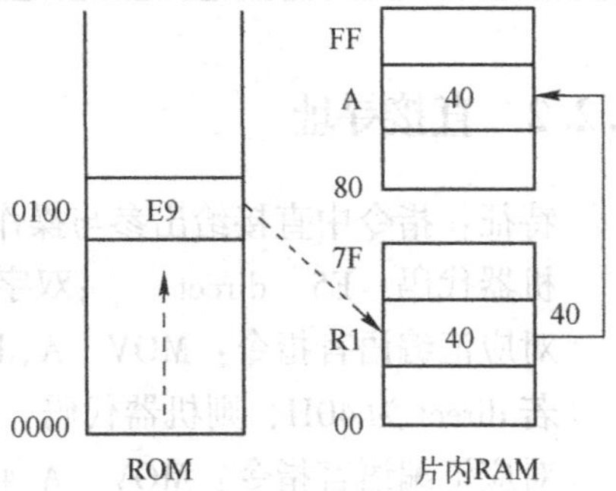

图 2-4　寄存器寻址指令 MOV A, R1 的执行示意图，执行结果为(A)=40H

若该指令的机器代码地址在 ROM 中的 0100H 单元，且 R1 中内容为 40H，则执行此指令的过程与结果可用示意图 2-4 表示。最后执行结果为（A）=40H。

2.2.5 寄存器间接寻址

特征：寄存器间接寻址为二次寻址。第一次寻址得到寄存器中的内容为（Ri）或（DPTR），第二次寻址是将第一次寻址所得的寄存器中内容作为地址，并在其中存、取参与操作的数据。在汇编语言中，寄存器的前缀@是寄存器间接寻址的标志，有@Ri、@

DPTR 等。例如：

机器代码：E6 ~ E7　　　;单字节指令

对应汇编语言指令：MOV A,@ Ri；i =0、1

若 i =1，则

机器代码：E7　　　;单字节指令

对应汇编语言指令：MOV　A,@ R1

该指令是将 R1 中的内容作为地址，再将该地址中的内容传送到累加器 A 中。用符号标识法表示为(A)←((R1))。

若该指令的机器代码首址在 ROM 中的 0100H 单元，并设 R1 中的内容为 40H，地址 40H 中的内容为 59H，则执行此指令的过程与结果可用示意图 2-5 表示。最后执行结果为(A) =59H。

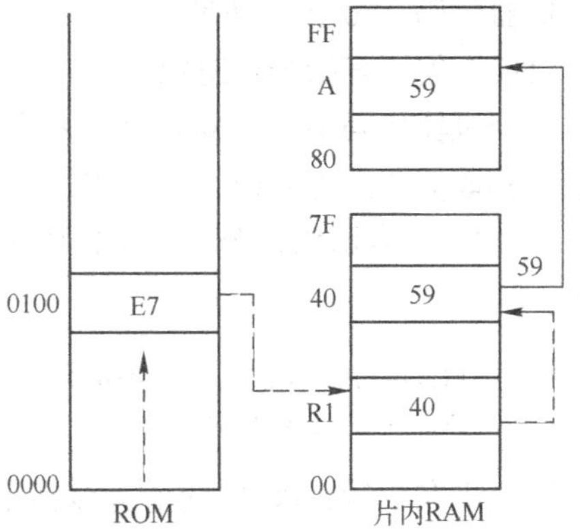

图 2-5　寄存器间接寻址指令 MOV　A, @ R1 的执行示意图，执行结果为(A) =59H

2.2.6　变址寻址

特征：间接地址由两个寄存器提供。若由 A、PC（16 位专用寄存器）提供，在汇编语言指令中寻址地址表示为 @ A + PC；若由 A 和 DPTR 提供，在汇编语言指令中寻址地址表示为@ A + DPTR。其中，PC 或 DPTR 被称为基址寄存器，A 被称为变址寄存器，基址与变址相加为 16 位无符号加法。若变址寄存器 A 中内容加基址寄存器 DPTR（或 PC）中内容时，低 8 位有进位，则该进位直接加到高位，不影响进位标志。例如：

机器代码：93　　　;单字节指令

汇编语言指令：MOVC A,@ A + DPTR

该指令将 DPTR 中的内容加上 A 中的内容作为地址，再将该地址中的内容传送到累加器 A 中。用符号标识法表示为(A)←((A) +(DPTR))。

因变址寻址指令多用于查表，故常称它为查表指令。

若该指令的机器代码地址在 ROM 中的 0100H 单元，并设 DPTR 中的内容为 0500H（DPH = 05、DPL = 00H），A 中内容为 0EH，而 ROM 地址 050EH 中的内容为 18H，则执行此指令的过程与结果可用示意图 2-6 表示。最后 A 中内容由 0EH 改为 18H，即(A) =18H。

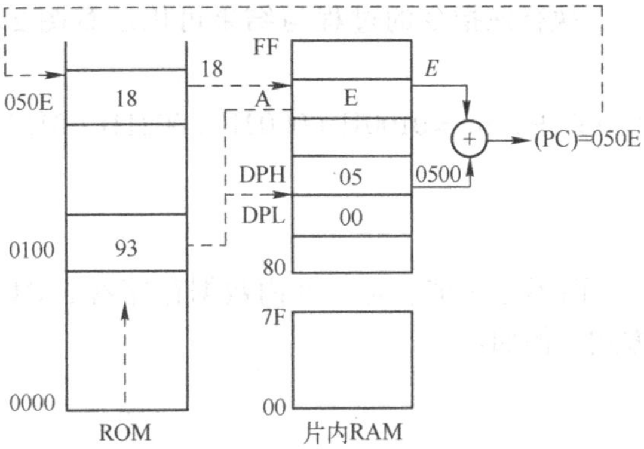

图 2-6　变址寻址指令 MOVC　A, @ A + DPTR 的执行示意图，执行结果为(A) =18H

2.2.7　相对寻址

特征：相对寻址是以相对寻址指令的下一条指令的程序计数器 PC（16 位专用寄存器）的内容为基值，加上指令机器代码中的“相对地址”，形成新的 PC 值（要转移的指令地址）的寻址方式。例如：

机器代码：80 相对地址　　　　;双字节指令

对应汇编语言指令：SJMP　rel

指令机器代码中“相对地址”指的是用一个带符号的8位二进制补码表示的偏移字节数，其取值范围为-128～+127。负数表示向后转移，正数表示向前转移。

若（PC）表示该指令在ROM中的首地址，该指令字节数为2；执行该指令的操作为两步：

(PC)←(PC)+2　;得下条指令首址
(PC)←(PC)+ 相对地址

第一步完成后，PC中的值为该指令的下一条指令的首地址。第二步完成后，PC中的内容（PC）为转移的目标地址。所以，转移的目标地址范围是该相对寻址指令的下一条指令首址加上-128～+127字节范围的地址。

汇编语言相对寻址指令中的“rel”往往是一个标号地址，表示ROM中某转移目标地址。汇编软件对该汇编语言指令进行汇编时，自动算出“相对地址”并填入机器代码中。所以，应将汇编语言中的“rel”理解为“带有相对意义的转移目标地址”。

“相对地址”与“rel”的关系可用下式表示：rel=（PC）+相对寻址指令字节数+相对地址

其中，（PC）为该指令所在ROM中的首地址。

若该指令机器代码在ROM中的首地址为0100H，并设“相对地址”为21H，它是带符号二进制补码表示的偏移字节数。则

机器代码：　80　21

执行该指令的过程与结果可用示意图2-7表示。最后转移的目的地址为0123H。

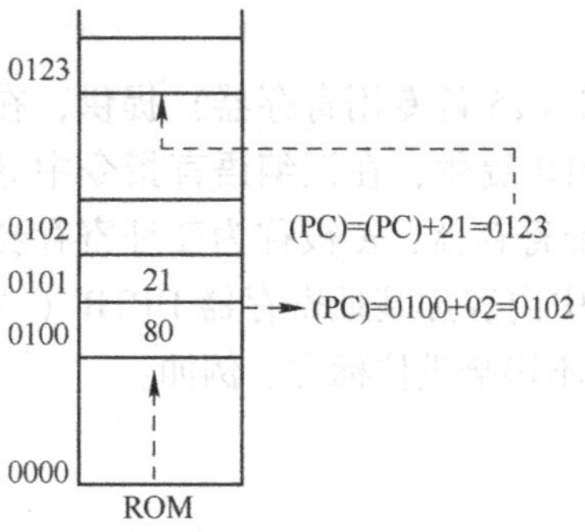

图2-7　相对寻址指令8021的执行示意图，结果转移目的地址为0123H

可由上式算出对应汇编语言指令 SJMP　rel 中，rel=0100H+0002H+0021H=0123H

2.2.8　位寻址“bit”

特征：参与操作的数据为“位”（bit），而不是字节。是对片内数据存储器RAM和SFR中可位寻址单元的位进行操作的寻址方式。例如：

机器代码：82　bit

对应汇编语言指令：ANL　C,bit

该指令将bit（位地址）中的内容（0或1）与C（进位标志位）中的内容进行与操作，再将结果传送到PSW中的进位标志位C中。汇编语言中可用符号(C)←(C)∧(bit)表示。

若bit为位地址26H，且(26H)=1。则指令为

机器代码：82　26

对应汇编语言指令：ANL　C,26H

若该指令机器代码在ROM中的首地址为0100H，设(C)=1。执行该指令的过程与结

果可用示意图2-8表示。执行结果是进位标志(C)=1。

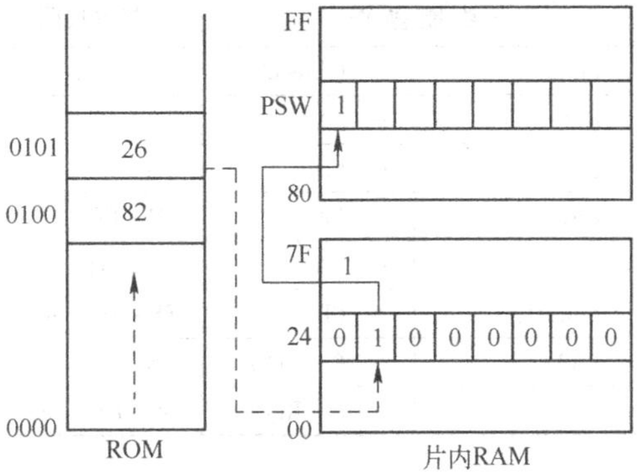

图2-8　位寻址指令ANL C,26H的执行示意图，执行结果为(C)=1

2.3　汇编语言的指令系统

按指令功能可把111种指令分为5类。

① 数据传送类（29种）；

② 算术操作类（24种）；

③ 逻辑操作类（24种）；

④ 控制程序转移类（17种）；

⑤ 布尔变量操作类（17种），即位操作类指令。

2.3.1　数据传送指令

数据传送类指令有29种，指令操作数一般为两个，即“操作数1”和“操作数2”。这时，“操作数2”可称为“源操作数”，“操作数1”可称为“目的操作数”。

1. 片内RAM数据传送指令

表2-3列出了片内RAM数据传送指令、功能操作、机器代码和执行机器周期数。此类指令的特征是操作码为“MOV”。

表2-3　片内RAM数据传送指令、功能操作、机器代码和执行机器周期数

指　令	功能操作		机器代码（十六进制）	机器周期数
MOV A,#data	(A)	← data	74　data	1
MOV Rn,#data	(Rn)		78～7F　data	1
MOV@ Ri,#data	((Ri))		76～77　data	1
MOV direct,#data	(direct)		75 direct　data	2
MOV DPTR,#data16	(DPTR)		90data15～8 data7～0	2
MOV A,direct	(A)	←(direct)	E5　direct	1
MOV Rn,direct	(Rn)		A8～AF　direct	2
MOV@ Ri,direct	((Ri))		A6～A7　direct	2

续表

指　　令	功能操作		机器代码（十六进制）	机器周期数
MOV direct1，direct2	(direct1)	←(direct2)	85 direct2　direct1	2
MOV@ Ri，A	((Ri))	←(A)	F6 ~ F7	1
MOV A，Rn	(A)	←(Rn)	E8 ~ EF	1
MOV Rn，A	(Rn)	←(A)	F8 ~ FF	1
MOV direct，A	(direct)	←(A)	F5direct	1
MOV direct，Rn	(direct)	←(Rn)	88 ~ 8f　direct	2
MOV A，@ Ri	(A)	←((Ri))	E6 ~ E7	1
MOV direct，@ Ri	(direct)	←((Ri))	86 ~ 87　direct	2

注：n = 0 ~ 7，i = 0 ~ 1

【例 2–3】用功能标识符号标出以下顺序执行的各条指令操作功能、执行结果和每条指令中带下画线的操作数的寻址方式。

```
ORG     00H          ;伪指令,指出下一指令首地址为0H
MOV     A,#30H       ;(A)←30H,(A) = 30H,立即寻址
MOV     R0,#23H      ;(R0)←23H,(R0) = 23H,寄存器寻址
MOV     P1,A         ;(P1) ←(A),(P1) = 30H,寄存器寻址
MOV     23H,#40H     ;(23H)←40H,(23H) = 40H,立即寻址
MOV     @R0,#50H     ;((R0))←50H,(R0) = 23H,(23H) = 50H,寄存器间接寻址
MOV     P1,23H       ;(P1) ←(23H),(P1) = 50H,直接寻址
MOV     A,23H        ;(A)←(23H),(A) = 50H,直接寻址
MOV     R1,23H       ;(R1)←(23H),(R1) = 50H,寄存器寻址
MOV     12H,23H      ;(12H)←(23H),(12H) = 50H,直接寻址
MOV     @R1,#12H     ;((R1))←12H,(R1) = 50H,(50H) = 12H,寄存器间接寻址
MOV     A,@R0        ;(A)←((R0)),(A) = 50H,寄存器间接寻址
MOV     34H,@R1      ;(34H)←((R1)),(34H) = 12H,直接寻址
MOV     DPTR,#6712H  ;(DPTR)←6712H,(DPTR) = 6712H,寄存器寻址
MOV     12H,DPH      ;(12H)←(DPH),(12H) = 67H,直接寻址
MOV     R0,DPL       ;(R0)←(DPL), (R0) = 12H,直接寻址
MOV     A,@R0        ;(A)←((R0)),(A) = 67H,寄存器寻址
MOV     @R0,A        ;((R0))←(A),(R0) = 12H,(12H) = 67H,寄存器寻址
MOV     A,R0         ;(A)←(R0),(A) = 12H,寄存器寻址
SJMP    $            ;短转到本指令的首地址,相对寻址
END                  ;伪指令,表示程序结束、结束汇编
```

2. 片外 RAM 数据传送指令

表 2–4 列出了片外 RAM 数据传送指令、功能操作、机器代码和执行机器周期数。它们都是与片外 RAM 有关的数据传送指令，其特征是操作码为“MOVX”。

表 2–4　片外 RAM 数据传送指令、功能操作、机器代码和执行机器周期数

指　　令	功能操作		机器代码（十六进制）	机器周期数
MOVX A,@ Ri	(A)	←((Ri))	E2 ~ E3	2
MOVX@ Ri,A	((Ri))	←(A)	F2 ~ F3	2
MOVX A,@ DPTR	(A)	←((DPTR))	E0	2
MOVX @ DPTR,A	((DPTR))	←(A)	F0	2

注：i = 0 ~ 1

四条指令均涉及对片外 RAM 64KB 地址单元操作，而指令 MOVX @ Ri, A 和 MOVX A,@ Ri 中 Ri 只提供片外 RAM 地址的低 8 位地址，其高 8 位由 P2 提供。

【例 2-4】 读懂下列程序。功能是将立即数 18H 传送到片外 RAM 中的 0100H 单元中去。接着从片外 RAM 中的 0100H 单元取出数据再送到片外 RAM 中的 0280H 单元中去。

```
ORG     00H            ;伪指令,指出下一指令首地址为 0H
MOV     A,#18H         ;将立即数 18H 传送到累加器 A 中
MOV     DPTR,#0100H    ;将立即数片外 RAM 的地址 0100H 送到 DPTR 中
MOVX    @ DPTR,A       ;将 A 中内容 18H 送到片外 RAM 地址 0100H 单元中
MOVX    A,@ DPTR       ;将片外 RAM 的 0100H 单元中的内容 18H 送到累加器 A 中
MOV     R0,#80H        ;将立即数 80H 送到寄存器 R0 中,作为片外 RAM 地址的低 8 位
MOV     P2,#02         ;将片外 RAM 地址的高 8 位置 2,由 P2 给出地址的高 8 位
MOV     X@ R0,A        ;将累加器 A 中的内容 18H 送到片外 RAM 的 0280H 单元地址中
SJMP    $
END                    ;伪指令,表示程序结束、结束汇编
```

3. ROM 数据传送指令（查表指令）

表 2-5 列出了 ROM 数据传送指令、功能操作、机器代码和执行机器周期数。这类指令共有两条，其特征是操作码为“MOVC”，均属变址寻址指令，涉及 ROM 的寻址空间均为 64KB。它们在程序中多用于查数据表，故又称查表指令。A 中的内容称为变址，DPTR、PC 中内容称为基址。

表 2-5　ROM 数据传送指令、功能操作、机器代码和执行机器周期数

指　令	功能操作	机器代码（十六进制）	机器周期数
MOVC A,@ A + DPTR	(A)←((A) + (DPTR))	93	2
MOVC A,@ A + PC	(PC)←(PC) + 1 (A)←((A) + (PC))	83	2

MOVC A,@ A + DPTR 指令首先执行 A 中的内容与 DPTR 中的内容进行 16 位无符号数的加法操作，获得基址与变址之和，将和作为地址，再将该地址中的内容传送到累加器 A 中。低 8 位相加产生进位时，直接加到高位，并不影响进位标志。

MOVC A,@ A + PC 指令首先将 PC 值修正到指向该指令的下一条指令地址，然后执行 16 位无符号数加法操作，获得基址与变址之和，将和作为地址，再将该地址中的内容传送到累加器 A 中。低 8 位相加产生进位时，直接加到高位，并不影响进位标志。

【例 2-5】 读懂下列程序。若(A) = 10H，(DPTR) = 200H，ROM 中(210H) = 68H。则执行下列程序后(A) = 68H，(P1) = 68H。

```
ORG     00H              ;伪指令,指出下一指令首地址为 0H
MOV     A,#10H           ;将立即数 10H 传送到累加器 A 中
MOV     DPTR,#0200H      ;将立即数 200H 传送到数据指针 DPTR 中
MOVC    A,@ A + DPTR     ;DPTR 中的内容加 A 中内容之和作为地址中的内容传给 A
MOV     P1,A             ;送到 P1 口显示,(P1) = 68H
SJMP    $
ORG     0210H            ;将值 68H 以表格方式赋给 ROM 210H 单元中
DB      68H
END                      ;伪指令,表示程序结束、结束汇编
```

4. 堆栈操作指令

表2-6列出了堆栈操作指令、功能操作、机器代码和执行机器周期数。

表2-6 堆栈操作指令、功能操作、机器代码和执行机器周期数

指　令	功能操作	机器代码（十六进制）	机器周期数
PUSH direct	(SP)←(SP)+1;((SP))←(direct)	C0 direct	2
POP direct	(direct)←((SP));(SP)←(SP)-1	D0 direct	2

第一条指令称为入栈指令，用于把direct地址中的内容传送到堆栈中去。这条指令执行分为两步执行，第一步使SP中的值加1，使之指向新的栈顶单元；第二步是把direct中的数据压入由（SP）为地址的栈顶单元中，即((SP))←(direct)。

第二条指令称为弹出指令。这条指令也分两步执行，第一步把栈顶单元中的数据传送到direct单元中，即(direct)←((SP))；第二步是使SP中的原栈顶地址减1，使之指向新的栈顶地址。

堆栈操作指令对堆栈指针SP而言是寄存器间接寻址指令，对direct而言是直接寻址，所以编写程序时应注意direct所表示的是直接地址。例如，在Keil中认定A、R1为寄存器，ACC、01H为直接地址，所以，指令PUSH　ACC、PUSH　01H、POP　01H和POP　ACC均为正确的指令书写格式；而PUSH　A、PUSH　R1、POP　R1和POP　A均为错误的指令书写格式。

【例2-6】 写出以下程序每条指令的运行结果并指出（SP）的值。设（SP）初值为07H。

```
ORG     00H
MOV     30H,#12H        ;(SP)=07H,(30H)=12H
MOV     A,#23H          ;(SP)=07H,(A)=23H
PUSH    30H             ;(SP)=08H,(08H)=12H
PUSH    ACC             ;(SP)=09H,(09H)=23H
POP     30H             ;(30H)=23H,(SP)=08H
POP     ACC             ;(A)=12H,(SP)=07H
SJMP    $
END
```

结果是(30H)=23H，而(A)=12H，即30H单元中的内容与A中的内容进行了交换。此例可以看出，使用堆栈时利用“先进后出”原则，可实现两地址单元的数据交换。

5. 数据交换指令

表2-7列出了数据交换指令、功能操作、机器代码和执行机器周期数。

表2-7 数据交换指令、功能操作、机器代码和执行机器周期数

指　令	功能操作	解　释	机器代码	机器周期数
XCH　A,Rn	(A)⟷(Rn)	A中的内容和片内RAM单元中的内容相交换	C8～CF	1
XCH　A,direct	(A)⟷(direct)		C5direct	
XCH A,@Ri	(A)⟷((Ri))		C6～C7	
XCHD　A,@Ri	$(A_{3\sim0})$⟷$((Ri)_{3\sim0})$	低4位相交换，高4位不变	D6～D7	1
SWAP A	$(A_{3\sim0})$⟷$(A_{7\sim4})$	同一字节中高、低4位互换	C4	1

【例 2-7】设(A)=12H，(R5)=34H，指出执行下列程序段中每条指令后的结果。

```
ORG     00H
MOV     A,#12H          ;(A)=12H,根据题意赋值
MOV     R5,#34H         ;(R5)=34H,根据题意赋值
XCH     A,R5            ;(A)←→(R5),(A)=34H,(R5)=12H
SJMP    $
END
```

2.3.2　算术运算类指令

算术运算类指令有 24 种，包括加、减、乘、除 4 种基本算术指令。这 4 种基本算术指令能对 8 位的无符号数进行直接的运算；借助溢出标志，可对带符号数进行补码运算。本书不叙述带符号数的运算。

有些算术运算类指令执行的结果将会影响程序状态字（PSW）中的标志位 C、AC、OV。但是，加 1 和减 1 指令不影响这些标志位。表 2-8 列出了对进位标志位 C（也可用 Cy 表示）、辅助进位标志位 AC、溢出标志 OV 位有影响的所有指令，包括一些非算术类操作的指令。复位操作令(PSW)=0。C、AC、OV 也可用位指令 SETB 置 1，位指令 CLR 清 0。

表 2-8　影响标志位 C、OV、AC 的指令

指　令	影响标志			指　令	影响标志		
	C	OV	AC		C	OV	AC
ADD,ADDC,SUBB	√	√	√	CPL　C	√		
MUL,DIV	0	√		CJNE	√		
DA	√			ANL　C,bit	√		
SETB　C	1			ORL　C,bit	√		
CLR　C	0			ANL　C,$\overline{bit}$	√		
SETB　AC			1	MOV　C,bit	√		
CLR　AC			0	RRC,　RLC	√		
SETB　OV		1		ORL　C,$\overline{bit}$	√		
CLR　OV		0					

√：表示根据运行结果使该位置位或复位。

1. 加法指令

表 2-9 列出了加法指令、功能操作、机器代码和执行机器周期数。

表 2-9　加法指令、功能操作、机器代码和执行机器周期数

指　令	功能操作	机器代码（十六进制）	机器周期数
ADD A,Rn	(A)←(A)+(Rn)	28～2F	1
ADD A,direct	(A)←(A)+(direct)	25 direct	1
ADD A,@Ri	(A)←(A)+((Ri))	26～27	1
ADD A,#data	(A)←(A)+data	24 data	1

这些指令分别将工作寄存器中的数据、片内RAM单元中的数据、以Ri的内容为地址的单元中的数据或8位二进制立即数和累加器A中的数相加，并将相加所得的和存放在A中。若相加时第3位或第7位有进位时，则分别将AC、C标志位置1，否则为0。

【例2-8】 用功能标识符号注释下列程序中各指令的操作功能、结果及加法指令对标志位的影响。设C=1，AC=1，OV=1。

```
ORG    00H
SETB   C          ;置C为1,(C)=1,根据题意赋值
SETB   AC         ;置AC为1,(AC)=1,根据题意赋值
SETB   OV         ;置OV为1,(OV)=1,根据题意赋值
MOV    34H,#18H   ;(34H)←18H,(34H)=18H,C=1,AC=1,OV=1
MOV    R0,#13H    ;(R0)←13H,(R0)=13H,C=1,AC=1,OV=1
MOV    A,34H      ;(A)←(34H),(A)=18H,C=1,AC=1,OV=1
ADD    A,R0       ;(A)←(A)+(R0),(A)=2BH,C=0,AC=0,OV=0
MOV    P1,A       ;送到P1口显示,(P1)=2BH
MOV    R1,#34H    ;(R1)←34H,(R1)=34H,C=0,AC=0,OV=0
ADD    A,@R1      ;(A)←(A)+((R1)),(A)=43H,C=0,AC=1,OV=0
MOV    P2,A       ;送到P2口显示,(P2)=43H
SJMP   $
END
```

其中，两个加法指令（执行前C分别为1和0）的竖式算式表示如下。

```
ADD  A,R0                              ADD  A,@R1
    (A):   18H   00011000                  (A):     2BH   00101011
+)  (R0):  13H   00010011              +)  ((R1)):  18H   00011000
--------------------------             -----------------------------
                 00101011                                 01000011
(A)=2BH, C=0 ,AC=0 ,OV=0               (A)=43H,C=0,AC=1,OV=0
```

2. 带进位C加法指令

表2-10列出了带进位C的加法指令（指令执行前的C）、功能操作、机器代码和执行机器周期数。这些指令执行后，累加器A中内容为“和”。若相加时第3位或第7位有进位时，则分别将AC、C标志位置1，否则为0。

表2-10 带进位C的加法指令、功能操作、机器代码和执行机器周期数

指 令	操 作	机器代码	机器周期数
ADDC A,Rn	(A)←(A)+(Rn)+C	38～3F	1
ADDC A,direct	(A)←(A)+(direct)+C	35 direct	1
ADDC A,@Ri	(A)←(A)+((Ri))+C	36～37	1
ADDC A,#data	(A)←(A)+data+C	34 data	1

【例2-9】 用符号标识法注释下列程序中各指令的操作功能、结果及带进位加法指令对标志位的影响。设C=1，AC=1，OV=1。

```
ORG    00H
SETB   C          ;置C为1,(C)=1
SETB   AC         ;置AC为1,(AC)=1
```

```
SETB    OV          ;置 OV 为 1,(OV) = 1
MOV     A,#0E0H     ;(A)←E0H,(A) = E0H,C = 1,AC = 1,OV = 1
ADDC    A,#28H      ;( A)←(A) +28H + C,(A) = 09H,C = 1,AC = 0,OV = 0
MOV     30H,#28H    ;(30H)←28H,(30H) = 28H, C = 1,AC = 0,OV = 0
ADDC    A,30H       ;(A)←(A)  +(30H) + C,(A) = 32H,C = 0,AC = 1,OV = 0
SJMP    $
END
```

3. 加 1 指令

表 2–11 列出了加 1 指令、功能操作、机器代码和指令执行机器周期数。这些指令执行后，不影响 PSW 中的标志位 C、AC、OV。

表 2–11　加 1 指令、功能操作、机器代码和指令执行机器周期数

指　令	功 能 操 作	机器代码（十六进制）	机器周期数
INC Rn	(Rn)←(Rn) +1	08 ~ 0F	1
INC direct	(direct)←(direct) +1	05　direct	1
INC@ Ri	((Ri))←((Ri)) +1	06 ~ 07	1
INC　A	(A)←(A) +1	04	1
INC　DPTR	(DPTR)←(DPTR) +1	A3	2

4. 带进位 C 减法指令

表 2–12 列出了带进位 C 的减法指令、功能操作、机器代码和执行机器周期数。减法操作会对 PSW 中的标志位 C、AC、OV 产生影响。当减法有借位时，则 C = 1；否则，C = 0。若低 4 位向高 4 位有借位时，AC = 1；否则，AC = 0；进行减法运算时，最高位与次高位不同时发生借位，则 OV = 1；否则，OV = 0。

表 2–12　带进位 C 的减法指令、功能操作、机器代码和执行机器周期数

指　令	功 能 操 作	机器代码（十六进制）	机器周期数
SUBB A,Rn	(A)←(A) – (Rn) – C	98 ~ 9F	1
SUBB A,direct	(A)←(A) – (direct) – C	95 direct	1
SUBB A,@ Ri	(A)←(A) – ((Ri)) – C	96 ~ 97	1
SUBB A,#data	(A)←(A) – data – C	94 data	1

【例 2–10】 运行下列程序验证：设(A) = 83H，(30H) = 53H，C = 1 时执行减法指令 SUBB A，30H 及设(A) = C9H，(R0) = 54H，C = 0 时执行减法指令 SUBB A，R0 的情况。

```
ORG     00H
SETB    C           ;(C)←1H,(C) = 1,根据题意赋值
MOV     A,#83H      ;(A)←83H,(A) = 83H ,(C) = 1,根据题意赋值
MOV     30H,#53H    ;(30H) ←53H,(30H) = 53H,C = 1,根据题意赋值
SUBB    A,30H       ;(A)←(A) + (30H),(A) = 2FH,C = 0,AC = 1,OV = 1
MOV     P1,A        ;送 P1 口显示,(P1) = 2FH
CLR     C           ;(C) = 0 ,AC = 1,OV = 1
MOV     A,#0C9H     ;(A) ←(A) + C9H,(A) = C9H,C = 0,AC = 1,OV = 1
```

```
MOV     R0,#54H     ;(R0) ←54H,(R0) =54H,C =0,AC =1,OV =1
SUBB    A,R0        ;(A) ←(A) -(R0),(A) =75H,C =0,AC =0,OV =1
SJMP    $
END
```

虽然没有不带进位C的减法指令，但可在带进位C的减法指令前加清进位标志指令CLR C，将C清零，其实际效果就是不带进位的减法运算。

5. 减1指令

表2-13列出了减1指令、功能操作、机器代码和指令执行机器周期数。这些指令执行后，不影响标志位C、AC、OV。

表2-13　减1指令、功能操作、机器代码和指令执行机器周期数

指　令	功能操作	机器代码（十六进制）	机器周期数
DEC Rn	(Rn) ←(Rn) -1	18 ~1F	1
DEC direct	(direct)←(direct) -1	15 direct	1
DEC@ Ri	((Ri))←((Ri)) -1	16 ~17	1
DEC　A	(A) ←(A) -1	14H	1

6. 十进制调整指令

表2-14列出了十进制调整指令、功能操作、机器代码和执行机器周期数。指令将累加器A中按二进制数相加后的结果，调整成按BCD数相加的结果。

表2-14　十进制调整指令、功能操作、机器代码和执行机器周期数

指　令	功能操作	机器代码	机器周期数
DA A	若$[(A_{3\sim0})>9]\vee[(AC)=1]$则$(A_{3\sim0})\leftarrow(A_{3\sim0})+6$ 若$[(A_{7\sim4})>9]\vee[(C)=1]$则$(A_{7\sim4})\leftarrow(A_{7\sim4})+6$	D4	1

【例2-11】 设计将两个BCD码数相加的程序。

```
ORG     00H
MOV     A,#56H      ;将56H传送到A中,表示的是BCD数56
MOV     B,#67H      ;将67H传送到B中,表示的是BCD数67
ADD     A,B         ;C =0,(A) =BDH,数BDH为二进制加法的结果,要得出正确的BCD
                    ;码的和数,必须对结果进行十进制调整
DA      A           ;调整后C =1、(A) =23H、AV =1。C中的内容和A中的内容构成的数
                    ;即是BCD和数56 +67 =123,可见C中内容表示BCD和数的百位
SJMP    $
END
```

说明：① 指令ADD A，B和指令DA　A共同完成了两个BCD数的相加运算，即56 +67 =123；

② 加法指令中，A和B中的内容表示的是BCD数；

③ 指令DA A必须紧跟加法指令后，对加法运算所得的结果进行十进制调整。结果中，若低4位大于9，则低4位加6调整；若高4位大于9，则高4位加6调整。该指令对

进位标志 C 产生影响。本例可用下列竖式说明。

```
        0101 0110   ；表示 BCD 码 56
+)      0110 0111   ；表示 BCD 码 67
----------------
        1011 1101   ；是二进制加法结果，且高 4 位和低 4 位都大于 9
+)      0110 0110   ；DAA 调整，对高 4 位和低 4 位都加 6 调整
----------------
C=1     0010 0011   ；调整后得到的 BCD 和数为 123
----------------
```

④ 不能用 DA 指令对减法操作的结果进行调整。

7. 乘除法指令

表 2-15 列出了乘除法指令、功能操作、机器代码和执行机器周期数。乘除法指令是指令系统中执行时间最长指令，需要 4 个机器周期（48 个振荡周期）完成一次操作，对于 12MHz 晶振的系统，其执行一次的时间为 4μs。

表 2-15　乘除法指令、功能操作、机器代码和执行机器周期数

指　令	功能操作	机器代码	机器周期数
MUL AB	$(B_{7\sim0})(A_{7\sim0})\leftarrow(A)\times(B)$	A4	4
DIV AB	(A)←(A)/(B)的商	84	
	(B)←(A)/(B)的余数		

MUL 指令实现了 8 位无符号数的乘法操作，被乘数与乘数分别放在累加器 A 和寄存器 B 中，执行后乘积为 16 位，低 8 位放在 A 中，高 8 位放在 B 中，并清进位标志 C 为 0。若乘积大于 FFH（255），溢出标志 OV 置位（1），否则复位（0）。

DIV 指令可实现 8 位无符号数除法，被除数放在 A 中，除数放在 B 中。指令执行后，商放在 A 中，余数放在 B 中，并清进位标志 C 为 0。当除数为 0 时，OV 标志置位，溢出。

【例 2-12】 设被乘数为(A) = 4EH，乘数为(B) = 5DH，C = 1、OV = 0。注释执行如下的程序后的结果。

```
ORG     00H
SETB    C           ;(C) = 1,根据题意赋值
CLR     OV          ;(OV) = 0,根据题意赋值
MOV     A,#4EH      ;将被乘数 4EH 传送到 A 中
MOV     B,#5DH      ;将乘数 5DH 传送到 B 中
MUL     AB          ;相乘后积为 1C56H,(A) = 56H,(B) = 1CH,C = 0,OV = 1
SJMP    $
END
```

【例 2-13】 设被除数(A) = FBH，除数(B) = 12H，C = 1、OV = 1。注释执行下列程序后的结果。

```
ORG     00H
SETB    C           ;(C) = 1,根据题意赋值
SETB    OV          ;(OV) = 1,根据题意赋值
MOV     A,#0FBH     ;将被除数 FBH 传送到 A 中
MOV     B,#12H      ;将除数 12H 传送到 B 中
DIV     AB          ;相除后,商(A) = 0DH,余数(B) = 11H,C = 0,OV = 0
```

```
        SJMP    $
        END
```

2.3.3 逻辑运算指令

逻辑运算指令对两个8位二进制数进行与、或、非和异或等逻辑运算。逻辑运算是按位进行的。逻辑运算符分别为∧、∨、!、⊕，其中逻辑与、或、异或的运算法则如表2-16所示。

表2-16 逻辑与、或、异或的运算法则表

参与运算的两位数据		与（∧）的结果	或（∨）的结果	异或（⊕）的结果
0	0	0	0	0
0	1	0	1	1
1	0	0	1	1
1	1	1	1	0

1. 逻辑与指令

表2-17列出了逻辑与指令、功能操作、机器代码和执行机器周期。

表2-17 逻辑与指令、功能操作、机器代码和执行机器周期

指 令	功能操作	机器代码	机器周期
ANL A,Rn	(A)←(A)∧(Rn)	58~5F	1
ANL A,direct	(A)←(A)∧(direct)	55direct	1
ANL A,@Ri	(A)←(A)∧((Ri))	56~57	1
ANL A,#data	(A)←(A)∧data	54 data	1
ANL direct,A	(direct)←(direct)∧(A)	52 direct	1
ANL direct,#data	(direct)←(direct)∧data	53 direct data	2

【例2-14】设(A)=05H，(30H)=16H，执行指令ANL A,30H后，结果为(A)=04H。程序如下。

```
        ORG     00H
        MOV     A,#05H          ;根据题意赋值
        MOV     30H,#16H        ;根据题意赋值
        ANL     A,30H           ;(A)←(A)∧(30H),(A)=04H
        SJMP    $
        END
```

2. 逻辑或指令

表2-18列出了逻辑或指令、功能操作、机器代码和执行机器周期数。

表 2-18 逻辑或指令、功能操作、机器代码和执行机器周期数

指 令	功能操作	机器代码	机器周期
ORL A,Rn	(A)←(A)) ∨ (Rn)	48～4F	1
ORL A,direct	(A)←(A) ∨ (direct)	45 direct	1
ORL A,@Ri	(A)←(A) ∨ ((Ri))	46～47	1
ORL A,#data	(A)←(A) ∨ data	44 data	1
ORL direct,A	(direct)←(direct) ∨ (A)	42 direct	1
ORL direct,#data	(direct)←(direct) ∨ data	43 direct data	2

【例 2-15】 设(A)＝C3H，(R0)＝55H，执行指令 ORL A,R0 后，结果为(A)＝D7H。程序如下。

```
ORG     00H
MOV     A,#0C3H     ;根据题意赋值
MOV     R0,#55H     ;根据题意赋值
ORL     A,R0        ;(A)←(A) ∨ (R0),(A) = D7H
SJMP    $
END
```

3. 逻辑异或指令

表 2-19 列出了逻辑异或指令、功能操作、机器代码和执行机器周期数。

表 2-19 逻辑异或指令、功能操作、机器代码和执行机器周期数

指 令	功能操作	机器代码	机器周期
XRL A,Rn	(A)←(A)⊕(Rn)	68～6F	1
XRL A,direct	(A)←(A)⊕(direct)	65 direct	1
XRL A ,@Ri	(A)←(A)⊕((Ri))	66～67	1
XRL A,#data	(A)←(A)⊕data	64 data	1
XRL direct,A	(direct)←(direct)⊕(A)	62 direct	1
XRL direct,#data	(direct)←(direct)⊕ data	63 direct data	2

【例 2-16】 设(A)＝C3H，(R0)＝AAH，执行指令 XRL A,R0 后，结果为(A)＝69H。程序如下。

```
ORG     00H
MOV     A,#0C3H     ;根据题意赋值
MOV     R0,#0AAH    ;根据题意赋值
XRL     A,R0        ;(A)←(A)⊕(R0) ;(A) =69H
SJMP    $
END
```

4. 累加器清零、取反指令

表 2-20 列出了累加器清零、取反指令、功能操作、机器代码和执行机器周期数。这两类指令皆为单字节单周期指令。

表 2-20 累加器清零、取反指令、功能操作、机器代码和执行机器周期数

指　　令	功能操作	机器代码（十六进制）	机器周期数
CLR A	(A)←0	E4	1
CPL A	(A)←(! A)	F4	1

【例 2-17】设(A)=55H，执行指令 LCR A 后，结果(A)=0，接着再执行指令 CPL A 后，结果为(A)=FFH。程序如下。

```
ORG     0H
MOV     A,#55H      ;根据题意赋值
CLR     A           ;(A)←0,(A)=0
CPL     A           ;(A)←(!A),(A)=FFH
SJMP    $
END
```

5. 移位指令

表 2-21 列出了移位指令、功能操作、机器代码和执行机器周期数。图 2-9 为 4 条移位指令的功能操作示意图。

表 2-21 移位指令、功能操作、机器代码和执行机器周期数

指　　令	功能操作	机器代码	机器周期数
RL A	$(A_{n+1})\leftarrow(A_n)$;n=6~0;$(A_0)\leftarrow(A_7)$;	23	1
RR A	$(A_n)\leftarrow(A_{n+1})$;n=0~6,$(A_7)\leftarrow(A_0)$	03	1
RLC A	$(A_{n-1})\leftarrow(A_n)$; n=6~0,$(A_0)\leftarrow(C)$,$(C)\leftarrow(A_7)$	33	1
RRC A	$(A_n)\leftarrow(A_{n+1})$;n=0~6;$(A_7)\leftarrow(C)$;$(C)\leftarrow(A_0)$	13	1

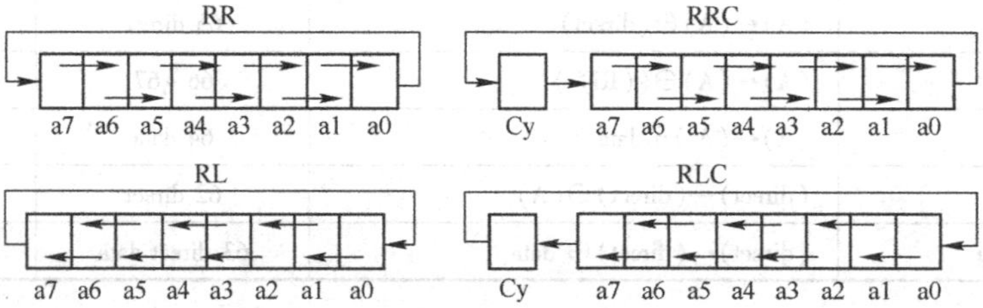

图 2-9 4 条移位指令的功能操作示意图

【例 2-18】执行下列程序，序，分析运行移位指令效果。

```
ORG     0H
MOV     A,#0FEH         ;(A)=FEH
RL      A               ;循环左移位
MOV     P1,A            ;送到 P1 口显示,(P1)=FDH
CLR     C               ;(C)=0
RRC     A               ;带进位循环右移;(A)=7EH
MOV     P2,A            ;送到 P2 口显示,(P2)=7EH
SJMP    $
END
```

2.3.4　控制转移指令

控制转移指令通过修改 PC 的内容来控制程序执行的流向。

1. 无条件转移指令

表 2-22 列出了无条件转移指令、功能操作、机器代码和执行机器周期数。

表 2-22　无条件转移指令、功能操作、机器代码和执行机器周期数

指　　令	功 能 操 作	机器代码（十六进制）	机器周期数
LJMPAddr16 长转移	(PC) ←$Addr_{15\sim0}$	02 $Addr_{15\sim8}$ $Addr_{7\sim0}$	2
AJMPAddr11 绝对转移	(PC) ← (PC) +2 ($PC_{10\sim0}$) ←指令中的 $Addr_{10\sim0}$	$a_{10}a_9a_8$0 0001 $Addr_{7\sim0}$	2
SJMP rel 相对短转移	(PC) ← (PC) +2 (PC) ← (PC) +rel	80 相对地址	2
JMP@ A + DPTR 间接长转移	(PC) ← (A) + (DPTR)	73	2

（1）长转移指令：LJMP Addr16

本指令为三字节指令，其转移的目标地址在 ROM 的 64KB 范围中，Addr16 一般用代表转移地址的标号表示，也可以是 ROM 中的地址。若 Addr16 为 1234H，则执行 LJMP 1234H 后，程序转移到 ROM 中的 1234H 处执行指令。

（2）绝对转移指令：AJMP Addr11

该指令为二字节指令。若该指令地址为（PC），执行该指令时，先执行（PC）←（PC）+2（本指令字节数），使 PC 的内容指向该指令的下一条指令首址；这时（PC）内容的高 5 位 $PC_{15}\sim PC_{11}$ 决定页数。对该 5 位而言，它的变化范围为 00000 ~ 11111（0 ~ 31），所以共有 32 个页，对应页号为 0 ~ 31，每页对应的地址范围不同，如表 2-23 所示。但每页地址范围的字节数都是 2KB（因 11 位二进制数的范围是 0 ~ 7FFH），真正转移的地址是 ROM 中的某个 16 位地址，其高 5 位必须是该指令的下一条指令地址的高 5 位（表示页号），可在下一条指令首址之前或之后。但该地址不能超出对应页号 2KB 的地址范围，否则会出错。

表 2-23　ROM 空间中 32 个（页）2KB 地址范围（省去十六进制后缀 H）

页号	地 址 范 围	页号	地 址 范 围	页号	地 址 范 围	页号	地 址 范 围
0	0000 ~ 07FF	8	4000 ~ 47FF	16	8000 ~ 87FF	24	C000 ~ C7FF
1	0800 ~ 0FFF	9	4800 ~ 4FFF	17	8800 ~ 8FFF	25	C800 ~ CFFF
2	1000 ~ 17FF	10	5000 ~ 57FF	18	9000 ~ 97FF	26	D000 ~ D7FF
3	1800 ~ 1FFF	11	5800 ~ 5FFF	19	9800 ~ 9FFF	27	D800 ~ DFFF
4	2000 ~ 27FF	12	6000 ~ 67FF	20	A000 ~ A7FF	28	E000 ~ E7FF
5	2800 ~ 2FFF	13	6800 ~ 6FFF	21	A800 ~ AFFF	29	E800 ~ EFFF
6	3000 ~ 37FF	14	7000 ~ 77FF	22	B000 ~ B7FF	30	F000 ~ F7FF
7	3800 ~ 3FFF	15	7800 ~ 7FFF	23	B800 ~ BFFF	31	F800 ~ FFFF

该指令机器代码为2字节。第一字节的低5位是00001，是指令操作码，其高3位是低11位地址的前3位；第二字节是低11位地址的后8位。这是该指令机器代码的结构特点。

若该指令正好在某页地址范围的最后两个单元，则绝对转移地址将在下一页2KB的地址范围内。例如，指令地址在0页中的07FE、07FF单元，则绝对转移地址应在1页的0800～0FFF内。

实际编程时，汇编语言指令 AJMP Addr11 中“Addr11”往往是代表绝对转移地址的标号或ROM中的某绝对转移的16位地址，经汇编后自动翻译成相对应的绝对转移机器代码。这时，不要将“Addr11”理解成一个11位地址，而应理解为该指令的下一条指令地址的高5位所决定的页内的“绝对转移”地址。

【例2-19】若绝对转移指令 AJMP 1789H 的地址为1500H，试讨论用Keil汇编此指令是否会成功？若出错不成功，请说明出错原因；若成功，请写出该指令的机器代码。

本指令的下一条指令地址为1500H+2H=1502H，二进制表示为00010101 00000010。该地址高5位为00010，对应页号为2，从表3-23查得该页2KB地址范围为1000H～17FFH。因绝对转移地址为1789H，正好在该页的2KB地址范围之中。所以用Keil汇编此指令结果为成功。

转移地址1789H的二进制表示为0001011110001001，它的低11位地址为11110001001，而该低11位地址中的高3位是111，它作为高3位与指令操作码00001构成指令的第一字节11100001，即E1H；指令的第二字节是低11位地址的低8位10001001，即89H。最后指令的机器代码为E1 89。

（3）相对短转移指令：SJMP　rel

机器代码为“80　相对地址”。其中“相对地址”是用补码表示的单字节带符号偏移字节数，取值范围为-128～+127。该指令在本章2.2.7中有详细叙述。

【例2-20】若指令 SJMP $ 的首地址为30H，求该指令的机器代码。

根据题意，(PC)=30H，“$”表示“目标转移地址”为此指令的首地址，所以也等于30H，将它们代入本章2.2.7中的计算公式，可得

$$相对地址=30H-(30H+2)=-2$$

式中，-2的补码为FEH，所以 SJMP $ 的机器代码为：80　FE。

因指令的转移地址为该指令的首地址，所以指令将实现“原地转圈”的执行状态。

AT89C51汇编语言指令系统中，没有停机指令，通常就用指令 SJMP $ 实现动态停机。

（4）间接长转移指令：JMP@A+DPTR，也称散转指令。

机器代码为73。转移地址由DPTR中的内容和A中的内容相加得到。

若指令中(DPTR)=17H、(A)=03H，则跳转到地址17H+03H=1AH处执行程序。

若指令中(DPTR)=17H、(A)=18H，则跳转到地址17H+18H=2FH处执行程序。

注：有的汇编器（例Keil、PROTEUS　ASEM51）支持JMP　Addr指令，它代表三条指令 LJMP Addr16、AJMP Addr11、SJMP rel，在汇编时会自动处理成相应的机器代码。

2. 条件转移指令

条件转移指令包含累加器A判零转移指令、比较条件转移指令和循环转移指令等。

（1）累加器A判零转移指令

表2-24列出了累加器A判零转移指令、功能操作、机器代码和执行机器周期数。

表 2-24 累加器 A 判零转移指令、功能操作、机器代码和执行机器周期数

指令	功能操作		机器代码	机器周期数
JZ rel	若(A)=0	(PC)←(PC)+2+相对地址	60 相对地址	2
	若(A)≠0	(PC)←(PC)+2		
JNZ rel	若(A)≠0	(PC)←(PC)+2+相对地址	70 相对地址	
	若(A)=0	(PC)←(PC)+2		

指令中“rel”的意义和转移地址范围均与指令 SJMP rel 中的“rel”相同。

【例 2-21】给定 R0 中的内容后，再执行下列程序，分析程序运行过程及结果。

```
        ORG   00H
        MOV   A,R0          ;请分别设置(R0)=0 及(R0)=AAH
        JZ    L1            ;(A)=0 转 L1
        MOV   P1,A
        SJMP  L2
L1:     MOV   P1,A
L2:     SJMP  L2
        END
```

如果在执行上面这段程序前(R0)=0，则移到 L1 执行，执行结果(P1)=0H。

如果(R0)=AAH，则顺序执行，也就是执行 MOV P1，A 指令，执行结果(P1)=AAH。

（2）比较条件转移指令

比较条件转移指令均为 3 字节，影响 C 标志。表 2-25 列出了比较条件转移指令、功能操作、机器代码和执行机器周期数。指令中都有 3 个操作数。其中，“rel”（操作数 3）的意义和转移地址范围均与指令 SJMP rel 中的“rel”意义相同。

表 2-25 比较条件转移指令、功能操作、机器代码和执行机器周期数

指令	功能操作		机器代码	机器周期数
CJNE A,#data,rel	若(A)≠data	(PC)←(PC)+3+相对地址	B4data 相对地址	2
	若(A)=data	(PC)←(PC)+3		
CJNE A,direct,rel	若(A)≠(direct)	(PC)←(PC)+3+相对地址	B5direct 相对地址	
	若(A)=(direct)	(PC)←(PC)+3		
CJNE Rn,#data,rel	若(Rn)≠data	(PC)←(PC)+3+相对地址	B8～BF data rel 相对地址	
	若(Rn)=data	(PC)←(PC)+3		
CJNE@ Ri,#data,rel	若((Ri))≠data	(PC)←(PC)+3+相对地址	B6～B7 data 相对地址	
	若((Ri))=data	(PC)←(PC)+3		

若操作数 1 中的内容≥操作数 2 或其中的内容，则 C=0，否则 C=1。显然，可用此指令实现对两数大于、小于和等于的判断。

【例 2-22】若(R6)=68H，“CJNE R6,#98H,85H”指令的地址为 0100H，执行该指令，则转移到 ROM 中地址 0085H 处执行程序，且 C=1。试编写验证该结果的程序。参考程序如下：

```
ORG  00H                SJMP  $
MOV  R6,#68H            ORG   0100H
LJMP 100H               CJNE  R6,#98H,85H
ORG  85H                SJMP  $
NOP                     END
```

(3) 循环转移指令

表2-26列出了循环转移指令、功能操作、机器代码和执行机器周期数。指令中“rel”的意义和转移地址范围均与相对短转移指令SJMP rel中的“rel”意义相同。是否转移的条件是:(Rn)-1及(derect)-1是否为0。该指令用得很多,例延时子程序中就经常用到。

表2-26　循环转移指令、功能操作、机器代码和执行机器周期数

指　　令	功能操作	机器代码	机器周期数
DJNZ Rn,rel	(Rn)←(Rn)-1,n=0~7	D8~DF 相对地址	2
	若(Rn)≠0,(PC)←(PC)+2+相对地址		
	若(Rn)=0,(PC)←(PC)+2		
DJNZ direct,rel	(direct)←(direct)-1	D5 direct 相对地址	
	若(direct)≠0,(PC)←(PC)+3+相对地址		
	若(direct)=0,(PC)←(PC)+3		

3. 子程序调用和返回指令

表2-27列出了子程序调用和返回指令、功能操作、机器代码和执行机器周期数。

表2-27　子程序调用和返回指令、功能操作、机器代码和执行机器周期数

指　　令	功能操作	机器代码	机器周期数
ACALL　Addr11 绝对调用	(PC)←(PC)+2	$a_{10}a_9a_8$10001 $Addr_{7\sim0}$	2
	(SP)←(SP)+1,((SP))←($PC_{7\sim0}$)		
	(SP)←(SP)+1,((SP))←($PC_{15\sim8}$)		
	($PC_{10\sim0}$)←Addr11[注:它应在该指令的下条指令所在页内的2KB地址范围内(参阅表3-23)]		
LCALL　Addr16 长调用	(PC)←(PC)+3	00010010 $Addr_{15\sim8}$$Addr_{7\sim0}$	
	(SP)←(SP)+1,((SP))←($PC_{7\sim0}$)		
	(SP)←(SP)+1,((SP))←($PC_{15\sim8}$)		
	($PC_{15\sim0}$)←Addr16		
RET 子程序返回	($PC_{15\sim8}$)←((SP)),(SP)←(SP)-1	22	2
RETI 中断返回	($PC_{7\sim0}$)←((SP)),(SP)←(SP)-1	32	

(1) 绝对调用子程序和返回指令

绝对调用子程序指令为二字节指令。被调用子程序的最后一条指令应是子程序返回指令RET,其作用是返回到原先调用子程序指令的下一条指令的首地址处。

(2)长调用子程序和返回指令

长调用子程序指令为三字节指令。该指令调用的子程序入口地址可以是ROM中的任一地址。子程序最后一条指令应是子程序返回指令RET,其作用是返回到原先调用子程序指令的下一条指令的首地址处。

(3) 中断返回指令

该返回指令在中断中使用,是中断服务子程序的最后一条指令。具体功能操作在关于中断的章节中讲解。

注:有的汇编器(例 Keil、PROTEUS ASEM51)支持 CALL addr 指令,它代表二条指令 CALL　Addr16、ACALL　Addr11,在汇编时会自动处理成相应的机器代码。

4. 空操作指令

NOP;(PC)←(PC)+1;机器代码:00

这是一条单机器周期指令。执行它仅使(PC)加 1,耗时 1 个机器周期,常用来延时。

2.3.5 位操作指令

表 2-28 列出了位操作指令、功能操作、机器代码和执行机器周期数。位操作指令的操作数不是字节,而只是字节中的某一位(bit),每位取值只能是 0 或 1。位操作指令有位传送指令、位置位和位清零操作指令、位运算指令以及位控制转移指令。

表 2-28　位操作指令、功能操作、机器代码和执行机器周期数

位指令类型	指　令	机器代码	机器周期数	功能操作
位传送	MOV C,bit	A2bit	1	(Cy)←(bit)
	MOV bit,C	92 bit		(bit)←(Cy)
位置位和位清零	CLR　C	C3		Cy←0
	CLR　bit	C2		bit←0
	SETB C	D3		(Cy)←1
	SETB bit	D2		(bit)←1
位运算	ANL C,bit	82 bit	2	(Cy)←(Cy)∧(bit)
	ANL C,$\overline{\text{bit}}$	B0 bit		(Cy)←(Cy)∧($\overline{\text{bit}}$)
	ORL C,bit	72 bit		(Cy)←(Cy)∨(bit)
	ORL C,$\overline{\text{bit}}$	A0 bit		(Cy)←(Cy)∨($\overline{\text{bit}}$)
	CPL C	B3	1	(Cy)←($\overline{\text{Cy}}$)
	CPL bit	B2		(Bit)←($\overline{\text{bit}}$)
位控制转移	JC rel	40 相对地址	2	若(Cy)=1,(PC)←(PC)+2+相对地址
				若(Cy)=0,(PC)←(PC)+2
	JNC rel	50 相对地址		若(Cy)=0,(PC)←(PC)+2+相对地址
				若(Cy)=1,(PC)←(PC)+2
位地址内容为条件转移	JB bit,rel	20 bit 相对地址		若(bit)=1,(PC)←(PC)+3+相对地址
				若(bit)=0,(PC)←(PC)+3
	JNB bit,rel	30 bit 相对地址		若(bit)=0,(PC)←(PC)+3+相对地址
				若(bit)=1,(PC)←(PC)+3
	JBC bit,rel	10 bit 相对地址		若(bit)=1,(PC)←(PC)+3+相对地址且(bit)←0
				若(bit)=0,(PC)←(PC)+3

2.4 汇编语言程序设计流程图及程序结构

2.4.1 程序设计流程图

1. 程序设计步骤

采用汇编语言编制程序的过程称为汇编语言程序设计。通常分为以下 6 步。

（1）明确任务、分析任务、构思程序设计基本框架

根据任务，明确功能要求和技术指标，构思程序技术基本框架。一般可将程序设计划分为多个程序模块，每个模块完成特定的子任务。这种程序设计框架也称模块化设计。

（2）合理使用单片机资源

合理使用单片机资源目的是使程序占用 ROM 少，执行速度快、处理突发事件能力强、工作稳定可靠。例如，若要求定时精度高，宜采用定时器/计数器；若要求及时处理片内外突发事件，宜采用中断。

（3）选择算法、优化算法

例如，逻辑运算、数字运算，要选择优化算法，力求占用 ROM 少，执行速度快。

（4）设计程序流程图

根据构思的程序设计框架设计好程序流程图。流程图包括总程序流程图、子程序流程图和中断服务程序流程图。程序流程图使程序设计形象、程序设计思路清晰。

（5）编写程序

编写程序是程序设计实施的关键步骤。要力求正确、简练、易读、易改。可采用 PROTEUS 或 Keil 提供的汇编语言编辑器。

（6）程序汇编与调试

程序汇编与调试是检验程序设计正确性的必经步骤。一般可分为以下两步。

① 汇编或编译。通过汇编工具（如 PROTEUS 中的 ASEM51、Keil）进行，汇编通过只说明汇编语言程序设计中的语法（指令格式、符号、标号、…）正确性。

② 调试。调试通过则说明程序设计满足设计任务的功能、指标要求。

2. 程序设计流程图

程序设计流程图由各种示意图形、符号、指向线、说明、注释等组成。用来说明程序执行各阶段的任务处理和执行走向。表 2-29 列出了常用的流程图符号和说明。

表 2-29　常用的流程图符号和说明

符　号	名　称	功　能
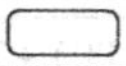	开始框或结束框	程序的开始或结束
	处理框	各种处理操作
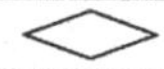	判断框	条件转移操作
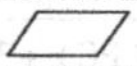	输入/输出框	输入/输出操作
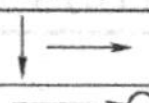	流程线	描述程序的流向
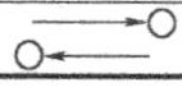	引入/引出连线	流向的连接

3. 程序设计技巧

在进行程序设计时，应注意以下事项及技巧。

① 尽量采用循环结构和子程序。这样可以使程序的总容量大为减少，并提高程序的编写效率和执行效率。采用多重循环时，要注意各重循环的初值和循环结束条件。

② 尽量采用模块化设计方法，使程序有条理、层次清楚，易读、易懂、易修改。

③ 尽量少用无条件转移指令。这样可以使程序条理清楚，从而减少错误。

④ 对于子程序，要考虑通用性，要注意保护现场和恢复现场。

⑤ 由于中断请求是随机产生的，所以在中断处理程序中，更要注意保护现场和恢复现场。

2.4.2　程序结构

1. 顺序结构程序

顺序结构程序是按程序顺序一条指令紧接一条指令执行的程序。顺序结构程序是所有程序设计中最基本的程序结构，是应用最普遍的程序结构，它是实际编写程序的基础。

【例 2-23】 设计一个顺序结构程序，将片内 RAM 30H 单元中的数据送到片内 RAM 的 40H 单元和片外 RAM 的 40H 单元中，再将片内 RAM 30H 单元和 31H 单元的数据相互交换。设(30H) =16H，(31H) =28H。

解： 程序流程图如图 2-10 所示，为顺序结构程序。汇编语言程序如下。

```
       ORG    00H
       SJMP   STAR
       ORG    30H
STAR:  MOV    30H,#16H
       MOV    31H,#28H
       MOV    A,30H            ;(A)←(30H)
       MOV    40H,A            ;(40H)←(A),(A) =16H
       MOV    R0,#40H          ;(R0)←40H
       MOV    P2,#00H          ;(P2)←00H
       MOVX   @R0,A            ;片外(0040H)←(A)
       XCH    A,31H            ;(A)与(31H)数据互换
       MOV    30H,A            ;(30H)←(A)
       SJMP   $
       END
```

结果：(40H) =16H，(0040H) =16H，(30H) =28H，(31H) =16H。

2. 选择结构程序（分支程序）

选择结构程序是指在程序执行过程中，依据条件选择执行不同分支程序，所以又称“分支程序”。为实现程序分支，编写选择结构程序时要合理选用具有判断功能的指令，如条件转移指令、比较转移指令和位转移指令等。下面举 3 个选择结构程序实例。

【例 2-24】 设计比较两个无符号 8 位二进制数大小，并将较大数存入高地址中的程

序。设两数分别存入30H和31H中。并设(30H)=42H,(31H)=30H。

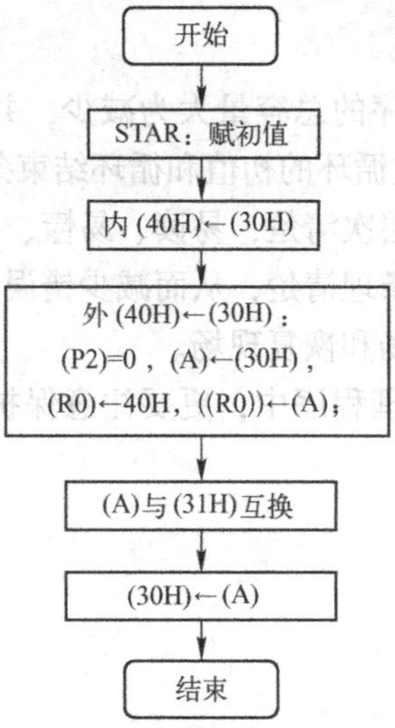

图2-10　例2-23 顺序结构流程图

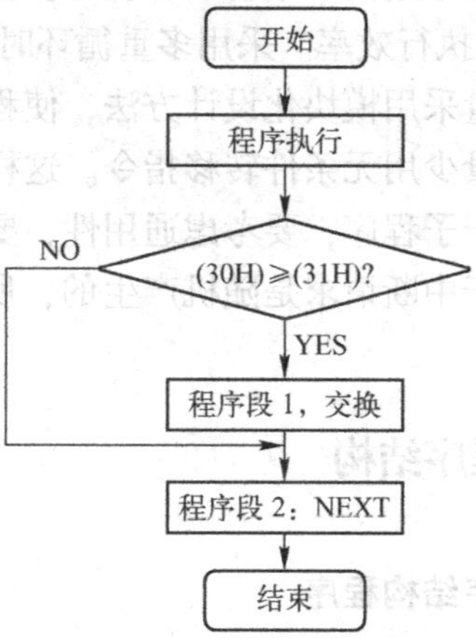

图2-11　例2-24 选择结构流程图

解：程序流程图如图2-11所示，为选择结构程序中的单分支程序流程图。汇编语言程序如下。

```
        ORG     00H
        LJMP    STAR
        ORG     200H
STAR:   MOV     30H,#42H        ;(30H)←42H
        MOV     31H,#30H        ;(31H)←30H
        CLR     C               ;C←0
        MOV     A,30H           ;(A)←(30H)
        SUBB    A,31H           ;做减法,比较两数
        JC      NEXT            ;(31H)≥(30H)转
        MOV     A,30H           ;(A)←(30H)
        XCH     A,31H           ;大数存入31H中
        MOV     30H,A           ;小数存入30H中
NEXT:   SJMP    $
        END
```

结果：(31H)=42H，(30H)=30H。

【例2-25】已知X、Y均为8位二进制数，分别存在R0、R1中，试编写能实现下面符号函数功能的程序，并将结果送入R1中。

$$Y=\begin{cases}+1, & 当X>0\\ 0, & 当X=0\\ -1, & 当X<0（补码表示）\end{cases}$$

解：程序设计流程图如图2-12所示，是选择结构程序中的有嵌套的分支程序。汇编语言程序如下，设$X=-6$（补码为FAH）。

```
        ORG     00H
        MOV     R0,#0FAH        ;X的数值赋给R0
```

```
        CJNE  R0,#00H,MP1      ;R0=0,转向MP1
        MOV   R1,#00H          ;(R0)=0,则(R1)=0
        SJMP  MP3              ;转向程序结尾
MP1:    MOV   A,R0             ;(A)←(R0)
        JB    ACC.7,MP2        ;A的符号位=1,转向MP2,表明(A)<0
        MOV   R1,#01H          ;A的符号位=0,则(R1)=1
        SJMP  MP3              ;转向程序结尾
MP2:    MOV   R1,#0FFH         ;送1的补码0FFH到R1
MP3:    SJMP  $
        END
```

结果：(R1)=FFH。

【例2-26】 若(R3)=12H，(R4)=89H。根据寄存器R2中的内容，散转执行3个不同的分支程序段。

(R2)=0，将R3的内容送到片内RAM的50H单元中；

(R2)=1，将R3的内容送到片外RAM的50H单元中；

(R2)=2，将R3、R4的内容交换。

解：程序流程图如图2-13所示，是选择结构程序中的多分支程序。R2中内容可分别设为0、1、2。其汇编语言源程序设计如下。

```
        ORG   00H
        MOV   R2,#0            ;设(R2)=0
        MOV   R3,#12H          ;(R3)=12H
        MOV   DPTR,#TAB        ;(DPTR)=#TAB
        MOV   A,R2             ;(A)←(R2)
        MOVC  A,@A+DPTR        ;查表
        JMP   @A+DPTR          ;根据查表结果转
TAB     DB    TAB0-TAB
        DB    TAB1-TAB
        DB    TAB2-TAB
TAB0:   MOV   50H,R3           ;(50H)←(R3)
        SJMP  ENDF             ;转向ENDF
TAB1:   MOV   P2,#0            ;(P2)←0
        MOV   R0,#50H          ;(R0)←50H
        MOV   A,R3             ;(A)←(R3)
        MOVX  @R0,A            ;外(50H)←(A)
        SJMP  ENDF             ;转向ENDF
TAB2:   MOV   R4,#89H          ;(R4)←89H
        MOV   A,R3             ;(A)←(R3)
        XCH   A,R4             ;交换
        MOV   R3,A             ;(R3)←(A)
ENDF:   SJMP  $
        END
```

结果：(50H)=12H。(思考：改设R2值为1或2的结果又如何?)

选择结构程序允许嵌套，从而形成多级选择程序结构。汇编语言不限制嵌套的层数，但过多的嵌套将使程序的结构变得复杂和臃肿，容易造成混乱，因此应避免过多的嵌套。

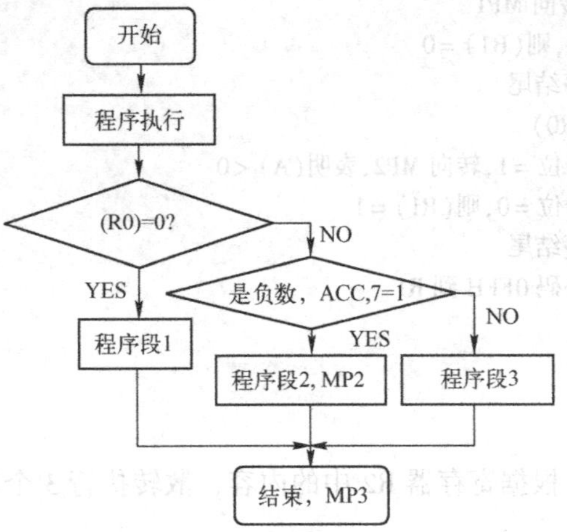

图2-12　例2-25有嵌套分支的程序流程图

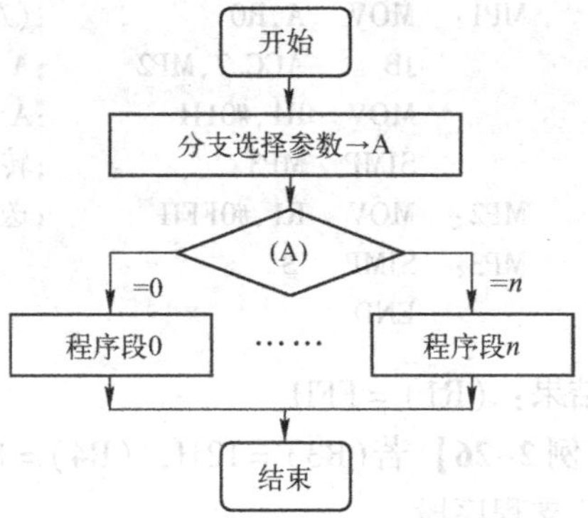

图2-13　例2-26多分支程序结构形式

3. 循环结构程序

循环是指CPU反复地执行某种相同操作。从本质上讲，循环只是选择结构程序中的一个特殊形式而已。因为循环的重要性，因而将它独立作为一种程序结构。循环结构如图2-14所示，由以下4个主要部分组成。

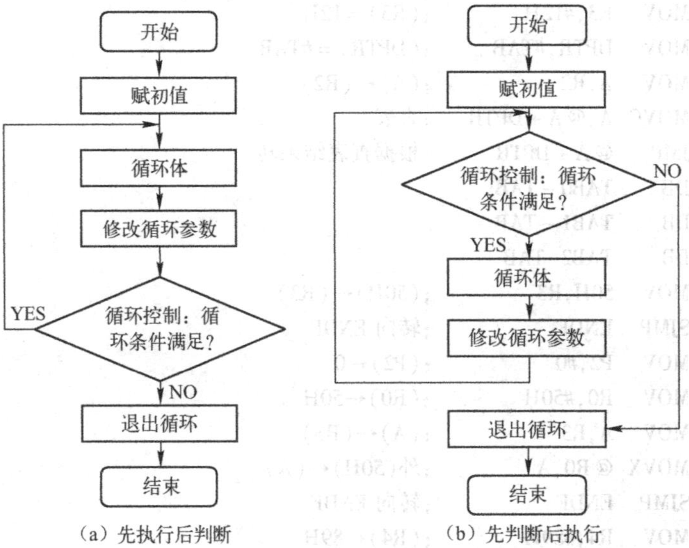

图2-14　循环结构程序

（1）初始化部分（赋初值）

在进入循环体之前需给用于循环过程的工作单元设置初值，如循环控制计数初值、地址指针起始地址的设置、变量初值等。初始化部分是保证循环程序正确执行所必需的。

（2）处理部分（循环体）

处理部分（循环体）是循环结构的核心部分，完成实际的处理工作。在循环体中，也可包括改变循环变量、改变地址指针等有关修改循环参数的部分。

（3）循环控制部分（循环控制）

循环控制部分是控制循环与结束的部分，通过循环变量和结束条件进行控制，判断是否符合结束条件，若符合就结束循环程序的执行。有时修改循环参数和判断结束条件由一条指令完成，例 DJNZ 指令。

（4）退出循环

循环处理程序的结束条件不同，相应控制部分的实现方法也不一样；分循环计数控制法和条件控制法。经常使用的延时程序便是其中的典型。

【例 2-27】 当晶振频率为 12MHz 时，用 AT89C51 汇编语言设计延时 200μs 的程序段。

解： 因晶振频率为 12MHz，所以机器周期为 1μs。可采用先执行后判断的循环结构程序。程序段的流程图如图 2-14（a）所示，程序段如下。

```
BB：MOV   R6,#49        ;单机器周期指令 1μs,赋初值(R6)←49
AA：NOP                 ;单机器周期指令 1μs
    NOP                 ;单机器周期指令 1μs
    DJNZ  R6,AA         ;双机器周期指令 2μs
    NOP                 ;单机器周期指令 1μs
    NOP                 ;单机器周期指令 1μs
    NOP                 ;单机器周期指令 1μs
```

结果：延时时间 = (1 + 4 × 49 + 1 + 1 + 1) μs = 200μs。

4. 子程序程序结构

子程序是可在主程序中通过 LCALL、ACALL 等指令调用的程序段，该程序段的第一条指令地址称子程序入口地址。子程序的最后一条指令必须是 RET 返回指令，即返回到主程序中调用子程序指令的下一条指令。典型的子程序调用结构如图 2-15 所示。

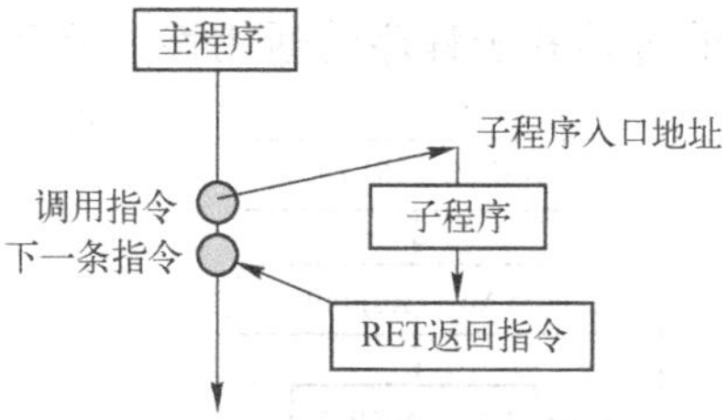

图 2-15　子程序调用结构示意图

【例 2-28】 设计一个程序，由主程序循环调用子程序 SHY。子程序 SHY 使连接到单片机 P1 口上的 8 个 LED 灯中的某个灯闪烁 5 次。主程序中的指令 RL　A 将确定哪个 LED 灯闪烁。

解：

```
        ORG     00H
        MOV     A  A,#0FEH      ;灯亮初值
STAR：  ACALL   SHY             ;调用闪烁子程序
        RL      A               ;左移
        SJMP    STAR            ;短转移到 STAR,循环
;以上程序段为主程序,以下程序段为子程序,标号 SHY 为子程序入口
SHY：   PUSH    PSW             ;保护现场
        MOV     R2,#5           ;闪烁子程序,闪烁 5 次计数
SHY1：  MOV     P1,A            ;点亮
```

```
        NOP                 ;延时
        MOV     P1,#0FFH    ;熄灭
        NOP                 ;延时
        DJNZ    R2,SHY1     ;循环
        POP     PSW         ;恢复现场
        RET                 ;子程序返回
        END
```

本例中的子程序入口地址是标号为 SHY 的地址，子程序返回指令是 RET，主程序调用该子程序的调用指令是 ACALL SHY。为观察到 LED 灯的闪烁，要求状态时钟信号频率低，为此，单片机可采用频率很低的外部振荡器信号。

2.5 汇编语言程序设计举例

2.5.1 延时程序

在单片机应用系统中，延时程序是经常使用的程序，一般设计成具有通用性的循环结构延时子程序。在设计延时子程序时，延时的最小单位为机器周期，所以要注意晶振频率。

【例 2-29】 当晶振频率为 12MHz 时，设计延时 20ms 的子程序。

解：图 2-16 所示是标号为 YASH20 的延时子程序流程图。为便于理解调用子程序的过程和子程序的通用性，将程序设计为在主程序中调用子程序的方式。程序设计如下。

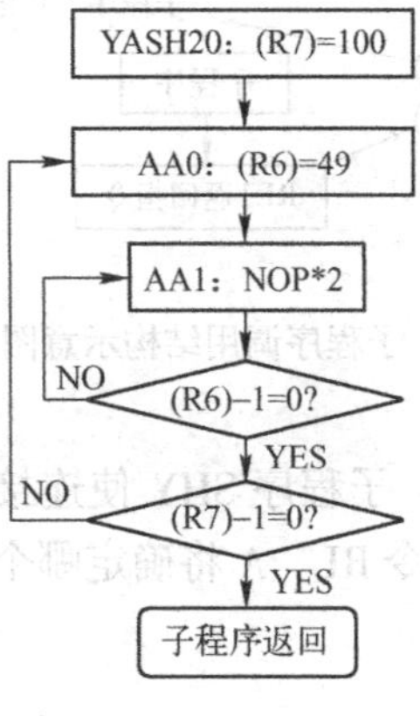

图 2-16 延时子程序流程图

```
        ORG     00H
        LCALL   YASH20
        SJMP    $
YASH20: MOV     R7,#100     ;延时 20ms 子程序
AA0:    MOV     R6,#49
AA1:    NOP
        NOP
        DJNZ    R6,AA1
        NOP
        DJNZ    R7,AA0
        NOP
        RET
        END
```

计算延时时间 = [(4 × 49 + 4) × 100 + 4 + 2] μs = 20006μs。本例文件名取为 B0251. ASM。

2.5.2 查表程序

在单片机应用系统中，查表程序是一种常用的程序，它可以完成数据计算、转换、补偿等各种功能，具有程序简单、执行速度快等优点。在 AT89C51 单片机中，数据表格存

放在程序存储器 ROM 中，而不是在 RAM 中。编写程序时，可以通过 DB 或 DW 伪指令，以表格的形式将数据列于 ROM 中。用于查表的指令有两条：

```
MOVC  A,@A+DPTR
MOVC  A,@A+PC
```

1. 使用查表指令 MOVC A，@A+DPTR 的查表程序

当用 DPTR 做基址寄存器时，寻址范围为整个程序存储器的 64KB 空间，表格可放在 ROM 的任何位置。查表的步骤分 3 步：

① 基址值（表格首地址）→DPTR 中；

② 变址值（要查表中的项与表格首地址之间的间隔字节数）→A；

③ 执行 MOVC　A，@A+DPTR

【例 2-30】 将一位十六进制数转换为 ASCII 码。设一位十六进制数放在 R0 的低 4 位，转换为 ASCII 后再送回 R0。用查表法设计程序，使用查表指令 MOVC　A,@A+DPTR。

解： 程序设计流程图如图 2-17 所示，设计程序如下。

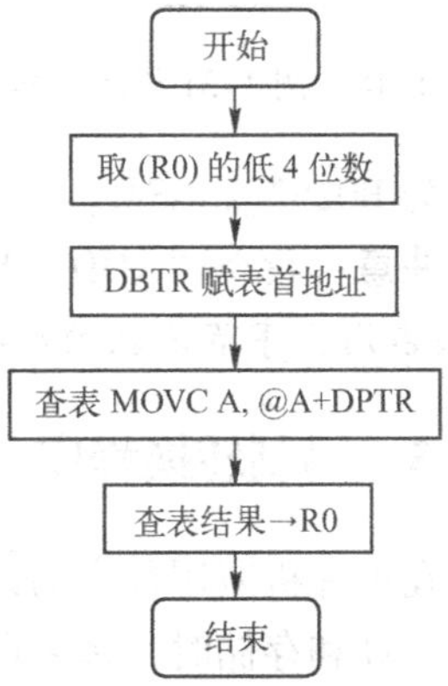

图 2-17　十六进制数转换为 ASCII 码的程序流程图

```
      ORG   00H
      MOV   R0,#0BH                 ;设(R0)=BH
      MOV   A,R0                    ;读数据
      ANL   A,#0FH                  ;屏蔽高 4 位
      MOV   DPTR,#TAB               ;置表格首地址
      MOVC  A,@A+DPTR               ;查表
      MOV   R0,A                    ;回存
      SJMP  $
      ORG   50H
TAB:  DB 30H,31H,32H,33H,34H,35H,36H,37H,38H,39H
      ;0~9 的 ASCII 码
      DB 41H,42H,43H,44H,45H,46H  ;A~F 的 ASCII 码
      END;
```

结果：一位十六进制数 B 的 ASCII 码为 42H。本例文件名取为 B0252_1. ASM。

2. 使用查表指令 MOVC A，@A+PC 的查表程序

当用 PC 做基址寄存器时，基址 PC 是当前程序计数器的内容，即查表指令的下条指令的首址。查表范围是查表指令后 256B 的地址空间。由于 PC 本身是一个程序计数器，与指令的存放地址有关，所以查表操作有所不同。也可分为三步：

① 变址值（表中要查的项与表格首地址之间的间隔字节数）→（A）；

② 偏移量（查表指令下一条指令的首地址到表格首地址之间的间隔字节数）+（A）→（A）；

③ 执行 MOVC　@A+PC 指令。

【例 2-31】 用查表指令 MOVC A，@A+PC 实现例 2-30 的功能。

解： 程序设计流程图如图 2-18 所示。设计程序如下。

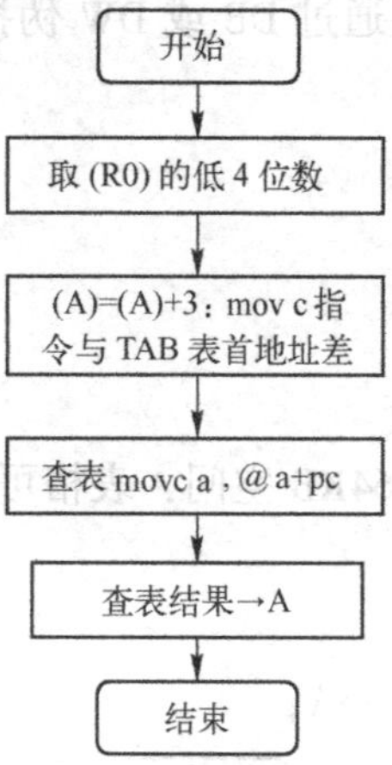

图2-18　例2-31程序流程

```
      ORG   00H
      MOV   R0,#07H         ;设(R0)=7H
      MOV   A,R0            ;读数据
      ANL   A,#0FH          ;屏蔽高4位
      ADD   A,#03H          ;加偏移量
      MOVC  A,@A+PC         ;查表
      MOV   R0,A            ;回存,1字节
      SJMP  $               ;2字节
TAB:  DB    30H,31H,32H,33H,34H
      DB    35H,36H,37H,38H,39H
      ;0~9的ASCII码
      DB    41H,42H,43H,44H,45H,46H
      ;A~F的ASCII码
      END
```

结果：一位十六进制数7H的ASCII码为37H。本例文件名取为B0252_2. ASM。

注意：指令“ADD　A，#03H”的作用是加偏移量3，是因MOV　R0，A和SJMP　$共占用3字节地址的原故。

2.5.3　码制转换程序

在单片机应用程序的设计中，经常涉及各种码制的转换问题。在单片机系统内部进行数据计算和存储时，多采用二进制码。在数据的输入/输出中，按照人们的习惯，多采用代表十进制数的BCD码（用4位二进制数表示的十进制数）表示。

1. 二进制（或十六进制）数转换成BCD码

十进制数常用BCD码表示。BCD码有两种形式：一种是一个字节放一位BCD码，它适用于显示或输出；另一种是压缩的BCD码，即一个字节放两位BCD码，高4位、低4位各存放一个BCD码，可以节省存储单元。

将单字节二进制（或十六进制）数转换为BCD码的一般方法是把二进制（或十六进制）数除以100，得到百位数，余数除以10的商和余数分别为十位数、个位数。

单字节二进制（或十六进制）数在0~255之间，设单字节数在累加器A中，转换结果的百位数放在R3中，十位和个位同放入A中。除法指令完成的操作为：A除以B的商放入A中，余数放入B中。

【例2-32】将单字节二进制数转换成BCD码。若二进制数为89H。

解：程序设计流程图如图2-19所示，设计程序如下。

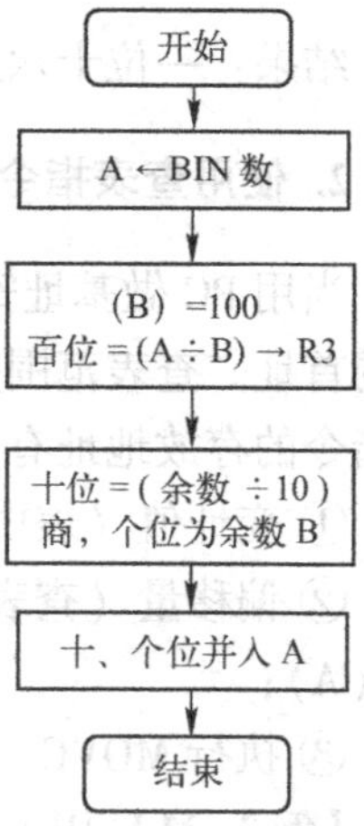

图2-19　单字节二进制转为BCD码的程序流程图

```
ORG   00H
MOV   A,#89H       ;十六进制数89H送A中
MOV   B,#100       ;100作为除数送入B中
DIV   AB           ;十六进制数除以100
```

```
MOV    R3,A          ;百位数送 R3,余数在 B 中
MOV    A,#10         ;分离十位数和个位数
XCH    A,B           ;余数送入 A 中,除数 10 送 B 中
DIV    AB            ;分离出十位放在 A 中个位送 B 中
SWAP   A             ;十位数交换到 A 中的高 4 位
ADD    A,B           ;将个位数送入 A 中的低 4 位
SJMP   $
END
```

结果：(R3) =1，(A) =37H，89H 的 BCD 为 137。本例文件名取为 B0253_1. ASM。

2. BCD 码转换成二进制（或十六进制）数

【例 2-33】 将两位压缩 BCD 码按其高、低 4 位分别转换为二进制数。本例压缩 BCD 码为 89。

解：程序设计流程图如图 2-20 所示，设计程序如下。

两位压缩 BCD 码存放在 R2 中。将其高、低 4 位分别转换为二进制数，并存放在 R3 中。

```
ORG  0H
STAR: MOV    R2,#89H        ;表示 BCD 码为 89
      MOV    A,R2           ;(A)←(R2)
      ANL    A,#0F0H        ;屏蔽低 4 位
      SWAP   A              ;高 4 位与低 4 位交换
      MOV    B,#10          ;乘数
      MUL    AB             ;相乘
      MOV    R3,A           ;(R3)←(A)
      MOV    A,R2           ;(A)←(R2)
      ANL    A,#0FH         ;屏蔽高 4 位
      ADD    A,R3           ;(A)←(A) + (R3)
      MOV    R3,A           ;(R3)←(A)
      SJMP   $
      END
```

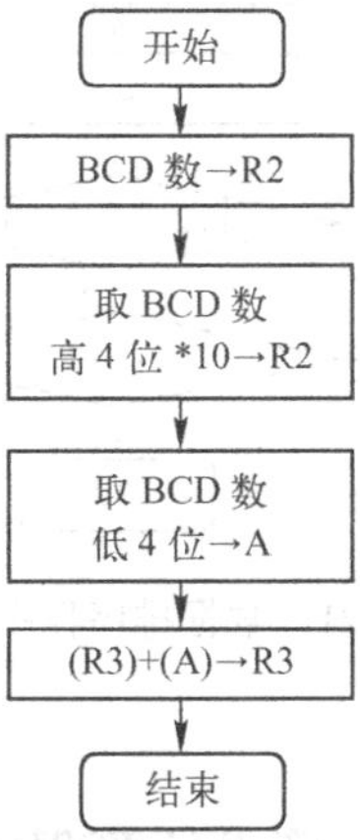

图 2-20　单字节压缩 BCD 码转为二进制数的程序流程图

结果：BCD 码为 89，转换为十六进制数为 59H，放在 R3 中。本例文件名取为 B0253_2. ASM。

2.5.4　数据排序程序

在单片机应用程序中，有时要对数据进行排序。排序的方法有按从小到大的次序排，有按从大到小的次序排等。

【例 2-34】 设计一个排序程序，将单片机内 RAM 中若干单字节无符号的正整数，按从小到大的次序重新排列。

解：程序设计流程图如图 2-21 所示。先将不等的 11 个任意数据放于 AT89C51 中片内 RAM 的 50H ~ 5AH 单元中，设依次为 56H、88H、34H、57H、18H、62H、42H、24H、01H、31H、11H。设计程序如下（俗称冒泡法）。

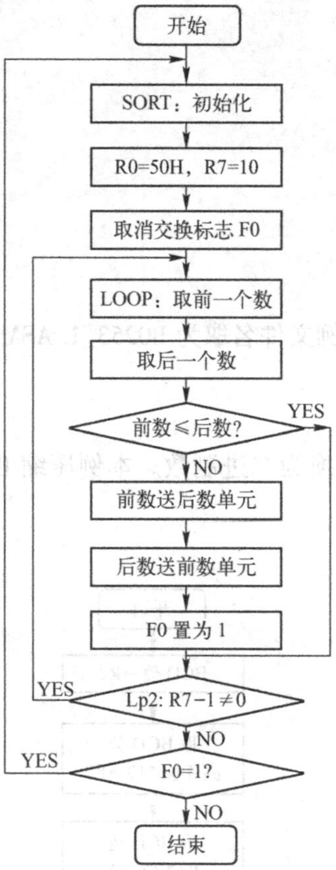

图2-21　数据排序程序流程图

```
        ORG   00H
SORT:   MOV   R0,#50H       ;指针送R0
        MOV   R7,#0AH       ;每次冒泡比较的次数
        CLR   F0            ;交换标志清0
LOOP:   MOV   A,@R0         ;取前一个数
        MOV   R2,A          ;暂存前一个数于R2
        INC   R0            ;取后一个数
        MOV   30H,@R0       ;后一个数暂存于30H
        CLR   C             ;清进位为0
        CJNE  A,30H,LP1     ;前后两数相比较
        SJMP  LP2
LP1:    JC    LP2           ;前数≤后数,不交换
        MOV   A,@R0
        DEC   R0            ;前数>后数,则交换
        XCH   A,@R0
        INC   R0
        MOV   @R0,A
        SETB  F0            ;置交换标志
LP2:    DJNZ  R7,LOOP       ;进行下一次比较
        JB    F0,SORT       ;一趟循环中有交换,进行
                            下一趟冒泡
        SJMP  $             ;无交换退出
        END
```

结果：数据在RAM的50H～5AH单元中从小到大的次序排列依次为01H、11H、18H、24H、31H、34H、42H、56H、57H、62H、88H。本例文件名取为B0254.ASM。

2.5.5　算术计算程序

AT89C51指令系统中有加、减、乘、除、加1、减1等指令，可通过设计程序来处理一般不大复杂的算术运算。设计中要注意程序执行对PSW的影响。

【例2-35】设计一个顺序程序，求解 $Y=(3\times X+4)\times 5\div 8-1$。$X$ 的取值范围为0～15，X 值存放于30H中，设（X）=4，计算结果 Y 存放在31H中。

解：程序设计流程图如2-22所示。设计程序如下。

```
      ORG   00H
      LJMP  STAR
      ORG   100H
STAR: MOV   30H,#4      ;X=4,(30H)=4
      MOV   A,30H
      CLR   C
      RLC   A           ;2X
      ADD   A,30H       ;(A)=3X
      MOV   31H,A       ;(31H)=(A)=3X
      MOV   A,#4
      ADD   A,31H       ;(A)=3X+4
      MOV   B,#5
```

```
        MUL     AB              ;(A) =5(3X +4)
        MOV     B,#8
        DIV     AB              ;(A) =5(3X +4)/8
        DEC     A               ;(A) =[5(3X +4)/8] -1
        MOV     31H,A           ;结果在 31H 中,余数在 B 中
        SJMP    $
        END
```

结果：(31H) =9。本例文件名取为 B0255_1. ASM。

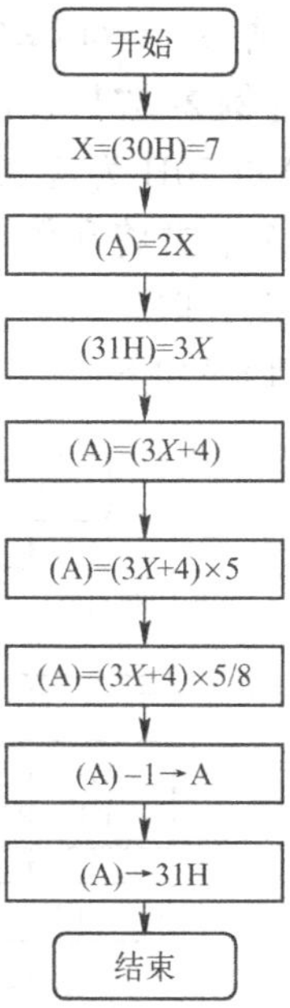

图 2-22　例 2-35 的程序流程图

【例 2-36】 用程序实现 $c = a^2 + b^2$。设 a、b、c 存于片内 RAM 的 3 个单元 R2、R3、R4 中。该题可用子程序来实现，通过两次调用查平方表子程序来得到 a^2 和 b^2，并在主程序中完成相加。(设 a、b 为 0 ~ 9 之间的数，例设 $a = 6$，$b = 4$)

解：程序设计流程图如图 2-23 所示。左图为主程序流程，右图为实现平方子程序 SQR 的流程图。设计程序如下。

```
        ORG     00H
        MOV     R2,#6                   ;赋值(R2) =6
        MOV     R3,#4                   ;赋值(R3) =4
        MOV     A,R2                    ;取第一个被加的数据 a
        ACALL   SQR                     ;第一次调用,得 a²
        MOV     R1,A                    ;暂存 a² 于 R1 中
        MOV     A,R3                    ;取第二个被加的数据 a
        ACALL   SQR                     ;第二次调用,得 b²
        ADD     A,R1                    ;完成 a² + b²
        MOV     R4,A                    ;存 a² + b² 结果到 R4
        SJMP    $
SQR:    INC     A                       ;查表位置调整
        MOVC    A,@ A + PC              ;查平方表
        RET                             ;子程序返回
TAB:    DB 0,1,4,9,16,25,36,49,64,81    ;1 ~9 的平方表
        END
```

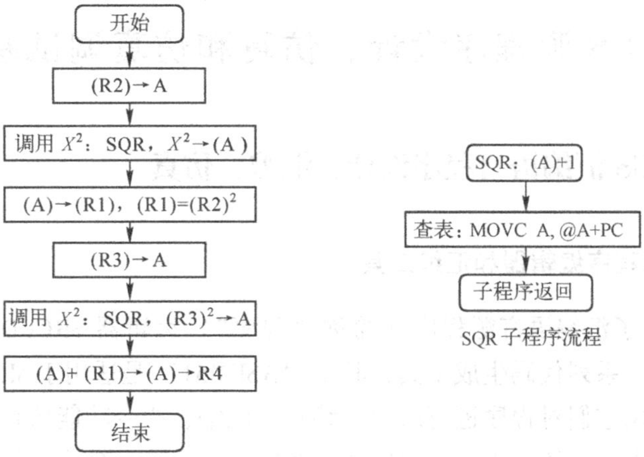

图 2-23　程序流程图

结果：(R4)=34H=52。本例文件名取为B0255_2. ASM。

【例2-37】设计n个正整数的求和程序。设X_i均为单字节数，并按顺序存放在片内RAM以50H为首地址的连续存储单元中，数据长度（个数）n存在R2中。求$S=X_1+X_2+\cdots X_n$，并将和数S（双字节）存放在R3、R4中（设和数<65536）。

解：取$n=5$，其程序设计流程图如图2-24所示。程序结构为“计数控制循环结构”，设计程序如下。

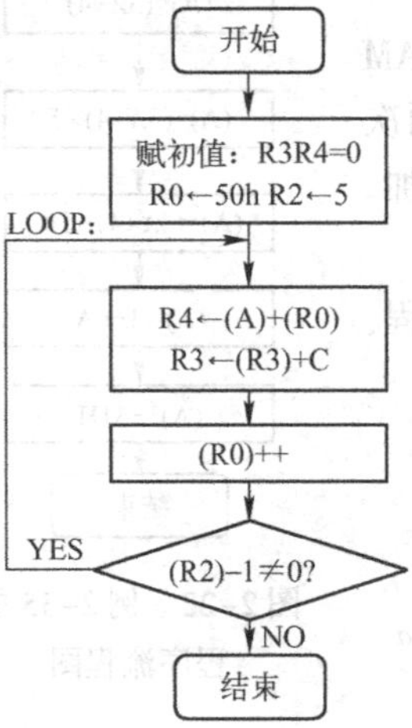

图2-24　求累加和程序流程图

```
      ORG   00H
      MOV   50H,#23H ;为寄存器50H~54H预置数据
      MOV   51H,#05H
      MOV   52H,#0FFH
      MOV   53H,#44H
      MOV   54H,#60H
;以下4条指令为置循环初值
      MOV   R2,#5     ;数据个数计数器R2置数
      MOV   R3,#00H   ;结果高位存储器R3清0
      MOV   R4,#00H   ;结果低位存储器R4清0
      MOV   R0,#50H   ;寄存器(R0)=50H
;以下6条指令为循环体
LOOP: MOV   A,R4
      ADD   A,@R0
      MOV   R4,A
      CLR   A
      ADDC  A,R3
      MOV   R3,A
;以下3条分别为循环修改、循环控制、退出循环
      INC   R0        ;循环修改
      DJNZ  R2,LOOP   ;循环控制
      SJMP  $         ;退出循环
      END
```

结果：高位(R3)=01H；低位(R4)=CBH。本例文件名取为B0255_3. ASM。

2.6　PROTEUS源程序设计、仿真和仿真调试基础

2.6.1　PROTEUS汇编语言程序设计、汇编、仿真

1. 汇编语言源程序编辑器和汇编工具

PROTEUS提供了汇编语言源程序（简称“程序”）编辑器SRCEDIT，它是记事本的修改版。也提供了一系列代码生成工具，其中“ASEM51”是适用于MCS-51及与兼容单片机的汇编器。可用它们对程序进行编写、编辑、汇编、指令功能仿真检验、调试等。

为具体起见，本节叙述是在ISIS中AT89C51单片机最小系统（取名为B0261. DSN）环境下进行，其电路如图2-25的中上方所示，图2-25左下方为源程序，文件名为B0261. ASM。

本节叙述中的仿真验证、察看和调试，除源程序中使用了与外扩展存储器有关的指令而要求接上相关的外扩展存储器电路外，均可适用。

注意： Keil 支持汇编语言编程（编辑、汇编、调度…），其使用方法可参考本书 3.10 节的内容。

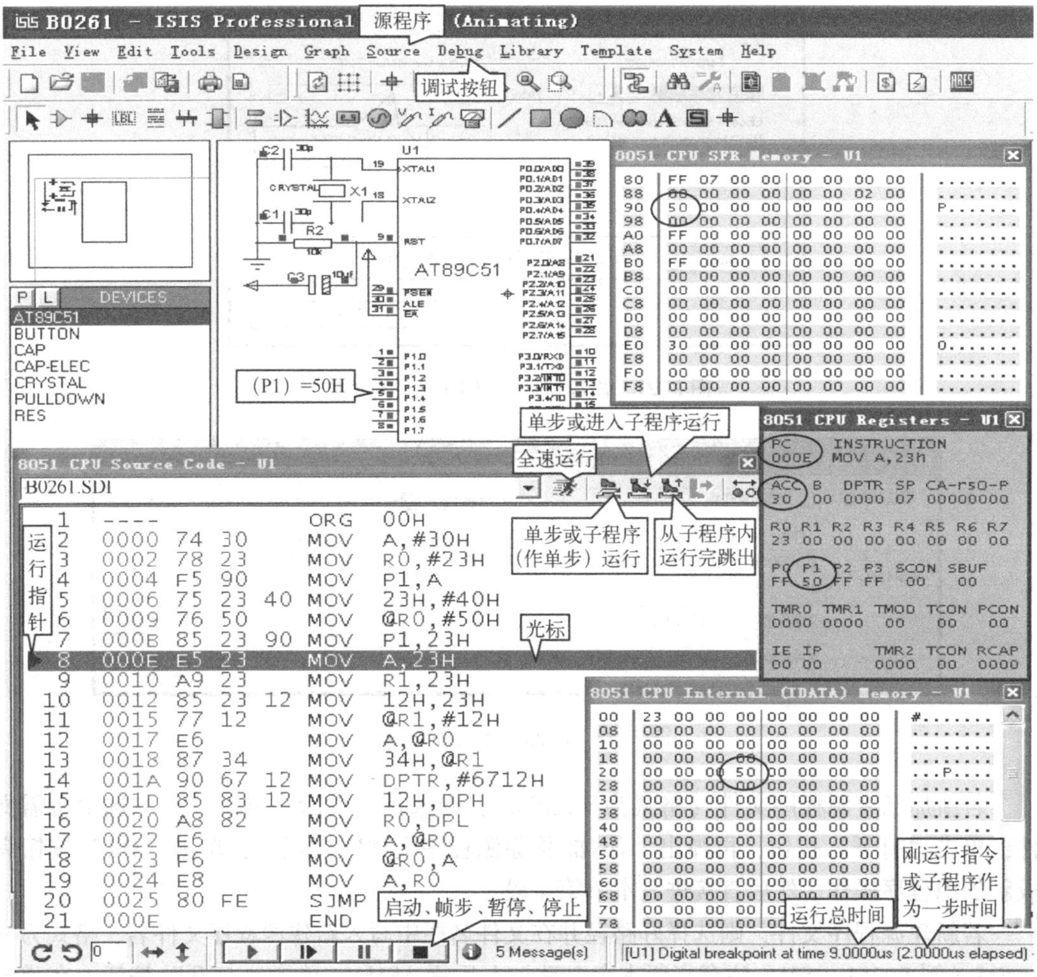

图 2-25 ISIS 中单片机最小系统电路环境、源程序、仿真片段、仿真调试状态下各个调试窗口及按钮

2. 添加源程序文件

单击 ISIS 菜单中的“Source（源程序）”选项，弹出下拉菜单，如图 2-26 所示。

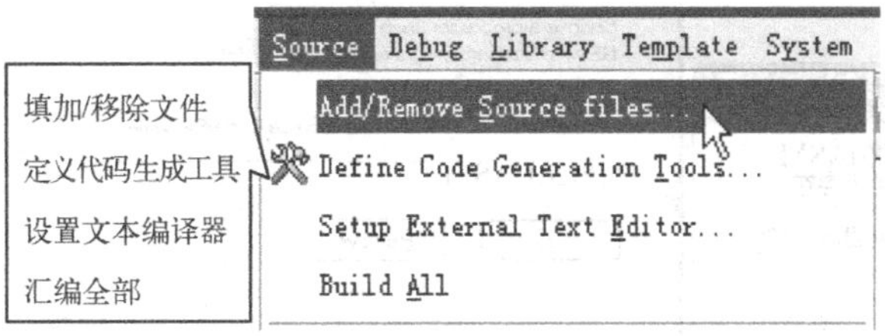

图 2-26 源程序下拉菜单选项

单击“Add/Remove Source File”选项，弹出“添加/移除源程序文件”对话框，如图 2-27 所示。单击“Code Generation Tool (代码生成工具)”框右方按钮▼，从弹出下拉菜单中选择代码生成工具“ASEM51”。单击“New (新加或新建)”按钮，弹出“新源程序文件”对话框，如图 2-28 所示。

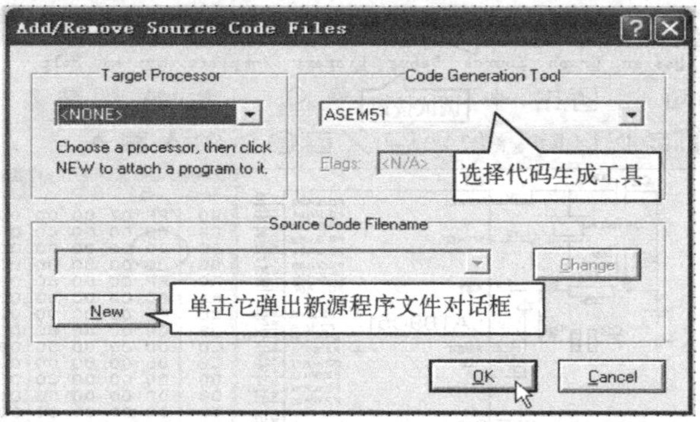

图 2-27　添加/移除源程序文件对话框

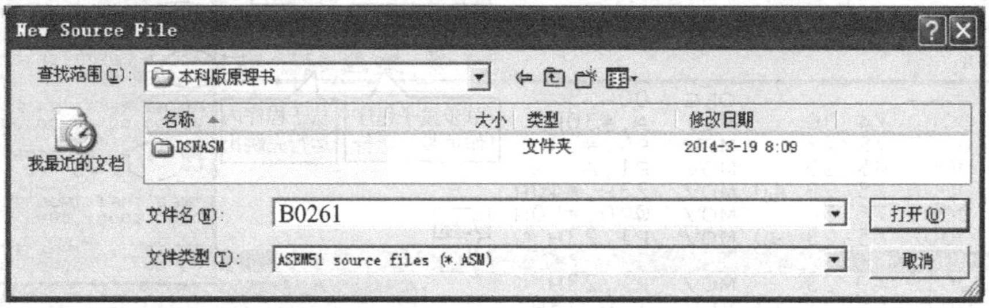

图 2-28　新源程序文件对话框

若新加已有源程序文件（格式为 *. ASM），则选择文件所在路径，单击选中所需文件，单击“打开”按钮，再弹出“添加/移除源程序文件”对话框，单击“OK”按钮完成新加源程序操作。然后直接进入本节第 4 段。

若新建源程序文件，则选择好路径并在文件名栏中写入新建源程序文件名，格式为 *. ASM（例 B0261. ASM，注意高版本会自动加上后缀 ASM）。单击“打开”按钮，在弹出的小对话框中（图 2-29 左方）单击按钮“是”，再次弹出“添加/移除源程序文件”对话框，如图 2-29 右方所示。不过这时在文件名栏中已填上文件 B0261. ASM 了。单击

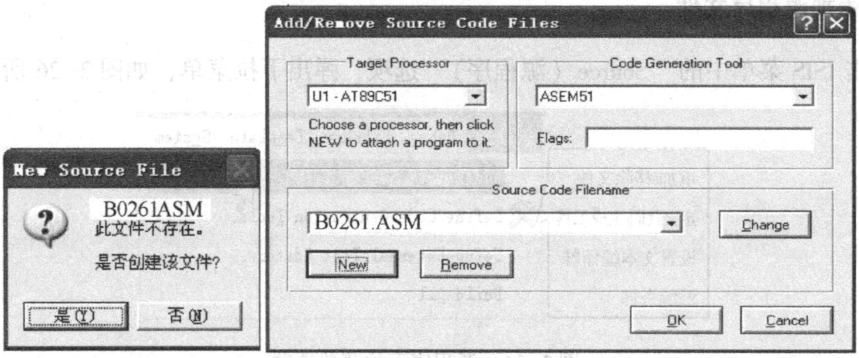

图 2-29　小对话框和源程序文件对话框

"OK" 按钮则完成新建源程序文件（尚未编写程序）操作。

3. 编写、编辑源程序

单击 ISIS 菜单 "Source"，弹出下拉菜单，这时，在它的下方出现源程序文件 B0261. ASM，如图 2-30 左下方所示。单击文件名 B0261. ASM 则弹出源程序编辑器。因新建的 B0261. ASM 中还未编写程序，所以是空的。可在其中按源程序编写规则编写并编辑源程序。这里，按图 2-25 左下方所示的源程序（即例 2-3）编写、编辑，完成后按按钮存盘。

4. 汇编生成目标代码文件

单击菜单中的 "Source" 选项，再次弹出图 2-30（a）菜单。单击选项 Build ALL（汇编全部），则可对新建（或新加）源程序进行汇编，弹出汇编日志窗口，如图 2-30（b）所示。若汇编无错，显示 "no errors"，生成目标代码文件 B0261. HEX；若汇编有错，该窗口会有提示并提示有错行，可根据该窗口信息返回源程序，纠错后再汇编，直至汇编成功。

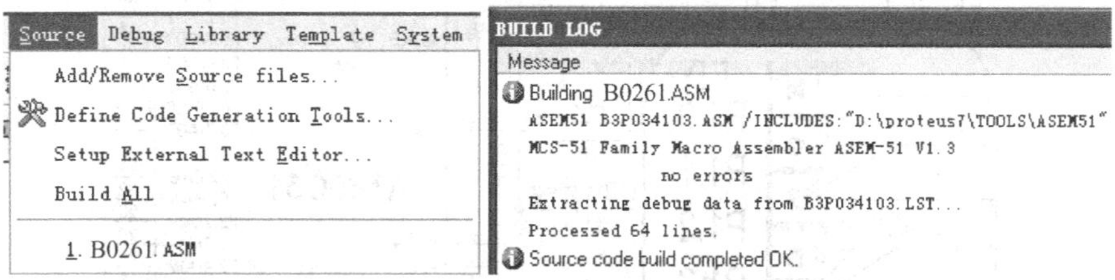

（a）选Build项汇编　　　　（b）编译日志窗口

图 2-30　汇编生成目标代码文件

5. 加载目标代码文件、设置时钟频率

若 PROTEUS 为高版本，只要源程序汇编（Build All）通过，则会自动将最后的目标代码文件加载到 ISIS 中的 AT89C51 中；当然，也可由用户加载。若版本较低或采用其他软件（例 Keil）汇编生成的目标代码文件（＊. HEX 文件或＊. OMF 文件），则须用户加载。在 ISIS 编辑区中左双击 AT89C51 单片机，则弹出如图 2-31 所示的 "加载目标代码文件和设置时钟频率" 对话框。单击在 Program File 栏右侧按钮 "　"，弹出文件列表，从中选择期望的目标代码文件（格式为＊. HEX 或＊. OMF 文件），再单击 "OK" 按钮，则完成加载目标代码文件。

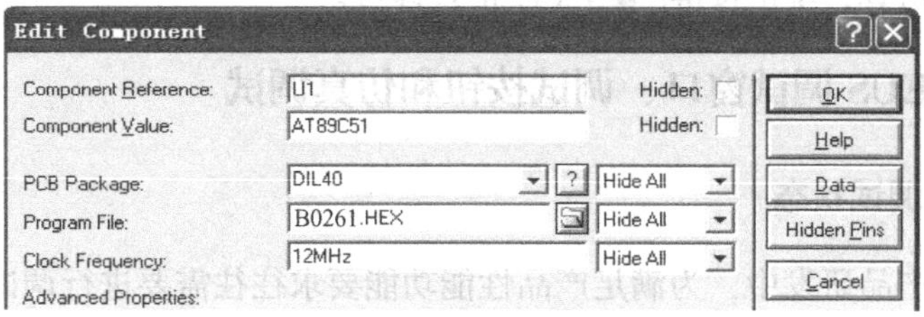

图 2-31　加载目标代码文件和设置时钟频率

系统默认时钟频率为 12MHz，若要改变时钟频率，在图 2-31 对话框中的 Clock Frequency（时钟频率）栏中填上所需时钟频率，单击“OK”按钮完成设置时钟频率操作。

6. 仿真

单击按键 ▶ 则启动仿真，图 2-25 中上方也表示出仿真片段。这里是单片机最小系统（电路 B0261. DSN）、软件（程序 B0261. ASM）相结合的仿真。若要观察各引脚的电平状态而引脚又未出现表示电平逻辑状态的色块时，可操作菜单项 System（系统）→Set Animation Options，再在弹出菜单中单击勾上选项 Show Logic State of Pins（显示引脚逻辑状态）。仿真时引脚上将出现红色或蓝色小方块；红色为高电平，蓝色为低电平，如图 2-32 所示。若执行将数据输出到 I/O 口的指令，则该 I/O 口上的电平逻辑分布状态反映出该指令输出的数据，也反映单片机对外部的控制功能，在仿真调试中特有用。图 2-32 中表示执行指令 MOV P1，23H 后在 P1 口 8 引脚的电平状态，表示为(P1) = 50H。注意 (23H) = 50H。

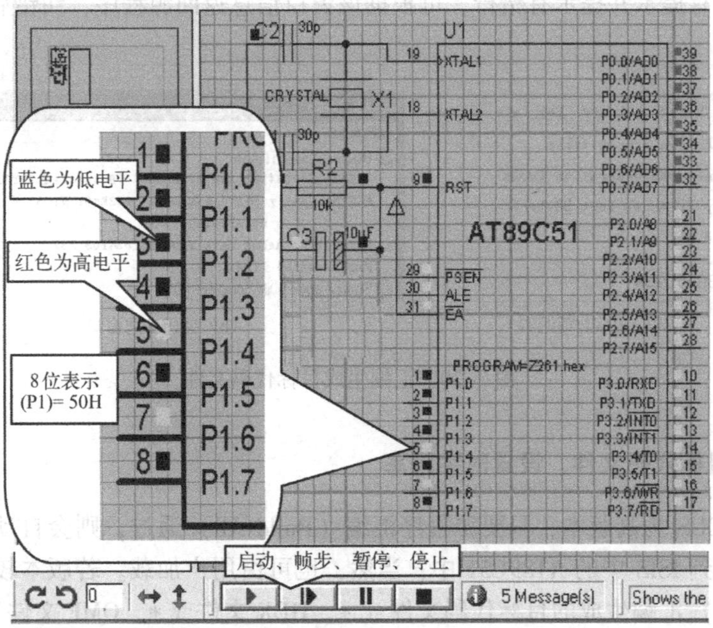

图 2-32　仿真及单片机引脚电平表示

单片机最小系统接上各种应用（扩展、接口）电路并载入相应的应用程序后，则构成各种用途的单片机应用系统。同样，单击按键 ▶，则可进行单片机应用系统的实时仿真。若要终止仿真，单击按键 ■（停止）即可。

2.6.2　PROTEUS 调试窗口、调试按钮和仿真调试

1. 进入仿真调试状态

单片机应用产品研发中，为满足产品性能功能要求往往需要进行调试。调试要求观察程序运行过程中情况。如指令功能及其效果察看、单片机内外 RAM 中的情况、工作寄存器中的情况、特殊功能寄存器 SFR 中的情况、运行走向、执行时间、设置断点、…。

PROTEUS执行上述任务的操作统称为“仿真调试”。PROTEUS提供了方便的仿真调试环境。要进入仿真调试状态，一般有效果略有不同的三种方式：

（1）单击暂停按钮 进入调试状态，（PC）=0000，将要执行的操作为Reset（复位）；

（2）单击帧步按钮 进入调试状态并完成复位操作，（PC）=0000，将要执行的操作为程序的第一条指令；

（3）单击运行按钮 仿真，再单击暂停按钮 进入，是仿真运行中暂停后进入调试状态；所以（PC）内容及“将要执行的操作”指令都随点击 时刻而不同。

不管用何种方式进入调试状态，调用各种调试窗口，设置断点、单步运行、子程序作为一步（又称“过程单步”）、全速运行、取消断点，…等操作均相同。

2. 调试窗口

可出现的调试窗口有8051 CPU Source Code（源代码）、8051 CPU Registers（CPU寄存器）、8051 CPU SFR Memory（特殊功能寄存器SFR）、8051 CPU IDATA Memory（内部数据存储器RAM）、Memory Contents - X（扩展外RAM时才有，本例无）等，如图2-33所示。若未出现调试窗口，则可单击ISIS菜单栏中“Debug（调试）”项，弹出下拉菜单，如图2-33所示。分别单击钩上“8051 CPU Registers”、“8051 CPU SFR Memory”、“8051 CPU IDATA Memory”、“8051 CPU Source Code”各项则可。

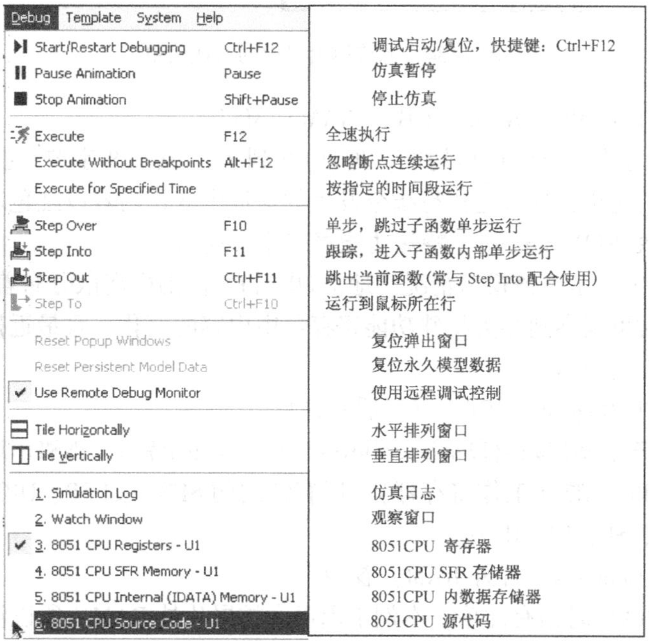

图2-33　调试菜单

（1）8051 CPU Source Code（源代码）调试窗口

该窗口位于图2-25的左下方，第一列为指令行号，第二列为指令首地址，第三列为指令代码，第四列为源程序指令。此窗口也称ROM窗口。窗口最左端有运行指针（红色▶），表明运行到此或将要执行的指令行。例如，图2-25中的将要执行指令行的行号为

8，指令首地址为 000E，指令代码为 E5 23，源程序指令为 MOV A ,23H。

指令行的灰（或蓝）色背景是光标（注意：异于运行指针■）。若令光标指在某指令行，只需将鼠标移至该指令行点击即可。

若窗口中未出现行号、代码首地址、指令代码列等，可在该窗口中右击，弹出如图 2-34 所示快捷菜单，单击钩上相应项即可。

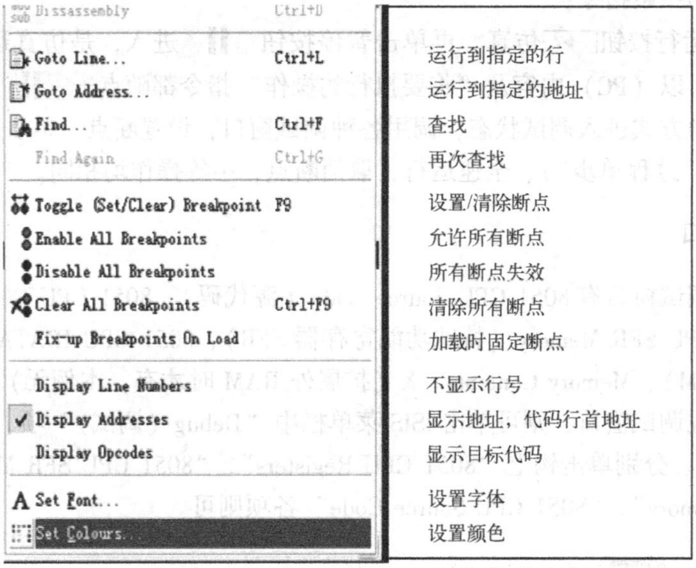

图 2-34　源代码窗口内的快捷菜单

（2）8051 CPU IDATA Memory（片内 RAM）窗口

图 2-25 右下方表示出该窗口情况。地址 00 到 7F，共 128 字节。执行指令时可观察有关地址中内容的变化，且最近执行指令发生的地址中变化内容以红色表示。

（3）8051 CPU SFR Memory（特殊功能寄存器）窗口

图 2-25 右上方表示出该窗口情况。地址 80 到 FF 范围中离散分布着 21 个特殊功能寄存器。执行指令时可观察到相关特殊功能寄存器中内容的变化，且最近执行指令发生的地址中变化内容以红色表示。

（4）8051 CPU Registers（CPU 寄存器）窗口

图 2-25 右中部表示出该窗口情况。其中有 PC（程序指针），INSTRUCTION（将要执行的操作、指令），R0 ~ R7（工作寄存器），还有常用的 SFR，如 SP、DPTR、CA - RSO - P（PSW）、P0 ~ P1、SP、IP、IE…。

（5）Memory Contents（片外 RAM）窗口

当有扩展外 RAM 时则有此项。本例中因没有扩展片外 RAM，所以没有该项。

3. 调试按钮

源代码窗口右上方有六个调试按钮：

（1）单击 全速运行，不显示源代码窗口、寄存器窗口等，只当再按 ‖ 或 ▶ 才暂停运行，运行指针■所停指令行是随机的，各窗口显示状态由执行指令情况而定。

（2）单击 单步或子程序作为单步（过程单步）运行，相继单击将会看到运行指针

▶依指令一步一步实时移动、各窗口有关存贮器的内容也实时变化。若将要执行的指令为调用子程序（LCALL、ACALL），则将子程序作为一个单步执行。

(3) 单击，跟踪每一条指令，即单步或进入子程序内单步运行。

(4) 单击，从子程序内运行完子程序后跳出。

(5) 若非单步运行而是要运行至光标处，可先单击须执行到的指令行，即置光标于该指令行，同时激活为；单击，则执行指令至设置光标的指令行。

(6) 按钮为断点设置、取消按钮。根据需要设置断点的仿真调试是最方便有效的仿真调试方法。可预先在源代码调试窗口中需要暂停观察的指令行设置断点，断点可依需要设置多个。在全速仿真运行中一遇断点便暂停，再观察各窗口便可知晓程序运行的情况与结果。在源代码调试窗口中设置、取消断点方法如下（参看图2-35）。

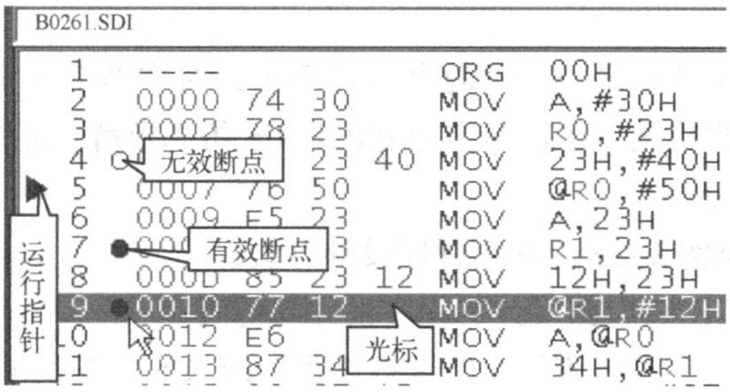

图2-35 断点设置与取消

方法一：先单击置光标于要设置断点的指令行；再单击，出现断点标志红实心圆（有效断点）；再单击代之以空心圆（无效断点，指曾经设置或使用过的现不用的断点）；再单击则空心圆，完全取消断点。

方法二：在要设置断点的指令行双击则设置断点（红色实心圆）；再双击代之以空心圆（无效断点）；再双击则完全取消断点。

4. 仿真调试

无论何种方式进入调试状态都可完成仿真调试的各种任务。

本章重点是熟悉汇编指令，了解其汇编后的代码，理解指令的功能，测试指令或子程序执行时间、指令对PSW（在CPU Registers窗口中为CA-rso-P）各位影响、…等。所以这里以例2-3程序（B0261.ASM）为例来讲解仿真调试。采用二（按）或一（按）方式进入仿真调试状态较方便。

当源程序编写、汇编通过后，单击进入调试状态。依次单击将依次单步运行指令，各窗口也依次变化。单击六次（即运行六条指令）后各调试窗口情况如图2-25所示。这时运行指针、光标都在第八行，对应该行代码为E5 23。察看CPU寄存器窗口得知(PC)=000E，INSTRUCTION（将要执行的指令）为MOV A，23H。各调试窗口的存储器情况如图中所示，(A)=30H、(R0)=23H、…，其中(P1)=50H，而P1的地址为90H（SFR中），(90H)=50H，它为红色，表示刚执行指令（即MOV P1，23H）导致的存储器内容改变。因该指令是将数据(23H)=50H送到P1口的指令，所以观察到单片机P1口8引脚的电平分布为50H。

PROTEUS ISIS最下方一行（状态行）显示运行总时间和刚运行指令的时间（在括号内），分别为9.0000μs和2.0000μs（刚运行指令MOV P1，23H的时间）。如果程序中有调用子程序，则当单击后，刚运行的指令时间为将子程序总体当作单步（过程单步）所运行的时间。对于较长较复杂的程序，可采用设置断点并依情况选用合适调试按钮进行调试，但调试基本过程与方法相同。

2.6.3 汇编语言程序设计实例的PROTEUS仿真求解

可在老师指导下在课堂中由学生完成。

1. 任务与目的

（1）任务

在AT89C51/S51单片机最小系统的电路环境下，对本章2.5节汇编语言程序设计例中例2-27至例2-35的功能、运行等进行PROTEUS仿真求解。晶振为12MHz。

（2）目的

① 熟悉例2-27至例2-35等常用程序设计方法；

② 初步掌握PROTEUS电路设计、程序设计与仿真；

③ 初步掌握对简单单片机应用系统运行过程、结果的仿真调试。

2. PROTEUS设计、仿真与调试

（1）单片机最小系统设计

在PROTEUS ISIS中，根据图2-25左上方元件列表和电路图进行单片机最小系统设计，取文件名为B02S1. DSN。

（2）汇编语言程序设计

在PROTEUS中，在单片机最小系统环境下，分别依次对例2-27至例2-35进行程序设计。分别取文件名为B0251. ASM、B0252_1. ASM、B0252_2. ASM、B0253_1. ASM、B0253_2. ASM、B0254. ASM、B0255_1. ASM、B0255_2. ASM、B0255_3. ASM。

（3）汇编、下载、单片机机属性设置

在PROTEUS中，在单片机最小系统电路环境下，分别依次将B0251. ASM、B0252_1. ASM、B0252_2. ASM、B0253_1. ASM、B0253_2. ASM、B0254. ASM、B0255_1. ASM、B0255_2. ASM、B0255_3. ASM程序进行汇编，汇编通过后依次分别将它们的目标代码（HEX）下载到最小系统的单片机中（PROTEUS高版本会自动下载），设置晶振频率为12MHz。

（4）仿真及仿真调试

单击仿真工具按钮中的按键，依次分别全速仿真，再按暂停按钮暂停仿真。出现仿真调试状态。可依需要设置断点。依需要打开调试窗口。依次分别观察运行结果并作记录。

依次分别单击帧单步按钮进入调试状态，单击进行单步或子程序（过程单步）运行操作，观察运行途径、观察运行过程中各调试窗口寄存器中内容的变化，观察并记录执行子程序的时间。将上述结果进行分析，以确认程序运行过程及结果的正确性。

实验 2：“跑马灯”的 PROTEUS 设计、仿真与实际制作

1. 任务与目的

(1) 任务

令单片机 CPU 控制 P1 口的 8 个发光管中的一个点亮，点亮状态由 P1.0 向 P1.7 移动，隔 500ms 亮点移动一次，形成一个亮点循环流动的现象（跑马灯）。时钟频率为 12MHz。

(2) 目的

① 初步熟悉单片机应用系统的设计过程。

② 初步掌握单片机应用系统的 PROTEUS 电路（又称原理图）设计、汇编程序设计、仿真与调试。

③ 仿真与调试通过后，在实验 PCB 上实际制作出“跑马灯”。建立起“从任务论证→PROTEUS 设计→仿真与调试→实际作品制作成功”的单片机应用系统的研发过程，从中掌握单片机应用系统的研发过程及 PROTEUS ISIS 基本操作。

2. PROTEUS 设计、仿真与调试

(1) 电路设计

建议读者自行设计。这里提供参考电路原理图，如图 2-36 中上部所示，使用元件列于图左方中部。

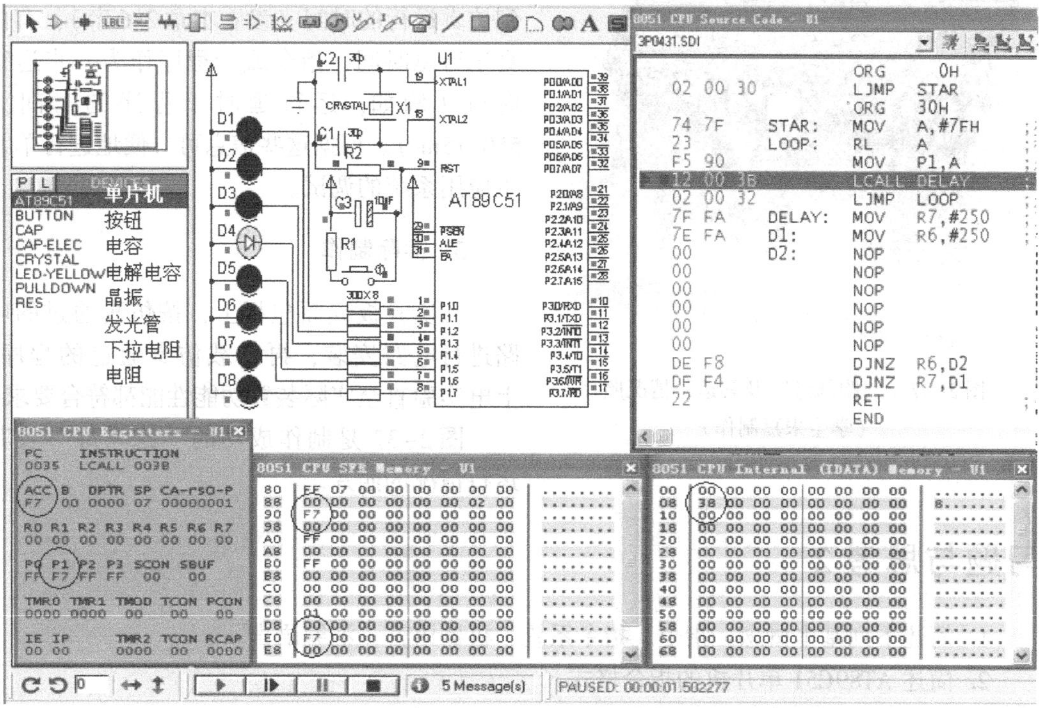

图 2-36　“跑马灯”电路设计、程序设计、仿真片段及调试调试

电路设计步骤、操作参看参看第 1 章 1. 8 节的内容。设计文件名为 B02S2. DSN，采用系统默认图纸尺寸（A4）。

（2）汇编语言程序设计

建议读者自行设计。这里提供汇编语言参考程序，取名为 B02S2. ASM。参考程序如图 2-36 右上方所示。设计步骤、操作可参看本章 2. 6 节的内容。

（3）汇编、下载、单片机属性设置

若汇编无错，则生成目标代码文件 B02S2. HEX。

程序汇编（Build All）通过后会自动将最后的目标代码文件加载到 AT89C51 模型中；也可由用户选择加载。系统默认时钟频率为 12MHz，也可设置时钟频率。参看本章 2. 6 节的内容。

（4）仿真及仿真调试

单击仿真工具按钮中的按键▶，则全速仿真，出现亮点由上而下的循环流动现象。图 2-36 中上方是跑马灯的仿真片段。观察运行且符合性能功能要求后按停止键停止仿真。

单击帧单步按钮▮▶进入调试状态（参看 2. 6. 2 节），进行仿真调试。可将必要的窗口打开，排放在 ISIS 编辑区，将断点设置在第七行，进行仿真调试。四次全速运行并中断后的情况如图 2-36 所示。图中各窗口表示了该时刻的状态。例如，（ACC）=（90H）=（P1）= F7H，堆栈地址 08H、09H 中的内容为 38H、00H。可单击源代码窗口中的按钮进行单步或子程序（过程单步）运行，单击单步或进入子程序内单步运行。每执行一步，都可观察各窗口的状态。

从图 2-36 下方的 ISIS 状态栏中还可观察到仿真运行的时间（参看本章 2. 6 节），有仿真运行总时间、指令或子程序作为一步运行时间（例如，运行延时子程序的时间为 550. 75ms）。根据这些信息可方便地进行单片机应用系统的调试。

图 2-37 “跑马灯”及其运行情况照片（学生朱嘉制作）

3. 实际制作

在实验板或面包板上，按仿真通过的电路进行电路安装，再加载仿真通过的程序，上电实验直至实际装置功能性能都符合要求。

图 2-37 是制作成功的“跑马灯”及其运行情况的照片。

习题与思考 2

1. 简述下列基本概念：指令、指令系统、机器语言、汇编语言。
2. 简述 AT89C51 单片机的指令格式。
3. 简述 AT89C51 的寻址方式和所能涉及的寻址空间。
4. 要访问特殊功能寄存器和片外数据存储器，应采用哪些寻址方式？

5. 在 AT89C51 的片内 RAM 中，已知(30H) = 38H,(38H) = 40H,(40H) = 48H,(48H) = 90H。请注释下列指令功能，说明源操作数的寻址方式及每条指令执行后的结果。

```
ORG    00H
MOV    A,40H
MOV    R0,A
MOV    P1,#0F0H
MOV    @R0,30H
MOV    DPTR,#3848H
MOV    40H,38H
MOV    R0,30H
MOV    P0,R0
MOV    A,@R0
MOV    P2,P1
SJMP   $
END
```

6. 片内 RAM 和特殊功能寄存器可用什么寻址方式?

7. 已知(A) =5BH,(R1) =30H,(30H) =0CEH,(P1) =71H,(PSW) =80H,(PC) =2000H,ROM(205CH) =46H,(SP) =30H,(B) =78H。分别求各条指令执行后的结果（要求进行二进制运算验证）及对标志位 Cy 的影响。

```
(1)MOV     A,@R1
(2)MOV     40H,30H
(3)MOV     P1,R1
(4)MOVC    A,@A+PC
(5)PUSH    B
(6)POP     DPH
(7)XCHD    A,@R1
(8)ADD     A,30H
(9)ADDC    A,P1
(10)SUBB   A,P1
(11)ANL    P1,#0FH
(12)CLR    PSW.7
(13)RLC    A
(14)ORL    C,/90H
```

8. 对下面一段程序加上机器码和注释，并说明程序运行后寄存器 A、R0 和片内 RAM 50H、51H、52H 单元的内容。

```
MOV    50H,#50H
MOV    A,50H
MOV    R0,A
MOV    A,#30H
MOV    @R0,A
MOV    A,#50H
MOV    51H,A
MOV    52H,#00H
```

9. 区别下列各指令中 20H 的含义，在每条指令后加上注释。

```
MOV    A,#20H
MOV    45H,20H
MOV    C,20H.0
MOV    C,20H
```

10. 写出完成以下功能的指令。

(1) 将立即数 30H 送到 R1;

(2) 将 30H 中的数据送到 78H 单元;

(3) 将立即数 30H 送到以 R0 中内容为地址的存储器中;

(4) 将 R2 中的内容送到 P1;

(5) 将片内 RAM 的 60H 单元的数据送到片外 RAM 的 60H 单元;

(6) 将片内 RAM 的 60H 单元的数据送到片外 RAM 的 1060H 单元;

(7) 将 ROM 的 1000H 单元的内容送到片内 RAM 的 30H 单元;

(8) 使 ACC.7 置位;

(9) 将累加器的低 4 位清零;

(10) 使 P1.2 与 Cy 相与，结果送 Cy;

(11) 对立即数 45H、93H 进行逻辑与、或、异或操作；

(12) 两立即数求和：1C0H + 45H。

11. 写出下列指令执行过程中堆栈的变化。

```
MOV    R6,#11H
MOV    R7,#23H
ACALL  200H
POP    50H
POP    51H
SJMP   $
ORG    200H
RET
```

12. 试写出实现以下功能的程序段。

(1) 一个 16 位二进制数，高、低字节分别放在 20H 和 21H 中，试将该数乘以 2 再存入原位置。

(2) 16 位二进制数放在 30H 和 31H 单元中，将其内容加 1。

(3) 将 DPTR 中的数据减 5。

(4) 有 3 个位变量 X、Y、Z，请编写程序，实现 $Y = X + YZ$ 的逻辑关系式。

13. 将一个按高低字节存放在 21H、20H 中的双字节数乘以 2 后，再按高低次序将结果存放到 22H、21H、20H 单元中。

14. 试编程，将片外 RAM 中 1000H ~ 1050H 单元的内容置为 55H。

15. 试编写统计数据区长度的程序，设数据区从片内 RAM 的 30H 单元开始，该数据区以 0 结束，统计结果放入 2FH 中。

16. 试编写程序，将片外 RAM 的 2000H ~ 200FH 数据区中的数据由大到小排列。

17. 若晶振频率为 6MHz，试计算下面延时子程序的延时时间。

```
DELAY:MOV    R7,#0F6H
LP:   MOV    R6,#0FAH
      DJNZ   R6,$
      DJNZ   R7,LP
      RET
```

18. 试分别编写延时 20ms 和 1s 的程序。

19. 试编写利用调用子程序的方法延时 1min 的程序。

20. 用查表程序求 0 ~ 6 之间的整数的立方。已知整数存在 A 中，查表结果存入片内 RAM 31H 中。

21. 编写程序，查找在片内 RAM 的 30H ~ 50H 单元中出现 FFH 的次数，并将查找结果存入 51H 单元。

22. 试用子程序求多项式 $Y = (A + B)^2 + (B + C)^2$ 的值。

23. 已知(60H) = 33H，(61H) = 43H，试写出下列程序的功能和运行结果。

```
      ORG    00H
SS:   MOV    R0,#61H
      MOV    R1,#70H
      ACALL  CRR
      SWAP   A
      MOV    @R1,A
      DEC    R0
      ACALL  CRR
      XCHD   A,@R1
      SJMP   $
CRR:  MOV    A,@R0
      CLR    C
      SUBB   A,#30H
      CJNE   A,#0AH,NEQ
      AJMP   BIG
NEQ:  JC     CEN
BIG:  SUBB   A,#07H
CEN:  RET
```

(60H) = ________，(61H) = ________，(70H) = ________。

24. 在片内 RAM 的 30H 单元开始，相继存放 5 个无符号数，其数目 5 存放在 21H 单元中。试编写程序，求出这组无符号数中最小的数，并将其存入 20H 单元中。

25. 写程序实现下列转移功能。

(R2) =0 转向 RR0

(R2) =1 转向 RR1

(R2) =2 转向 RR2

26. 试按子程序形式编程，将单字节二进制数的高 4 位、低 4 位分别转换成 ASCII 码。

第3章　C51程序设计基础

3.1　初识C51程序设计

汇编语言程序可以高效率利用计算机资源，目标程序占用内存少，执行速度快，适合于自动测控系统反应快速、结构紧凑的要求。

C语言程序容易掌握，通用性好，但编译程序系统开销大，目标程序占用内存多，且执行时间比较长，多用于科学计算、工业设计、企业管理。

实际应用中，汇编语言常与C语言配合使用。使用C语言来进行51内核单片机的程序设计，即C51程序设计 。

3.1.1　C51语言特点

用C51编程需要根据单片机存储器结构及内部资源，定义相应的数据类型和变量，按照C51所包含的数据类型、变量存储模式、输入/输出处理、函数等方面的格式来编写C语言应用程序。其他的语法规定、程序结构及程序设计方法，都与ANSI C相同。

用C51语言编写的应用程序必须经单片机的C语言编译器，转换生成单片机可执行的代码程序。本章采用德国Keil公司的C51编译器介绍C51程序设计。

C51语言与汇编语言相比，有如下优点：

① 运算符和关键字用接近于自然语言的方式表示，编程容易，可读性好。

② C51语言程序结构严整，可由不同的函数组成，拥有丰富的函数库，便于结构化编程，容易实现模块化开发；函数库中的数学函数和标准子程序的函数库使其数据处理能力较强，易实现复杂的数值计算，开发效率高。

③ 支持对单片机硬件进行直接访问，能实现汇编语言的大部分功能，生成的代码质量高，而且位操作大大提高了程序的执行效率。

④ 移植性好，对C51语言程序进行简单修改，就可方便地移植到其他类型的单片机上。

3.1.2　C51程序基本结构

C51源程序由一个或者多个源文件组成，每个源文件扩展名都命名为“*.c”。

函数是源文件的基本组成单位。每个C51程序都由一个或多个函数组成，其中有且只有一个主函数（main()）函数。程序从主函数开始执行，在主函数中可以调用库函数和自定义的函数。C51中还有中断函数，运行每一个函数都执行一个特定的任务来实现整个程序的功能。一般的程序结构如图3-1所示。

函数以左花括号“{”开始，以右花括号“}”结束，包含在“{}”以内的部分称为

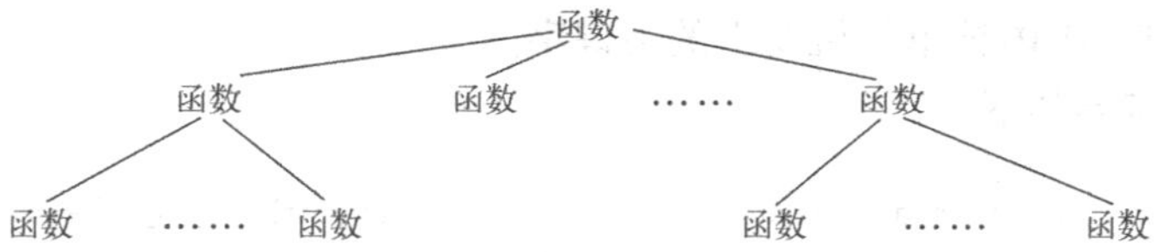

图 3-1　C51 程序的基本结构

函数体，函数体内的语句块也用“{}”括起来，为结构清楚应采用缩进方式书写。

分号（;）是语句的基本组成部分。C51 源程序中含有预处理命令、语句、说明等。说明和语句以“;”结尾，预处理命令后不加分号。

语句的注释。用于说明程序段的功能，增加程序的可读性。①注释单行：以“//”开头，//…注释…；②注释多行：/ * …注释… * /。

C51 程序的结构一般如下。

```
#include < reg51. . h >                 // 预处理命令
void fun1 ( void) ;                     //函数声明
char fun2(形参) ;
unsigned char x,y,z;                    //定义全局变量
……
void main( )                            //主函数定义
{   主函数体
    ……
    fun1( ) ;                           //函数调用
    fun2(实参) ;                        //函数调用
    ……
}
void fun1 ( void)                       //功能函数定义
{
     函数体……
}
char fun2(形参)                         //功能函数定义
{
     函数体……
}
```

3.1.3　C51 的标识符与关键字

1. 标识符

标识符是 C 语言中用来标识唯一的对象的符号，如变量名、常量名、数据类型的名称，命令的名称等。

标识符由字母、数字和下划线组成，但必须由字母或者下划线开头，且最好能“见名知意”，标识符区分字母的大小写。

2. 关键字

关键字是特殊的标识符，是 C51 已定义的具有固定名称和特定含义的标识符，也称保留字。标准 C 语言中规定的关键字有 32 个。C51 编译器除了支持 ANSI C 标准的关键字

外，还扩展了适应 51 内核单片机要求的关键字。

C51 扩展关键字如下。

bdata data idata pdata xdata code bit sbit sfr sfr16 _at_ reentrant
interrupt using volatile small compact large alien

自定义的标识符不能与关键字及系统预先定义的标准标识符（如标准函数）同名。

3.2 C51 数据的类型及其存储

3.2.1 C51 的数据类型

凡是数据，都要存放在存储单元中，数据类型就是指数据的存储格式。它决定数据所占内存字节数、取值范围及其可进行的操作。编译时根据数据类型为数据分配存储空间。

C51 的数据类型与标准 C 语言的数据类型基本相同，基本数据类型中增加了专门针对 51 内核单片机的特殊功能寄存器型和位类型。复杂数据类型由基本数据类型构造而成，有数组、结构、联合、枚举等，与 ANSIC C 相同，如图 3-2。

- 数据类型
  - 基本类型
    - 位型（bit）
    - 字符型（char）
    - 整型（int）
    - 长整型（long）
    - 浮点型（float）
    - 双精度浮点型（double）
  - 构造类型
    - 数组类型（array）
    - 结构体类型（struct）
    - 共用体（union）
    - 枚举（enum）
  - 指针类型
  - 空类型

图 3-2　C51 数据类型

C51 具体支持的基本数据类型及其长度、值域如表 3-1 所示。

表 3-1　C51 基本数据类型及其长度、值域

变量名称	符　号	类　型	数据长度	值　域
字符型	有符号	signed char	8 位	$-128 \sim +127$
	无符号	unsigned char	8 位	$0 \sim 255$
整数型	有符号	signed int	16 位	$-32768 \sim +32767$
	无符号	unsigned int	16 位	$0 \sim 65535$
长整型	有符号	signed long	32 位	$-2^{31} \sim 2^{31}-1$
	无符号	unsigned long	32 位	$0 \sim 2^{32}-1$
浮点型	有符号	float	32 位	$\pm 1.175494E-38 \sim \pm 3.402823E+38$
位类型		bit	1 位	0 或 1
特殊位类型		sbit	1 位	0 或 1
8 位特殊功能寄存器型		sfr	8 位	$0 \sim 255$
16 位特殊功能寄存器型		sfr16	16 位	$0 \sim 65535$
一般指针		3 字节		Memory type (1 byte); Offset (2 bytes) 0 to 0xFFFF

1. 位类型（bit，sbit）的存储

位类型是 C51 中扩充的数据类型，用于访问 51 内核单片机中的可位寻址单元。包括 bit 型和 sbit 型，它们在内存中只占 1 个二进制位，其值可以为“0”或者“1”。利用它们可以定义一个位变量，但不能定义位指针、位数组。

sbit 专用于特殊功能寄存器中可寻址的位；而 bit 定义普通的位变量，其地址由 C51 编译器编译时安排。

2. 特殊功能寄存器型：sfr，sfr16

也是 C51 中扩充的数据类型，用于访问 51 内核单片机中的特殊功能寄存器中的数据，包括 sfr 和 sfr16 两种类型。

sfr 为字节型特殊功能寄存器类型，占用 1 字节单元，利用它可以访问 51 内核单片机中所有的特殊功能寄存器。

sfr16 为双字节型特殊功能寄存器类型，占用 2 字节单元，利用它可以访问 51 内核单片机中 2 字节的特殊功能寄存器。

3.2.2　C51 的数据存储

有符号的数据，其字节的最高位为符号位，“0”表示正数，“1”表示负数。对于负数，存储时以补码表示。

字符型、整型、长整型默认为有符号的，定义时要注意。

长整型数据与整型数据的存储结构都是高位字节数存放在低地址单元中，低位字节数存放在高地址单元中。

例如，长整型变量的值为 0x12345678 时，在内存中的存放形式如右图 3-3 所示。

相对地址	内容
	……
0	0x12
1	0x34
2	0x56
3	0x78

图 3-3　长整形变量的存放形式

浮点型 float 数据存储长度为 4 字节。用浮点型变量进行任何数学运算都需要使用由编译器决定的各种不同效率等级的库函数。

Keil C51 的浮点型变量数据类型是 IEEE－754 标准的单精度浮点型数据，转换成十进制数后最多具有 7 位有效数字。

4 字节中包含指数和尾数两部分，尾数的最高位始终为 1，因而不保存。具体分布为：1 位符号位、8 位阶码位、23 位尾数，如表 3-2 所示。

表 3-2　浮点数存储格式

<table>
<tr><td>字节地址</td><td>0</td><td colspan="2">1</td><td>2</td><td>3</td></tr>
<tr><td>浮点数内容</td><td>SEEEEEEE</td><td colspan="2">EMMMMMMM</td><td>MMMMMMMM</td><td>MMMMMMMM</td></tr>
<tr><td></td><td colspan="2">符号和阶码</td><td>尾数高位</td><td colspan="2">尾数低位</td></tr>
</table>

符号位 S：1 表示负数，0 表示正数。

阶码 E：共 8 位，存储时是以 2 为底的指数再加上 127。对应的指数实际取值范围为

-126～+128。这样可以避免出现负的阶码值。

尾数：M为其小数部分，共23位，其整数部分隐含为“1”。

一个浮点数的取值范围为$(-1)^S \times 2^{E-127} \times (1.M)$

例如：浮点数123.25

其二进制数为01111011.01B=1.11101101×2+110B；

8位阶码E为6+127=133=10000101B；

23位尾数值为11101101000000000000000B；

32位浮点数表示形式为0100 0010　1111 0110　10000000　00000000B；

在内存中的存放格式为

字节相对地址	0	1	2	3
浮点数内容	0 1000010	1111 0110	10000000	00000000

例如：浮点数-12.5

符号位为1，12.5的二进制数为1100.1=1.1001E+0011B，阶码数值为3+127=130=10000010B，尾数为1001。

因此，其十六进制数为0xC1480000，则存储结构为

字节相对地址	0	1	2	3
浮点数内容	11000001	01001000	00000000	00000000

3.2.3 数据的存储器类型——明确存储位置

C51应用程序中使用的任何数据必须以一定的存储器类型定位于单片机的相应存储区域中。51内核单片机中程序存储器与数据存储器严格分开。数据存储器又分为片内、片外两个独立的寻址空间，特殊功能寄存器与片内RAM统一编址，如图3-4所示。

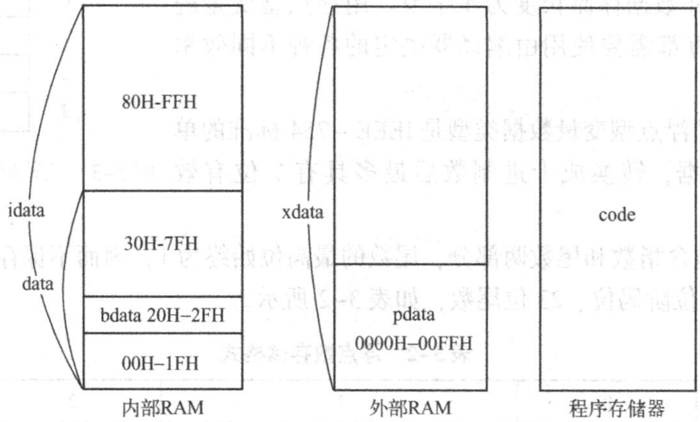

图3-4　51单片机存储器

使用汇编指令访问这些存储器时，通常使用不同的指令即可。而在C51中访问这些存储器时，是通过对变量定义不同存储类型来说明该变量保存于存储器的哪个位置。

C51编译器支持的存储器类型如表3-3所示。

表 3-3　C51 编译器支持的存储器类型

存储器类型	与硬件存储器空间的对应关系
data	直接寻址的片内 RAM 低 128B，访问速度最快
bdata	片内 RAM 可位寻址区（20H-2FH），允许字节和位混合访问
idata	用 Ri 间接寻址的片内 RAM 全部地址空间（256B）
pdata	用 Ri 间接访问的片内扩展 RAM 或片外扩展 RAM 低 256B
xdata	用 DPTR 间接访问的片内扩展 RAM 或片外扩展 RAM（64KB）
code	程序存储器 ROM 空间（64KB）

3.2.4　C51 变量的存储模式（编译模式）

在定义变量时缺省了存储器属性，编译程序按照存储模式（如在 Keil 软件中 option \ target 页面的

下设置）为变量选择默认的存储器类型和参数传递区。若定义变量时指定了存储器类型，编译程序优先以该存储器类型为变量分配存储空间。

C51 有三种存储模式，分别是 SMALL、COMPACT 和 LARGE，以适应不同规模的程序。如果文件或函数未指明编译模式，则编译器按 SMALL 模式处理。

C51 的数据存储模式如表 3-4 所示。

表 3-4　C51 的数据存储模式

存储模式	说　明	优、缺点
SMALL	参数和局部变量存于可直接寻址的片内 RAM（最大 128B，默认存储器类型为 data）	变量存储、参数的传递通过寄存器、堆栈或片内数据存储区完成的。存储容量小，但速度快
COMPACT	参数及局部变量存于片内扩展 RAM 或片外扩展 RAM 区低 256B 中（默认存储器类型为 pdata）参数的传递经片外数据区的一个固定页完成	堆栈的默认存储区域也是“pdata”。空间比 SMALL 大，速度较 SMALL 慢，但比 LARGE 模式快
LARGE	参数和局部变量直接存于片内扩展 RAM 或片外扩展 RAM 中（最大 64KB，默认存储器类型为 xdata）。参数的传递经片外数据存储器完成	用数据指针 DPTR 来寻址变量，堆栈也在此。空间最大，但速度较慢，产生的机器码较多

由于各种存储模式在访问效率、代码长度、变量总长度等方面各有优缺点，C51 编译程序还支持混合模式。即不管存储模式如何，把经常使用的变量存放于片内 RAM，大块数据则存放于扩展 RAM 而将其指针存放于片内 RAM 中。

C51 支持混合模式，即可以对函数设置编译模式，所以在 large 模式下，可以将某些函数设置为 compact 模式或 small 模式，从而提高运行速度。编译模式控制命令“#pragma small（或 compact、large）”应放在文件的开始。未指明编译模式的文件或函数按 small 模式处理。例如：

```
#pragma  small                              //变量的存储模式为 SMALL
char  x,y;                                  //两个变量 x,y 的存储器类型为 data
int  func1(int  x1,int  y1)  compact        //函数的存储模式为 compact
{……}
```

3.2.5　数据类型的重新定义 - typedef

在 C 语言中可以用类型定义来重新命名一个给定的数据类型。重定义的格式为：

```
typedef 原类型名   新类型名;
```

例如：

```
typedef unsigned int UINT;
typedef unsigned char BYTE;
BYTE a,b;
```

如此定义后，程序中所有的 unsigned int 就可以用 UINT 来书写，unsigned char 用 BYTE 来书写，编译时 BYTE 被 unsigned char 替换。typedef 不能直接用来定义变量，它只是对已有的数据类型作一个名字上的置换，并不是产生一个新的数据类型。

使用 typedef 可以方便程序的移植和简化较长的数据类型定义。用 typedef 还可以定义结构类型。

3.2.6 编译预处理命令

编译预处理是 C 语言编译程序的组成部分，不是 C 语句，不能被编译程序翻译，其后不能加分号。主要有以下三种形式。

1. 宏定义

宏定义的一般格式为：

```
#define   宏名   字符串
```

以一个宏名来代表一个字符串，这个字符串可以是常数、表达式或含有参数的表达式或空串。当在程序中任何地方使用宏名时，编译器都将以所代表的字符串来替换。在程序中如果多次使用宏，会占用较多的内存，但执行速度较快。用宏来替代程序中经常使用的复杂语句，可缩短程序，当需要改变宏时，只要修改宏定义处，所以可读性和维护性好。

```
#define   PI   3.1415926
#define   ASTRING   "This is a test variable"
#define   MAX(a,b)   a>b? a:b
```

2. 条件编译

一般情况下对 C 语言程序进行编译时，所有的程序行都参加编译，但如果要对其中的一部分内容进行编译，可以使用条件编译。选择不同的编译条件，产生不同的代码，可为一个程序提供多个版本，实现不同的版本功能，广泛应用于商业软件。条件编译的格式如下：

（1）格式一

```
#if 表达式
    程序段 1;          //如果表达式成立,则编译程序段 1
#else
    程序段 2;          //否则编译程序段 2,至#endif
    #endif             //结束条件编译
```

（2）格式二

```
#ifdef  宏名          //如果宏名已被定义过,则编译下面程序段
```

```
    程序段;
#endif
```

（3）格式三

```
#ifndef  宏名  //如果宏名未被定义过,则编译下面的程序段
    程序段;
#endif
```

3. 文件包含

文件包含命令的功能是用指定文件的全部内容替换该预处理行。其格式如下：

```
#include  <文件名>  //系统到C库函数头文件所在的目录中寻找要包含的文件
```

或

```
#include"文件名"      //先搜索工程文件所在目录,再搜库函数头文件所在目录
```

3.3　硬件资源访问

3.3.1　C51对特殊功能寄存器的定义sfr、sfr16

51内核单片机中，除了程序计数器PC和8个通用工作寄存器之外，其他所有的寄存器均为特殊功能寄存器（SFR）。它们分散在片内RAM区的高128B（0x80－0xFF），为了对它们进行直接访问，C51编译器利用扩展数据类型sfr和sfr16对这些特殊功能寄存器进行定义。

定义方法如下：sfr　特殊功能寄存器名＝特殊功能寄存器地址常数。

sfr16　特殊功能寄存器名＝特殊功能寄存器地址常数。

例如：

```
sfr   P1 =0x90;         //定义P1口,其地址90H
sfr16   T2 =0xCC;       //定义定时器T2,T2L的地址为CCH,T2H的地址为CDH
```

注意：sfr关键字后面通常为特殊功能寄存器名，等号后面是该特殊功能寄存器所对应的地址，必须是位于80H～FFH的常数，不允许有带运算符的表达式。sfr16等号后面是16位特殊功能寄存器的低位寄存器的地址，且要求高、低位寄存器按高、低地址连续存放。所以sfr16不能用于定时器0和1的定义，相关内容可自行查看T0、T1的寄存器定义。

3.3.2　C51对位变量的定义bit、sbit

1. 特殊功能寄存器中特定位的定义sbit

如果特殊功能寄存器的字节地址能被8整除，则这样的特殊功能寄存器具有位寻址功能，可以用关键字sbit来定义特定位。一般方式如下。

```
sbit 位变量名 = 特殊功能寄存器名^位号
```

例如：

```
sfr P1 =0x90;            //先定义一个特殊功能寄存器名,再定义位变量名的位置
sbit P1_1 = P1^1;        //以后的程序中就可以用P1_1来对P1.1引脚进行读/写操作
```

也可采用以下形式。

```
sbit 位变量名 = 位地址
```

例如：sbit P1_1 =0x91； //位的绝对地址赋给位变量

```
sbit 位变量名 = 字节地址^位号
```

例如：sbit P1_1 =0x90^1；

2. 对一般位变量的定义 bit

在 C51 中，经常用位变量标记某些事件的状态，如标记某电动机的停与转等。

bit 型变量可用于变量类型，函数声明、函数返回值等，存储于内部 RAM20H～2FH。一般格式为：

```
bit  位变量名[ =初值];      //其地址在编译时自动分配
bit  位变量名 = 位地址;     //定义时直接确定其地址
```

在格式中可以加上各种修饰，严格来说只能是 bdata。

特别要注意 bit 变量和 bit 声明有如下限制。

① 不能声明一个 bit 类型的数组、指针；禁止中断的函数（#pragma disable）和用明确的寄存器组（using n）声明的函数不能返回一个位类型值。

② 用 sbit 每次只能定义一个位变量，且必须放在函数外面作为全局位变量。对其他模块定义的位变量（bit 型或 sbit 型）的引用声明，都使用 bit。

Keil 软件已将所有特殊的“sfr”定义放入一个头文件中，如“reg51. h”、“reg52. h”。所以只要在程序开头用#include <头文件>加入该文件，即可在程序中直接使用特殊功能寄存器的名称，无须再一一用 sfr 定义。当然也可自定义头文件，使用时只要通过#include “＊. h”就可以直接引用已定义的特殊功能寄存器名和位名称。

如 Keil 中的“reg51. h”，其内容如下。

```
/*REG51.H*/
#ifndef __REG51_H__
#define __REG51_H__
/*  BYTE Register  */
sfr P0   =0x80;
sfr P1   =0x90;
sfr P2   =0xA0;
sfr P3   =0xB0;
sfr PSW  =0xD0;
sfr ACC  =0xE0;
sfr B    =0xF0;
sfr SP   =0x81;
sfr DPL  =0x82;
sfr DPH  =0x83;
sfr PCON =0x87;
sfr TCON =0x88;
sfr TMOD =0x89;
sfr TL0  =0x8A;
sfr TL1  =0x8B;
sfr TH0  =0x8C;
sfr TH1  =0x8D;
sfr IE   =0xA8;
sfr IP   =0xB8;
sfr SCON =0x98;
sfr SBUF =0x99;
/*  BIT Register  */
/*  PSW  */
sbit CY  =0xD7;
sbit AC  =0xD6;
sbit F0  =0xD5;
```

```
sbit RS1   =0xD4;
sbit RS0   =0xD3;
sbit OV    =0xD2;
sbit P     =0xD0;
/*  TCON  */
sbit TF1   =0x8F;
sbit TR1   =0x8E;
sbit TF0   =0x8D;
sbit TR0   =0x8C;
sbit IE1   =0x8B;
sbit IT1   =0x8A;
sbit IE0   =0x89;
sbit IT0   =0x88;
/*  IE  */
sbit EA    =0xAF;
sbit ES    =0xAC;
sbit ET1   =0xAB;
sbit EX1   =0xAA;
sbit ET0   =0xA9;
sbit EX0   =0xA8;
/*  IP  */
sbit PS    =0xBC;
sbit PT1   =0xBB;
sbit PX1   =0xBA;
sbit PT0   =0xB9;
sbit PX0   =0xB8;

/*  P3  */
sbit RD    =0xB7;
sbit WR    =0xB6;
sbit T1    =0xB5;
sbit T0    =0xB4;
sbit INT1  =0xB3;
sbit INT0  =0xB2;
sbit TXD   =0xB1;
sbit RXD   =0xB0;
/*  SCON  */
sbit SM0   =0x9F;
sbit SM1   =0x9E;
sbit SM2   =0x9D;
sbit REN   =0x9C;
sbit TB8   =0x9B;
sbit RB8   =0x9A;
sbit TI    =0x99;
sbit RI    =0x98;
#endif
```

3.3.3　C51对存储器和外设的绝对地址访问

单片机应用系统中，外设的地址是由硬件电路确定的，以变量形式对其访问时，必须事先指定变量在系统中的绝对地址；也有一些变量需要明确在存储器中的具体地址，而不是让编译程序自行分配。由于51系列单片机资源有限，往往需要实现绝对地址访问，C51提供了三种访问绝对地址的方法。

1. 绝对宏

绝对宏是利用C51提供的头文件absacc.h中定义的宏来访问绝对地址，absacc.h中定义的宏包括：CBYTE、DBYTE、PBYTE、XBYTE（对MCS－51系列单片机的存储空间code区、data区、pdata区、xdata区进行绝对地址的字节访问）；CWORD、DWORD、PWORD、XWORD（相关存储区的双字节访问）。

（1）按字节访问存储器宏的形式

```
宏名[地址]
```

即数组中的下标就是存储器的地址，因此使用起来非常方便。

例如：

```
#define PA  XBYTE[0xfffe]      //将PA定义为地址为0xfffe的字节变量
DBYTE[0x30]=48;                //对片内RAM地址为0x30的单元赋值48
```

（2）按整型数访问存储器宏的形式

```
宏名[下标]
```

由于整型数占2字节，所以下标与地址的关系为：地址=下标×2。

```
m_data = XWORD [0x0002];      // m_data 指向外部数据存储区地址 0x0004
```

2. _at_关键字

使用“_at_”关键字可以实现绝对地址访问，具体的格式如下所示。

数据类型 [存储类型] 变量名 _at_ 地址常数;

例如：若要指定D-dis数组从片外数据存储器0x1000单元开始存放，可定义如下：

```
char xdata D-dis [25] _at_ 0x1000;
```

在使用“_at_”关键字实现绝对地址访问时必须注意以下几点。

① _at_后面的绝对地址必须在可用的实际存储空间内；

② 绝对变量不能初始化，且必须是全局变量；

③ bit类型的函数和变量不能用_at_定义；

④ 用_at_关键词声明一个变量来访问一个XDATA外围设备时，应使用volatile关键词禁止C编译器进行优化，确保可以访问到要访问的存储区。例如，定义一个代表外设地址为0x2000的变量xval：

```
volatile  unsigned char  xdata  xval  _at_ 0x2000;
```

3.4 C51的运算符

运算符就是完成某种特定运算的符号。表达式则是由运算及运算对象所组成的具有特定含义的式子。C的运算符如下：

算术运算符：(+ - * / % ++ --)

关系运算符：(< <= == > >= !=)

逻辑运算符：((! && ||)

位运算符：(<< >> ~ | ^ &)

赋值运算符：(=及其扩展)

条件运算符：(?:)

逗号运算符：(,)

指针运算符：(* &)

求字节数：(sizeof)

强制类型转换：(类型)

分量运算符：(. ->)

下标运算符：([])

其他：(( ) -)

3.4.1 运算符的优先级及结合规则

C语言中运算符的优先级及结合规则如表3-5所示。

表 3-5 C 语言中运算符的优先级及结合规则

优先级	运 算 符	名称或含义	使 用 形 式	结 合 规 则
1	[ ]	数组下标	数组名［常量表达式］	自左向右
	( )	圆括号	（表达式）/函数名（形参表）	
	.	成员选择（对象）	对象．成员名	
	→	成员选择（指针）	对象指针→成员名	
2	-	负号运算符	-表达式	自右向左
	(类型)	强制类型转换	（数据类型）表达式	
	++	自增运算符	++变量名/变量名++	
	--	自减运算符	--变量名/变量名--	
	*	取值运算符	*指针变量	
	&	取地址运算符	&变量名	
	!	逻辑非运算符	！表达式	
	~	按位取反运算符	~表达式	
	sizeof	长度运算符	sizeof（表达式）	
3	*	乘	表达式*表达式	自左向右
	/	除	表达式/表达式	
	%	取余	整型表达式%整型表达式	
4	+	加	表达式+表达式	自左向右
	-	减	表达式-表达式	
5	<<	左移	变量<<表达式	自左向右
	>>	右移	变量>>表达式	
6	>	大于	表达式>表达式	自左向右
	>=	大于等于	表达式>=表达式	
	<	小于	表达式<表达式	
	<=	小于等于	表达式<=表达式	
7	==	等于	表达式==表达式	自左向右
	!=	不等于	表达式!=表达式	
8	&	按位与	表达式&表达式	自左向右
9	^	按位异或	表达式^表达式	自左向右
10	|	按位或	表达式|表达式	自左向右
11	&&	逻辑与	表达式&&表达式	自左向右
12	||	逻辑或	表达式||表达式	自左向右
13	?:	条件运算符	表达式1? 表达式2：表达式3	自左向右
14	=	赋值运算符	变量=表达式	自右向左
	*=	乘后赋值	变量*=表达式	
	/=	除后赋值	变量/=表达式	
	%=	取余后赋值	变量%=表达式	
	+=	加后赋值	变量+=表达式	
	-=	减后赋值	变量-=表达式	
	<<=	左移后赋值	变量<<=表达式	
	>>=	右移后赋值	变量>>=表达式	
	&=	按位与，后赋值	变量&=表达式	
	^=	按位异或，后赋值	变量^=表达式	
	|=	按位或，后赋值	变量|=表达式	
15	,	逗号运算符	表达式，表达式…	自左向右

3.4.2 混合运算时的数据类型转换

C语言中，整形数据、字符型数据、实型数据可以混合运算。例如：

```
100+'a' -10.3;
```

当运算符两侧数据类型不一致时，由C编译程序自动转换或由强制类型运算符强制转换为同一类型，然后再进行运算。

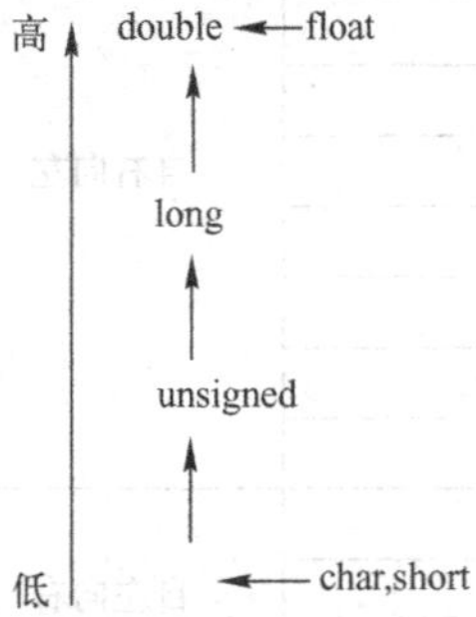

图3-5 数据类型自动转换

(1) 自动转换

按从低到高的规则进行，如图3-5所示。横向左的箭头表示必定的转换，char型和short型参与运算时，必须先转换成int型。纵箭头表示当运算对象为不同类型时转换的方向。

(2) 强制类型转换

格式为：(类型名)(表达式)

例如：

```
(double)a      //将a强制转换成double型
(int)(x+y)     //将x+y强制转换成int
```

除法运算符和一般的算术运算规则有所不同：两浮点数相除，其结果为浮点数；而两个整数相除时，所得值是整数。

3.5 C51的数组与指针

3.5.1 C51的数组

数组是一组相同类型数据的有序集合，是最基本的构造类型。其中的数据称为元素，具有相同的数据类型，元素在内在中连续存放，每个元素的访问通过数组名和下标实现。

1. C51的一维数组

(1) 一维数组的定义

类型说明符　数组名[整数常量表达式]；

例如：int ch[5];　　// 定义数组名为ch,元素类型为int,具有5个元素的数组

(2) 一维数组的初始化

① 定义时初始化。

例如：int　a[5]={1,2,3,4,5};等价于:a[0]=1;　a[1]=2;a[2]=3;a[3]=4;a[4]=5;

注：全部赋值可省略长度。例如：int　a[]={1,2,3,4,5,6};

② 定义时部分初始化。

例如：int　a[5]={1,2,3};等价于 a[0]=1;a[1]=2;a[2]=3;a[3]=0;a[4]=0;

(3) 一维数组的引用

数组名[下标]　例如：ch[0]、ch[1]、ch[2]、ch[3]、ch[4]。

注：下标从0开始到n-1，不能越界，下标可以是变量。例如：ch[i]。

2. C51 的二维数组

(1) 二维数组的定义

类型说明符　数组名[整型表达式1][整型表达式2]；

例如：char ch[3][2];　　//定义名为 ch 的3行2列的二维数据,元素个数=行数*列数=6

(2) 二维数组的引用

数组名[下标1][下标2]

注：内存是一维的，数组元素在存储器中的存放顺序按行序优先，即“先行后列”。

(3) 二维数组的初始化

二维数组初始化也是在类型说明时给各下标变量赋以初值。二维数组可按行分段赋值，也可按行连续赋值。

例如：数组 a[5][3]

① 按行分段赋值可写为 int a[5][3] = { {80,75,92},{61,65,71},{59,63,70},{85,87,90},{76,77,85} };

② 按行连续赋值可写为 int a[5][3] = { 80,75,92,61,65,71,59,63,70,85,87,90,76,77,85 };

3. C51 的字符数组

数据类型为 char 的数组长为“字符数组”。每个元素就是一个字符，如 char c[10];

例如：char c[ ] = { 'c',' ','p','r','o','g','r','a','m' };

也可用字符串的方式对数组作初始化赋值。

char c[ ] = {"C program"};或 char c[ ] = "C program";

用字符串方式赋值比用字符逐个赋值要多占1字节，用于存放字符串结束标志 '\0'。上面的数组 c 在内存中的实际存放情况为：C program\0。'\0' 是由 C 编译系统自动加上的。所以在用字符串赋初值时一般无须指定数组的长度，而由系统自行处理。

3.5.2　C51 的指针

指针是 C 语言中的一个重要概念。正确地使用指针类型数据，可以有效地表示复杂的数据结构，可以动态地分配存储器，直接处理内存地址，使程序精简、灵活、高效。本节只介绍指针的基本概念，以及 C51 相对标准 C 语言对指针的扩展。

变量的指针就是该变量的地址，专门用于提供另一个变量地址的变量就是指针变量。指针变量必须先定义后使用。指针变量定义的一般形式为：

数据类型 [存储器类型1] * [存储器类型2] 标识符;

“数据类型”是指该指针变量所指向对象的数据类型。

“存储器类型1”（可选项）是指针变量所指向的数据存储空间区域。依此，C51中指针变量可以分为通用指针变量和存储器专用指针变量。

“存储器类型2”（可选项）是指针变量本身所在的存储器的空间区域。

“标识符”是所定义的指针变量名。

1. 通用指针变量

其声明和标准C语言一样。例如：

```
char *s;          // s 为指向 char 型数据的指针变量
int * xdata p;    //p 为指向 int 型数据的指针变量,而 p 本身放于 xdata 区
```

通过它可以很方便地访问存储空间任何位置的变量，因而许多库函数都使用通用指针变量。其缺点是速度慢。

通用指针变量需要3字节来存储。第一个字节用来表示存储器类型，存储器类型的编码值如表3-6所示。第二个字节是指针的高字节，第三个字节是指针的低字节。

表3-6　存储器类型的编码值

存储器类型	idata/bdata/data	xdata	pdata	code
编 码 值	0x00	0x01	0xfe	0xff

2. 存储器专用指针变量

选用“存储器类型1”选项的指针变量称为存储器专用指针变量。通过该类指针变量，只能够访问规定的存储空间区域。

当存储器类型为idata、data、pdata时，指针变量长度为1字节；当存储器类型为xdata或code时，指针变量长度为2字节。

使用存储器专用指针变量比通用指针变量的效率高，速度快，但必须保证指针变量不指向所声明的存储区以外的地方，否则会产生错误。

例如：

```
char  data  * p1;  /*p1 指向 data 区的字符型数据,p1 本身存放于默认存储区,该指针变量
                     在内存中占 1 字节*/
unsigned  char  pdata  *xdata  p2;  /*p2 指向 pdata 区的无符号字符型数据,p2 本身存放
                                      于 xdata 区,该指针变量在内存中占 1 字节*/
```

3.6　C51的函数

1. C51函数的定义

一般定义格式为：

```
返回值类型　函数名(形参表)[函数模式][reentrant]　[interrupt m]　[using n]
        {  局部变量定义
           执行语句
        }
```

函数模式：也就是编译模式、存储模式，可以为 small、compact 和 large。缺省时则使用文件的编译模式。

reentrant：C51 定义的关键字，表示该函数为可重入函数。所谓可重入函数，就是允许被递归调用的函数。

interrupt：C51 定义的关键字，中断函数必须通过它进行修饰。m 代表中断号。

using：是定义工作寄存器组所用的关键字。n 为工作寄存器组号。

2. 函数的调用

函数调用的一般形式为：

函数名(实参列表)

对于有参数的函数调用，若实参列表包含多个实参，则各个实参之间用逗号隔开。

按照函数调用在主调函数中出现的位置，函数调用方式有以下三种。

(1) 函数语句。把被调用函数作为主调用函数的一个语句。

(2) 函数表达式。函数被放在一个表达式中，以一个运算对象的方式出现。这时的被调用函数要求带有返回语句，以返回一个明确的数值参加表达式的运算。

(3) 函数参数。被调用函数作为另一个函数的参数。

3. 自定义函数的声明

(1) 函数必须先定义后使用，如果函数的定义在调用语句之后或调用的函数不在本文件内部而在其他文件中，则在调用之前需对函数进行声明。

在 C51 中，函数原型一般形式为：

[extern] 函数类型 函数名(形式参数表)；

(2) 函数的声明是把函数的名字、函数类型以及形参的类型、个数和顺序通知编译系统，以便调用函数时系统进行对照检查。函数的声明后面要加分号。

(3) 如果声明的函数在文件内部，则声明时不用 extern，如果声明的函数不在文件内部，而在另一个文件中，声明时须带 extern，指明使用的函数在另一个文件中。

4. 可重入函数

可重入函数是一种可以在函数体内间接调用其自身的函数。对于一个函数，如果需要递归调用，应将它定义为可重入函数；非中断服务程序和中断服务程序中都要调用，同样应将它定义为可重入函数。一般的函数不能这样做。

使用 reentrant 修饰符时需注意以下几点。

(1) 用 reentrant 修饰的可重入函数被调用时，实参表内不允许使用 bit 类型的参数。函数体内也不允许出现任何关于位变量的操作，更不能返回 bit 类型的值。

(2) 编译时，系统为重入函数在内部或扩展存储器中建立一个模拟堆栈区，称为重入栈。重入函数的局部变量及参数被放在重入栈中，使重入函数可以实现递归调用。

例如：将一个延时函数设置为可重入函数，在程序中多处被调用，包括中断服务程序。

```
void delay( ) reentrant
    {
        int  i;
        for(i=0;i<20000;i++);
    }
```

5. 寄存器组的定义

修饰符 using n 用于指定本函数内部使用的工作寄存器组。其中 n 的取值为 0~3，表示寄存器组号，对应第 0 组到第 3 组。

当函数有返回值时，不能使用该属性，因为返回值是存于寄存器中的，函数返回时要恢复原来的寄存器组，导致返回值错误。

6. 中断函数

中断函数也称作中断服务程序，是 CPU 在响应中断后要执行的一段程序。

编写中断函数时，只需关心中断类型号和寄存器组的选择，编译程序会自动安排中断函数在 ROM 存储器中的位置及中断返回地址的入栈及出栈任务。

```
void  函数名  interrupt m  [using n]
{  ……  }
```

51 单片机的 5 个中断源（外中断 0、定时器/计数器 0、外中断 1、定时器/计数器 1、串口）的编号依次为 0、1、2、3、4。CX51 编译器支持 32 个中断源，即 m 的取值为 0~31，中断入口地址与中断号 m 的关系为：

$$中断入口地址 = 3 + 8 \times m$$

例如：

```
void timer1( ) interrupt 3 using 2      //定时/计数器 1 的中断函数
{……}
```

编写 51 中断函数注意如下几点。

① 中断函数不能进行参数传递，也没有返回值，所以最好在函数定义时说明为 void。

② 必须有 interrupt m 属性。

③ 在任何情况下都不能直接调用中断函数。

④ 如果在中断函数中调用了其他函数，则被调用函数所使用的寄存器必须与中断函数相同，否则会产生不正确的结果。被调函数最好设置为可重入的，因为中断是随机的，有可能中断服务函数所调用的函数出现嵌套调用。

⑤ C51 编译器对中断函数编译时会自动在程序开始和结束处加上相应的内容，具体为：在程序开始处根据需要对 ACC、B、DPH、DPL 和 PSW 入栈，结束时出栈。如果没有 using n 属性，R0~R7 也可能进栈，否则不进栈。

7. 内部函数

C51 软件包的库包含许多标准的应用程序，也称为库函数，如果要使用某一库函数，必须在源程序中用预处理命令定义与该函数相关的头文件。下面介绍头文件为 intrins. h 的内部函数。内部函数也称为本征函数，intrins. h 中共有 9 种函数，数目虽少，但都常用。

(1) 循环移位内部函数

crol、_irol__、lrol_、_cror_、_iror__、lror_。

函数功能：将无符号字符型/整形/长整型变量 a，循环左移/右移 n 位。

这 6 个函数名的第 1 个字母表示函数类型（c，字符；i，整形；l，长整型），第 4 个字母表示移位方向（l，左；r，右）与汇编指令 RL　A、RR　A 相似。

函数原型：

```
unsigned char _crol_( unsigned char a,unsigned char n);
unsigned int _irol_( unsigned int a,unsigned int n);
unsigned long _lrol_( unsigned long a,unsigned long n);
unsigned char _cror_( unsigned char a,unsigned char n);
unsigned int _iror_( unsigned int a,unsigned int n);
unsigned long _lror_ ( unsigned long a,unsigned long n);
```

例如：P1 =0xEE;　　　　　// P1 =11101110b

　　　P1 = _crol_(P1,2); // P1 =10111011b

(2) 其他内部函数

nop、_testbit_、_chkfloat_。

函数原型：void _nop_ (void);

函数功能：产生一条 NOP 空指令，执行一次空操作。

函数原型：bit _testbit_ (bit x);

函数功能：产生一条 JBC 指令。该函数测试一个位，如果该位为 1，则将该位清 0，并且返回值为 1，否则返回值为 0。

函数原型：unsigned char _chkfloat_ (float x);

函数功能：检查浮点型变量 x 的状态，返回值为无符号字符型数据，其值可以为 0，1，2，3，4。返回值意义：0——标准浮点数；1——浮点数 0；2——+INF 正溢出；3——-INF 负溢出；4——NaN 该数为非法数据的错误状态。

例如：编写程序段，若位变量 flag 值为 1，则 8 位数据 data8 右移两位并将 flag 清 0；否则左移 3 位。

程序段如下：

```
if(_testbit_(flag))
    data8 = _cror_(data8,2);
else
    data8 = _crol_(data8,3);
```

3.7　C 程序基本结构与流程控制

C 程序由若干基本结构组成。每个基本结构又包含一个或几个语句。C 语言中有 3 种基本结构：顺序结构、选择结构（分支结构）、循环结构。

顺序结构是一种最基本、最简单的编程结构，是程序的基本组成部分，每个程序中几乎都有顺序结构的程序。运行时按语句先后顺序执行即可。下面介绍其他两种结构。

3.7.1 分支语句

1. if语句

if语句用来判定所给的条件是否满足决定执行的顺序。

if语句有以下3种形式。特别注意：缺省{}时，else总是和它上面离它最近的未配对的if配对。

(1) if(表达式)
{语句;}

其结构如图3-6所示。

(2) if(表达式)
{语句1;}
else
{语句2;}

其结构如图3-7所示。

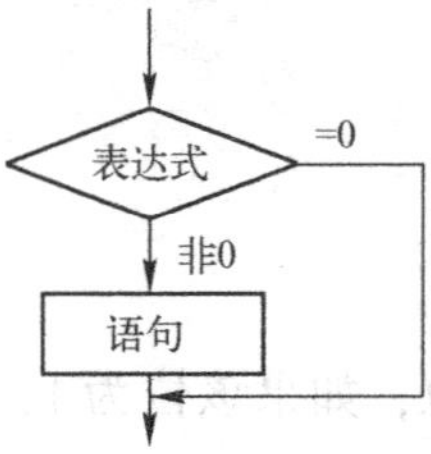

图3-6 if语句结构

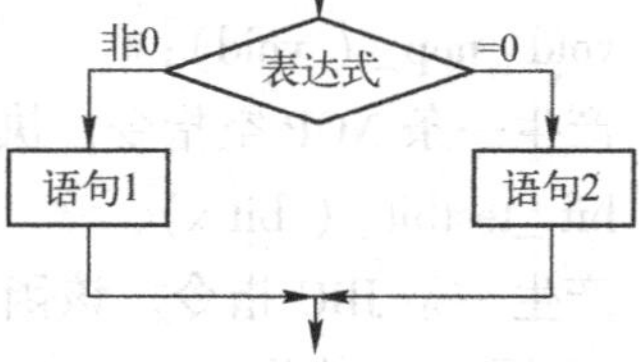

图3-7 if else语句结构

(3) if(表达式1){语句1;}
else if(表达式2){语句2;}
else if(表达式3){语句3;}
……
else if(表达式n-1){语句n-1;}
else{语句n;}

其结构如图3-8所示。

2. switch语句

switch语句是直接处理多分支的选择语句，一般格式为：

```
switch (表达式)
    {
    case 常量表达式1:语句组1;break;
    case 常量表达式2:语句组2;break;
        ……
    case 常量表达式n:语句组n;break;
    default:      语句组n+1;break;
}
```

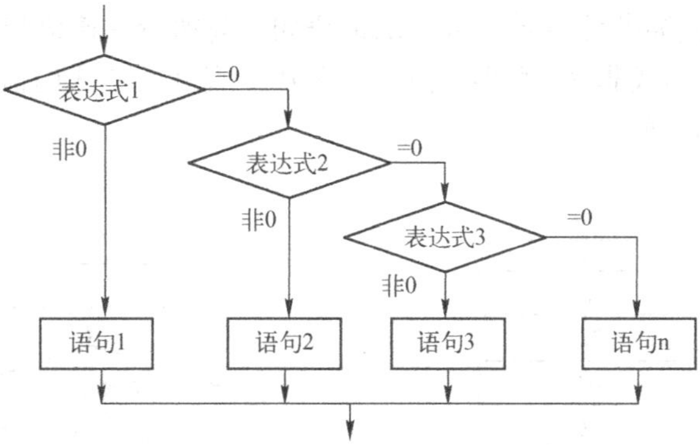

图 3-8　if else if 语句结构

switch 后的表达式可以是整型、字符型或枚举型数据，case 后的各常量表达式需与其类型相同或者可以相互转换，其结构如图 3-9 所示。

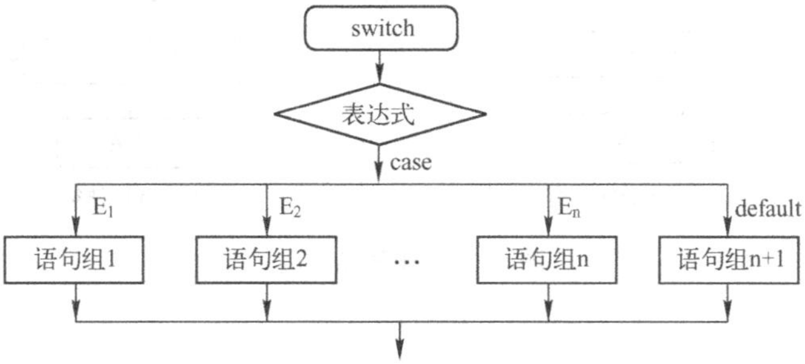

图 3-9　多分支 switch 语句结构

3.7.2　循环语句

1. while 语句

while 语句的一般形式为：

```
while(表达式)
{语句;}
```

其中的表达式为循环条件，语句为循环体，若表达式的值非 0，则执行循环体。其结构如图 3-10（a）所示。例如下述语句：

```
while (! (P1&0x01));
```

该语句实现的是等待 P1.0 为 1。循环体部分为空语句，循环条件是 P1.0 引脚输入为低电平。

2. do – while 语句

do – while 语句的一般形式为：

```
do{
    语句;
    }while(表达式);
```

与while语句先判断条件不同，do－while语句是先执行一遍语句（循环体），然后判别条件，如果条件表达式非0，则再次执行循环体。直到表达式的值为0时，结束循环。其结构如图3-10（b）所示。

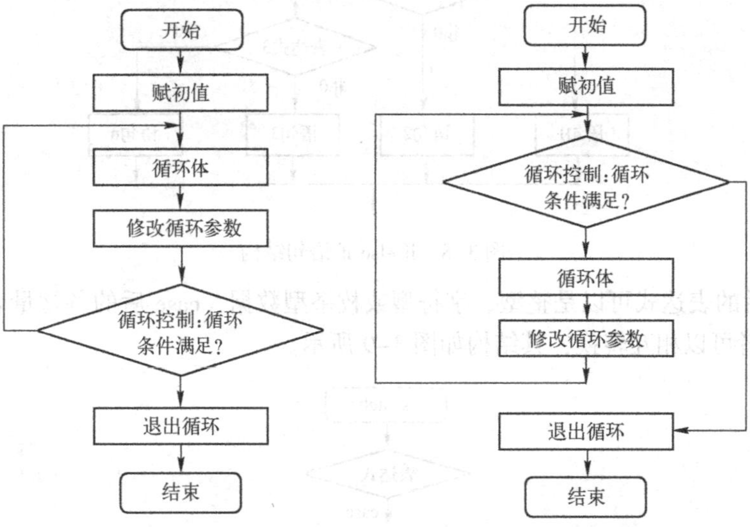

（a）do-while结构　（b）while结构

图3-10　循环结构程序

3. for语句

for语句的一般形式为：

```
for(表达式1;表达式2;表达式3)
{语句;}
```

执行过程：①先对表达式1求值；②再对表达式2求值，若表达式2为假，则退出循环，若为真，则执行一遍语句（循环体）；③然后对表达式3求值，再从②开始重复，直到表达式2为假，for循环执行结束。

例如：编程，求1～10的累加和。

```
#include <reg51.h>
void main( )
{   unsigned char i,sum;
sum =0;
for(i =1;i <=10;i ++)
{       sum =i +sum;    }
}
```

4. break语句

当break语句用于循环语句中时，可使程序跳出当前循环而执行循环结构后面的语句。在多层循环中，一个break语句只向外跳一层。

5. continue语句

continue语句用在循环结构中，它的作用是跳过循环体中剩余的语句而强行开始执行下一次循环，常与 if 语句一起使用来加速循环。

注意：continue 语句只是结束本次循环，接着执行下一次循环条件判断，而不是终止循环；而 break 语句则是终止本层循环，不再进行本层循环条件判断，接着执行循环语句的下一条语句。

3.8　模块化程序设计

模块化程序设计就是将一个大的程序按功能分割成一些小模块。各模块相对独立，功能单一，接口简单，可以使复杂的程序设计简单化，避免重复劳动，缩短开发周期，并且使程序易于维护及功能扩充。

软件设计中的每一个模块都是一个具有独立功能的程序，可以单独设计、调试和管理。

C 语言是模块化程序设计语言。程序结构如图 3-11 所示。

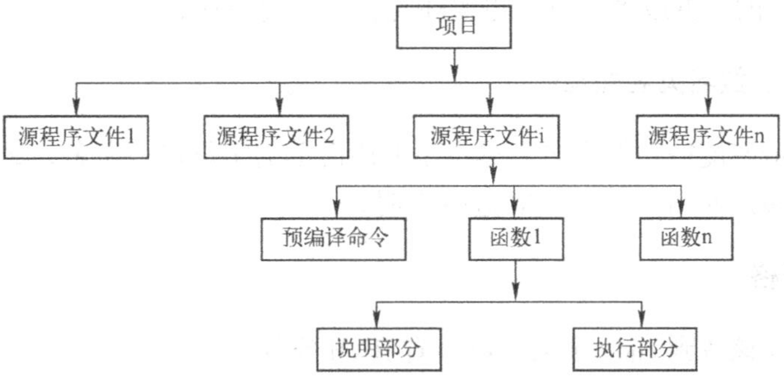

图 3-11　C51 程序结构

在实际的单片机程序设计中，一个项目中可以包含多个模块，经过编译器连接定位之后即可生成单片机可执行文件。

整个项目虽然可以有多个文件，但需注意的是，在所有文件中只能有一个主函数。

3.9　编程技巧

编程时，首要考虑程序的可行性、可读性、可移植性等问题，这是总原则。下面介绍一些编程技巧。

1. 使用头文件定义

头文件里写的是系统函数原型和常数定义。可以自己定义头文件，比如把数据类型、常数定义，还有全局函数、全局变量声明（extern）定义在头文件中。头文件后缀为 .h。

2. 使用位变量

对于某些标志位声明为位变量，节省内存。

3. 使用变量

尽可能使用短型变量、无符号类型变量、局部变量；尽量避免使用浮点变量；为变量通过code、data、xdata、pdata、idata、bdata等关键字分配内部存储区。

4. 使用特定指针

通用指针占3字节，特定指针占2字节，同时产生的代码更紧凑高效。

5. 使用多文件

把一个较大的程序分成若干个源文件。

对于某些中等规模的程序，最好用一个头文件存放程序中各部分需要共享的实体。

多文件的使用有利于程序的模块化，不同功能的程序段可以建成不同的功能模块，这样有利于程序的重用性。

6. 勤加注释

重要难懂的代码要写注释，每个函数、全局变量要写注释，一些局部变量也要写注释。注释写在代码的上方或者右方。也要注意，不要滥注释。

7. 变量名和函数名见名知意

变量和函数最好能按功能命名，尽量不要用简单的字母代替命名。如果函数参数和返回值不存在，则最好使用关键字void进行声明。

8. 常数和表格

常数和表格应该放到code中去，以节省RAM空间。

9. 合理使用空格

大多数二目运算符和三目运算符"?:"两边均空一格;"(",")"运算符在其内侧空一格，但函数实现时可不用;","后空一格。

10. 对齐原则

使用TAB缩进；{} 对齐。

原则上关系密切的行应对齐。长行换行尽可能在","后或运算符前，并且以下各行均以该语句首行缩进，但该语句仍以首行的缩进为准，即如果下行为"{" 应与首行对齐。

3.10 Keil C51 应用入门（C51 汇编）

为快速入门，下面以简单实例来讲述Keil的应用。假设读者已正确安装了Keil，并在桌面上已建立了快捷方式图标。

（1）进入Keil μVision

双击快捷方式图标，则出现如图3-12所示的Keil μVision的工作界面。

（2）建立工程

选择菜单“Project→New Project”，则弹出如图3-13所示的对话框，选择合适的路径并为工程取名（如HELLO），单击“保存”按钮，则名为HELLO.uv2（.uv2是自动加上的）的工程文件存盘。随即弹出对话框“Select device for Target' Target1'”，如图3-14所示，要求选择用于工程的某型号单片机。

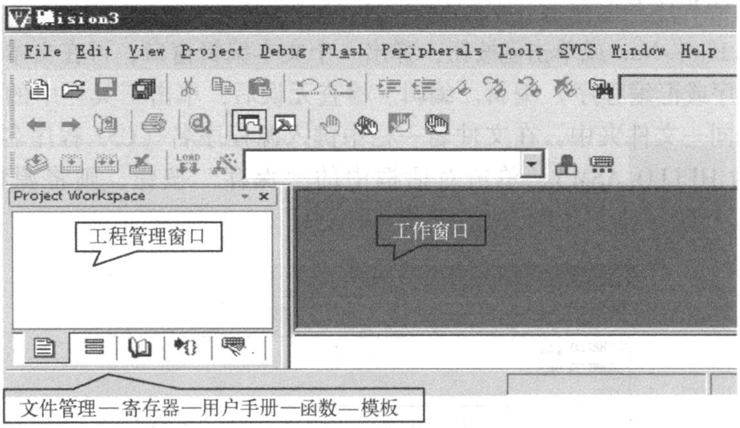

图3-12　keil μVision 工作界面

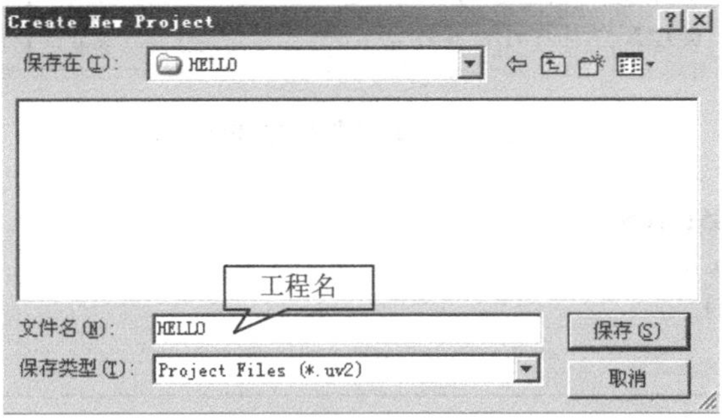

图3-13　新建工程窗口

（3）选择项目工程使用的单片机型号

双击左方单片机选择框中的“Atmel”，则列出Atmel公司生产的各种型号的单片机，选中AT89C51再单击“确定”按钮，如图3-14所示，则选好单片机AT89C51，并返回工作界面。

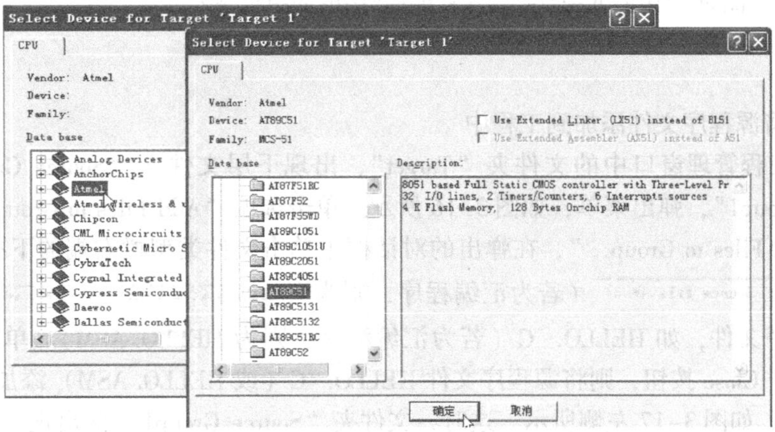

图3-14　选择Atmel公司的单片机AT89C51

注意： 对弹出提示选择栏“Copy Standard 8051 Starrup Code to Project Folder and File to Project?”，选择“否”按钮。

（4）编辑源程序并保存

选择菜单 File→New 或单击按钮，弹出一个文本编辑窗口，可在文本窗口内进行源程序（C51 程序或汇编程序）编辑。编辑、检查无误后，单击工具栏中的按钮，将其保存在与工程同一文件夹中，在文件名一栏中键入源程序名（C51 程序名为 HELLO. C，汇编程序名为 HELLO. ASM），单击对话框中的“保存”按钮，则将源程序存入，如图 3-15 所示。

图 3-15　编辑源程序并保存

```
#include <REG51.H>
#include <stdio.h>
void main (void)
{
/* --------------------------------------------------------------
Setup the serial port for 1200 baud at 16MHz.
 -------------------------------------------------------------- */
    SCON   =0x50;
// SCON: mode 1,8-bit UART,enable rcvr
    TMOD|=0x20;            //TMOD: timer 1,mode 2,8-bit reload
    TH1   =221;            /* TH1:  reload value for 1200 baud @ 16MHz */
    TR1    =1;             /* TR1:  timer 1 run                      */
    TI     =1;             /* TI:  set TI to send first char of UART  */
    printf ("Hello World\n"); /* Print "Hello World"  */
    while (1);
}
```

（5）将源程序文件添加到工程中

双击工程管理窗口中的文件夹“Target”，出现下层文件夹“Source Group1”，右击“Source Group1”，弹出菜单，如图 3-16 所示。单击选项“Add Files to Group...”，弹出对话框“Add Files to Group...”，在弹出的对话框中单击文件类型栏右端的下拉按钮，选择 文件类型(T): C Source file (*.c) （若为汇编程序，则为 文件类型(T): Asm Source file (*.s*; *.src; *.a*)），再选择或键入源程序文件，如 HELLO. C（若为汇编程序，则为 HELLO. ASM）。单击 Add 按钮，接着再单击 Close 按钮，则将源程序文件 HELLO. C（或 HELLO. ASM）添加到工程 HELLO. uv2 中，如图 3-17 左侧所示。这时，文件夹“Source Group1”前出现“＋”，单击它则打开文件夹“Source Group1”，可看到该文件夹中有源程序文件 HELLO. C（或

HELLO. ASM)，如图 3-17 所示。

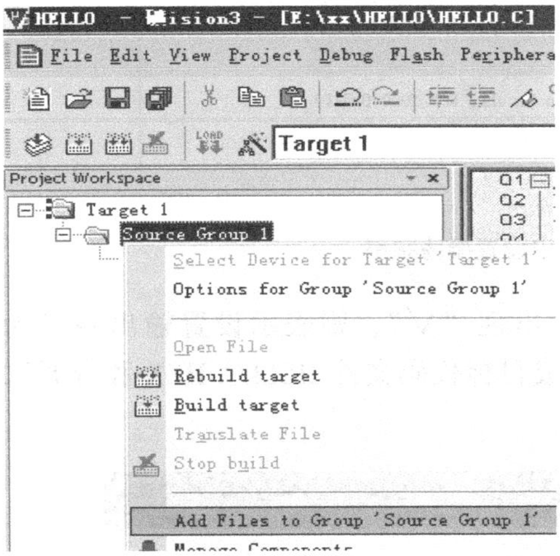

图 3-16　打开工程管理文件夹

图 3-17　添加源程序文件到工程

(6) 设置 Keil 工程目标选项

单击选中工程管理窗口中的“Target1”，再选择菜单项“Project→Option for Target ‘Target1’”，出现对工程设置的对话框。该对话框有 10 个页面（或称选项卡），如图 3-18 所示，当前页面为“Target”。工程目标选择项相当复杂，一般应用时，大部分页面设置取默认值，只需对下列各项进行设置。

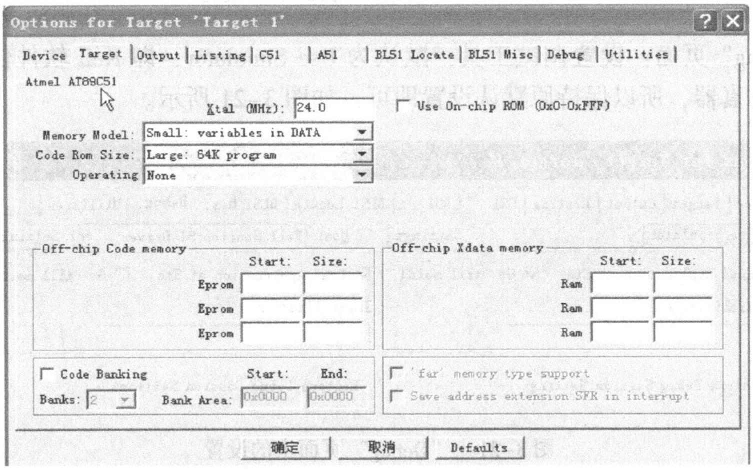

图 3-18　工程设置的对话框

①“Target”页面：此页面中，一般只要在 Xtal 栏中填写振荡频率。AT89C51 最高频率的默认值为 24.0MHz，根据本项目实际使用的振荡频率，设置为 12MHz，如图 3-19 所示。

②“Output”页面：单击页面标签“Output”则进入该页面。在该页面中，一般只要设置 Name of Executable: HELLO.omf 和 ☑ Create HEX Fi: 两项。在“Name of Executable”的输入框中输入文件名（如 HELLO，如需要生成带调试格式的代码文件，则写上 .omf 的后缀），

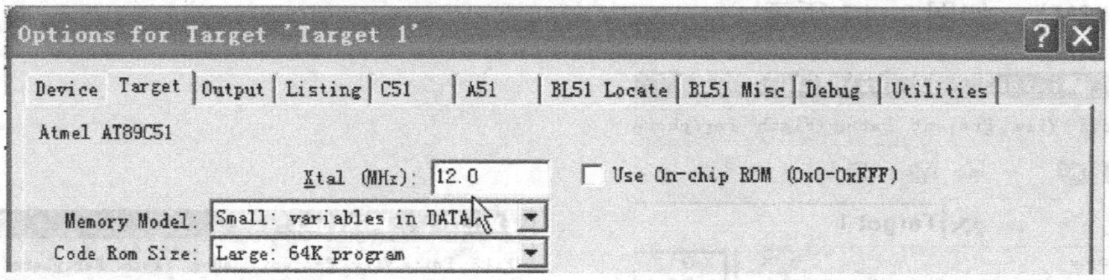

图 3-19　在“Target”页面中设置振荡频率

单击“Create HEX File”项前的选择框，当框中出现“√”，则表示设置输出格式为HEX，如图 3-20 所示。这样设置后汇编/编译生成目标代码文件 HELLO. HEX 和带调试信息的代码文件 HELLO. omf。

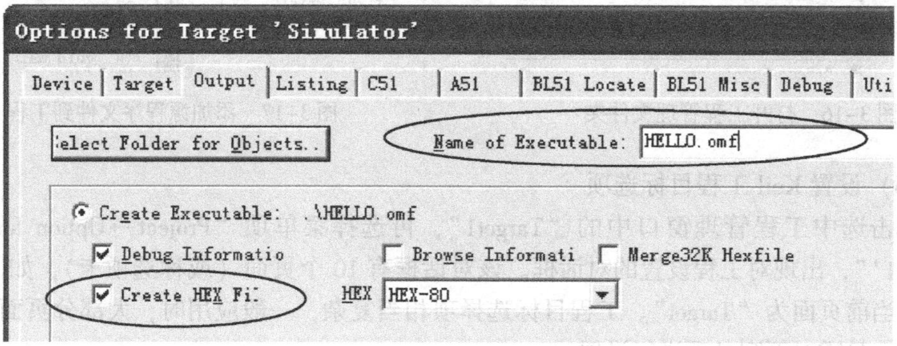

图 3-20　“Output”页面中的设置

③“Debug”页面：设置调试工具，默认为 Use Simulator，即 Keil 软件仿真器。本章只用到软件仿真器，所以保持原默认设置即可，如图 3-21 所示。

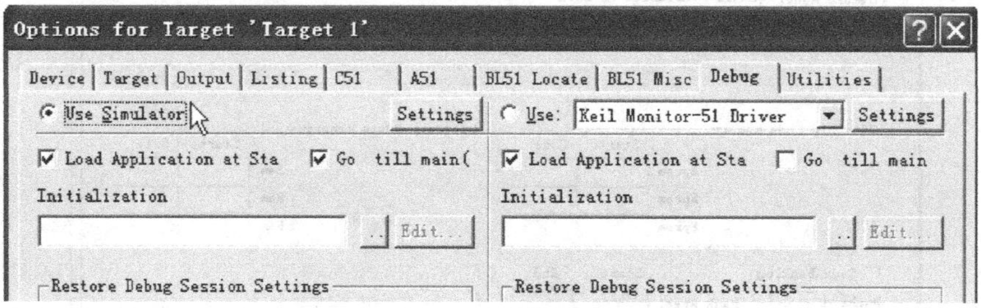

图 3-21　“Debug”页面中的设置

对 Keil 工程设置好后，单击“确定”按钮，则完成设置，并返回到图 3-17 所示的界面。

（7）源程序编译/汇编

若为 C51 程序使用“编译”一词，若为汇编程序使用“汇编”一词。

单击工具栏中的两个按钮之一，生成目标代码。两个按钮的含义如下。

① 编译/汇编修改过的文件，建立链接并生成目标代码文件 *. HEX；

② 不管是否修改过，全部重新编译/汇编，建立链接并生成目标代码文件 *. HEX。编译/汇编后弹出编译/汇编信息输出窗口，如果成功，则输出窗口如图 3-22（a）所示；

如果源程序有错误，则编译/汇编信息输出窗口如图 3-22（b）所示，并提示错误。双击错误提示，系统可指出出错的地方，以便进行检查修改。如图中绿箭头所指程序行，错误原因为多了个“,”。若为汇编程序，情况类似。

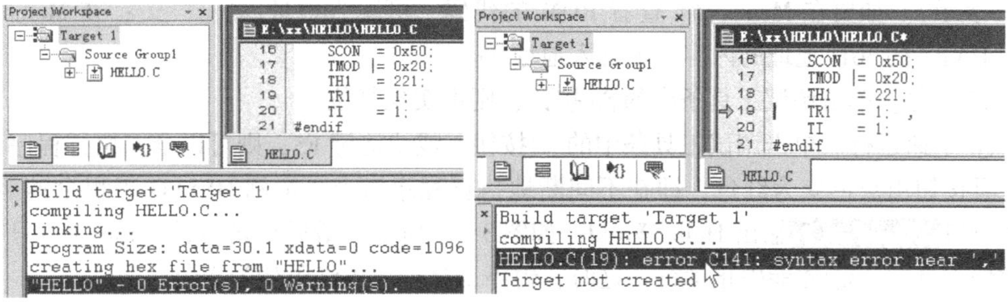

（a）编译成功　　　　（b）编译不成功

图 3-22　汇编信息输出窗口

（8）运行调试

单击工具栏中工具按钮（或选择菜单" Debug→Start/Stop Debug Session"），进入调试状态，工作界面有明显的变化。工程管理窗口中显示出寄存器窗口，有常用的寄存器，如 r0、r1、r2、r3、r4、r5、r6、r7、a、b、dptr、sp、psw、pc 等，如图 3-23 左方所示。工具栏中多出一个与调试有关的工具条，如图 3-23 上方所示，其中有供选择的调试工具按钮，自左到右分别为复位、全速运行、暂停、单步运行、过程单步、执行完当前子程序、运行到当前行、PC 当前状态、开/关跟踪、观察跟踪、反汇编窗口、观察窗口、代码作用范围分析、1#串行窗口、存储器窗口、性能分析、逻辑分析仪、工具盒等命令。

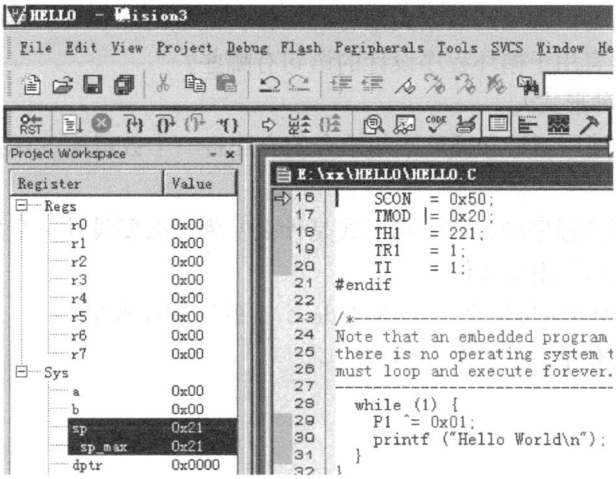

图 3-23　进入调试状态，出现调试工具栏

单击，打开串行窗口 1，以便对 HELLO 工程进行后继调试。

① 设置观察反汇编窗口。单击调试工具条中的按钮，弹出反汇编窗口（Disassembly）。从该窗口中可看到对应汇编语言程序行的机器码（程序目标代码）及其在 ROM 中的安排。

② 设置存储器窗口。单击调试工具条中的按钮，则弹出存储器窗口。它由 4 个页

面（或称选项卡）组成，分别为Memory#1、Memory#2、Memory#3、Memory#4。可用来设置观察代码存储空间（ROM，用“C”表示）、直接寻址的片内空间（片内RAM，用“D”表示）、间接寻址的片内存储空间（用“I”表示）和片外扩展RAM存储空间（用“X”表示）。如要在Memory#1查看ROM的代码，可写入地址Address: C:0；在Memory#2查看DATA的30H地址的内容，可写入地址Address: D:0x30。

③ 复位。单击调试工具条中的按钮，则可实现复位。

④ 全速运行。单击调试工具条中的按钮，或快捷键F5，则可以全速执行程序，暂停工具按钮由灰色变为红色，即在不间断地执行程序指令。本例HELLO工程全速运行，在串行口Serial #1输出Hello World，如图3-24所示。最后反复运行while(1);只有单击暂停工具按钮才能中止运行。这时，暂停工具按钮由红色变为灰色。

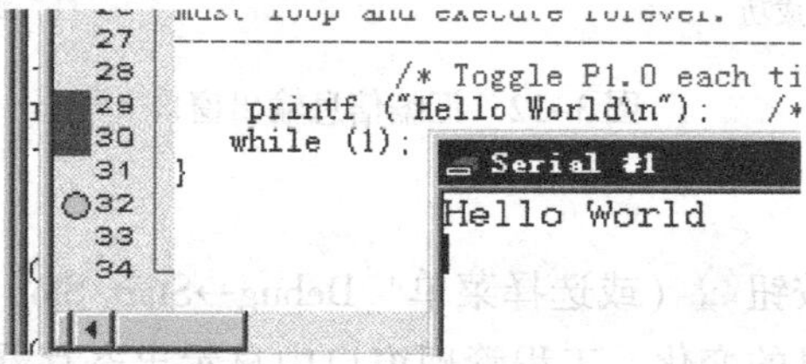

图3-24　运行结果：从串行口输出“Hello World”

习题与思考3

1. 对比汇编语言，单片机使用C语言进行程序设计的优势体现在哪里？
2. 单片机C语言中常用的数据类型有哪几种？试举出几个数组应用实例。
3. 单片机C语言用于循环程序设计的语句有哪些？
4. if语句有几种形式？
5. 编写程序，使用指针和循环语句结合的方法将一个数组a[5]的内容全部复制给另一个数组b[5]。
6. 单片机C语言程序的大致结构形式是什么？为什么要设计一个死循环？
7. 如何自定义和使用头文件？
8. 包含文件语句#include “” 与#include < >的区别在哪里？
9. 使用单片机C语言的技巧有哪些？

第 4 章　AT89C51 中断系统

4.1　中断系统

“中断系统”是单片机为实现中断、控制中断的功能组成部分。它使单片机能及时响应并处理运行过程中内部或外部的随机突发事件，解决单片机快速 CPU 与慢速外设间的矛盾，提高单片机的工作效率和可靠性。

4.1.1　中断基本概念

1. 中断的定义

单片机应用系统运行过程中，为响应内部和外部随机发生的事件和突发事件，单片机 CPU 暂时中止执行当前程序，转去处理事件；处理完毕后，再返回继续执行原来中止了的程序。这一过程被称为中断。

2. 中断技术

在单片机应用系统的硬件、软件设计中，应用中断系统处理随机发生事件和突发事件的技术称为中断技术。

3. 中断系统

AT89C51 中断系统由 5 个中断请求源、4 个与中断控制有关的特殊寄存器（IE、IP、TCON 和 SCON）、两个中断优先级及顺序查询逻辑电路组成。其结构示意图如图 4-1 所示。

4.1.2　中断系统结构

1. 中断源

中断源是指能产生中断、发出中断请求的事件或装置。AT89C51 的中断源有 5 个：

① 外部中断 0（$\overline{INT0}$）：中断请求信号从单片机的 P3.2 脚输入。

② 外部中断 1（$\overline{INT1}$）：中断请求信号从单片机的 P3.3 脚输入。

③ 内部定时器/计数器 0（T0）：溢出中断。

④ 内部定时器/计数器 1（T1）：溢出中断。

⑤ 串口中断：包括串行收中断 RI 和串行发中断 TI。

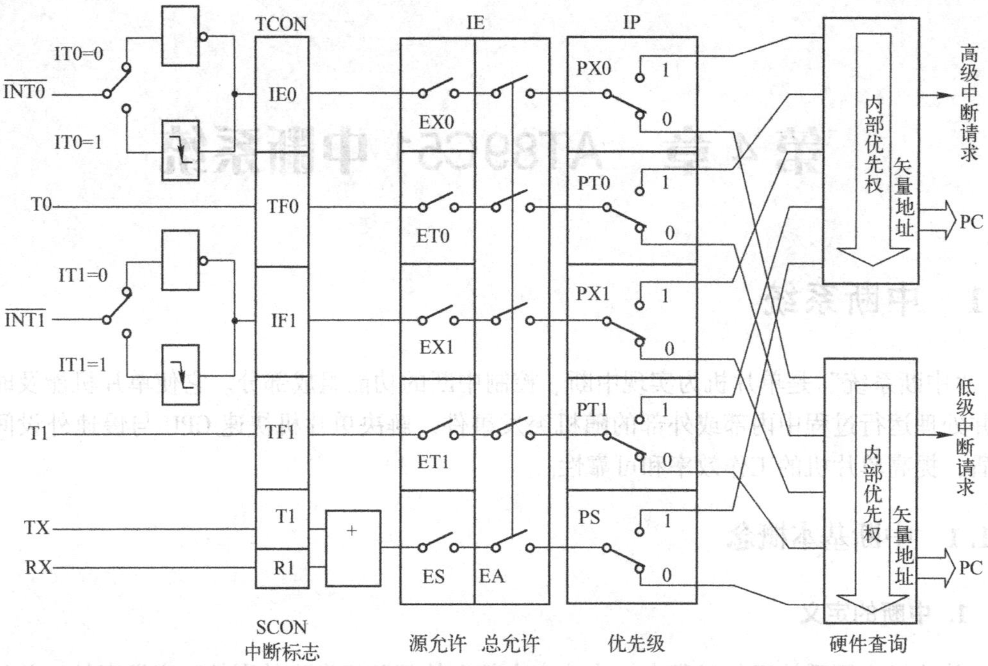

图 4-1　AT89C51 单片机中断系统的结构示意图

2. 中断入口地址

5 个中断源对应的中断入口地址如表 4-1 所示，它们都在 ROM 中。

表 4-1　中断入口地址及内部优先权

中　断　源	中断入口地址（ROM）	优　先　权
INT0	0003H	高
T0	000BH	↓
INT1	0013H	
T1	001BH	
串口	0023H	低

若启动中断功能，则在程序设计时必须留出 ROM 中相应的中断入口地址，不得被其他程序占用。中断服务程序的首地址多为中断入口处的转移指令所转地址。

3. 中断优先级、优先权、中断嵌套

（1）优先级

通常在系统中有多个中断源，可能会出现两个或更多的中断源同时提出中断请求的情况，应该先响应哪个中断请求呢？设计者应事先根据轻重缓急给中断源确定一个中断级别，即优先级（priority）。AT89C51 单片机可将 5 个中断源分为两个优先级：高优先级和低优先级。当几个中断源同时请求时，CPU 先响应高优先级的中断，后响应低优先级的中断。中断优先级可用指令设置。当发出新的中断申请的优先级与当前已响应中断的优先级相同或更低时，CPU 不立即响应，直到正在处理的中断服务程序执行完以后，才受理该中断。

（2）优先权

单片机也将同一优先级中的所有中断源按优先权先后排序，如表 4-1 右列所示。INT0 中断优先权最高，串口中断优先权最低。若在同一时刻发出请求中断的几个中断源属同一优先级，CPU 先响应优先权排在前面的中断源中断，后依次响应优先权排在后面的中断源中断。优先权由单片机顺序查询逻辑电路决定。

（3）中断嵌套（高优先级中断可中断低优先级中断）

当单片机 CPU 响应某一中断请求并进行中断处理时，若有优先级级别高于它的中断源发出中断申请，则 CPU 要暂时中断正在执行的中断服务程序，保留此时中断的断点（称中断嵌套断点），响应高优先级中断源的中断。高优先级中断处理完后，再回到中断嵌套断点，继续处理被暂时中断的低优先级中断，这就是中断嵌套。中断嵌套只允许“高优先级中断”中断“低优先级中断”。如图 4-2 所示为中断嵌套示意图。

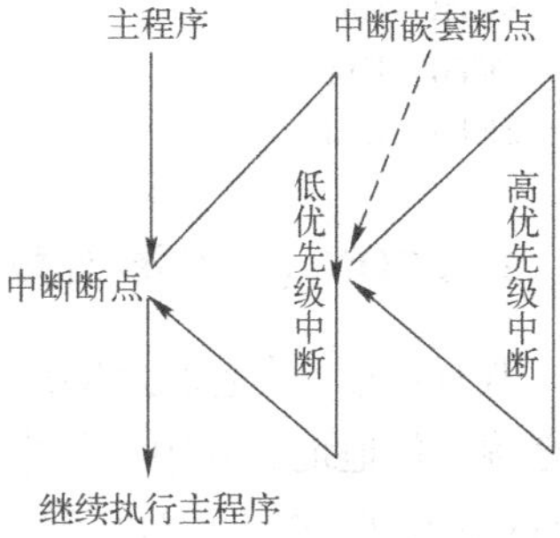

图 4-2　中断嵌套示意图

4.1.3　与中断有关的特殊寄存器

在 AT89C51 单片机中涉及中断控制的有 4 个特殊功能寄存器，通过指令对它们进行置位（置 1）或清 0 操作，可实现中断控制功能。

1. IE（中断允许寄存器）

单片机是否接受中断申请、接受哪个中断申请由可位寻址的特殊功能寄存器 IE（Interrupt Enable）决定。其字节地址为 A8H，各位名称与位地址如表 4-2 所示。各控制位置“1”表示允许中断，置“0”表示禁止中断。

表 4-2　IE 结构及各位的名称和地址

位　号	IE. 7	IE. 6	IE. 5	IE. 4	IE. 3	IE. 2	IE. 1	IE. 0
位名称	EA	…	…	ES	ET1	EX1	ET0	EX0
位地址	AFH	…	…	ACH	ABH	AAH	A9H	A8H

EA：中断允许总开关。EA = 1 是中断允许的必要条件；EA = 0，禁止所有中断。

ES：串口中断允许控制位。

ET1：定时器/计数器 1 溢出中断允许控制位。

EX1：外中断 1 中断允许控制位。

ET0：定时器/计数器 0 溢出中断允许控制位。

EX0：外中断 0 中断允许控制位。

【例 4-1】 如要设置外中断 1 和定时器/计数器 1 中断允许，其他不允许，求 IE 值。

解： 参照表 4-2，根据题意将 IE 设置如表 4-3 所示。

表 4-3　根据题意设置 IE 中断允许位

EA			ES	ET1	EX1	ET0	EX0
1	0	0	0	1	1	0	0

求得(IE)=8CH。编写程序时，可用下面字节操作指令设置。

```
MOV  IE,#8CH
```

也可用下列位操作指令设置。

```
SETB  EA        CLR  EX0
SETB  ET1       CLR  ET0
SETB  EX1       CLR  ES
```

2. TCON（定时器/计数器和外中断控制寄存器）

TCON的字节地址为88H，是可位寻址的特殊功能寄存器。表4-4所示为TCON结构及位名称、位地址。其中，与中断有关的有6位，即TCON.0、TCON.1、TCON.2、TCON.3、TCON.5和TCON.7。与定时器/计数器有关的TCON.4、TCON.6（参看第5章）。

表4-4　TCON结构及位名称、位地址

位　号	TCON.7	TCON.6	TCON.5	TCON.4	TCON.3	TCON.2	TCON.1	TCON.0
位名称	TF1	TR1	TF0	TR0	IE1	IT1	IE0	IT0
位地址	8FH	8EH	8DH	8CH	8BH	8AH	89H	88H

TF1：T1溢出中断请求标志。当定时器/计数器T1溢出时，由硬件置“1”，请求中断。

TF0：T0溢出中断请求标志。其功能、意义与TF1相似。

IE1：外中断1中断请求标志。当$\overline{INT1}$引脚（P3.3）上出现有效的外部中断信号时，由硬件置“1”，请求中断。

IT1：外中断$\overline{INT1}$触发方式控制位，由指令置“1”或清零。IT1=1，为边沿触发方式，当P3.3引脚出现下跳沿时信号有效；IT1=0，为电平触发方式，当P3.3引脚出现低电平时信号有效。

IE0：外中断$\overline{INT0}$中断请求标志。其功能、意义与IE1类同。

IT0：外中断$\overline{INT0}$触发方式控制位。其功能、意义与IT1类同。

3. SCON（串口控制寄存器）

SCON的字节地址是98H，它是可位寻址的特殊功能寄存器。表4-5所示为SCON结构及各位名称、位地址。其中只有TI和RI两位与串口中断控制有关。

表4-5　SCON结构及各位名称、位地址

位　号	SCON.7	SCON.6	SCON.5	SCON.4	SCON.3	SCON.2	SCON.1	SCON.0
位　名	SM0	SM1	SM2	REN	TB8	RB8	TI	RI
位地址	9FH	9EH	9DH	9CH	9BH	9AH	99H	98H

TI：串口发送中断请求标志。

RI：串口接收中断请求标志。

CPU在响应串行发送、接收中断后，TI、RI不能自动清零，必须用指令清零。

4. IP（中断优先级控制寄存器）

IP 的字节地址为 B8H，它是可位寻址的特殊功能寄存器。高 3 位地址未用，其余位地址由低到高依次是 B8H～BCH。表 4-6 所示为 IP 结构及各位名称、位地址。

表 4-6　IP 结构及各位名称、位地址

位　号	…	…	…	IP.4	IP.3	IP.2	IP.1	IP.0
位　名	…	…	…	PS	PT1	PX1	PT0	PX0
位地址	…	…	…	BCH	BBH	BAH	B9H	B8H

中断源中的中断优先级控制位置“1”，定义为高优先级；置“0”定义为低优先级。若 5 个中断源全部置为高优先级或全部置为低优先级，相当于不分优先级。这时，响应中断的先后顺序依单片机规定的优先权行事，如表 4-1 右列所示。

PS：串口中断优先级控制位。

PT1：T1 中断优先级控制位。

PX1：$\overline{\text{INT1}}$中断优先级控制位。

PT0：T0 中断优先级控制位。

PX0：$\overline{\text{INT0}}$中断优先级控制位。

【例 4-2】 如果要将 T0、外中断 1 设为高优先级，其他为低优先级，求 IP 的值。

解： 根据表 4-6 来设置。IP 的高 3 位位地址未用，可任意取值，设为 000，其他各位根据题目要求要设置，如表 4-7 所示。

表 4-7　根据题意设置 IP 各位

			PS	PT1	PX1	PT0	PX0
0	0	0	0	0	1	1	0

求得(IP)＝06H，可用下面字节操作指令设置：

```
MOV   IP,#06H
```

也可用下列位操作指令设置：

```
SETB  PX1
SETB  PT0
CLR   PX0
CLR   PT1
CLR   PS
```

4.1.4　中断过程

AT89C51 中断处理过程大致可分为 4 步：中断请求、中断响应、中断服务和中断返回，如图 4-3 所示。其中大部分操作是 CPU 自动完成的，用户只需了解来龙去脉，设置中断允许、设置中断优先级、编写中断服务程序等，若为外中断还需设置触发方式。

1. 中断请求

若已设置某中断允许，当对应中断源要求单片机 CPU 为它服务时，必须发出一个中断请求信号。若是外部中断源，则需将外中断源接到单片机的 P3.2（$\overline{\text{INT0}}$）或 P3.3

（$\overline{INT1}$）引脚上。当外部中断源发出有效中断信号时，相应的中断请求标志位 IE0 或 IE1 置“1”，提出中断请求。若是内部中断源发出有效中断信号，如 T0、T1 溢出，则相应的中断请求标志位 TF0 或 TF1 置“1”，提出中断请求。CPU 将不断查询这些中断请求标志，一旦查询到某个中断请求标志置位，CPU 就根据中断响应条件响应中断请求。

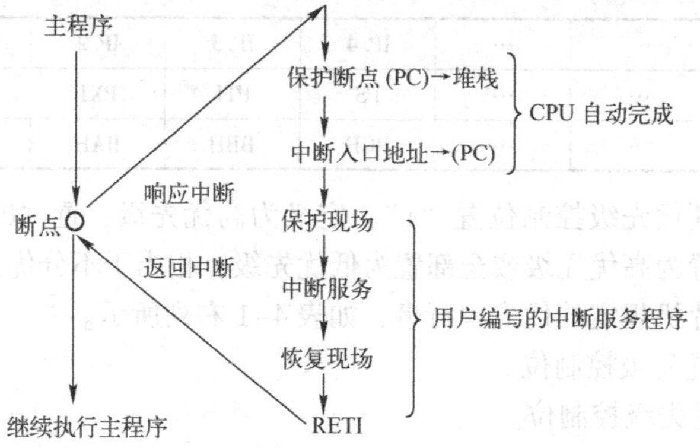

图 4-3　中断过程示意图

2. 中断响应

（1）中断响应条件

中断源发出中断请求后，CPU 响应中断必须满足如下条件。

① 已开总中断（EA = 1）和相应中断源的中断（相应允许控制位置位）；

② 未执行同级或更高级的中断；

③ 当前执行指令的指令周期已结束；

④ 正在执行的不是 RETI 和访问 IE、IP 指令，否则要再执行一条指令后才能响应。

（2）中断响应操作

CPU 响应中断后，进行如下操作。

① 在一种中断响应后，屏蔽同优先级和低优先级的其他中断。

② 响应中断后，应清除该中断源的中断请求标志位，否则中断返回后将重复响应该中断而出错。有的中断请求标志（TF0、TF1，边沿触发方式下的 IE0、IE1）在 CPU 响应中断后，会由 CPU 自动清除。有的中断标志（如 RI、TI）CPU 不能清除，只能由用户编程清除。还有电平触发方式下的中断请求标志（IE0、IE1），在 CPU 响应中断后也由 CPU 自动清除；但若中断源保持的低电平未消除或保持时间长于完成中断服务程序执行时间，则会重复发生中断，这种情况一般可通过外电路清除。

CPU 响应中断后，先将中断点的 PC 值压入堆栈保护。然后 PC 装入相应的中断入口地址，并转移到该入口地址执行中断服务程序。当执行完中断服务程序最后一条指令 RETI 后，自动将原先压入堆栈的中断点的 PC 值弹回至 PC 中，返回执行中断点处的指令。

3. 执行中断服务程序

根据要完成的项目和任务编写中断服务程序。一般来说，中断服务程序包含以下几部分。

① 保护现场。一旦进入中断服务程序，便将与断点处有关且在中断服务程序中可能改变的存储单元（如 ACC、PSW、DPTR 等）的内容通过"PUSH direct"指令压入堆栈保护起来，以便中断返回时恢复。

② 执行中断服务程序，完成相应操作。中断服务程序中的操作内容和功能是中断源请求中断的目的，是 CPU 完成中断处理操作的核心。

③ 恢复现场。与保护现场相对应，在返回前（即执行返回指令 RETI 前），通过"POP direct"指令将保护现场时压入堆栈的内容弹出，送到原来相关的存储单元后，再中断返回。

4. 中断返回

在中断服务程序的最后，应安排一条中断返回指令 RETI，其作用是：

① 恢复断点地址。将原来压入堆栈中的断点地址弹出，送到 PC 中。这样 CPU 就返回到原中断断点处，继续执行被中断的又尚未完成的程序。

② 开放响应中断时屏蔽的其他中断。

5. 中断响应等待时间和中断请求的撤除

（1）中断响应等待时间

若 CPU 正在执行同级或更高级的中断服务程序，就必须等 CPU 执行完这一服务程序返回后，才能响应新的中断。此时，中断响应的等待时间就要看正在执行的同级或更高级的中断服务程序的长短。除此之外，中断响应等待时间一般为 3～8 个机器周期。

（2）中断请求的撤除

对于已响应的中断请求，若其中断请求标志没撤除，则此中断返回后，可能再次进入中断，导致出错。有关中断请求的撤除，具体分析如下。

① CPU 硬件自动撤除。定时器/计数器 T0、T1 和边沿触发方式下的外部中断 $\overline{\text{INT0}}$、$\overline{\text{INT1}}$ 的中断请求标志位 TF0、TF1、IE0、IE1，在中断响应后由 CPU 硬件自动清除。

② 指令清除。CPU 响应串行中断后，其硬件不能自动清除中断请求标志位。用户应在串行中断服务程序中用指令清除（置零）标志位 TI、RI。

③ 若允许外中断且为电平触发方式，则当外中断源使 $\overline{\text{INT0}}$、$\overline{\text{INT1}}$ 引脚低电平有效时，CPU 响应中断。执行完中断服务程序返回指令之后，若中断源仍是低电平，就会重复引起中断。对于这种情况，可采用外加电路的方法，清除引起置位中断请求标志的来源，如图 4-4 所示的是一种外加清除电路。当外部设备有低电平触发方式的外中断请求时，中断请求信号经反相器加到锁存器 CP 端，作为 CP 脉冲。由于 D 端接地，电压为 0，Q 端输出低电平，触发 $\overline{\text{INT0}}$ 产生断。当 CPU 响应该中断后，在该中断服务程序中安排两条指令：

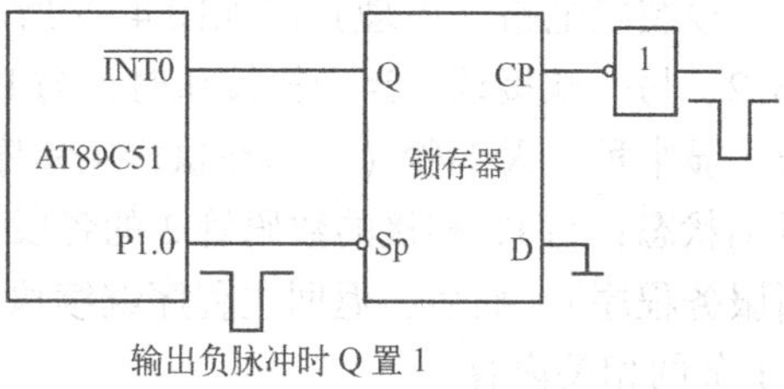

图 4-4　电平触发方式的外中断请求的撤除

```
ANL     P1,#0FEH
ORL     P1,#01H
```

使P1.0输出一个负脉冲信号，延续时间为两个机器周期，加到锁存器Sp端（强迫置1端），使锁存器置位，撤销引起重复中断的$\overline{INT0}$低电平信号，从而撤除中断请求。

4.1.5 有中断的单片机应用程序的编程要点

（1）中断初始化

中断初始化应在产生中断请求前完成，一般放在主程序中，与主程序的其他初始化内容一起完成。主要有：

① 定义中断优先级。将中断优先级控制寄存器IP中相关的控制位置位，其余清零。

② 若是外中断，则要定义外中断触发方式，将控制寄存器TCON中相关的控制位置位。

③ 开中断。将控制寄存器IE中的中断控制位EA和相应的中断允许控制位置位，其余清零。

（2）若中断服务程序小于等于8字节，可直接放置在中断入口地址处。否则，在相应的中断入口地址处放置一条跳转指令（SJMP、AJMP或LJMP），跳转到中断服务程序的首地址。中断服务程序可放置到ROM中合适的空间。

（3）中断服务程序

编写中断服务程序的要求如下。

① 根据需要保护现场。为减轻堆栈负担，保护现场的数据存储单元数量力求少。

② 有些中断的中断请求标志CPU响应后不能自动清除，应考虑的清除中断请求标志位的其他操作。例串行口中断。

③ 恢复现场。

④ 最后一条指令必须是中断返回指令RETI。

4.2 中断应用实例及其PROTEUS设计与仿真

4.2.1 外中断（INT0）实验装置

该装置电路（原理）图如图4-5所示。将按钮作为外中断0（INT0）源；其一端接P3.2，另一端接地。当未按按钮时，与P0相接的数码管1依次循环显示a段、b段…、g段，显半秒，灭半秒（表示在执行主程序）。当单击按钮时，发生中断，数码管1保持该时刻状态；与P2相接的数码管2的各段全亮半秒，再暗半秒，循环8次（表示在执行中断服务程序）。而后，返回主程序继续执行中断前的主程序。有关数码管问题可参看本书7.1节的相关内容。

1. 电路设计

本实验的电路原理图如图4-5所示。该图左方为所使用的元件列表。采用七段共阳数码管1和2，按钮为外中断源。晶振频率为12Mz。在PROTEUS ISIS中进行电路设计，文件取名为B0421.DSN。

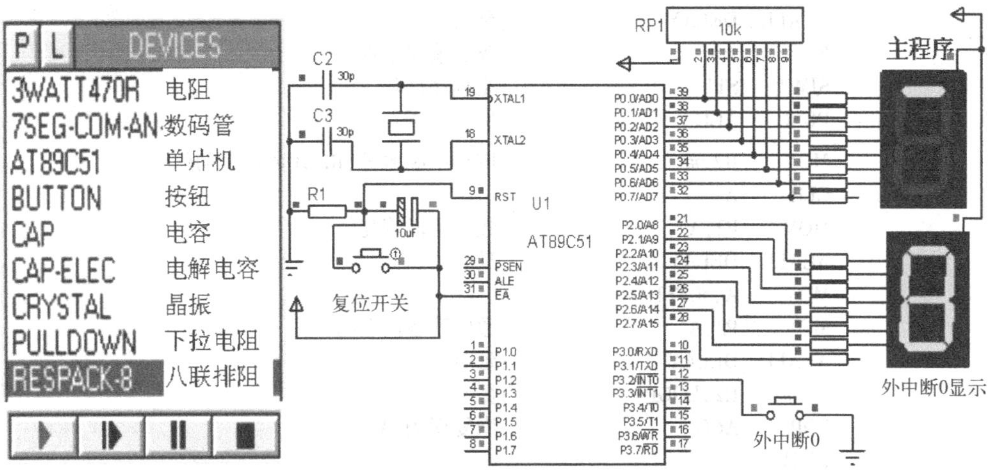

图 4-5　外中断实验装置电路原理图、使用元件列表及仿真片段

2. 程序设计

(1) 程序流程图

程序流程图如图 4-6、图 4-7 所示。

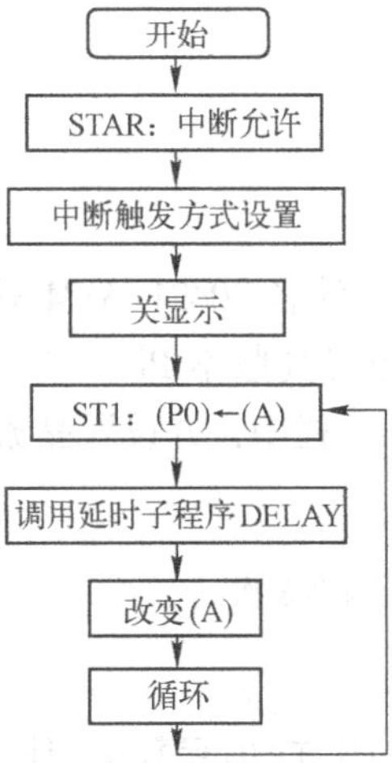

图 4-6　主程序流程图

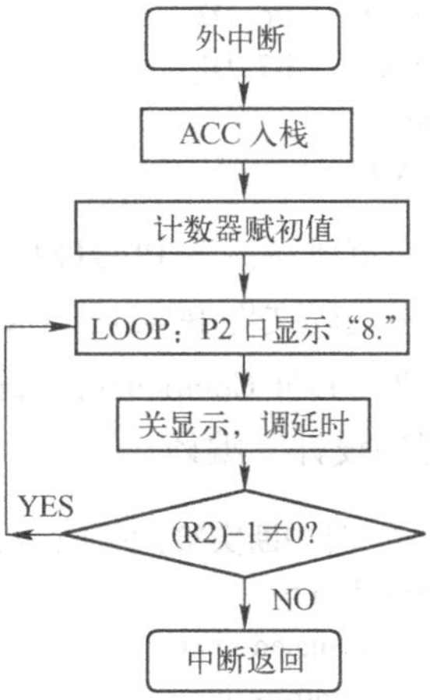

图 4-7　中断服务程序流程图

(2) 汇编语言程序设计、汇编

```
        ORG     00H
        SJMP    STAR
        ORG     03H                     ;INT0中断入口地址
        SJMP    INT0S                   ;转INT0中断服务
        ORG     30H
STAR:   MOV     IE,#10000001B           ;INT0开中断
        MOV     TCON,#1H                ;INT0边沿触发方式
        MOV     A,#0FEH                 ;P0 口输出初值
ST1:    MOV     P0,A
```

```
        ACALL  DELAY            ;延时
        RL     A                ;改变输出数据
        SJMP   ST1              ;主程序循环
INT0S:  PUSH   ACC              ;保护现场
        MOV    R2,#8            ;INT0中断服务,R2计数器赋初值
LOOP:   CLR    A
        MOV    P2,A             ;数码各段管亮
        ACALL  DELAY            ;延时
        MOV    A,#0FFH
        MOV    P2,A             ;数码管各段全暗
        ACALL  DELAY            ;延时
        DJNZ   R2,LOOP          ;循环8次
        POP    ACC              ;恢复现场,A
        RETI
DELAY:  MOV    R7,#250          ;延时子程序,500ms
D1:     MOV    R6,#250
D2:     NOP
        NOP
        NOP
        NOP
        NOP
        NOP
        DJNZ   R6,D2
        DJNZ   R7,D1
        RET
        END
```

根据第2章2.6节所述，在PROTEUS ISIS中以文件名B0421.ASM对上述程序进行设计编辑。汇编生成目标代码文件B0421.HEX。将它下载（高版本PROTEUS有自动下载功能）到单片机属性对话框（Edit Component）的Progran File栏中，并设置晶振频率12MHz。

（3）C语言程序设计、编译

```
//b0421.c     外中断实验,主程序亮点流动,中断闪烁8次
#include <reg51.h>
#define uchar unsigned char              //数据类型宏定义
#include      <intrins.h>                //_nop_()所在的库函数头文件

void delay()                             //延时函数
{  uchar i,j;
   for(i=0;i<178;i++)
        for(j=0;j<255;j++)
            {    _nop_();
                 _nop_();
                 _nop_();
                 _nop_();
                 _nop_();
                 _nop_();
                 _nop_();
            _nop_();
        }
```

```
    }

void Int0( ) interrupt 0                     //外中断 0 的中断服务函数
{      uchar i;                              //循环变量定义
    for( i = 0;i < 8;i ++ )                  //亮灭闪烁循环 8 次
    {        P2 = 0;                         //灯亮
          delay( );                          //延时
          P2 = 0xff;                         //灯灭
          delay( );                          //延时
    }
}

void main( void)                             //主函数
{      uchar a = 0x7f;                       //变量定义,赋初值
     P0 = 0xff;                              //灯灭
     P2 = 0xff;                              //灯灭
     IT0 = 1;                                //设置外中断 0 为下降沿触发
     EA = 1;                                 //开总中断
     EX0 = 1;                                //开外部中断 0
     for( ; ; )                              //死循环
     {
          a = _crol_( a,1 );                 //亮点流动
          P0 = a;                            //主函数中亮点流动显示
          delay( );                          //延时
     }
}
```

在 Keil 中以文件名 B0421. C 对上述 C51 语言程序进行设计编辑。编译生成目标代码文件 B0421. HEX 和带调试信息的目标代码文件 B0421. OMF。在 PROTEUS ISIS 中，将 B0421. OMF 下载到单片机属性对话框（Edit Component）的 Progran File 栏中，并设置晶振频率 12MHz。

3. PROTEUS 仿真、调试、实际制作

正确完成上述步骤后，进行仿真及仿真调试。操作按钮，观察有外中断、无外中断两种情况下两数码管的显示状态及转换过程，测量延时时间，并加以进行分析、解释。图 4-5 中有该实验的 PROTEUS 仿真片段。

仿真及仿真调试有两种方式。

（1）在 PROTEUS B0421. DSN 中，将汇编语言生成的 B0421. HEX 下载到单片机中，分别进行仿真及仿真调试。

（2）在 PROTEUS B0421. DSN 中，将 Keil C51 语言生成的 B0421. OMF 下载到单片机中，分别进行仿真及仿真调试。

仿真及仿真调试成功后，可进行实际装置的制作。图 4-8 是制作成功的实际的“外中断实验装置”及运行情况的照片。

图 4-8 外中断实验装置（学生干星雨制作）

4.2.2 中断优先级实验装置

设置$\overline{\text{INT1}}$为高优先级、$\overline{\text{INT0}}$为低优先级。图 4-9 所示为高优先级中断中断低优先级中断的示意图，图 4-10 所示为低优先级中断等待高优先级中断返回后再执行的示意图。高优先级可中断低优先级，但低优先级的中断请求不能中断高优先级；同一优先级不能相互中断。

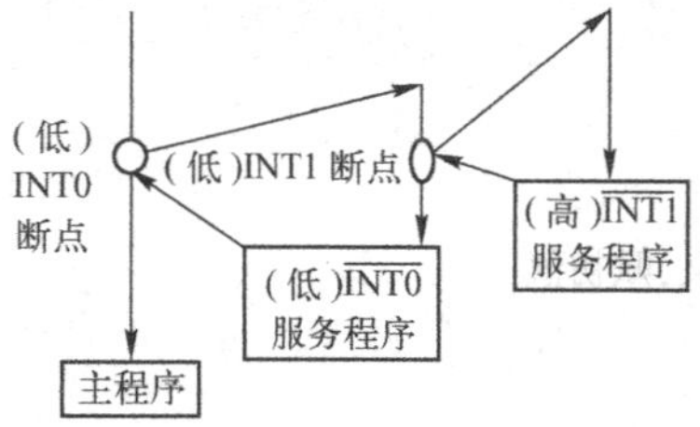

图 4-9 高优先级中断低优先级示意图

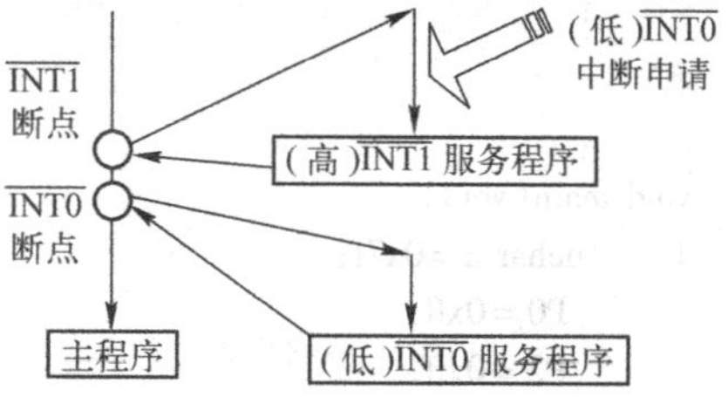

图 4-10 低优先级中断等待高优先级中断返回执行

1. 电路设计

“中断优先级实验装置”电路原理图如图 4-11 所示。该图左方为其使用元件列表。在 PROTEUS ISIS 中进行电路设计，文件取名为 B0422. DSN。设置晶振频率为 4MHz。

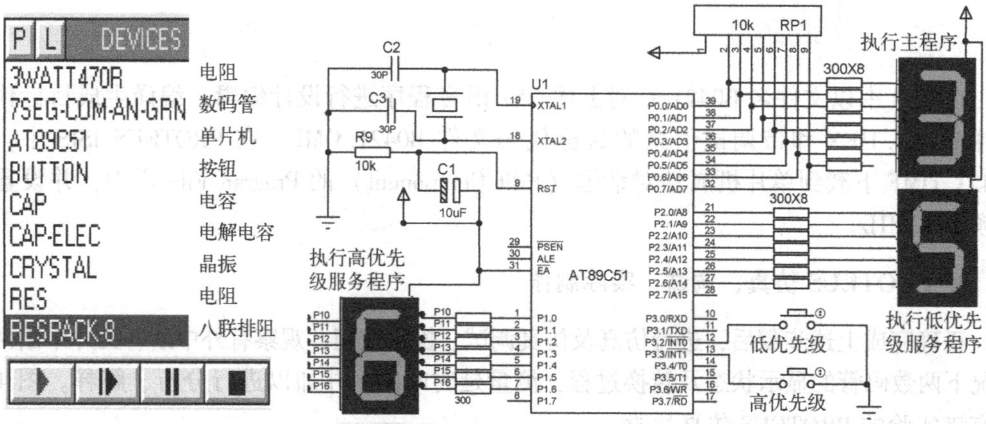

图 4-11 “中断优先级实验装置”电路原理图、元件列表及仿真片段

2. 程序设计

(1) 程序流程图

程序流程图如图 4-12 和图 4-13 所示。

(2) 汇编语言程序设计、汇编

```
        ORG     00H
        SJMP    STAR
        ORG     3
        SJMP    INT0S
```

```
        ORG     13H
        SJMP    INT1S
        ORG     30H
STAR:   MOV     IE,#85H
        MOV     TCON,#5
        MOV     A,#0FEH
        MOV     P3,#0FFH
        SETB    PX1
ST0:    MOV     A,#1
ST1:    PUSH    ACC
        ACALL   SEG7
        MOV     P0,A
        ACALL   DELAY
        POP     ACC
        INC     A
        CJNE    A,#9,ST1
        SJMP    ST0
INT0S:  PUSH    ACC
        MOV     A,#0
LOOP:   INC     A
        PUSH    ACC
        ACALL   SEG7
        MOV     P2,A
        POP     ACC
        ACALL   DELAY
        CJNE    A,#8,LOOP
        POP     ACC
        MOV     P2,#0FFH
        RETI
INT1S:  PUSH    ACC
        MOV     A,#0
LOOP1:  INC     A
        PUSH    ACC
        ACALL   SEG7
        MOV     P1,A
        ACALL   DELAY
        POP     ACC
        CJNE    A,#8,LOOP1
        MOV     P1,#0FFH
        POP     ACC
        RETI
DELAY:  MOV     R7,#250
D1:     MOV     R6,#250
D2:     NOP
        NOP
        NOP
        NOP
        NOP
        NOP
        DJNZ    R6,D2
```

```
        DJNZ    R7,D1
        RET
SEG7:   INC     A
        MOVC    A,@A+PC
        RET
        DB      0C0H,0F9H,0A4H,0B0H              ;共阳七段数码管显示码表
        DB      99H,92H,82H,0F8H,80H,90H         ;依次为0,1,…,8,9
        END
```

(请读者注释每条指令的功能)

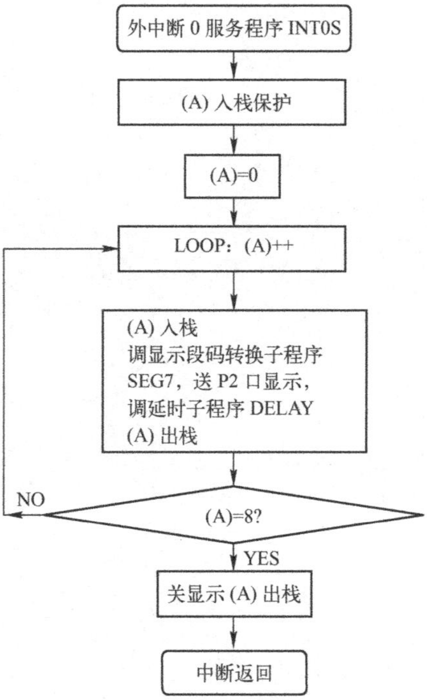

图 4-12　中断优先级服务程序

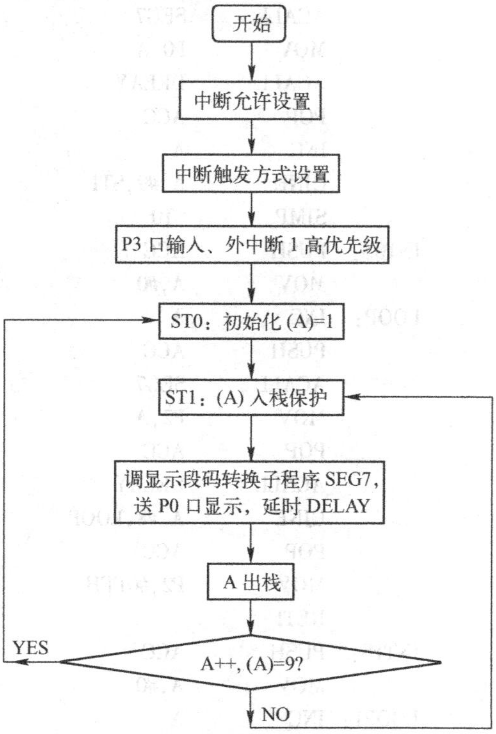

图 4-13　中断优先级主程序流程图

根据第 2 章 2.6 节所述，在 PROTEUS ISIS 中以文件名 B0422. ASM 对上述程序进行设计编辑。汇编生成目标代码文件 B0422. HEX。将它下载（高版本 PROTEUS 有自动下载功能）到单片机属性对话框（Edit Component）的 Progran File 栏中，并设置晶振频率 4MHz。

（3）C 语言程序设计、编译

```
//B0422.c 中断优先级,外中断 1 优先,均显示 1-8
#include <reg51.h>                          // 硬件资源头文件
#define uchar unsigned char                 // 数据类型宏定义
#include      <intrins.h>                   //_nop_();
//共阳显示码数组定义,存放在 ROM 中
uchar code tab[] = {0xC0,0xF9,0xA4,0xB0, 0x99,0x92,0x82,
                    0xF8,0x80,0x90,0x88,0x83,0xC6,0xA1,0x86,0x8E} ;

void delay()                                //延时函数
{   uchar i,j;
```

```
for(i=0;i<255;i++)                          //两层FOR循环嵌套
    for(j=0;j<255;j++)
        {   _nop_();
            _nop_();
            _nop_();
            _nop_();
            _nop_();
            _nop_();
            _nop_();
            _nop_();
        }
}

void Int0() interrupt 0                     //外中断0的服务函数
{   uchar r0;                               //循环变量定义

   for(r0=1;r0<9;r0++)                      //循环8次,从1~8
       {
           P2=tab[r0];                      //取显示码送P2口显示
           delay();                         //延时
       }
       P2=0xff;                             //灭灯
}

void Int1() interrupt 2                     //外中断1的函数
{   uchar r1;                               //循环变量定义
   for(r1=1;r1<9;r1++)                      //循环8次,从1~8
   {
       P1=tab[r1];                          //取显示码送P1口显示
       delay();                             //延时
   }
  P1=0xff;                                  //灭灯

}
void main(void)                             //主函数
{     uchar r2;                             //循环变量定义
P0=0xff;                                    //灭灯
P2=0xff;                                    //灭灯
P1=0xff;                                    //灭灯
IT0=1;                                      //设置为下降沿触发
IT1=1;
EA=1;                                       //开总中断
EX0=1;                                      //开外部中断
EX1=1;
PX1=1;                                      //外中断1为高优先级
while(1)                                    //死循环
{     for(r2=1;r2<9;r2++)                   //循环8次,从1~8
      {
           P0=tab[r2];                      //显示码送P0口显示
           delay();                         //延时
```

```
            }
        }
    }
```

在Keil中以文件名B0422.C对上述C51语言程序进行设计编辑。编译生成目标代码文件B0422.HEX和带调试信息的目标代码文件B0422.OMF。在PROTEUS ISIS中，将B0422.OMF下载到单片机属性对话框（Edit Component）的Progran File栏中，并设置晶振频率4MHz。

3. PROTEUS仿真、调试、实际制作

正确完成上述步骤后，进行仿真及仿真调试。单击仿真按钮进行仿真。观察到单片机主程序控制P0口数码管循环显示1~8。① 先单击高优先级INT1按键，发生$\overline{\text{INT1}}$中断，在$\overline{\text{INT1}}$响应中断未返回时单击低优先级INT0按键，观察现象，并做出正确的解释。② 先单击低优先级INT0按键，发生$\overline{\text{INT0}}$中断，在$\overline{\text{INT0}}$响应中断未返回时单击高优先级INT1按键，观察现象，并做出正确的解释。图4-11中显示出了中断优先级实验装置的仿真片段。

仿真及仿真调试有两种方式。

（1）在PROTEUS B0422.DSN中，将汇编语言生成的B0422.HEX下载到单片机中，分别进行仿真及仿真调试。

（2）在PROTEUS B0422.DSN中，将Keil C51语言生成的B0422.OMF下载到单片机中，分别进行仿真及仿真调试。

图4-14 “中断优先级实验装置”及其运行情况（学生屠俞炳制作）

仿真及仿真调试成功后，可进行实际装置的制作。图4-14是制作成功的实际的“外中断优先级实验装置”及运行情况的照片。

实验4：“扩展中断源装置”的PROTEUS设计、仿真与制作

1. 任务与目的

（1）任务

在PROTEUS ISIS中，设计一款“扩展中断源装置”，其控制核心是AT89C51。要求扩展三路外中断，即0路、1路、2路；并用3个LED发光管分别表示那个中断被选中。哪一路中断，对应的指示LED亮一秒后熄灭。晶振频率为12MHz。

（2）目的

① 通过“扩展中断源装置”设计、仿真与制作，熟悉AT89C51中断技术及其应用。

② 掌握PROTEUS ISIS基本操作，熟悉应用中断的单片机应用系统的PROTEUS电路、程序设计及仿真。

③ 培养实际制作单片机应用系统的能力。

④ 掌握汇编语言程序设计，熟悉C51程序设计。

2. PROTEUS 设计、仿真与调试

(1) 电路设计

应用 PROTEUS 设计“扩展中断源装置”(由读者设计)。这里仅提供参考电路原理图,如图 4-15 所示。其中右方 3 个按钮代表三个扩展的外中断源,左方 3 个 LED 发光管为表示对应某个扩展中断源被响应而设。晶振频率为 12MHz。取设计文件名为 B04S4. DSN。

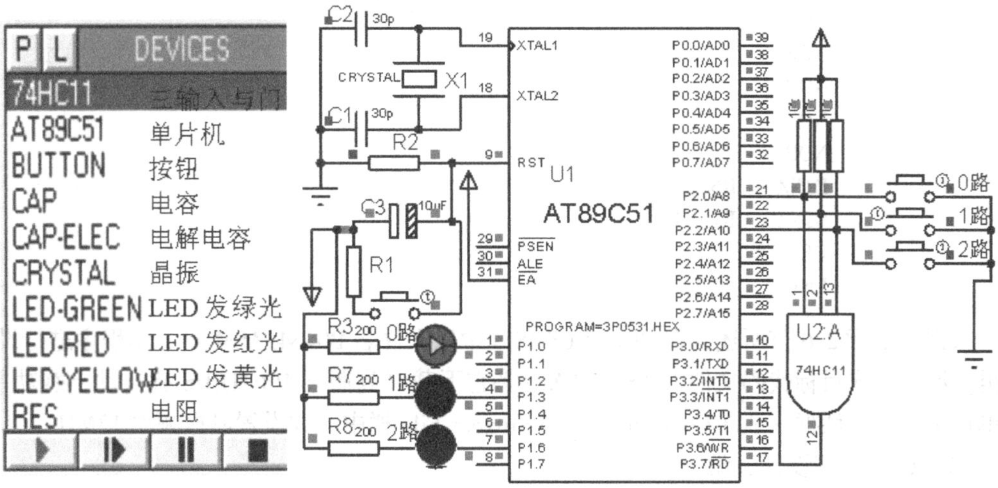

图 4-15 “扩展中断源装置”的原理图、元件列表及仿真片段

(2) 汇编语言程序设计、汇编

在 PROTEUS ISIS 中应用 PROTEUS 源程序编辑器 SRCEDIT 进行程序设计(由读者设计)。这里仅提供参考程序设计,并对重要指令都进行了注释。取文件名为 B04S4. ASM。

```
        ORG     0H
        LJMP    STAR
        ORG     03H
        LJMP    INT00           ;转 INT0 服务程序
STAR：  MOV     P2,#0FFH
        MOV     P1,#0FFH
        SETB    EA              ;INT0 初始化
        SETB    EX0
        SJMP    STAR
INT00：PUSH    ACC             ;INT0 服务程序
        PUSH    PSW
        JNB     P2.0,EXT0
        JNB     P2.1,EXT1
        JNB     P2.2,EXT2
EXIT：  LCALL   DELAY
        LCALL   DELAY
        POP     PSW
        POP     ACC
        RETI
EXT0：  CLR     P1.0            ;扩展 0 服务程序
```

```
        SJMP    EXIT
EXT1:   CLR     P1.3            ;扩展 1 服务程序
        SJMP    EXIT
EXT2:   CLR     P1.6            ;扩展 2 服务程序
        SJMP    EXIT
DELAY:  MOV     R7,#250         ;延时 0.5s 子程序
D1:     MOV     R6,#250
D2:     NOP
        NOP
        NOP
        NOP
        NOP
        NOP
        DJNZ    R6,D2
        DJNZ    R7,D1
        RET
        END
```

根据第 2 章 2.6 节所述，在 PROTEUS ISIS 中以文件名 B04S4.ASM 对上述程序进行设计编辑。汇编生成目标代码文件 B04S4.HEX。将它下载（高版本 PROTEUS 有自动下载功能）到单片机属性对话框（Edit Component）的 Progran File 栏中，并设置晶振频率 12MHz。

（3）C51 程序设计、编译

```
//b04s4.c  外中断扩展
#include <reg51.h>                          //硬件资源定义的头文件
#define uchar unsigned char                 //数据类型宏定义
#include <intrins.h>                        //_nop_()
sbit P10 = P1^0;                            //引脚的位定义
sbit P13 = P1^3;                            //
sbit P16 = P1^6;                            //
void delay()                                //延时函数
{ uchar i,j;
    for(i = 0;i < 250;i ++)
     for(j = 0;j < 250;j ++)
       {_nop_();_nop_();
        _nop_();_nop_();
        _nop_();}
}
void int0() interrupt 0                     //外中断 0 函数
{ switch(P2)                                //根据 P2 口的输入数据状态执行以下分支
    {case 0xfe:P10 = 0;delay();delay();break;   //有某个按键,灯亮一会
     case 0xfd:P13 = 0;delay();delay();break;   //
     case 0xfb:P16 = 0;delay();delay();break;   //
     default:;                                  //
    }
}
void main(void)                             //主函数
{P3 = 0xff;                                 //P3 口输入
      IT0 = 1;                              //外中断 0 下降沿触发
      EA = 1;                               //开中断
```

```
    EX0 = 1;                        //
    while(1)                        //死循环
        {P1 = 0xff;P2 = 0xff;}      //P2 为输入 ,P1 灯灭
}
```

在 Keil 中以文件名 B04S4. C 对上述 C51 语言程序进行设计编辑。编译生成目标代码文件 B04S4. HEX 和带调试信息的目标代码文件 B04S4. OMF。在 PROTEUS ISIS 中，将 B04S4. OMF 下载到单片机属性对话框（Edit Component）的 Progran File 栏中，并设置晶振频率 12MHz。

(4) 仿真与调试

正确完成上述步骤后，进行仿真及仿真调试。操作代表扩展外中断源的各按钮，观察对应发光管亮 1s，然后熄灭的现象，并进行分析、解释。图 4-15 中有该装置的 PROTEUS 仿真片段。

3. 实际制作

仿真及仿真调试成功后，可进行实际装置的制作。图 4-16 是制作成功的“扩展中断源装置”及运行情况的照片。

图 4-16 “扩展中断源装置”及其运行情况（学生屠俞炳制作）

习题与思考 4

1. 什么叫中断？设置中断有什么优点？

2. 写出 AT89C51 单片机 5 个中断源的入口地址、中断请求标志位名称、位地址及其所在的特殊功能寄存器。

3. 开 AT89C51 单片机的外中断 0，如何操作？写出操作指令。

4. 中断处理过程包括哪 4 个步骤？简述中断处理过程。

5. 中断响应需要哪些条件？

6. 为什么在执行 RETI 指令或访问 IE、IP 指令时，不能立即响应中断？

7. 在响应中断的过程中，PC 的值如何变化？

8. 在 AT89C51 单片机内存中应如何安排程序区？

9. 为什么一般的中断服务程序要在中断入口地址处设一条转移指令？

10. AT89C51 单片机中断优先级有几级？优先级与优先权如何区别？

11. 试分析以下中断源得到 CPU 服务的先后顺序的可行性。若行，应如何设置中断源的中断优先级？若不行，请讲出理由。

(1) T0、T1、$\overline{INT0}$、$\overline{INT1}$、串口

(2) 串口、$\overline{INT0}$、T0、$\overline{INT1}$、T1

(3) $\overline{INT0}$、T1、$\overline{INT1}$、T0、串口

(4) $\overline{INT0}$、$\overline{INT1}$、串口、T1、T0

(5) 串口、T1、$\overline{INT1}$、$\overline{INT0}$、T0

(6) T0、$\overline{\text{INT1}}$、T1、$\overline{\text{INT0}}$、串口

12. AT89C51 单片机外中断采用电平触发方式时，如何防止 CPU 重复响应外中断?

13. AT89C51 单片机响应中断的优先顺序应依照什么原则?

14. 什么叫保护现场? 需要保护哪些内容? 什么叫恢复现场? 恢复现场与保护现场有什么关系? 需遵循什么原则?

15. 已知有 5 台外围设备，分别为 EX1 ~ EX5，均需要中断。现要求 EX1 ~ EX3 合用 $\overline{\text{INT0}}$，余下的合用$\overline{\text{INT1}}$，且用 P1.0 ~ P1.4 查询，试画出连接电路，并编制程序。当 5 台外设请求中断（中断信号为低电平）时，分别执行相应的中断服务子程序 SEVER1 ~ SEVER5。

第5章　定时器/计数器

5.1　定时器/计数器基础

定时器/计数器是单片机的重要功能部件，可用来实现定时控制、延时、频率测量、脉冲宽度测量、信号发生、信号检测等功能。定时器/计数器还可作为串行通信中的波特率发生器。AT89C51 有两个可编程的定时器/计数器：T0 和 T1。它们可以工作在定时工作状态，也可以工作在计数工作状态。作为定时器时，不能再作为计数器；反之亦然。

5.1.1　定时器/计数器概述

1. 定时器/计数器是“加1计数器”

AT89C51 有两个16位的定时器/计数器（T0 和 T1），其核心是一个“加1计数器”，基本功能是加1功能。

2. 计数器

当定时器/计数器作为计数器用时，可对接到14引脚（T0/P3.4）或15引脚（T1/P3.5）的脉冲信号数进行计数。每当引脚上发生从“1”到“0”的负跳变时，计数器加1。单片机内部操作是在一个机器周期内检测到该引脚为高电平“1”，在相邻的下一机器周期内检测到低电平“0”时，计数器确认加1。所以，每检测一个外来脉冲信号，至少需要两个机器周期。若晶振频率为12MHz，则所能检测到的最高外部脉冲信号频率为500kHz。当计数器用时，要求外部计数脉冲的高电平、低电平的持续时间至少各要一个机器周期，占空比无特别要求。

3. 定时器

当定时器/计数器作为定时器用时，定时信号来自内部时钟发生电路，每个机器周期等于12个振荡周期，每过一个机器周期，计数器加1。当晶振频率为12MHz，则机器周期为1μs。在此情况下，若计数器中的计数为100，则定时时间 $=100\times 1\mu s=100\mu s$。

4. 与定时器/计数器有关的特殊功能寄存器

为实现定时器/计数器的各种功能，还用到 SFR 中的几个特殊功能寄存器，如表5-1所示。

表5-1　与定时器/计数器有关的特殊功能寄存器

定时器/计数器的 SFR	用　途	地　址	有无位寻址
TCON	控制寄存器	88H	有

续表

定时器/计数器的 SFR	用　途	地　址	有无位寻址
TMOD	方式寄存器	89H	无
TL0	定时器 T0 低字节	8AH	无
TL1	定时器 T1 低字节	8BH	无
TH0	定时器 T0 高字节	8CH	无
TH1	定时器 T1 高字节	8DH	无

5.1.2　定时器/计数器的控制

AT89C51 单片机定时器/计数器的工作由两个特殊功能寄存器 TMOD 和 TCON 的相关位来控制。TMOD 用于设置它的工作方式，TCON 相关位用于控制其启动和中断请求。

1. 工作方式寄存器 TMOD

TMOD 用于设置定时器/计数器的工作方式，其字节地址为 89H。低 4 位用于 T0，高 4 位用于 T1。TMOD 不能位操作。TMOD 中的结构和各位名称如表 5-2 所示。

表 5-2　TMOD 结构及各位名称

	T1				T0			
位名称	GATE	$C/\overline{T}$	M1	M0	GATE	$C/\overline{T}$	M1	M0

① M1、M0：工作方式选择位。可表示 4 种工作方式，如表 5-3 所示。

表 5-3　T0/T1 的工作方式

M1M0	工作方式	功　能	容　量
00	0	13 位计数器，$N=13$	$2^{13}=8192$
01	1	16 位计数器，$N=16$	$2^{16}=65536$
10	2	两个 8 位计数器，初值自动装入，$N=8$	$2^{8}=256$
11	3	两个 8 位计数器，仅适用于 T0，$N=8$	$2^{8}=256$

② $C/\overline{T}$：计数器/定时器方式选择位。

$C/\overline{T}=1$，为计数工作方式，对输入到单片机 T0、T1 引脚的外部信号脉冲计数，负跳变脉冲有效。用作计数器。

$C/\overline{T}=0$，为定时工作方式，对片内机器周期信号计数。用作定时器。

③ GATE：门控位。

GATE = 0，定时器/计数器的运行只受 TCON 中的运行控制位 TR0/TR1 的控制。

GATE = 1，定时器/计数器的运行同时受 TR0/TR1 和外中断输入信号（$\overline{INT0}$和$\overline{INT1}$）的双重控制，如表 5-4 所示。

表 5-4　GATE 对 T0/T1 的制约

GATE	$\overline{INT0}/\overline{INT1}$	TR0/TR1	功　能
0	无关	0/0	T0/T1 停止

续表

GATE	$\overline{\text{INT0}}/\overline{\text{INT1}}$	TR0/TR1	功　能
0	无关	1/1	T0/T1 运行
1	1/1	1/1	T0/T1 运行
1	1/1	0/0	T0/T1 不运行
1	0/1	1/1	T0 不运行，T1 运行
1	1/0	1/1	T0 运行，T1 不运行

2. 控制寄存器 TCON

TCON 是可位寻址的特殊功能寄存器，其字节地址为 88H，位名和位地址如表 5-5 所示。TCON 的低 4 位只与外中断有关，其高 4 位与定时器/计数器有关。

表 5-5　TCON 结构及各位位名、地址

位　号	TCON. 7	TCON. 6	TCON. 5	TCON. 4	TCON. 3	TCON. 2	TCON. 1	TCON. 0
位　名	TF1	TR1	TF0	TR0	IE1	IT1	IE0	IT0
位地址	8FH	8EH	8DH	8CH	8BH	8AH	89H	88H

① TF1：定时器/计数器 T1 的溢出标志。若 T1 被允许计数后，T1 从初值开始加 1 计数，至最高位产生溢出时，TF1 被自动置“1”，既表示计数溢出，同时提出中断请求。若允许中断，CPU 响应中断后，由硬件自动对 TF1 清 0。也可在程序中用指令查询 TF1 或将 TF1 清 0。

② TF0：定时器/计数器 T0 的溢出标志。其意义与功能与 TF1 相似。

③ TR1：定时器/计数器 T1 的启动控制位。由软件置位/清 0 来开启/关闭。

④ TR0：定时器/计数器 T0 的启动控制位。由软件置位/清 0 来开启/关闭。

5.1.3　定时器/计数器的工作方式

1. 工作方式 0

当 M1M0 = 00 时，定时器/计数器 T0 工作于工作方式 0，图 5-1 是定时器/计数器 0 在方式 0 下的示意图。内部计数器为 13 位，由 TL0 低 5 位和 TH0 的 8 位组成，TL0 的低 5 位计数满时不向 TL0 的第 6 位进位，而是向 TH0 进位。13 位计数溢出时，TF0 置 1，请求中断。最大计数值为 2^{13} = 8192（计数器初值为 0 时）。

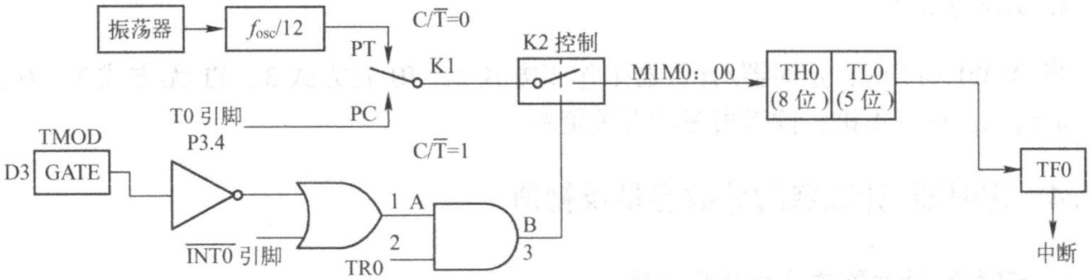

图 5-1　T0 工作方式 0：13 位计数器

2. 工作方式 1

当 M1M0 =01 时，定时器/计数器 T0 工作于方式 1，图 5-2 是定时器/计数器 0 在方式 1 下的示意图。内部计数器为 16 位，由 TL0 低 8 位和 TH0 高 8 位组成。16 位计数溢出时，TF0 置 1，请求中断。最大计数值为 2^{16}=65536（计数器初值为 0 时）。

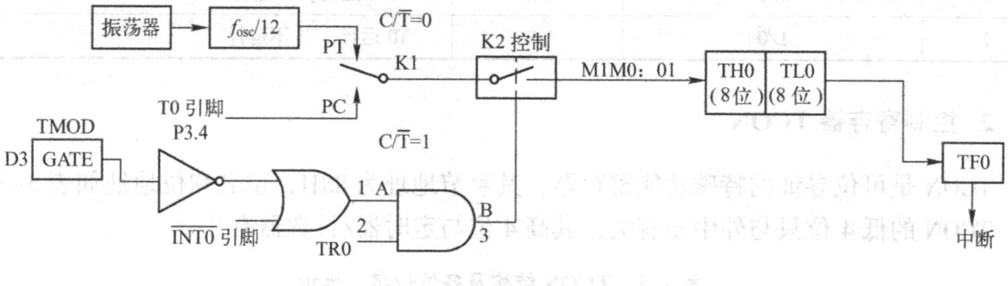

图 5-2　T0 工作方式 1：16 位计数器

3. 工作方式 2

当 M1M0 =10 时，定时器/计数器 T0 工作于方式 2，图 5-3 是定时器/计数器 0 在方式 2 情况下的示意图。在方式 2 情况下，定时器/计数器为 8 位，最大计数值为 2^8 =256。方式 2 仅用 TL0 计数，计数满溢出后，使溢出标志 TF0 =1，请求中断；另一方面，使原来装在 TH0 中的初值装入 TL0。所以，方式 2 能自动恢复定时器/计数器初值。而在方式 0 和方式 1 下，定时器/计数器的初值不能自动恢复，必须用指令重新给 TH0、TL0 赋值。可以看出，方式 2 的优点是定时初值可自动恢复，缺点是计数范围小。

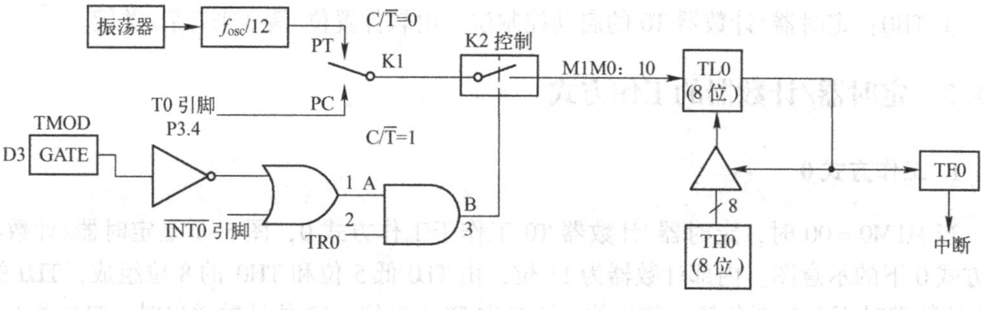

图 5-3　T0 工作方式 2：8 位计数器

4. 工作方式 3

当 M1M0 =11 时，定时器/计数器工作于方式 3。T0 有方式 3，T1 无方式 3。有关方式 3 的情况，这里不讲，读者可参阅有关资料。

5.1.4　定时器/计数器的计数容量及初值

1. 定时器/计数器的最大计数容量

定时器/计数器本质上是个加 1 计数器，每来一个脉冲，计数器计数加 1。其最大的计数量就是定时器/计数器的最大计数容量，最大计数容量与计数器的二进制位数有关。若用 N 表示计数器的位数，则最大计数容量 $=2^N$。

若定时器/计数器工作在方式 1，则 $N=16$，为 16 位加 1 计数器，计数容量为 65536。若从 0 开始计数，当计到第 65536 个数时，计数器内容由 FFFFH 变为 10000H，因 16 位加 1 计数器只能容纳 16 位数，所以计数产生“溢出”，定时器/计数器的中断标志位（TF0 或 TF1）被置 1，请求中断。与此同时，计数器的内容变为 0。显然，定时器/计数器分别工作在方式 0 和方式 2 下，其最大计数容量分别为 $2^{13}=8192$ 和 $2^8=256$。

2. 定时器/计数器的计数初值

定时器/计数器的计数起点不一定要从 0 开始。计数起点可根据需要，预先设定为 0 或任何小于最大计数容量的值。这个预先设定的计数起点值称为计数初值（以下简称初值）。显然，从该初值开始计数，直到计数溢出，计数容量为（2^N−初值）。所以，当定时器/计数器的工作方式确定后，其计数容量就由初值决定。初值与计数容量的关系如图 5-4 所示。

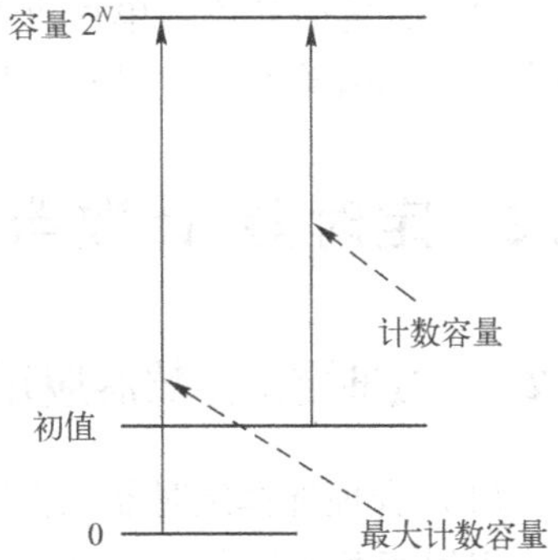

图 5-4 初值与计数长度的关系示意图

3. 定时器/计数器用作定时器时的初值计算

（1）定时初值计算公式

定时器/计数器用作定时器时，由单片机内部提供脉冲源，为晶振频率的 1/12，其周期就是机器周期。即每一个脉冲的周期都相等，且等于机器周期。显然，计数容量就代表了时间的流逝。只要对定时器/计数器设置不同的计数初值，就能得到不同的定时时间；反之，若给出定时时间，便可得到定时初值。当工作方式确定后，N 便可确定。定时时间与计数初值之间有如下关系式。

$$定时时间=(2^N-初值)\times 机器周期$$

$$初值=2^N-定时时间/机器周期$$

其中，机器周期 $=(12/f_{osc})$。所以又有

$$初值=2^N-(定时时间\times f_{osc})/12$$

显然，初值为零时的定时时间最大，称为最大定时时间。

（2）初值计算举例

【例 5-1】 ① 若晶振频率为 12MHz，当定时器/计数器分别工作在方式 1 和方式 2 下的最大定时时间为多少？② 求工作在方式 1 时的定时时间为 50ms 的初值；③ 求工作在方式 2 时的定时时间为 200μs 时的初值。

解：因晶振频率为 12MHz，因此机器周期，即定时脉冲的周期是 1μs，即 10^{-6}s。方式 1 和方式 2 的 N 分别为 16 和 8。

① 根据定时时间 $=(2^N-初值)\times$ 机器周期，可分别求得：

方式 1 时，最大定时时间 =65536μs=65.536ms

方式 2 时，最大定时时间 =256μs

② 当定时时间为 50ms，即 50×10^{-3}s，代入公式：初值 $=2^N-$ 定时时间/ 机器周期，求得初值 =15536=3CBOH。

③ 当定时间为 200μs 即 200×10^{-6}s，代入公式：初值＝2^N－定时时间/ 机器周期，求得初值＝56。

【例 5-2】若晶振频率为 6MHz，当定时器/计数器工作在方式 2 时，求初值为 56 的定时时间。

解：因晶振频率为 6MHz，因此机器周期是 2μs。因工作在方式 2 下，所以 $N=8$。将它们和初值 56 代入公式：定时时间＝(2^N－初值)×机器周期。求得定时时间＝400×10^{-6}s＝400μs。

可见，定时初值与单片机所选的晶振、定时器/计数器的工作方式和所要求的定时时间有关。初值越大，定时时间越短。

5.2　定时器/计数器应用

5.2.1　定时器/计数器应用的基本步骤

(1) 合理选择定时器工作方式

根据所要求的定时时间、定时的重复性，合理选择定时器工作方式，确定实现方法。一般定时时间长，宜用方式 1；定时时间短（≤255 个机器周期）且需自动恢复定时初值时，宜用方式 2。

(2) 计算定时器的定时初值

(3) 编制应用程序

① 定时器/计数器的初始化，包括定义 TMOD、写入定时初值、启动定时器运行等。若使用中断，则要设置中断系统等。

② 注意是否需要重装定时初值。若需要连续反复使用原定时时间，且未工作在方式 2 时，应重装定时初值。若使用中断，要正确编写定时器/计数器的中断服务程序。

③ 若将定时器/计数器用于计数方式，则外部事件脉冲必须从 P3.4（T0）或 P3.5（T1）引脚输入。

5.2.2　定时器/计数器应用举例

【例 5-3】用定时器/计数器 1（T1）的工作方式 1，采用查询方法设计一个定时 1s 的程序段。

解：

问题分析：定时器/计数器 1 工作在方式 1，若采用 12MHz 的晶振，最大定时时间为 65.536ms。要实现 1s 的定时，先用定时器/计数器 1 做一个 50ms 的定时器，再循环 20 次。设置 R0 寄存器初值为 20。每查询到定时器溢出标志为 1 时，则进行清溢出标志、重置定时器初值、判断 R0 中内容减 1 后是否为零等操作。若非零，返回 LP1 做循环；若为零（已循环 20 次），则结束子程序。因采用查询方法，所以不要开通中断。在这种情况下，定时器/计数器 1 的溢出标志位 TF1 由程序指令清零。50ms 定时初值已由【例 5-3】算出为 3CBOH。

程序设计：

```
DELAY:  MOV     R0,#20          ;置 50ms 定时循环计数初值
        MOV     TMOD,#10H       ;置 T1 工作方式 1
        MOV     TH1,#03CH       ;置 T1 初值
        MOV     TL1,#0B0H
        SETB    TR1             ;启动 T1
LP1:    JB      TF1,LP2         ;若查询溢出标志位 TF1 为 1,跳转到 LP2
        SJMP    LP1             ;未到 50ms 定时,继续加 1 计数
LP2:    CLR     TF1             ;清 TF1 为 0
        MOV     TH1,#3CH        ;重置定时器初值
        MOV     TL1,#0B0H
        DJNZ    R0,LP1          ;未到 1s,继续循环
        CLR     TR1             ;关 T1
        SJMP    $
        END
```

【例 5-4】 要求在 P1.0 引脚输出周期为 400μs 的方波。设 $f_{osc}=12\text{MHz}$。使用 T1，分别在方式 0、方式 1 和方式 2 下设计程序。

解：

问题分析：按要求输出周期为 400μs 的脉冲方波，即使 P1.0 状态（高电平或低电平）每 200μs 翻转一次。这样一来，问题变为 200μs 定时溢出时，P1.0 状态取反的问题。因 $f_{osc}=12\text{MHz}$，所以机器周期 $=(12/f_{osc})\times 10^6\mu s=1\mu s$。

1. 工作方式 0

（1）计算定时初值

初值 $=2^{13}-200\mu s/1\mu s=8192-200=7992=1F38H$

1F38H = 0001 1111 0011 1000B = 000　<u>11111001</u>　<u>11000B</u>；（TH1：8 位，TL1：5 位）

所以，TH1 = F9H，TL1 = 18H。

（2）设置 TMOD

无关位为 0，所以 TMOD = 0。

（3）程序设计

图 5-5 和图 5-6 分别为程序的主程序流程图和定时 200μs 的中断服务程序流程图。

```
        ORG     00H
        LJMP    STAR                    ;转主程序
        ORG     001BH                   ;T1 中断入口地址
        AJMP    T1F                     ;转 T1 中断服务程序
        ORG     0100H                   ;主程序起址
STAR:   MOV     TMOD,#00000000B         ;置 T1 为定时器,工作方式 0
        MOV     TH1,#0F9H               ;置 T1 定时初值
        MOV     TL1,#18H
        MOV     IP,#00001000B           ;置 T1 为高优先级
        MOV     IE,#0FFH                ;全部开中断
        SETB    TR1                     ;T1 运行
        SJMP    $                       ;等待 T1 中断
        ORG     200H                    ;中断服务程序起址
T1F:    CPL     P1.0                    ;输出波形取反
        MOV     TH1,#0F9H               ;重装 T1 定时初值
```

```
        MOV     TL1,#18H
        RETI                            ;中断返回
        END                             ;程序结束
```

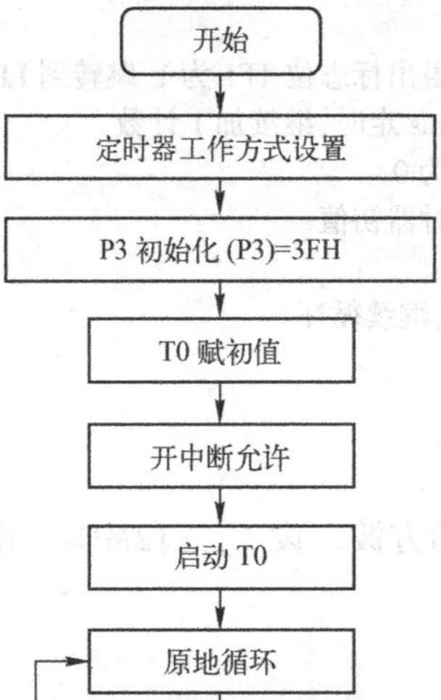

图 5-5　主程序流程图

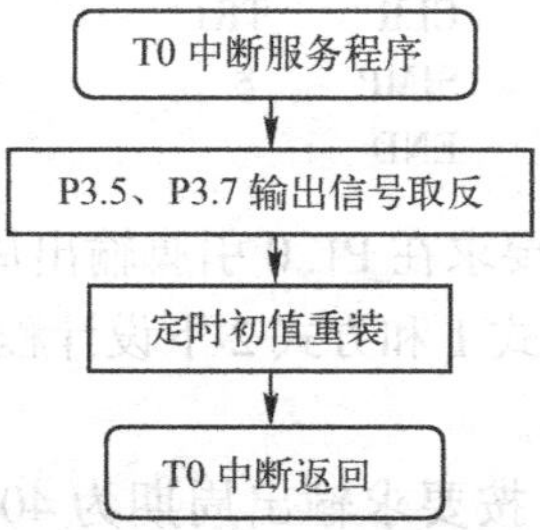

图 5-6　定时 200μs 的中断服务程序流程图

2. 工作方式 1

(1) 计算定时初值

$$2^{16}-200\mu s/1\mu s=65536-200=65336=FF38H$$

所以 TH1 = FFH, TL1 = 38H。

(2) 设置 TMOD

无关位为 0，所以 TMOD = 10H。

(3) 程序设计

```
        ORG     00H
        LJMP    STAR                    ;转主程序
        ORG     001BH                   ;T1 中断入口地址
        AJMP    T1F                     ;转 T1 中断服务程序
        ORG     0100H                   ;主程序起址
STAR:   MOV     TMOD,#00010000B         ;置 T1 为方式 1
        MOV     TH1,#0FFH               ;置 T1 定时初值
        MOV     TL1,#38H                ;
        MOV     IP,#00001000B           ;置 T1 为高优先级
        MOV     IE,#0FFH                ;全部开中断
        SETB    TR1                     ;T1 运行
        SJMP    $                       ;等待 T1 中断
        ORG     200H                    ;中断服务程序起址
T1F:    CPL     P1.0                    ;输出波形取反
        MOV     TH1,#0FFH               ;重装 T1 定时初值
        MOV     TL1,#38H
        RETI                            ;中断返回
        END                             ;程序结束
```

3. 工作方式 2

（1）计算定时初值

$$初值 = 2^8 - 200\mu s/1\mu s = 256 - 200 = 56 = 38H$$

所以 TH1 = 38H，TL1 = 38H。

（2）设置 TMOD

无关位为 0，所以 TMOD = 20H。

（3）程序设计

```
        ORG     00H
        LJMP    STAR                    ;转主程序
        ORG     001BH                   ;T1 中断入口地址
        LJMP    T1F                     ;转 T1 中断服务程序
        ORG     0100H                   ;主程序起址
STAR:   MOV     TMOD,#00100000B         ;置 T1 为方式 2
        MOV     TH1,#038H               ;置 T1 定时初值
        MOV     TL1,#38H
        MOV     IP,#00001000B           ;置 T1 为高优先级
        MOV     IE,#0FFH                ;全部开中断
        SETB    TR1                     ;T1 运行
        SJMP    $                       ;等待 T1 中断
        ORG     200H                    ;中断服务程序起址
T1F:    CPL     P1.0                    ;输出波形取反
        RETI                            ;中断返回
        END                             ;程序结束
```

从以上 3 种方式可以看到，方式 0 与方式 1 除定时初值及 TMOD 值不同外，其余相同。方式 2 与方式 0、方式 1 相比，优点是定时初值不需重装。

【例 5-5】 参看第 2 章实验 2，采用定时器/计数器 0 定时 1s，实现跑马灯每隔 1s 的 LED 亮点由低位到高位的循环流动，每个亮点亮 1s，f_{osc} = 12MHz。

解：

问题分析：这是采用定时器/计数器溢出中断方法，设计较长时间定时的例子。宜采用方式 1，因采用 12MHz 的晶振，最大定时为 65.536ms。要实现 1s 的定时，先用定时器/计数器 0 定时 50ms，定时时间到了以后并不进行亮点流动的操作，而是将中断溢出计数器中的内容加 1，直到此计数器计数到了 20，才进行亮点流动的操作，并清掉此计数器中的值。这样就实现了由 20 次定时中断定时 1s 的定时了。

程序设计：

```
        ORG     00H
        AJMP    STAR
        ORG     000BH                   ;定时器 0 的中断向量地址
        SJMP    T0F                     ;跳转到 T0 中断服务程序
        ORG     30H
STAR:   MOV     P1,#0FFH                ;关所有的灯
        MOV     30H,#00H                ;软件计数器清 0
        MOV     TMOD,#00000001B         ;定时器/计数器 0 工作于方式 1
```

```
        MOV     TH0,#3CH            ;装入定时初值
        MOV     TL0,#0B0H           ;15536 的十六进制
        SETB    EA                  ;开总中断允许
        SETB    ET0                 ;开定时器/计数器 0 允许
        SETB    TR0                 ;定时器/计数器 0 开始运行
        MOV     P1,#0FEH
        SJMP    $
T0F:    INC     30H                 ;定时器 0 的中断处理程序
        MOV     A,30H
        CJNE    A,#20,T_RET         ;判断 30H 单元中的值是否到 20
        MOV     A,P1                ;到了,亮点流动
        RL      A
        MOV     P1,A
        MOV     30H,#0              ;清软件计数器
T_RET:  MOV     TH0,#3CH
        MOV     TL0,#0B0H           ;重置定时常数
        RETI
        END
```

【例5-6】 已知$f_{osc}=6MHz$，检测T0引脚上的脉冲数，并将1s内的脉冲数保存在片内RAM的30H及31H单元中（设1s内脉冲数<65536个）。

解：

问题分析：根据题意，可选定时器/计数器0（T0）作为计数器，定时器/计数器1（T1）作为定时器。因$f_{osc}=6MHz$，所以机器周期$=(12/f_{osc})\times10^{6}\mu s=2\mu s$。因要求定时1s，故T1取工作方式1为宜。这时定时最大值约为131ms，取定时值为100ms来计算初值，定时中断10次，便可实现1s的定时。因1s内脉冲计数≤65536个，故T0取工作方式1为宜，且T0不会溢出。所以，程序中不开T0计数中断。程序中使用工作寄存器R7，其初值R7=10，为定时中断的次数，递减10次后为0便是定时1s时间到。

（1）计算定时初值

$$初值=2^{16}-100000\mu s/2\mu s=65536-50000=15536=3CB0H$$

所以，TH1=3CH，TL1=B0H。

（2）设置TMOD

无关位为0，所以TMOD=15H。

TMOD	T1，用作定时器，方式1				T0，用作计数器，方式1			
位名称	GATE	$C/\overline{T}$	M1	M0	GATE	$C/\overline{T}$	M1	M0
设置值	0	0	0	1	0	1	0	1

（3）程序设计

```
        ORG     00H
        SJMP    STAR                ;转主程序
        ORG     001BH               ;T1 中断入口地址
        LJMP    T1F                 ;转 T1 中断服务程序
        ORG     0020H               ;主程序起始地址
STAR:   MOV     SP,#60H             ;置堆栈
        MOV     R7,#10              ;计时 1s
```

```
        MOV     TMOD,#15H          ;置 T0 计数方式 1,T1 定时方式 1
        MOV     TH0,#00H           ;置 T0 计数初值
        MOV     TL0,#00H
        MOV     TH1,#3CH           ;置 T1 定时初值
        MOV     TL1,#0B0H
        SETB    PT1                ;置 T1 为高优先级
        MOV     IE,#10001101B      ;T0、串口不开中断,其余开中断
        SETB    TR0                ;T0 运行
        SETB    TR1                ;T1 运行
        MOV     R7,#10             ;置 100ms 溢出计数初值
        SJMP    $                  ;等待 T1 中断
T1F:    MOV     TH1,#3CH           ;重置 T1 定时初值
        MOV     TL1,#0B0H
        DJNZ    R7,RTN
        CLR     TR1
        CLR     TR0
        MOV     30H,TH0
        MOV     31H,TL0
RTN:    RETI
        END                        ;程序结束
```

5.3　定时器/计数器应用实例及其 PROTEUS 设计、仿真

5.3.1　基于 AT89C51 的 60s 倒计时装置

应用定时器/计数器及其中断实现 60s 倒计时，并将倒计时过程显示在 LED 数码管上，直到显示 00 为止。此装置是实际倒计时牌的设计基础。

用定时器计数器 T1，选 12MHz 的晶振，宜选用方式 1。基本定时时间为 50ms，则定时溢出次数计数达 20 次为定时 1s。显示器采用共阳数码管，静态显示。每 1s 显示刷新一次。

1. 电路设计

60s 倒计时电路原理图、元件列表及仿真片段如图 5-7 所示。

若应用 PROTEUS 进行电路设计，取名为 B0531. DSN。图 5-7 左侧为电路中使用的元件列表。

2. 程序设计

(1) 流程图

程序设计主流程和定时中断服务流程图如图 5-8、图 5-9 所示。

(2) 汇编语言程序设计、汇编

```
ORG     00H
        SJMP    STAR
        ORG     1BH
        SJMP    T1S                ;转 T1 中断服务程序
```

```
        ORG     30H
STAR:   MOV     R2,#60          ;倒计时初值
        MOV     R4,#20          ;定时中断溢出计数器 R4 初值为 20
        MOV     IE,#88H         ;T1 开中断
        MOV     TMOD,#10H       ;T1 方式 1
        MOV     TH1,#3CH        ;定时初值
        MOV     TL1,#0B0H       ;定时初值
        SETB    TR1             ;启动 T1
        ACALL   DIS             ;调用显示子程序
        SJMP    $
T1S:    MOV     TH1,#3CH        ;中断程序
        MOV     TL1,#0B0H       ;重装初值
        DJNZ    R4,T1S1         ;定时 1s 到否
        MOV     R4,#20          ;到 1s,重置 R4 = 20
        DJNZ    R2,T1S0         ;倒计时递减
        CLR     TR1             ;倒计时结束,关定时器
T1S0:   ACALL   DIS             ;调显示
T1S1:   RETI                    ;中断返回
SEG7:   INC     A               ;(A)←(A) +1
        MOVC    A,@A+PC         ;取显示断段
        RET
        DB 0C0H,0F9H,0A4H,0B0H  ;0~3 的共阳型显示码
        DB 99H,92H,82H,0F8H     ;4~7 的共阳型显示码
        DB 80H,90H,88H,83H      ;8~B 的共阳型显示码
        DB 0C6H,0A1H,86H,8EH    ;C~F 的共阳型显示码
DIS:    MOV     A,R2            ;单字节十六进制数转为十进制数
        MOV     B,#10
        DIV     AB
        ACALL   SEG7
        MOV     P3,A            ;显示十位
        MOV     A,B
        ACALL   SEG7
        MOV     P2,A            ;显示个位
        RET                     ;子程序返回
        END
```

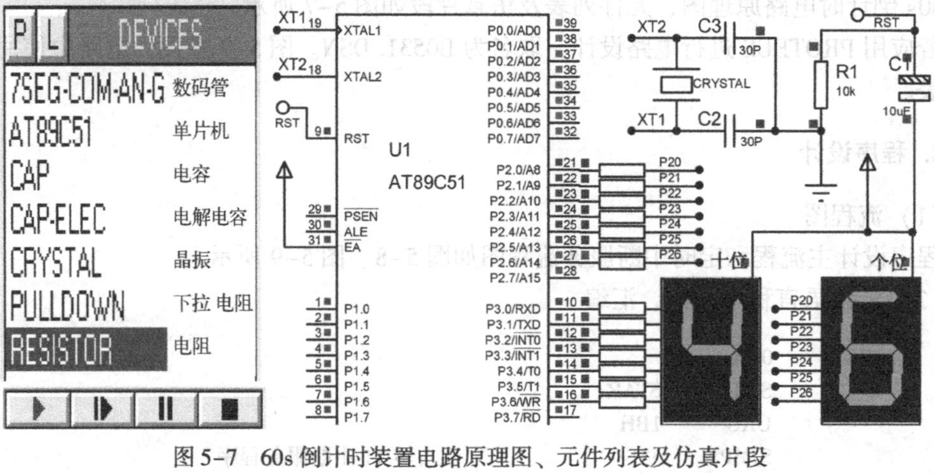

图 5-7　60s 倒计时装置电路原理图、元件列表及仿真片段

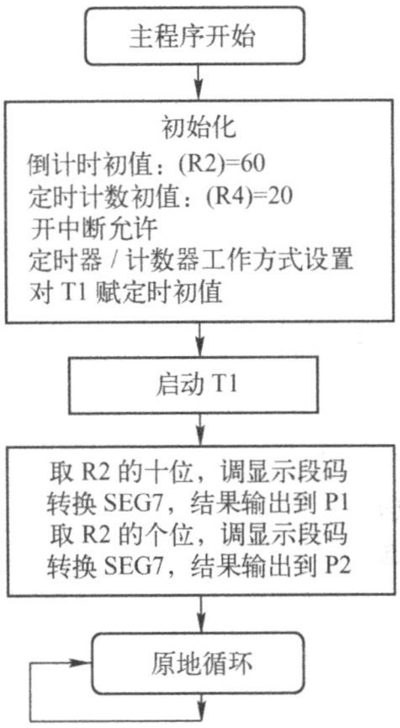

图 5-8　60s 倒计时主流程图

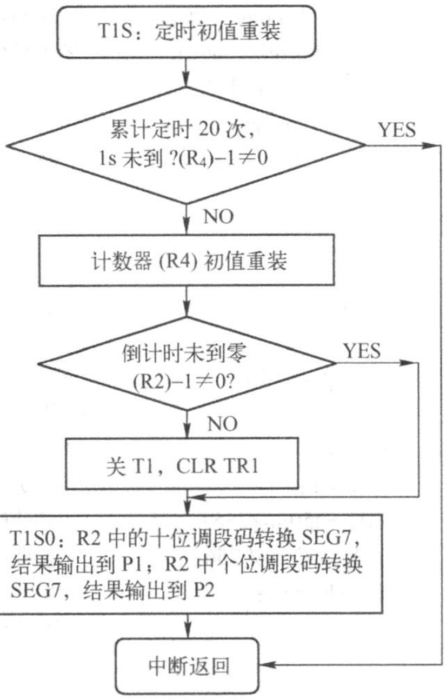

图 5-9　60s 倒计时定时中断服务流程图

根据第 2 章 2.6 节所述，在 PROTEUS ISIS 中以文件名 B0531. ASM 对上述程序进行设计编辑。汇编生成目标代码文件 B0531. HEX，将它装载（高版本 PROTEUS 有自动装载功能）到单片机属性对话框（Edit Component）的 Progran File 栏中，并设置晶振频率 12MHz。

（3）C51 程序设计

```
//B0531 60s 倒计时
#include <reg51.h>                  //硬件资源定义头文件
#define uchar unsigned char         //数据类型宏定义
#define Fosc 12000000               //常量宏定义
#define t50ms (65536 - Fosc * 50/12000)
uchar data chuzhi = 60;             //倒计时初值为 60
uchar data T1_numb = 20;            //定时 1s,20 * 50ms
//共阳数码管显示码数组
uchar code tab[ ] = {0xC0,0xF9,0xA4,0xB0, 0x99,0x92,0x82,0xF8,0x80,0x90,0x88,0x83,0xC6,
                     0xA1,0x86,0x8E} ;
//显示子函数 入口参数为待显示的数据
void dis(uchar cct)
{   P3 = tab[cct/10] ;              //十位数在 P3 口显示
    P2 = tab[cct%10] ;              //个位数在 P2 口显示
}

void t1f(void) interrupt 3 using 0 //定时 T1 中断函数
{       TH1 = t50ms/256;            //定时初值高 8 位数据
        TL1 = t50ms%256;            //定时初值低 8 位数据
         T1_numb = T1_numb - 1;     //中断次数递减,20 ~ 0
         if(T1_numb == 0)           //
```

```
    { T1_numb = 20;          //1s 时间到
      chuzhi = chuzhi - 1;   //计时秒减 1
      dis(chuzhi);           //调用显示函数,给当前秒值
      if(chuzhi == 0)        //倒计时到 0
        TR1 = 0;             //停止定时器工作
    }
}

void main()                  //主函数
  {
    TMOD = 0X10;             //定时器设置,T1,方式 1,定时
    EA = 1;                  //开 T1 中断
    ET1 = 1;                 //
    TR1 = 1;                 //启动 T1 工作
    TH1 = t50ms/256;         //定时初值高 8 位数据
    TL1 = t50ms%256;         //定时初值低 8 位数据
    dis(chuzhi);             //显示时间
    for(;;);                 //死循环
}
```

在Keil中以文件名B0531.C对上述C51语言程序进行设计编辑。编译生成目标代码文件B0531.HEX和带调试信息的目标代码文件B0531.OMF。在PROTEUS ISIS中，在单片机属性对话框（Edit Component）的Progran File栏中加载B0531.OMF，并设置晶振频率12MHz。

3. PROTEUS仿真、调试、实际制作

正确完成上述步骤后，进行仿真及仿真调试。单击仿真工具按钮 ▶ 仿真。数码管先显示60，尔后每隔1s递减1，直到00。图5-7中有该装置的PROTEUS仿真片段。

仿真及仿真调试有两种方式。

（1）在PROTEUS B0531.DSN中，将汇编语言生成的B0531.HEX装载到单片机中，分别进行仿真及仿真调试。

图5-10 “60s倒计时装置”及其运行情况（学生陈敏杰制作）

（2）在PROTEUS B0531.DSN中，将Keil C51语言生成的B0531.OMF装载到单片机中，分别进行仿真及仿真调试。

仿真及仿真调试成功后，可在实验PCB上进行实际的制作，并将仿真成功的HEX文件（汇编语言汇编生成或C51编译生的均可）通过编程器等工具下载到单片机中。

图5-10为制作成功的“60s倒计时装置”及其运行情况照片。

问题：分析本装置用了什么中断，其作用如何。

5.3.2 基于AT89C51的按键发声装置

此装置原理图如图5-11所示，按DO、RE、MI这3个键可发出“DO”、“RE”、“MI”3

种声音，它是实际单片机音乐装置的设计基础。使用 12MHz 晶振。该装置涉及如下 3 个问题。

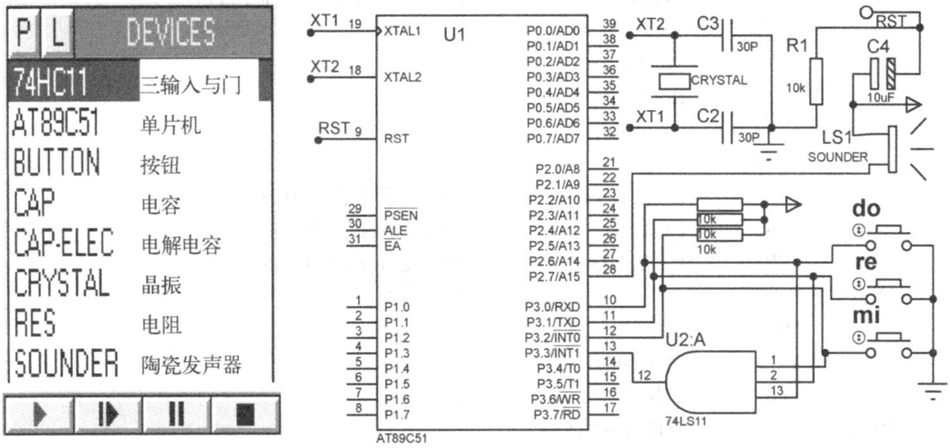

图 5-11 基于 AT89C51 的按键发声装置的电路原理图、元件列表及仿真片段

① 发声原理。发声是一种机械振动，若能在单片机某引脚上输出声频交变的方波电信号，经陶瓷发声片将电信号转换成声振动，即可发声。

② 由定时器产生声波的计算。C 调音乐下“DO”、“RE”、“MI”的频率分别为 523Hz、578Hz、659Hz。利用定时器产生相应频率的方波，即可发出这 3 种声音。方波产生原理可参阅【例 5-4】。设 $f_{osc}=12MHz$，声音频率为 f_r，定时器工作方式 1，则声音振动的半周期定时初值为

$$2^n-定时时间/机器周期=65536-(1/(2f_r))/(12/f_{osc})$$

由此可得“DO”、“RE”、“MI” 3 音的定时初值分别是 FC44H、FC9FH、FD09H。

③ 发“DO”音的程序段设计。

```
        ……
        MOV     TMOD,#00000001B        ;T0 方式 1
DOS:    MOV     TH0,#0FCH              ;T0 定时初值
        MOV     TL0,#44H
        SETB    TR0                    ;启动 T0
        JNB     TF0, $
        CPL     P2.7                   ;发声
        CLR     TF0                    ;TF0 清 0
        SJMP    DOS
```

1. 电路设计

基于 AT89C51 的按键发声电路原理图如图 5-11 所示。该图左方为其所用元件列表。若应用 PROTEUS 进行电路设计，将文件取名为 B0532. DSN。

2. 程序设计

(1) 汇编语言程序设计、汇编

```
        ORG     00H
        SJMP    STAR
```

```
        ORG     0013h
        LJMP    INT11           ;转向中断服务子程序 INT11
        ORG     30H
STAR:   MOV     TMOD,#1         ;定时 0 方式 1
        MOV     IE,#84H         ;开 INT1 中断
        MOV     P3,#0FFH
        SJMP    STAR
INT11:  JNB     P3.0,DOS        ;转向发音子程序 DOS
        JNB     P3.1,RES        ;转向发音子程序 RES
        JNB     P3.2,MIS        ;转向发音子程序 MIS
INT12:  RETI                    ;中断返回
DOS:    MOV     TH0,#0FCH
        MOV     TL0,#44H
        SJMP    YIN
RES:    MOV     TH0,#0FCH
        MOV     TL0,#9FH
        SJMP    YIN
MIS:    MOV     TH0,#0FDH
        MOV     TL0,#09H
YIN:    SETB    TR0
        JNB     TF0, $
        CLR     TF0
        CPL     P2.7
        CLR     TF0
        LJMP    INT12
        END
```

若应用 PROTEUS 或 Keil 进行汇编语言程序设计，将文件取名为 B0532. ASM。

根据第 2 章 2.6 节所述，在 PROTEUS ISIS 中以文件名 B0532. ASM 对上述程序进行设计编辑。汇编生成目标代码文件 B0532. HEX。将它装载（高版本 PROTEUS 有自动装载功能）到单片机属性对话框（Edit Component）的 Progran File 栏中，并设置晶振频率为 12MHz。

（2）C51 程序设计、编译

```
//按键发声 b0532. c
#include <reg51. h>
#define uchar unsigned char

sbit S_do = P3^0;                              //按键 1
sbit S_re = P3^1;                              //按键 2
sbit S_mi = P3^2;                              //按键 3
sbit Sound = P2^7;                             //发声

void T1_sver(void) interrupt 2 using 0
{       if(S_do ==0)                           //进中断后，按键扫描
            {  TH0 =0XFC;                      //发 DO 音的定时参数
               TL0 =0X44;
            }
        else if(S_re ==0)
              {  TH0 =0XFC;                    //发 RE 音的定时参数
                 TL0 =0X9F;
```

```
            }
        else if(S_mi ==0)
            {   TH0 =0XFD;                          //发 MI 音的定时参数
                TL0 =0X09;
            }
        TR0 =1;
        while( !TF0)
            {;}
        TF0 =0;
        Sound = ~Sound;                             //声波输出
}

void main()                                         //主函数
{
    TMOD =0X01;                                     //T0,定时器,工作方式 1
    EA =1;                                          //开外中断 1
    EX1 =1;
    P3 =0xff;                                       //P3 口为输入
    for(;;);                                        //死循环
}
```

在 Keil 中以文件名 B0532. C 对上述 C51 语言程序进行设计编辑。编译生成目标代码文件 B0532. HEX 和带调试信息的目标代码文件 B0532. OMF。在 PROTEUS ISIS 中，将 B0532. OMF 装载到单片机属性对话框（Edit Component）的 Progran File 栏中，设置晶振频率为 12MHz。

3. PROTEUS 仿真、调试、实际制作

PROTEUS 电路设计、程序设计无误后，装载好目标代码程序，设置时钟频率为 12MHz，单击仿真工具按钮 ▶ 仿真。分别按“DO”、“RE”、“MI”键，则对应发出“DO”音、“RE”音、“MI”音；松开键不发声。仿真片段也在图 5-11 中显示。仿真时在元件引脚上红色小方块表示高电平，蓝色小方块表示低电平。

仿真及仿真调试有两种方式。

（1）在 PROTEUS B0532. DSN 中，将汇编语言生成的 B0532. HEX 装载到单片机中，分别进行仿真及仿真调试。

（2）在 PROTEUS B0532. DSN 中，将 Keil C51 语言生成的 B0532. OMF 装载到单片机中，分别进行仿真及仿真调试。

仿真及仿真调试成功后，可在实验 PCB 上进行实际的制作，并将仿真成功的 HEX 文件（汇编语言汇编生成或 C51 编译生成的均可）通过编程器等工具下载到单片机中。

图 5-12 为制作成功的“按键发声装置”及其运行情况照片。下排 3 个键从左至右分别为“DO”、“RE”、“MI”按键。

图 5-12 “按键发声装置”及其运行情况（学生李臻制作）

问题：分析本装置用了什么中断，其作用如何？用了什么定时器/计数器，其作用如何？

实验5："简易跑表"的PROTEUS设计、仿真与制作

1. 任务与目的

(1) 任务

在PROTEUS ISIS中，设计一款竞赛用的简易跑表（又称马表），其控制核心是AT89C51。其计时范围为0~99s，精度较高。它有计时、计时暂停、计时清零等功能。设计完成后进行仿真及仿真调试；并测试出计时1s的精度。

最后实际制作并进行实际操作。

(2) 目的

① 熟悉AT89C51应用系统的电路设计和程序设计。

② 进一步掌握PROTEUS ISIS基本操作，基本掌握PROTEUS的仿真调试。

③ 学会在单片机应用系统中使用定时器/计数器、中断等资源。

④ 通过实际制作，培养实际动手能力。

2. PROTEUS设计、仿真与调试

(1) 电路设计

应用PROTEUS设计简易跑表电路（由读者设计）。这里仅提供参考电路原理图，如图5-13所示。其中暂停、继续和复位按钮完成计时、计时暂停、计时清零等功能。取文件名为B05S5. DSN，晶振频率为12MHz。

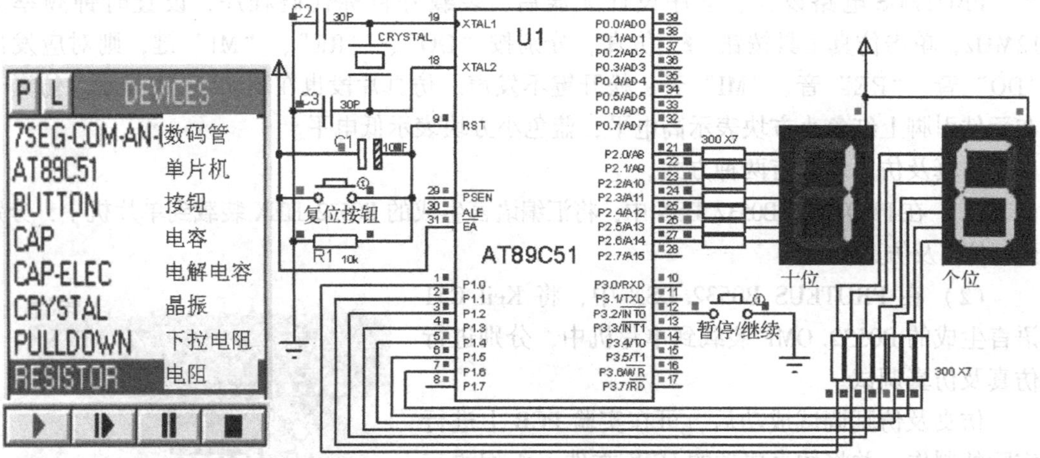

图5-13 "简易跑表（0~99s）"电路原理图、元件列表及仿真片段

(2) 汇编语言程序设计、汇编

在PROTEUS ISIS中应用PROTEUS源程序编辑器SRCEDIT进行程序设计（由读者设计）。这里仅提供参考的程序设计，并对重要指令都进行了注释。取文件名为B05S5. ASM。

```
        ORG     00H
        SJMP    STAR
        ORG     03H
```

```
            AJMP    INT0S               ;转 INT0 中断服务程序
            ORG     1BH
            SJMP    T1S                 ;转 T1 中断服务程序
            ORG     30H
STAR:       MOV     R2,#0               ;计时初值
            MOV     R4,#20              ;定时中断溢出计数器 R4 初值为 20
            MOV     IE,#89H             ;开 T1、INT0 中断
            SETB    IT0
            MOV     TMOD,#10H           ;T1 方式 1
            MOV     TH1,#3CH            ;定时初值
            MOV     TL1,#0B0H           ;定时初值
            SETB    TR1                 ;启动 T1
            ACALL   DIS                 ;调用显示子程序
            SJMP    $
T1S:        MOV     TH1,#3CH            ;中断程序
            MOV     TL1,#0B0H           ;重装初值
            DJNZ    R4,T1S1             ;定时 1s 到否
            MOV     R4,#20              ;到 1s,重置 R4 =20
            INC     R2
            CJNE    R2,#99,T1S0
            CLR     TR1                 ;计时满 99,关定时器
T1S0:       ACALL   DIS                 ;调显示
T1S1:       RETI                        ;中断返回
INT0S:      CPL     F0
            JNB     F0,INT0A
            CLR     TR1
            RETI
INT0A:      SETB    TR1
            RETI
DIS:        MOV     A,R2                ;单字节十六进制
            MOV     B,#10               ;数转为十进制数
            DIV     AB
            ACALL   SEG7
            MOV     P2,A                ;显示十位
            MOV     A,B
            ACALL   SEG7
            MOV     P1,A                ;显示个位
            RET                         ;子程序返回
SEG7:       INC     A                   ;(A)←(A) +1
            MOVC    A,@A+PC             ;取显示断段
            RET
            DB 0C0H,0F9H,0A4H,0B0H      ;0~3 的共阳型显示码
            DB 99H,92H,82H,0F8H         ;4~7 的共阳型显示码
            DB 80H,90H,88H,83H          ;8~B 的共阳型显示码
            DB 0C6H,0A1H,86H,8EH        ;C~F 的共阳型显示码
            END
```

根据第 2 章 2.6 节所述，在 PROTEUS ISIS 中以文件名 B05S5. ASM 对上述程序进行设计编辑。汇编生成目标代码文件 B05S5. HEX。将它装载（高版本 PROTEUS 有自动装载功能）到单片机属性对话框（Edit Component）的 Progran File 栏中，并设置晶振频率为 12MHz。

(3) C51程序设计、编译

```
//B05S5.C
#include <reg51.h>                                  //硬件资源定义头文件
#define uchar unsigned char                         //数据类型宏定义
#define Fosc 12000000                               //常量宏定义
#define t50ms (65536 - Fosc * 50/12000)
uchar data chuzhi = 60;                             //倒计时初值为60
uchar data T1_numb = 20;                            //定时1s,20 * 50ms
//共阳数码管显示码数组
uchar code tab[ ] = {0xC0,0xF9,0xA4,0xB0,
          0x99,0x92,0x82,0xF8,0x80,0x90,0x88,0x83,0xC6,0xA1,0x86,0x8E};
//显示子函数 入口参数为待显示的数据
void dis(uchar cct)
    {   P3 = tab[cct/10]                            ;//十位数在P3口显示
        P2 = tab[cct%10]                            ;//个位数在P2口显示
    }
    //外中断0的按键,功能为暂停/继续 ,应用了系统的F0标志位
    //复位后,F0 = 0,第一次按键,F0 = 1,暂停,第二次按,F0 = 0,继续
     void int0f(void) interrupt 0 using 1
    {       F0 = ! F0;
         if(F0 == 0)
           TR1 = 1;
         else
         TR1 = 0;
    }
    void t1f(void) interrupt 3 using 0              //定时T1中断函数
     {    TH1 = t50ms/256;                          //定时初值高8位数据
          TL1 = t50ms%256;                          //定时初值低8位数据
          T1_numb = T1_numb - 1;                    //中断次数递减,20 ----0
          if(T1_numb == 0)                          //
          { T1_numb = 20;                           //1s时间到
            chuzhi = chuzhi + 1;                    //计时秒 +1
            if(chuzhi == 100)
              EA = 0;                               //计时到100,关中断
            else
                 dis(chuzhi);                       //计时未到100,显示
          }
}
  void main()//主函数
   {  TMOD = 0X10;
      EA = 1;
      ET1 = 1;   EX0 = 1;
      TR1 = 1;   IT0 = 1;
      TH1 = t50ms/256;                              //定时初值高8位数据
      TL1 = t50ms%256;                              //定时初值低8位数据
      dis(chuzhi);                                  //显示时间
      for(;;)
            ;                                       //死循环
   }
```

在 Keil 中以文件名 B05S5. C 对上述 C51 语言程序进行设计编辑。编译生成目标代码文件 B05S5. HEX 和带调试信息的目标代码文件 B05S5. OMF。在 PROTEUS ISIS 中，将 B05S5. OMF 装载到单片机属性对话框（Edit Component）的 Progran File 栏中，并设置晶振频率 12MHz。

（4）仿真与调试

正确完成上述步骤后，进行仿真及仿真调试。按暂停/继续键进行暂停、继续操作；按复位键可进行清零开始操作。仿真调试时要测出计时 1s 的精度。

图 5-13 中有该实验的 PROTEUS 仿真片段。

3. 实际制作

仿真及仿真调试成功后，可在实验 PCB 上进行实际的制作，并将仿真成功的 HEX 文件（汇编语言汇编生成或 C51 编译生的均可）通过编程器等工具下载到单片机中。图 5-14 是制作成功的实际的“简易跑表（0～99s）”及运行情况的照片。

图 5-14　“简易跑表（0～99s）”及其运行情况照片（学生陈伟鹏制作）

习题与思考 5

1. 如何理解加法计数器和减法计数器？

2. 定时器/计数器在什么情况下是定时器？在什么情况下是计数器？

3. 定时器/计数器有哪些控制位？各控制位的的含义和功能是什么？

4. 定时器/计数器的工作方式如何设定？

5. 试归纳 AT89C51 单片机的定时器/计数器工作方式 0、工作方式 1、工作方式 2 各自的特点、初始化设置及使用方法。定时器/计数器的最大定时容量、定时容量、初值之间的关系如何？

6. 已知 $f_{osc}=6\text{MHz}$，试编写程序，使 P1.7 输出高电平宽 40μs，低电平宽 360μs 的连续矩形脉冲。

7. 已知 $f_{osc}=6\text{MHz}$，试编写程序，利用 T0 工作在方式 2，使 P1.0、P1.1 分别输出周期为 1ms 和 400μs 的方波。

8. 当 $f_{osc}=6\text{MHz}$ 和 $f_{osc}=12\text{MHz}$ 时，最大定时值各为多少？

9. 已知 $f_{osc}=12\text{MHz}$，试编写程序，在 P1.0 输出脉冲，每秒产生一个脉宽为 1ms 的正脉冲，每分钟产生一个脉宽为 10ms 的正脉冲。

10. 已知 $f_{osc}=6\text{MHz}$，试采用查询方式编写 24 小时制的模拟电子钟程序，秒、分钟、小时分别存放于 R2、R3、R4 中。

11. 试编写程序，使 T0 每计满 500 个外部输入脉冲后，由 T1 定时，在 P1.0 输出一个脉宽 10ms 的正脉冲（假设在 10ms 内外部输入脉冲少于 500 个）。

第 6 章　AT89C51 的存储器扩展技术

6.1　用 SRAM 扩展单片机数据存储器（RAM）

目标：了解总线扩展电路及数据传输过程，掌握单片机与片外 RAM 的接口电路设计及接口程序编写，能向片外 RAM6264 正确读写数据。

6.1.1　基础知识

1. 存储器扩展三总线

存储器扩展三总线用于扩展 ROM、RAM 及与其他接口芯片的连接。

（1）存储器扩展三总线结构

图 6-1 所示的是 AT89C51 的存储器扩展总线结构示意图。

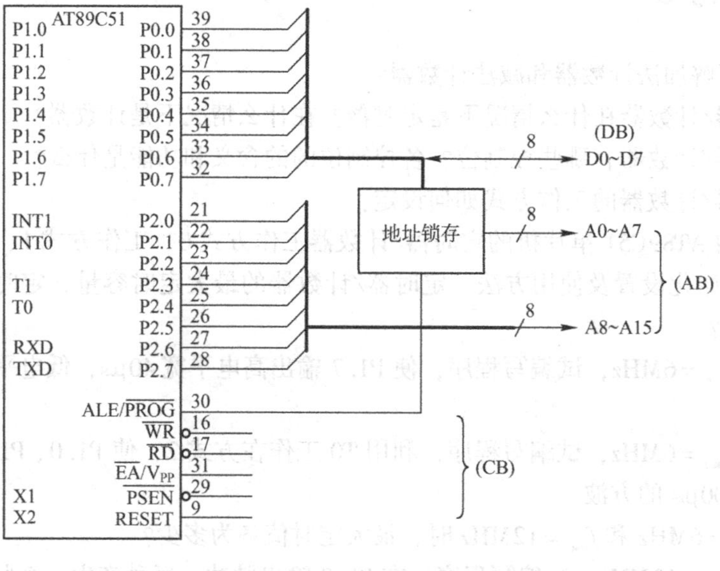

图 6-1　AT89C51 单片机存储器扩展总线结构示意图

① 数据总线：DB。8 位，双向，由单片机 P0 口提供。

② 控制总线：CB。用于存储器扩展的控制线有 $\overline{WR}$、$\overline{RD}$、$\overline{PSEN}$、ALE、$\overline{EA}$。

$\overline{WR}$、$\overline{RD}$：用于片外数据存储器（简称“片外 RAM”）的写、读控制。当执行片外数据存储器写、读操作指令 MOVX 时，这两个控制信号自动生成。

$\overline{PSEN}$：用于片外程序存储器（简称“片外 ROM”）的“读”数据控制。当访问片外 ROM 时，自动生成。

ALE：用于锁存 P0 口输出的低 8 位地址。

$\overline{EA}$：用于选择片内或片外程序存储器。当$\overline{EA}=0$时，无论片内有无程序存储器，只访问片外程序存储器。因此当只使用扩展片外程序存储器时，必须将$\overline{EA}$接地。当$\overline{EA}=1$时，访问从片内 ROM 的 0000H 地址开始运行程序，若有片外 ROM，且程序执行时已运行到片内 ROM 最大寻址空间，则自动转到片外 ROM 运行程序。

③ 地址总线：AB。16 位。高 8 位 A8 ~ A15 由 P2 口提供，低 8 位 A0 ~ A7 由 P0 口提供。P0 口又是数据线，所以 P0 口只能分时用作地址线或数据线。用作地址线时，要有地址锁存器锁存低 8 位地址，锁存信号由 ALE 信号提供。

(2) AT89C51 扩展存储器的控制特点

无论是片外 ROM 还是片外 RAM，它们的地址总线和数据总线连接方式相同，地址范围均为 0 ~ FFFFH。显然，它们之间存在地址重叠的问题。单片机靠硬件（控制线）和软件（指令）来区别它们，不会"撞车"。片外 ROM 用控制总线中的$\overline{PSEN}$控制，读指令用 MOVC；片外 RAM 用控制总线中的$\overline{WR}$、$\overline{RD}$控制，读写指令用 MOVX。

片内、片外的数据存储器的地址也有重叠区域，它们靠指令来区别。MOVX 为片外 RAM 读/写指令；片内 RAM 读/写用 MOV 指令。

还需注意：AT89C51 把与其相连的许多接口芯片（如 8155 等）视为片外 RAM 中的一个地址，对它们的访问就相当于访问片外 RAM 中某一相应的地址。

(3) AT89C51 存储器扩展 IC

系统扩展 IC 类型多、系列多、功能齐、发展快。例如：

扩展 ROM 有 27C32、27C64、27C128、27C256、27C512、27C010 等；扩展 RAM 有 6232、6264、62256、521028、MCM51L1000、MCM518160A 等；扩展非易失性 RAM 有 28C64、24LC16B 等。

单片机扩展片外 RAM 的电路同扩展外 ROM 的电路相近。但使用的控制线有所不同，扩展片外 RAM 使用单片机的$\overline{WR}$、$\overline{RD}$控制线，而不用$\overline{PSEN}$控制线。

扩展片外 RAM 的容量一般大于 256B。因此，片外 RAM 的地址线除了由 P0 口经锁存器提供低 8 位外，还需依据使用数据存储器的容量，由 P2 口提供若干高位地址线。若地址线的数目为 N，则扩展的数据存储器容量为 2^N。

目前有各种不同内 ROM 容量的单片机，即便常用的 8 位单片机内 ROM 容量就有 1K、2K、4K、8K、16K、32K 多种。研发者多根据需要来选取不同内 ROM 容量的单片机类型，而不使用硬件开销多且占用电路板大的 ROM 扩展。故本书不介绍 ROM 扩展，读者可参看相关文献 [2]。

目前许多单片机也对静态数据存储器（SRAM）有不同程度的内扩展（如 AT89S53、STC89C52 RC 的 RAM 分别为 256B、512B）。若需更大容量而 I/O 资源不太紧张的情况下，研发者也采用外扩展 SRAM 方案。本书将介绍 SRAM 扩展技术。

串行 E^2PROM（I^2C）具有体积小且占用 I/O 口资源少的特点，因而获得广泛应用。本书将较详细介绍 I^2C 扩展技术。

2. 静态数据存储器 SRAM 6264

静态数据存储器是易失性数据存储器，断电后数据便消失。本节以 SRAM 6264

(8KB) 芯片为例讲解。

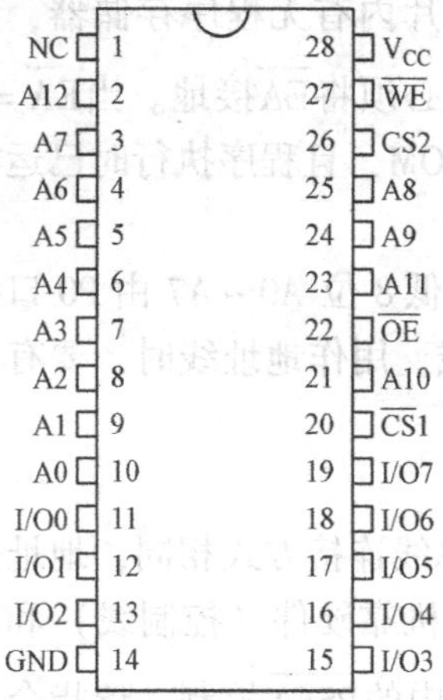

图 6-2　SRAM6264 引脚图

(1) SRAM　6264 的引脚功能

SRAM6264 的引脚如图 6-2 所示，引脚功能如下。

A0 ~ A12：地址线；

I/O0 ~ I/O7：数据线（或以 D0 ~ D7 表示）；

$\overline{\text{CS1}}$：片选，低电平选通；

CS2：片选，高电平选通；

$\overline{\text{WE}}$：写选通；

$\overline{\text{OE}}$：输出允许，低电平选通。

(2) SRAM6264 真值表

SRAM6264 的真值表如表 6-1 所示。由表可知，$\overline{\text{CS1}}$、CS2 同时有效是选中 SRAM6264 的必要条件。

表 6-1　SRAM6264 真值表

	$\overline{\text{CS1}}$	CS2	$\overline{\text{OE}}$	$\overline{\text{WE}}$	I/O0 ~ I/O7
未选中/掉电	1	×	×	×	高阻
未选中	×	0	×	×	高阻
未选中	0	1	1	1	高阻
读	0	1	0	1	输出
写	0	1	1	0	输入

6.1.2　电路设计和程序设计

1. 电路设计

图 6-3 所示的电路图是为 AT89C51 扩展一片 SRAM 6264 的典型电路原理图（简称“扩展 SRAM 6264”）。该图左上方为元件列表。扩展中用到$\overline{\text{RD}}$、$\overline{\text{WR}}$、ALE 等控制线。此 RAM 扩展电路的地址范围为 0000H ~ 1FFFH（无关位为 0）。晶振频率为 12MHz。该设计是在 PROTEUS ISIS 中进行的，取名为 B0612. DSN。

2. 汇编语言程序设计、汇编

程序功能：向外 RAM 6264 的 1000H 写数据 68H，再从其中读出送 P1 口并写到内 RAM 30H 中，反复进行。

```
        ORG    00H
        MOV    DPTR,#1000H      ;将片外 RAM 地址送给 DPTR
        MOV    A,#68H
STAR:   MOVX   @DPTR,A          ;向片外 RAM 写数据,WR引脚低电平,RD引脚高电平
        MOVX   A,@DPTR          ;从片外 RAM 读据,RD引脚低电平,WR引脚高电平
        MOV    P1,A             ;送此数据到 P1 口,可看到 P1 口引脚的电平分布为 68H
        MOV    30H,A            ;读出的数据送到片内 RAM 地址的 30H 单元,因为是
```

```
                        ;片内 RAM 操作,所以RD、WR都无效(高电平)
        LJMP    STAR    ;返回循环。总个过程 PSEN 引脚无效(高电平)
        END
```

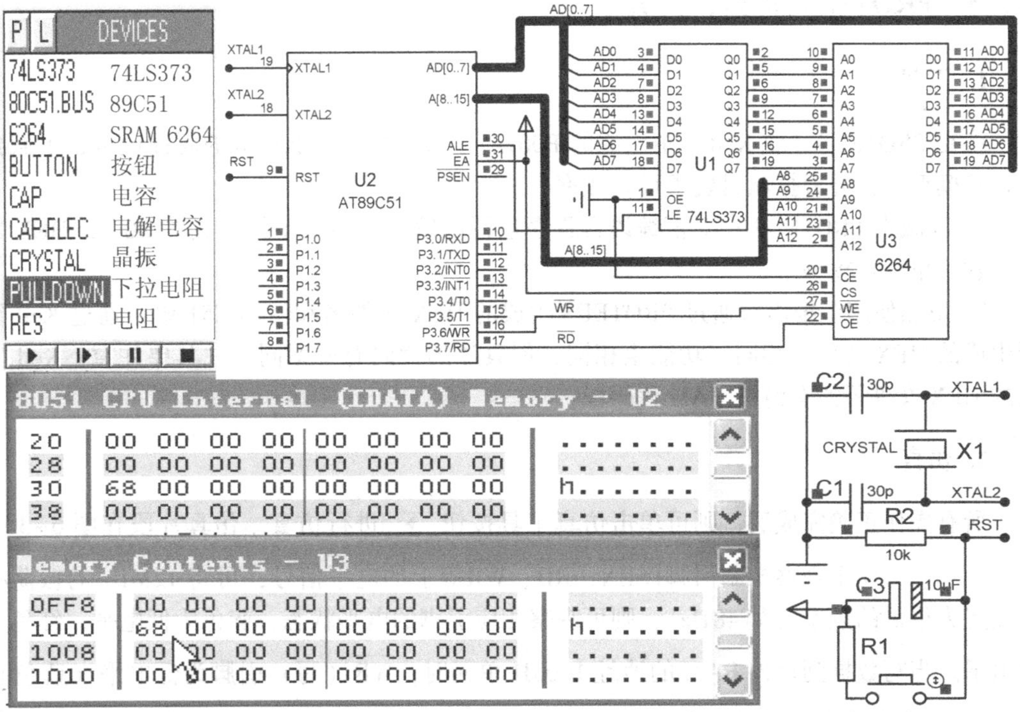

图 6-3 “扩展 SRAM 6264” 的电路原理图、元件列表及 PROTEUS 设计、仿真、调试片段

按第 2 章 2. 6 节的叙述，在 PROTEUS ISIS 中单击菜单选项 “Source （源程序）”，添加程序文件，编写程序，汇编程序生成目标代码等操作。程序名取为 B0612. ASM，汇编生成目标代码文件 B0612. HEX。

3. C51 程序设计、编译

程序功能：向外 RAM 6264 的 1000H 写数据 68H，再从其中读出送 P1 口并写到内 RAM 30H 中，反复进行。

```
#include <reg51. h>                  //硬件资源定义头文件
#include  <absacc. h>                //绝对地址访问头文件
#define xram XBYTE[0x1000]           //定义变量 xram 的地址为外 RAM:0x1000
#define ram DBYTE[0x30]              //定义变量 ram 的地址为内 RAM:0x30
#define uchar unsigned char          //数据类型宏定义
main()                               //主函数
{    uchar a =0x68;                  //变量 a 定义及赋初值
while(1)                             //死循环
     {    xram = a;                  // 对外 RAM 写入一个数据
          a = xram;                  // 从外 RAM 读入一个数据到变量 a 中
          P1 = a;                    // a 的值输出到 P1 口显示
          ram = a;                   // a 的值存入内 RAM 的一个单元中
     }
}
```

按第3章3.10节的叙述，在Keil下设计程序，取名为B0612.C，编译后生成目标代码文件B0612.HEX。

6.1.3 PROTEUS仿真、调试

1. 下载

将在PROTEUS（或Keil）中生成的B0612.HEX，通过对单片机的属性设置，下载到单片机模型中，并根据项目要求设置频率。

① 高版本PROTEUS在对汇编语言程序进行汇编时，会自动将生成的B0612.HEX文件下载到单片机模型中。

② 虽然使用汇编语言通过PROTEUS生成的HEX文件名和使用C51语言通过Keil编译生成的HEX文件名相同、功能也相同，但具体的代码有所不同。尤其要注意：Keil生成的HEX文件开始有清零RAM代码段。

2. 仿真

所有操作正确完成后，则可单击仿真工具按钮 ▶ 进行仿真。仿真片段在图6-3中有所显示。为便于观察控制引脚$\overline{\text{PSEN}}$、$\overline{\text{RD}}$、$\overline{\text{WR}}$等上的电平信号，可将12MHz的振荡频率设置为很低的频率（如48Hz），则可观察相应引脚的电平状态，蓝色为低电平、红色为高电平。当写数据到片外RAM的地址1000H单元时，$\overline{\text{WR}}$（写）引脚为低电平（蓝色），$\overline{\text{RD}}$（读）引脚为高电平（红色）。接着从片外RAM的地址1000H单元读出数据时，$\overline{\text{RD}}$引脚为低电平，$\overline{\text{WR}}$引脚为高电平。将读出的数据送到片内RAM的地址30H单元为片内RAM操作；所以，$\overline{\text{RD}}$、$\overline{\text{WR}}$引脚都为高电平，表示读/写控制信号无效。如此循环运行。整个运行过程中，$\overline{\text{PSEN}}$引脚为高电平。这说明读取片内RAM、片外RAM时，单片机$\overline{\text{PSEN}}$信号无效。当程序执行指令“MOV P1,A”时，P1口线的电平分布为68H。

3. 调试

在仿真过程中，可进行仿真调试。进入仿真调试状态后，打开内RAM调试窗口CPU Internal Memory-U2，如图6-3左中方所示，此时30H单元内容为68H。打开扩展外RAM窗口Memory Contents-U3，如图6-3左下方所示，箭头所指的1000H单元内容为68H。

仿真所有运行状态和结果都与设计期望一致。

实验6-1：“用SRAM扩展单片机存储器”的实际制作、运行、思考

1. 制作

完成PROTEUS设计与仿真后，按照图6-3所示的电路要求，选购元件，在单片机课程教学实验板（或面包板、实验PCB等）上安装好电路。将PROTEUS（或Keil）汇编

（编译）生成的目标代码文件，通过编程器固化到 AT89C51 中。晶振频率为 12MHz。

若采用 AT89S51/52，可通过 ISP 下载线将目标代码件固化到相应的单片机中。

为便于观察执行指令时控制信号 $\overline{RD}$、$\overline{WR}$ 等的状态（用示波器），可选用振荡频率为 24Hz 外部振荡信号。这时 XTAL2 脚悬空，XTAL1 接 24Hz 的外部振荡信号（如信号发生器），机器周期为 0.5s。

2. 运行

上电后，运行。这时可以看到，实际装置的上电运行过程和结果与 PROTEUS 仿真一致。

3. 思考

能否用“MOVX @Ri，A”、“MOVX A，@Ri”指令编读、写片外 RAM 数据的程序？

6.2 用串行 E^2PROM 扩展单片机存储器（I^2C）

目标：掌握单片机与串行 E^2PROM 间的二线制接口电路及接口程序编写，能正确读写外 E^2PROM。

6.2.1 基础知识

1. I^2C 总线

二线制 I^2C 串行 E^2PROM 是目前应用广泛的存储器件，它是带 I^2C 总线接口的电擦除可编程存储器。其特点是二线制、在线读写、断电保存数据。广泛应用于电子产品、计算机及其外设、通信产品中。二线制 I^2C 有多种型号，其中型号 24XXXX 是使用最为广泛的型号之一，如 ATMEL 公司的 AT24C01/02/04/08/16/32/64，MICROCHIP 公司的 24LC01B/02B/ 04B/08B/16B/032B，XICOR 公司的 X24C01/02/04/08/16 等。要注意同容量而不同公司的产品略有不同。本节以 24LC16B 为例，讲述串行 E^2PROM 扩展单片机存储器技术。

I^2C 总线是一种具有自动寻址、高低速设备同步的高性能的串行总线，能够实现完善的全双工数据传输。I^2C 总线只有两根线：数据地址线 SDA 和时钟线 SCL。所有进入 I^2C 总线中的器件都要有 I^2C 总线接口，都要符合 I^2C 总线协议。当执行数据传送时，启动数据传输并产生时钟信号的器件称为主器件，被寻址的器件称为从器件。进入 I^2C 总线上的器件若发送数据到总线上，则定义为发送器；若接收总线上的数据，则定义为接收器。

2. I^2C 总线协议

I^2C 双向二线制串行总线协议定义如下。

只有在总线处于“非忙”状态时，数据传输才能被初始化。在数据传输期间，只要时钟线为高电平，数据线都必须保持稳定，否则数据线上的任何变化都被当作“启动”

或“停止”信号。图6-4是被定义的串行总线状态。

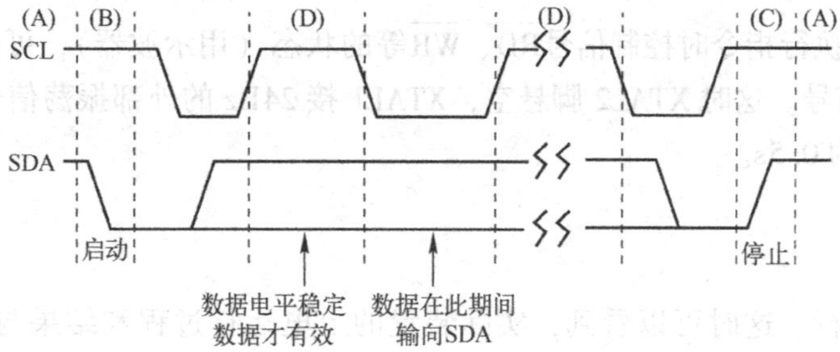

图6-4　串行总线状态

(1) 总线非忙状态（A段）

数据线SDA和时钟线SCL都保持高电平。

(2) 启动数据传输（B段）

当时钟线SCL为高电平状态时，数据线SDA由高电平变为低电平的下降沿被认为是“启动”信号。只有出现“启动”信号后，其他的命令才有效。

(3) 停止数据传输（C段）

当时钟线SCL为高电平时，数据线SDA由低电平变为高电平的上升沿被认为是“停止”信号。一旦“停止”信号出现，所有的操作都结束。

(4) 数据有效（D段）

出现“启动”信号后，若时钟线为高电平状态时，数据线状态稳定，则数据线的状态表示要传输数据。时钟线SCL为低电平期间，数据传送到数据线上，每位数据占一个时钟脉冲。每一次数据传输都是由“启动”信号开始，由“停止”信号结束。在“启动”和“停止”之间传输的数据字节数由主器件确定。

(5)“应答”信号（ACK）和“非应答”信号（NO ACK）

接收器每接收到1字节（对应8个时钟脉冲）的数据后，通常要发出一个“应答”信号（低电平）。主器件必须产生一个与这个“应答”信号相对应的额外的（第9个）时钟脉冲，该时钟脉冲的高电平期间，数据线应是稳定的低电平（ACK）。

主器件作为接收器时，当接收到最后一个数据后，不发送“应答”信号，而应发送一个“非应答”（高电平）信号。而后发送器释放数据线，以便主器件发送“停止”信号，从而结束数据传送。

3. 串行E^2PROM芯片寻址

所有的串行E^2PROM芯片在接收到“启动”信号后都要从总线上接收一个8位的含有芯片地址的控制字，以确定本芯片是否被选通，以及将进行的是读操作还是写操作。这个8位控制字（如表6-2所示）的高4位（D7～D4）应是被寻址的I^2C总线器件的特征码（如24系列为1010B）；D0是读写选择位$R/\overline{W}$，以决定主器件对E^2PROM进行读操作还是写操作。其余3位（D3～D1）根据不同容量的芯片，其定义有所不同。以下以24LC16B为例讲述，主器件约定为AT89C51单片机。

表 6-2　主器件发出的控制字节配置

	控制字								
启动信号	芯片特征码				块地址			R/$\overline{W}$	ACK 应答信号
START	1	0	1	0	B2	B1	B0	1/0	
					选择 0～7 共 8 块（256 字节/块）			1 读；0 写	

4. 24LC16B 介绍

（1）24LC16B 是 16 位（2KB）二线制 I^2C 串行 E^2PROM，其特征码为 1010B。芯片由 8 个 256 字节存储器块组成，块寻址由控制字中 D3～D1 的值确定，可在电源电压降到 2.5V 的条件下工作。5.5V 下等待电流的典型值为 10μA，额定电流的典型值为 1mA。24LC16B 还具有 16 字节数据的页面写能力，页面写周期典型值为 2ms。数据在 24LC16B 中的保存时间大于 40 年。24LC16B 封装为 8 引脚 DIP，其引脚如图 6-5 所示。

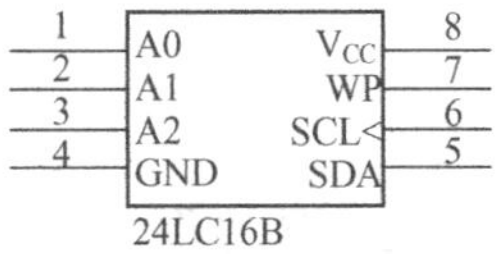

图 6-5　24LC16B 引脚图

SDA：串行地址/数据输入/输出端

SDA 是一个双向传输端，用于传送地址和数据进入器件或从器件发出数据。SDA 是一个漏极开路端，因此要求接一个上拉电阻到 V_{CC} 端（电阻典型值是 100kHz 时为 10kΩ，400kHz 时为 1kΩ）。当 SCL 为低电平期间，数据传输到 SDA 上；当 SCL 为高电平期间，SDA 的状态变化是启动和停止信号。

SCL：时钟串行端。

SCL 信号用于输入和输出数据的同步，写入串行 E^2PROM 的数据用其上升沿同步，输出数据用其下降沿同步。

WP：写保护端。

WP 端必须接到 V_{CC} 或 V_{SS} 端。如果接到 V_{CC} 端，写操作禁止，整个存储器写保护，读数据不受影响；如果接到 V_{SS} 端，读/写使能，允许读/写。

A0、A1、A2：未使用端，可不连接，也可接到 V_{CC} 或 V_{SS} 端。

（2）功能说明

24LC16B 支持 I^2C 总线数据传输协议，作为从器件工作。注意：主器件和从器件都可工作在发送器或接收器的状态，但工作于何种方式由主器件决定。

5. 24LC16B 寻址和操作

主器件发出的控制字节配置如表 6-2 所示。

控制字紧跟在主器件发出启动 START 信号的后面。24LC16B 监视 SDA 线，检查主器件发送出的控制字，若检测到控制字的高 4 位与自己的特征码（1010B）相同，且控制字中 B2、B1、B0 这 3 位的值正选中自己 8 个存储块中的一个，则 24LC16B 被寻址选通。至于操作是读还是写，由最低位（R/$\overline{W}$）确定。然后，24LC16B 输出一个 ACK 信号到 SDA 线上。

（1）写操作

写操作时，SDA 线上的信号依次为：启动 START→1010→$B_2B_1B_0$（0～111B）→0

（低电平为写操作）→应答 ACK→8 位的地址→ACK→数据 0→ACK→数据 1→ACK……数据 15→应答 ACK→结束 STOP。

24LC6B 每一次写操作最多可连续写 16 字节（一页），也可少于 16 字节。一旦停止信号被接收到，则 24LC6B 内部写周期将开始。在内部写周期期间，不响应外部信号，直到写周期完成。图 6-6 所示为 24 系列存储器写操作时序图。

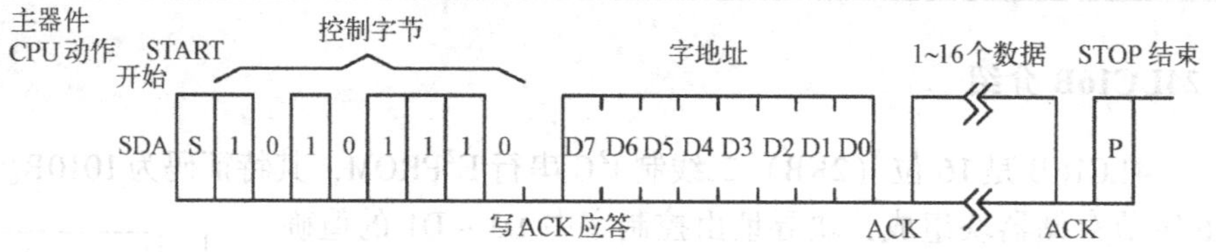

图 6-6　24 系列存储器写操作时序图

（2）读操作

读操作时：SDA 线上的信号依次为：启动 START→1010→$B_2B_1B_0$（0 ~ 111B）→0（低电平表示写操作）→应答 ACK→8 位的地址→ACK→START→1010→$B_2B_1B_0$（0 ~ 111B）→1（高电平表示读操作）→应答 ACK→数据 0→ACK→数据 1→ACK……数据 *N*→非应答 NO ACK→结束 STOP。

在读数据之前，先写入要读的数据所在的地址。然后，主器件在“应答”位后产生一个启动信号，以终止刚才的写地址操作。随后主器件再次发出控制字，R/$\overline{W}$ 位为 1。24LC16B 接收“应答”信号后，便可读数据。可以读 1 字节、2 字节、……的数据。读完最后一个数据后，主器件发出“非应答”（NO ACK）信号和停止（STOP）信号。图 6-7 为 24 系列存储器读操作时序图。

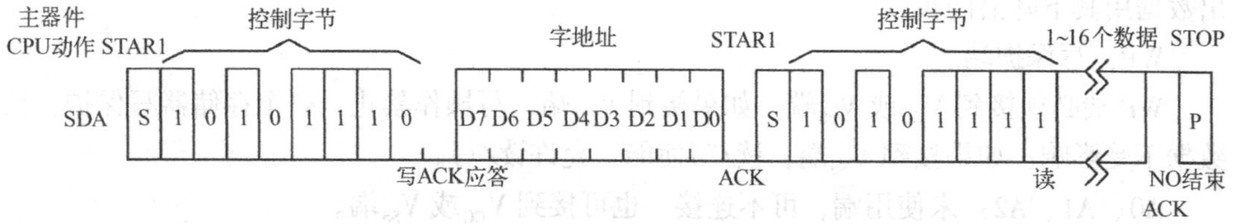

图 6-7　24 系列存储器读操作时序图

6. 2. 2　电路设计和程序设计

1. 电路设计

图 6-8 所示为 AT89C51 扩展一片串行 E^2PROM 24LC16B（简称“24LC16B 扩展存储器”）的典型电路原理图，该图左上方为使用元件列表。图中 AT89C51 为主器件，24LC16B 为从器件。由图可知，虽然 AT89C51 内部无 I^2C 总线接口，但建立一个 I^2C 总线接口的硬件却很简单。只要拿出两条 I/O 口线接上上拉电阻，再与 SDA、SCL 线相连即可。当然，在软件设计中，应定义这两条 I/O 口线分别为 SDA 和 SCL。晶振频率为 12MHz。该设计是在 PROTEUS ISIS 中设计的，取文件名为 B0622. DSN。

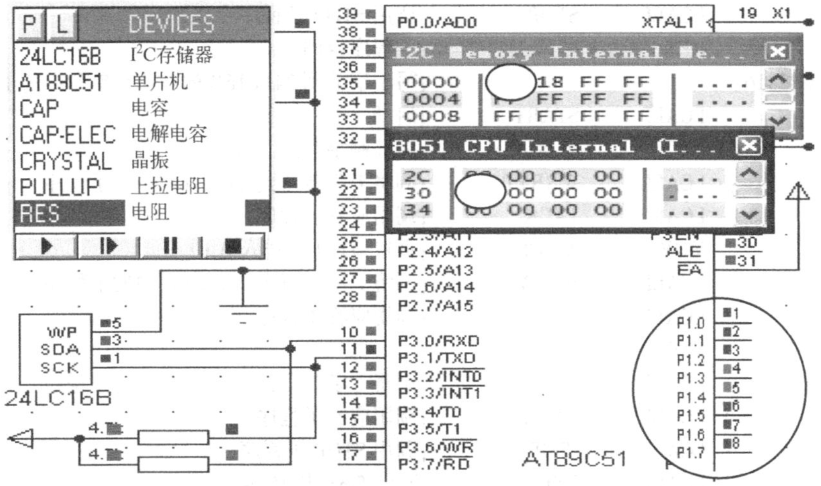

图 6-8　24LC16B 扩展存储器的典型电路及 PROTEUS 设计、仿真、调试片段

2. 汇编语言程序设计、汇编

目前许多公司的单片机还没有 I²C 总线接口，如 AT89C51，这时可采用普通的 I/O 口模拟 I²C 总线的工作方式，来实现 I²C 总线上的主控器件对从器件的读/写操作。软件编写要符合 I²C 总线协议和数据传输的时序要求。

程序功能：写 1 字节（数据为 18H，存于特殊功能寄存器 B 中）到 24LC16B 的 0 块 0 单元中，再由此读出，并写入到片内 RAM 的 30H 单元和 P1 口的程序。

```
        SDAK    BIT  P3.0      ;位定义
        SCLK    BIT  P3.1
        ORG     0
STAR:   MOV     B,#18H         ;立即数送 B
        ACALL   WR2416         ;调写 1 字节到 24LC16B 的 0 块 0 单元中的子程序
        ACALL   RD2416         ;调读 24LC16B 的 0 块 0 单元中内容的子程序
        MOV     30H,R6         ;读入的数据存于 30H 单元
        MOV     P1,R6          ;再将读入的数据送 P1 口,则该口电平状态为 18H
        SJMP    $
RD2416:                        ;读 24LC16B 的 0 块 0 单元中内容的子程序
        LCALL   START          ;调启动子程序
        MOV     A,  #0A0H      ;将“控制字”送入 A 中
        LCALL   WRBYT          ;调写 1 字节到 24LC16B 的 0 块 0 单元的子程序
        LCALL   TACK
        MOV     A,#0           ;将“读地址;0”送入 A 中
        LCALL   WRBYT          ;调写 1 字节到 24LC16B 的 0 块 0 单元的子程序
        LCALL   TACK
        LCALL   START          ;调启动子程序
        MOV     A,#0A1H        ;将“控制字”送入 A 中
        LCALL   WRBYT          ;调用字节写入子程序
        LCALL   TACK           ;调用应答子程序
        LCALL   RDBYT          ;调读 1 字节的子程序,并存入 R6 中
        LCALL   NOTACK         ;调用非应答子程序
```

```
            LCALL      STOP          ;调用 STOP 子程序
            RET                      ;子程序返回
WR2416:                              ;写 1 字节到 24LC16B 的 0 块 0 单元中的子程序
            LCALL      START         ;启动
            MOV        A,#0A0H       ;将控制字写入 A 中
            LCALL      WRBYT         ;调将 1 字节写到 24LC16B 中的子程序
            LCALL      TACK          ;调用应答子程序
            MOV        A,#0H         ;页首地址 0H 送入 A 中
            LCALL      WRBYT         ;调将 1 字节写到 24LC16B 中的子程序
            LCALL      TACK          ;调用应答子程序
            MOV        A,B
            LCALL WRBYT              ;调将 1 字节写到 24LC16B 中的子程序
            LCALL      TACK          ;调用应答子程序
            LCALL      STOP          ;调用 STOP 子程序
            LCALL      S005          ;延时 5ms,共 10ms
            LCALL      S005
            RET
S005:       MOV        R4,#10        ;延时 5ms
S0051:      MOV        R3,#248
            DJNZ       R3, $
            DJNZ       R4,S0051
            RET
START:      SETB       SDAK          ;数据线置 1
            NOP
            SETB       SCLK          ;时钟线置 1
            NOP
            NOP
            NOP
            NOP
            CLR        SDAK          ;数据线清 0
            NOP
            NOP
            NOP
            CLR        SCLK          ;时钟线清 0
            NOP
            RET                      ;子程序返回
STOP:       CLR        SDAK          ;数据线清 0
            SETB       SCLK          ;时钟线置 1
            NOP
            NOP
            NOP
            NOP
            SETB       SDAK          ;数据线置 1
            NOP
            NOP
            NOP
            NOP
            CLR        SCLK          ;时钟线清 0
            NOP
            NOP
```

```
        RET                     ;子程序返回
TACK:   CLR     SDAK            ;数据线清 0
        NOP
        SETB    SCLK            ;时钟线置 1
        NOP
        NOP
        NOP
        NOP
        CLR     SCLK            ;时钟线清 0
        NOP
        NOP
        RET                     ;子程序返回
NOTACK: SETB    SDAK            ;数据线置 1
        NOP
        NOP
        SETB    SCLK            ;时钟线置 1
        NOP
        NOP
        NOP
        NOP
        CLR     SCLK            ;时钟线清 0
        NOP
        RET                     ;子程序返回
WRBYT:  MOV     R7,#8
WRBYT1: RLC     A
        JC      WRBYT2
        CLR     SDAK            ;写数据为 0,数据线清 0
        SETB    SCLK            ;时钟线置 1
        NOP
        NOP
        NOP
        NOP
        CLR     SCLK            ;时钟线清 0
        DJNZ    R7,WRBYT1       ;写 8 个位未完,循环
        RET                     ;子程序返回
WRBYT2: SETB    SDAK            ;写数据为 1,数据线置 1
        SETB    SCLK            ;时钟线置 1
        NOP
        NOP
        NOP
        NOP
        CLR     SCLK            ;时钟线清 0
        CLR     SDAK            ;数据线清 0
        DJNZ    R7,WRBYT1       ;写 8 个位未完,循环
        RET                     ;子程序返回
RDBYT:  MOV     R7,#8
RDBYT1: SETB    SDAK            ;数据线置 1
        SETB    SCLK            ;时钟线置 1
        MOV     C,SDAK          ;数据位送入 C
        MOV     A,R6
```

```
        RLC     A
        MOV     R6,A            ;读入的位保存在R6中
        CLR     SCLK            ;时钟线清0
        DJNZ    R7,RDBYT1       ;读8个位未完,循环
        RET                     ;子程序返回
        END                     ;伪指令,程序结束
```

程序中属于模拟 I^2C 总线基本子程序的有 START（启动）子程序、STOP（停止）子程序、TACK（应答）子程序、NOTACK（非应答）子程序、WRBYT（写1字节）子程序、RDBYT（读1字节）子程序。

按第2章2.6节的叙述，在 PROTEUS ISIS 中单击菜单选项“Source（源程序）”，进行添加程序文件，编写程序，汇编程序生成目标代码等操作，程序名取为 B0622. ASM，汇编生成目标代码文件 B0622. HEX。

3. C51 程序设计、编译

程序功能：写1字节（数据为28H，存于特殊功能寄存器B中）到24LC16B的0块1单元中，再由此读出，并写入到片内RAM的30H单元和P1口的程序。C51程序如下。

```
//B0622.C 24C16 读写测试程序
#include <reg51.h>
#define uchar unsigned char
#include <intrins.h>   //_nop_();
#include <absacc.h>
#define ram DBYTE[0x30]

sbit sdak = P3^0;
sbit sclk = P3^1;
//延时函数
void s005(void)
{     uchar i,j;
      for(i=0;i<10;i++)
          for(j=0;j<248;j++)
              {_nop_();
              }
}
//开始信号时序
void start(void)
{       sdak=1;
      _nop_();
      sclk=1;
      _nop_();
      _nop_();
      _nop_();
      _nop_();
      sdak=0;
      _nop_();
      _nop_();
      _nop_();
      sclk=0;
      _nop_();
}
//终止信号时序
void stop()
{     sdak=0;
      sclk=1;
      _nop_();
      _nop_();
      _nop_();
      _nop_();
      sdak=1;
      _nop_();
      _nop_();
      _nop_();
      _nop_();
      sclk=0;
      _nop_();
      _nop_();
}
//应答信号时序
void tack(void)
{      sdak=0;
      _nop_();
      sclk=1;
      _nop_();
      _nop_();
      _nop_();
```

```
        _nop_();
        sclk = 0;
        _nop_();
        _nop_();
        _nop_();

}
//非应答信号时序
void notack(void)
{     sdak = 1;
        _nop_();
        _nop_();
        sclk = 1;
        _nop_();
        _nop_();
        _nop_();
        _nop_();
        sclk = 0;
        _nop_();
        _nop_();
}
//1 字节数据两线制串行写
void wrbyt(uchar a)
{       uchar b;uchar i = 8;
        b = a;
        while(i --)
        {    if((b&0x80) == 0x80)
                { sdak = 1;
        _nop_();
        _nop_();
                sclk = 1;
                _nop_();
                _nop_();
                 _nop_();
                 _nop_();
                sclk = 0;
                sdak = 0;
            }
        else
              { sdak = 0;
                 _nop_();        _nop_();
                 sclk = 1;
                 _nop_();
                 _nop_();
                 _nop_();
                 _nop_();
                 sclk = 0;
              }
              b <<= 1;
        }
}
//1 字节数据两线制串行读
uchar rdbyt(void)
{ uchar i = 8;
  uchar rdd;
  while(i --)
      {       sdak = 1;
             sclk = 1;
             rdd <<= 1;
            _nop_();
            _nop_();
            if(sdak == 1)
                  {rdd| = 0x01;}
            else
                  {rdd& = 0xfe;}
             sclk = 0;
      }
    return rdd;
}
//完整读 1 字节数据,0 块 1 单元
uchar rd2416(void)       //
{     uchar a;           //定义变量 a
      start();           //开始
      wrbyt(0xa0);       //写命令,0 块
      tack();            //应答
      wrbyt(0x01);       //1 单元
      tack();            //应答
      start();           //开始
      wrbyt(0xa1);       //写入读的命令
      tack();            //应答
      a = rdbyt();       //读出到变量 a
      notack();          //非应答
      stop();            //停止
      return a;          //返回 a

}
//完整写入 1 字节数据,0 块 1 单元,入口数据 b
  void wr2416(uchar b)
  { start();             //开始
      wrbyt(0xa0);       //0 块,写命令
      tack();            //应答
      wrbyt(0x01);       //1 单元
      tack();            //应答
      wrbyt(b);          //写入 b
      tack();            //应答
      stop();            //终止
      s005();            //延时
      s005();
      s005();
}
```

```
//主函数
void main(void)
{   wr2416(0x28);       //写入0x28
    ram = rd2416();     //读出到 ram 中
    P1 = ram;           //读出的输出到P1口
    while(1)            //死循环
    {;}
}
```

按第3章3.10节的叙述，在Keil下设计程序，取名为B0622.C，编译后生成目标代码文件B0622.HEX。

6.2.3 PROTEUS仿真、调试

1. 下载

将在PROTEUS ISIS（或Keil）中生成的B0622.HEX通过单片机属性设置下载到单片机模型中，并根据项目要求设置频率12MHz。但要注意：

① 高版本PROTEUS在对汇编语言程序进行汇编时，会自动将生成的B0622.HEX文件下载到单片机模型中。

② 虽然使用汇编语言通过PROTEUS生成的HEX文件名和使用C51语言通过Keil编译生成的HEX文件名相同、功能也相同；但具体的代码有所不同。尤其要注意Keil生成的HEX文件开始有清零RAM代码段。

2. 仿真

所有操作正确完成后，则可单击仿真工具按钮 ▶ 进行仿真。仿真片段也在图6-8中所显示。可观察到P1口线的电平分布为18H。要观察I^2C等各存储器内容，需要进入仿真调试状态。

3. 调试

在仿真过程中，可进行仿真调试。进入仿真调试状态后，打开I^2C调试窗口（I^2C Menory Internal Memory）和AT89C51内RAM等调试窗口（图6-8右上方）。可看到I^2C调试窗口中的00H单元内容为18H；内RAM中30H单元中的内容为18H。如图6-8右下方，观察图6-8中P1口电平状态为18H。

仿真所有运行状态和结果都与设计期望一致。

实验6-2："用串行E^2PROM扩展单片机存储器"的实际制作、运行、思考

1. 制作

完成PROTEUS设计、仿真及仿真调试后，按照图6-8所示的电路要求，选购元件，

在单片机课程教学实验板（或面包板、实验PCB等）上安装好电路。将PROTEUS（或Keil）汇编（编译）生成目标代码文件，通过编程器将它固化到AT89C51中。晶振频率为12MHz。

若采用AT89S51/52可通过ISP下载线将目标代码固化到相应的单片机中。

2. 运行

仔细检查安装好的电路，无误后上电运行。上电运行后，先将数据18H送入B寄存器，并写入到24LC16B的0块0单元中，接着将24LC16B中0块0单元的内容读出，最后将它送到片内RAM的30H和P1口中。

3. 思考

将数据写入24LC16B的7块10地址，再读出，程序应该如何修改？

6.3 PROTEUS高级图表仿真（ASF）简介及其应用

6.3.1 高级图表仿真（ASF）简介

PROTEUS高级图表仿真（ASF）是基于图表的仿真（以下简称“图表仿真”）。它能将仿真运行情况捕捉到一张图表上，以便细致地分析、研究和测量；它还有缩放功能，用以观察全局或是对局部进行细致地研究和测量。

基于图表的仿真是对难以进行实时分析对象的有效处理方法，如小信号交流分析、噪声分析或扫描参数测量等。

基于图表的仿真是独立于电路的仿真，有单独的仿真启动命令，仿真也可随时触发、更新。但在有交互仿真时，图表仿真与电路仿真要配合。

对图表的操作类似对一个元器件的操作，在一个电路设计中可以设置多个不同类或同类的图表。

（1）图表类型

单击ISIS工具栏中的图表按钮，则在对象选择器中列出所有的图表类型，共13种，如图6-9所示，可根据需要加以选择。

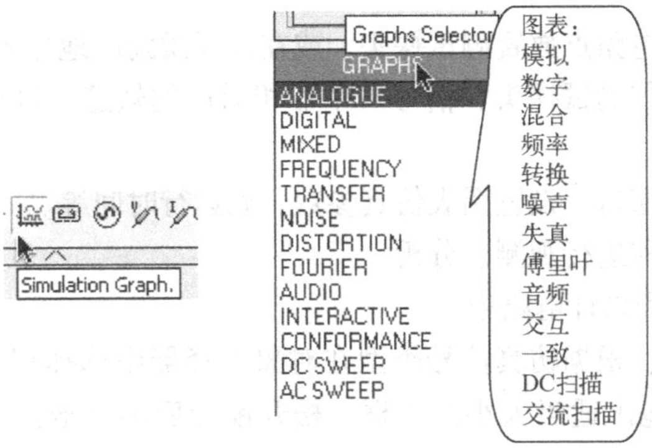

图6-9　选择仿真图表类型

（2）图表菜单（Graph）

单击ISIS菜单栏中的“Graph”选项，出现下拉图表菜单，如图6-10所示。有各种功能命令按钮及其快捷键，它们的意义在图6-10中有简要注明。当电路图中有多个图表时，对图表的操作针对当前图表。当前图表即为在图表菜单中其名字前有对勾“√”的，图中当前图表为 DIGITAL ANALYSIS。

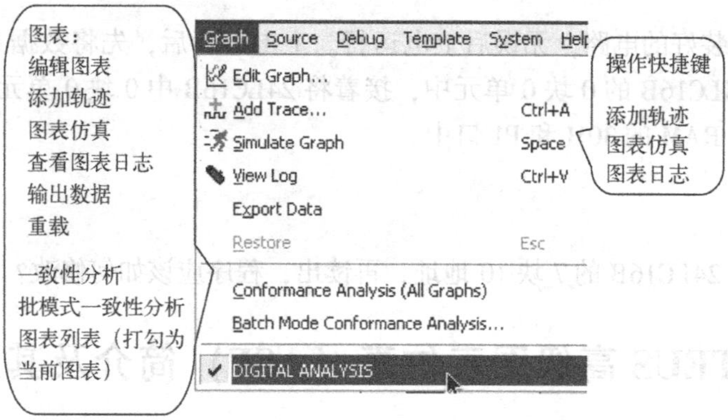

图 6-10　图表菜单

（3）建立基于图表仿真的步骤

建立基于图表的仿真步骤主要为 5 步。

① 进入要进行图表仿真的电路，放置与要进行的分析类型一致的图表。图 6-11 中放置的图表为 DIGITAL ANALYSIS（数字分析）类型图表。

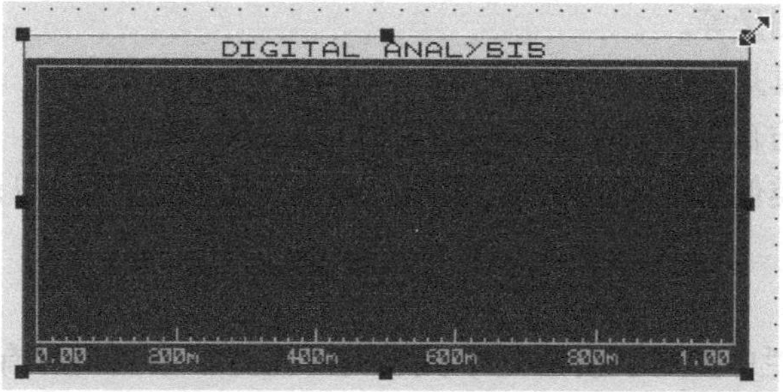

图 6-11　放置图表

② 在需要观测的电路点放置测试探头，或在需要激励的地方放置信号发生器。

③ 在图表中添加与测试探头和信号发生器相对应的轨迹，以显示它们记录或产生的数据。

④ 打开图表仿真窗口，设置图表仿真参数，如运行时间等。

⑤ 启动图表仿真和进行观测、分析。

（4）将图表添加到设计电路中

单击图表按钮，根据仿真信号类型在对象选择器中选择相应的图表类型。在 ISIS 编辑区按住鼠标左键拖出适当大小的方框，松开鼠标后再单击，图表就可添加到设计电路中。

（5）图表界面及其菜单

双击图表上方的图表类型（绿条）栏，则进入如图 6-12 所示的图表界面。图表界面顶部有标题栏，其下方为菜单栏，中部是轨迹区，底部是命令按钮和状态栏。标题栏表示图表类型，图 6-12 中表示为“NOISE ANALYSIS（噪声分析）”。

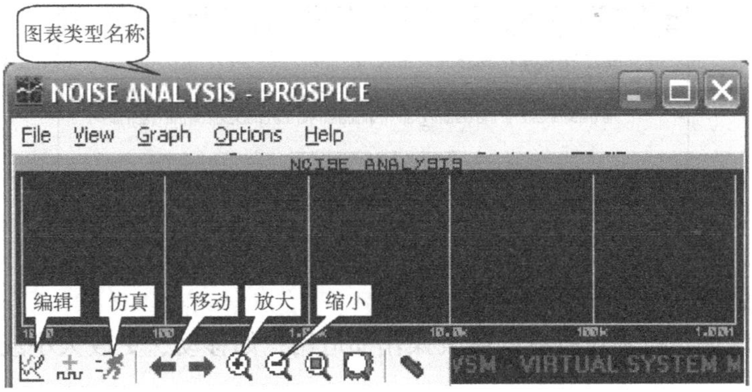

图 6-12　图表界面

菜单栏中 File（文件）、View（查看）、Options（选项）各项的下拉菜单内容分别由图 6-13、图 6-14、图 6-15 简要说明。命令栏中的按钮的意义也在图 7-20 中指出。

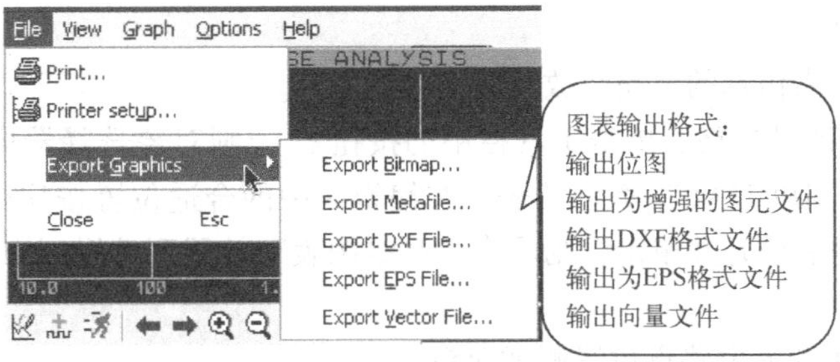

图 6-13　图表菜单栏“文件”操作

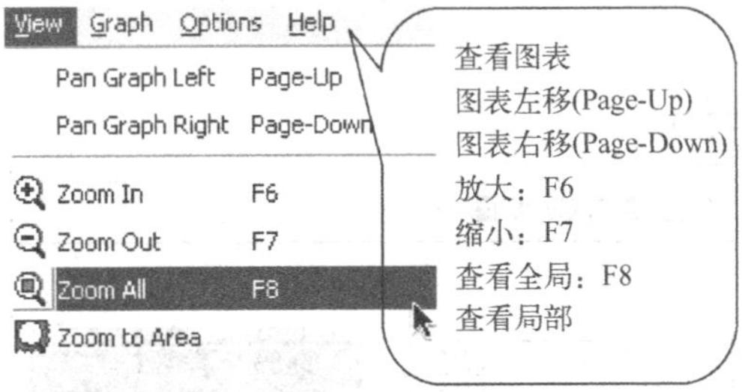

图 6-14　图表菜单栏“查看”操作

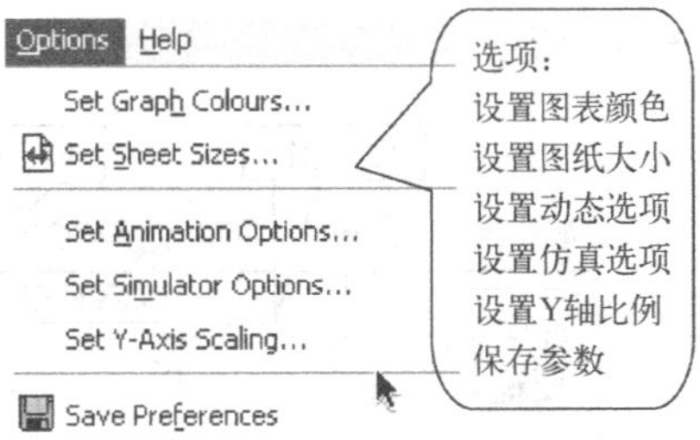

图 6-15　图表图表菜单栏“选项”操作

（6）添加图表轨迹

每个图表可以显示很多轨迹。轨迹的数据来源于电路中的信号探头或信号发生器，所以每个轨迹显示的数据都与探头或发生器相关联。

常用添加图表轨迹的方法有下列两种。

① 拖入：先选中一个探头或发生器，再按住鼠标左键将其拖到图表中。

② 快速添加：选中探头或发生器（可选中多个），用添加轨迹的命令 Add Trace...（ISIS 中或是图表窗口的图表菜单中），快速添加“Quick - add”，则出现快速添加询问框，如图 6-16 所示，单击“OK”按钮，可一次性将它们添加到图表上。

注意：保证要添加轨迹的图表是当前图表。

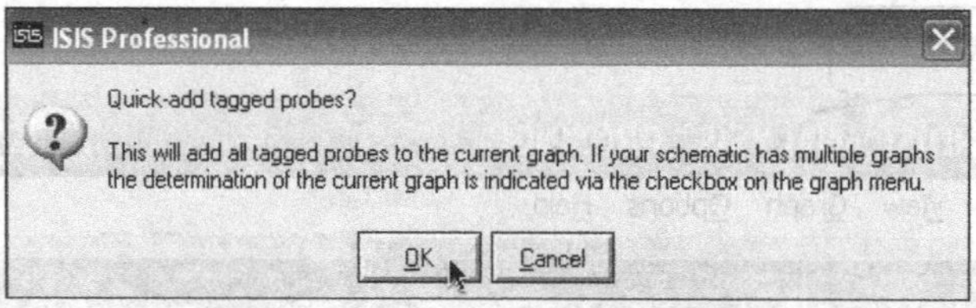

图 6-16　快速添加询问对话框

（7）编辑图表

标准的 ISIS 编辑技术对所有的图表操作都适用，如移动、更改大小或编辑改变它们的属性等。

6.3.2　高级图表仿真（ASF）实例

高级图表仿真类型有 13 种，这里以 DIGITAL ANALYSIS（数字分析）图表为例来讲述，以“跑马灯”为例。

（1）放置图表

进入要进行图表仿真的电路，放置数字分析图表。

如图 6-17 设计好电路。单击工具栏中的按钮，则对象选择器中列出图表仿真的 13 种类型，选中“DIGITAL”类型图表，在编辑区中的合适位置按住鼠标左键，拖出一个适当大小的方框后松开并单击，则可将“高级图表”放置到编辑区中，如图 6-17 右方所指。

（2）在需要观测的电路点放置测试探头

本例测试探头为电压探针。单击工具栏中的电压探针工具钮（如图 6-17 中最上行所示）。将电压探针依次如图 6-17 放置，其名称依次为 D1（K）、D2（K）、…、D8（K），如图 6-17 所示。

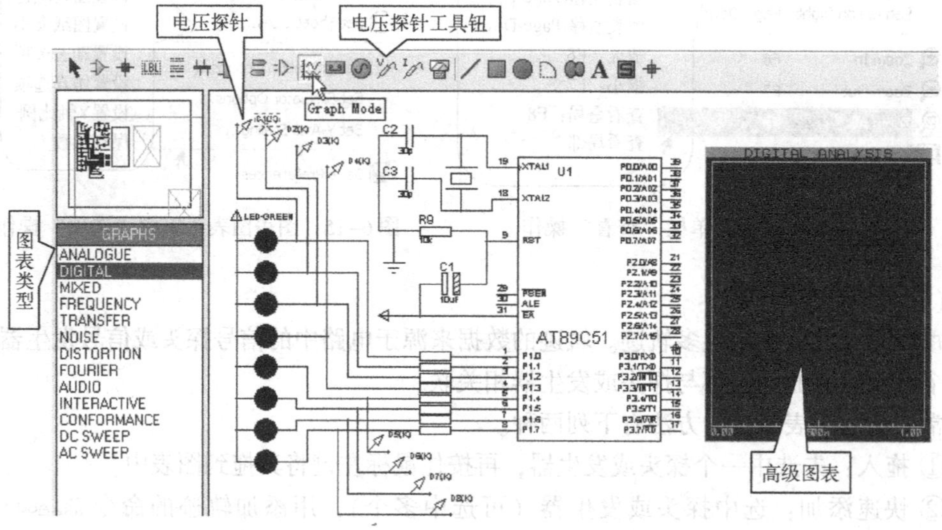

图 6-17　高级图表仿真（ASF）类型选择、使用和启动

(3) 在图表中添加与测试探头相对应的轨迹

本例中的测试探头为电压探针。将鼠标移至电压探针 D1 (K) 处，右击选中，再按住鼠标左键将其拖入“高级图表”中，松开鼠标，便将与测试探头相应的轨迹添入图表中了。其他电压探针 D2 (K)、…、D8 (K) 可用同样方法一一拖入高级图表中，结果如图 6-18 所示。本例中使用了 8 条轨迹，还可根据需要增加观测轨迹数。这也是它优于示波器之处。

(4) 设置图表仿真参数

将鼠标移至“高级图表”上方的图表类型（绿色）栏，出现如图 6-18 所示的手形图。双击则出现高级图表仿真窗口，如图 6-19 所示。

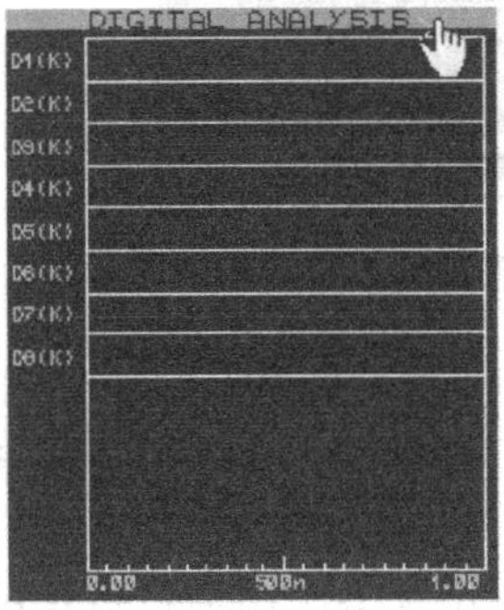

图 6-18　将电压探针拖入图表中

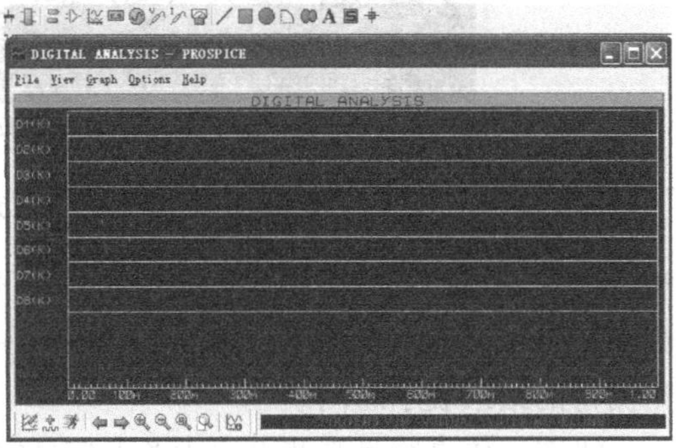

图 6-19　图表仿真窗口

单击图表仿真窗口左下角的命令钮，弹出编辑瞬态图表对话框，如图 6-20 所示，它是 DIGITAL ANALYSIS 类型的编辑瞬态图表对话框。

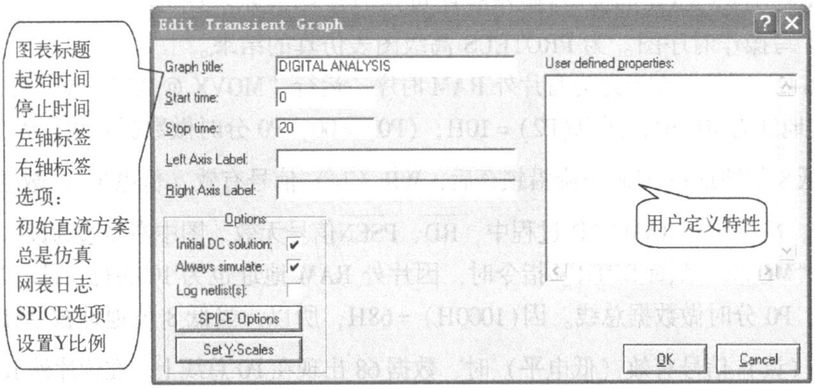

图 6-20　编辑瞬态图表对话框

图表属性是通过编辑瞬态图表对话框定义的。本例定义（设置）起始时间、停止时间分别为 0、20，表示图表仿真时间为 1 ~ 20s。设置好后，单击“OK”按钮即可退出。

(5) 启动图表仿真并进行观测

单击图表仿真窗口左下方的命令钮，则可以启动图表仿真，仿真结果和测量如图 6-21 所示。

由图 6-17 电路图可知，各 LED 高电平时灭，低电平时亮。从图 6-21 中可知，每个 LED 亮、灭交替，各 LED 依次亮、灭；LED 亮的持续时间测得为 513ms。图 6-21 中表示了测量第一个LED（D1（K）轨迹）亮的时间，在下方右侧状态栏中显示出该时间（箭头所指处DX：513m）。而每个LED相邻两次点亮时差为4s左右。

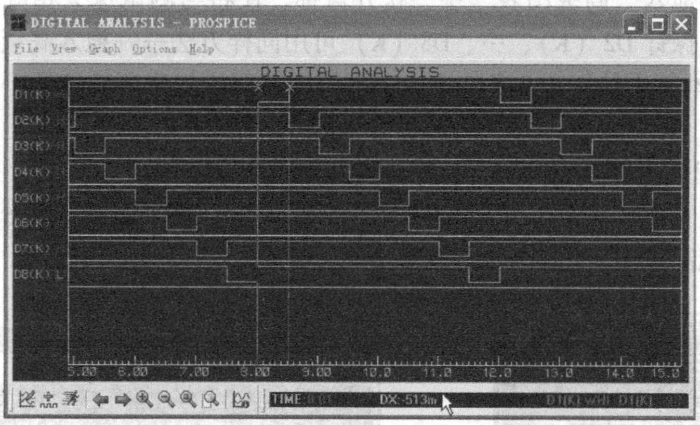

图6-21　高级图表仿真结果和测量

测量方法是移动鼠标至测量始点，单击；再将鼠标移至测量终点，按住Ctrl键再单击，则测量结果可显示在图下方右侧的状态栏中，用DX表示。本例中，横坐标轴为时间轴，则测得的结果表示时间。

用高级图表仿真容易观测电路中各点信号的时序，所以本书中用它观测并分析单片机存储器扩展后各信号的时序。这也是高级图表仿真的优越之处。

6.3.3　AT89C51扩展外RAM的操作时序

AT89C51片外RAM的读/写操作时序可用时序图表示。图6-22所示为本例的片外RAM的读/写操作时序图。为PROTEUS高级图表仿真的结果。

如图6-22所示，左半边为写片外RAM时序。运行“MOVX @DPTR,A”指令时，因片外RAM的地址为1000H，所以(P2)=10H，(P0)=00，P0分时做数据总线。因(A)=68H，所以，当低8位地址被ALE下降沿锁存后，$\overline{WR}$（写）信号有效（低电平），数据68出现在P0总线上。在写片外RAM操作过程中，$\overline{RD}$、$\overline{PSEN}$信号无效。图中右半边为读片外RAM时序。运行“MOVX　A,@DPTR”指令时，因片外RAM地址也为1000H，所以(P2)=10H，(P0)=00，P0分时做数据总线。因(1000H)=68H，所以，当低8位地址被ALE下降沿锁存后，$\overline{RD}$（读）信号有效（低电平）时，数据68出现在P0总线上。在读片外RAM操作过

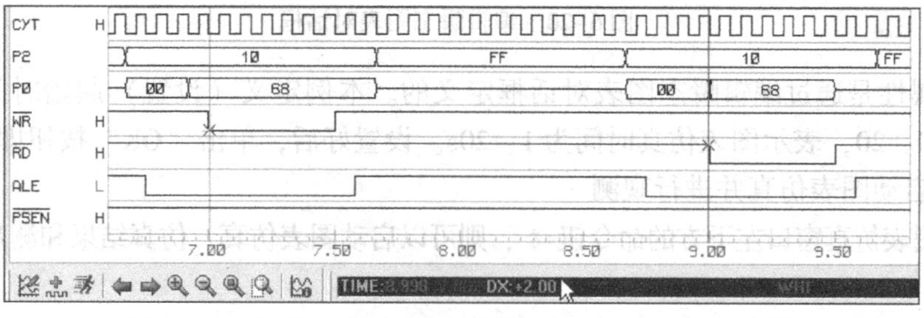

图6-22　AT89C51片外RAM的读/写操作时序

程中，$\overline{\mathrm{WR}}$、$\overline{\mathrm{PSEN}}$无效。图下方标有“DX：2.00”，表示程序中相继的写、读指令间的时间是 2s，即两个机器周期（因本例使用外振荡信号，频率为 12Hz）。

6.3.4　AT89C51 扩展外串行 E^{2}PROM 存储器操作时序

AT89C51 串行 E^{2}PRAM 的读/写操作时序可用时序图表示。图 6-23、图 6-24 所示分别为本例的串行 E^{2}PRAM 的写操作和读操作时序图。该时序图是 PROTEUS 高级图表仿真的结果。

如图 6-23 所示，写操作 SDA 时序中对应的是 S A0 A 00 A 18 A P（字符依次表示：开始→写命令→应答→地址号 0→应答→写入的数据→应答→停止）。其中，18H 为写入串行 E^{2}PROM 中 0 块 0 地址单元的数据。如图 6-24 所示，读操作 SDA 时序中对应的是 S A0 A 00 A Sr A1 A 18 N P（字符依次表示：开始→写命令→应答→地址号 0→应答→再开始→读命令→应答→读出的数据→非应答→停止）。其中，18H 为从串行 E^{2}PROM 中 0 块 0 地址单元中读出的数据。

注：时序图为 PROTEUS 高级图表仿真的结果；相关内容可参阅本书仿真篇相关部分。

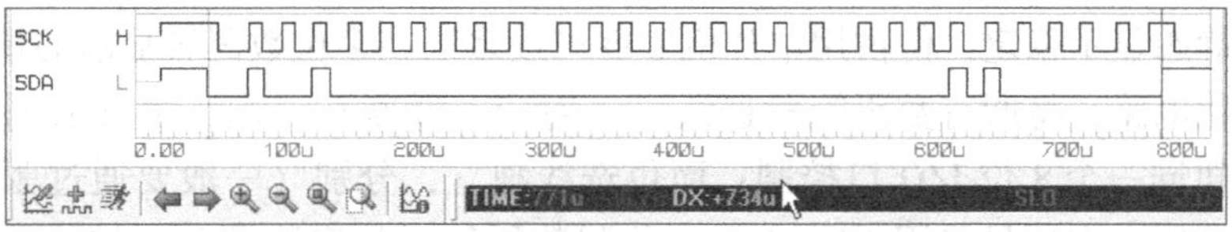

图 6-23　串行 E^{2}PROM 写操作时序图

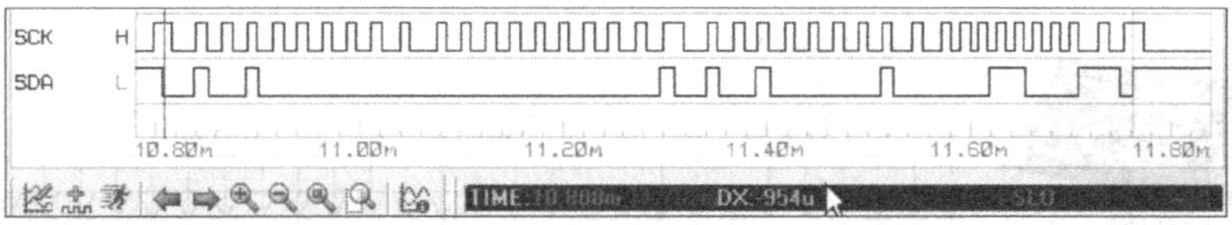

图 6-24　串行 E^{2}PROM 读操作时序图

第 7 章　AT89C51人机交互通道接口技术

7.1　单片机与数码管动态显示的接口技术

目标：设计、仿真并制作一款单片机控制“数码管动态显示装置”，实现数码管稳定显示“3210”。从而掌握单片机与数码管动态显示的接口电路设计、程序设计、仿真与实际制作技术。

7.1.1　基础知识

1. LED 数码管动态显示方式

数码管静态显示稳定，但占用单片机 I/O 口线多。在多位数码管显示的情况下，为节省口线，简化电路，将所有数码管段选线一一对应，并联在一起，由（有时要通过驱动元件）单片机同一个 8 位 I/O 口控制；而位选线独立，分别（一般要通过驱动元件）由各 I/O 口线控制。本项目采用 4 联（位）共阳数码管。其实物照片、结构示意如图 7-1 所示。

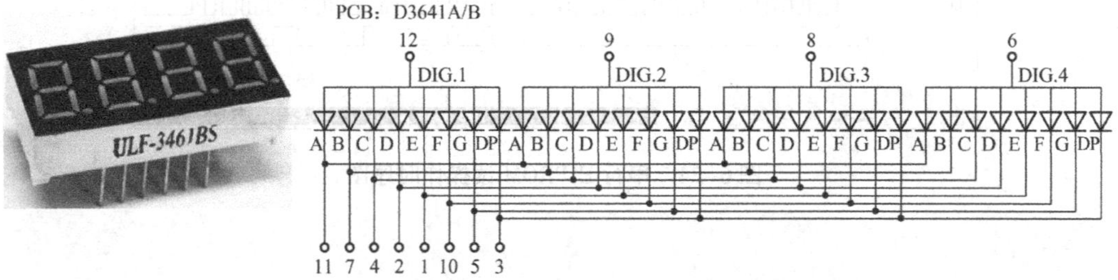

图 7-1　4 联共阳数码管照片、结构示意图

图 7-2 为单片机控制 4 联（位）数码管动态显示的典型电路原理图。4 个数码管的段码共用一个 I/O 口 P2，在每个瞬间，数码管的段码相同。要达到多位显示的目的，就要在每一瞬间只有一位数码管 com 端有效，即只选通一位数码管，4 位数码管依次轮流选通，每位显示本位的字符，并延时一段时间，以适应视觉暂留的效果。

2. 延时时间的估算

延时可由人眼视觉暂留时间来估算。一般来说，1s 内对 4 位数码管扫描 24 次，就可看到不闪烁的显示，即扫描一次时间约 42ms。由此可以计算出，对应于每位数码管显示延时约为 11ms。经实验证实，每位延时超过 18ms，则可以观察到明显闪烁。本例中选择每位数码管延时时间为 10ms。

3. 数码管 LED 限流（保护）电阻的估算

数码管由 LED 发光管组成。一般数码管的压降（V_{LED}）为 1.8V 左右。若电源电压为 5V，数码管每段 LED 的电流为 10mA，则估算的限流电阻阻值为

$$R=(V-V_{LED})/0.010=320\Omega$$

本例取 300Ω。

7.1.2 “数码管动态显示装置”电路设计和程序设计

1. 电路设计

“数码管动态显示装置”的典型电路原理图及仿真片段如图 7-2 所示，其左下方为使用元件列表。晶振为 12MHz，设计采用 4 联共阳数码管动态显示方式，它既满足 4 个数码管的显示要求，又节省了单片机的 I/O 口资源，只使用 12 条 I/O 口线（静态显示方式则需 32 条）。电路中与 4 联共阳数码管相串接的 8 只限流电阻采用 8 电阻排（8 排阻），其 8 个电阻均为 300Ω。图中右下角 4 个数码管位下拉电阻（100K），实际制作中可不要。晶振频率为 12MHz。该设计是在 PROTEUS ISIS 中设计的，取文件名为 B0712. DSN。

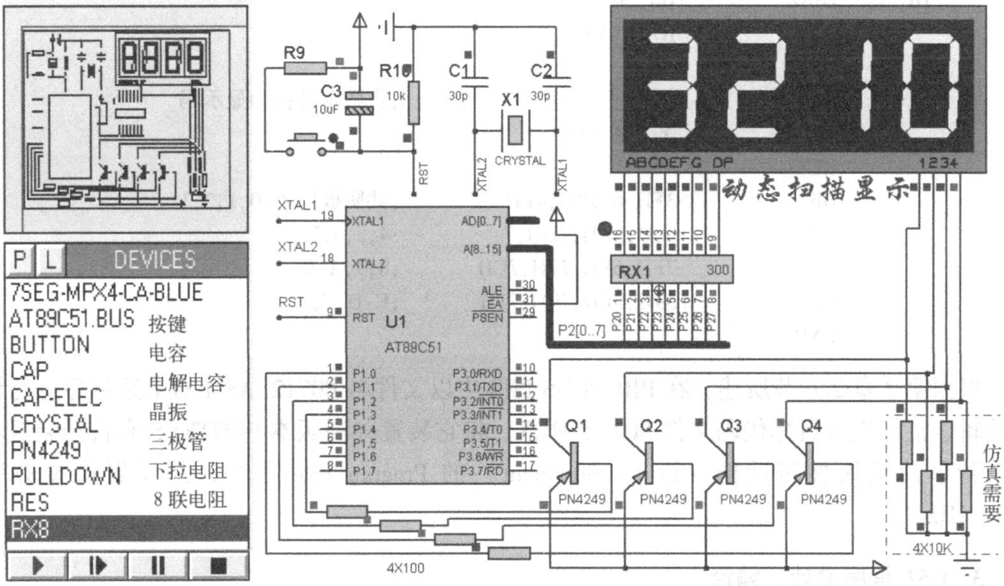

图 7-2 “数码管动态显示装置”的典型电路原理图及仿真片段

2. 汇编语言程序设计、汇编

程序功能：使 4 个数码管动态从右至左稳定显示“0123”，要求视觉无闪烁。

```
        ORG     00H
        SJMP    STAR
        ORG     30H
STAR:   MOV     P1,#0FFH        ;关闭位选口
        MOV     P2,#0FFH        ;关闭段选口
```

```
ST1:    MOV     R0,#0           ;(R0)=0
        MOV     R1,#0FEH        ;选通 P1.0 控制的显示器
ST2:    MOV     A,R0
        LCALL   SEG7            ;将 R0 中数字转换为显示码,从 P2 口
输出
        CPL     A               ;取反,将阴码变为阳码
        MOV     P2,A            ;通过 R0 得到的显示段码送 P2 口
        MOV     A,R1            ;位选通数据送 P1
        MOV     P1,A
        LCALL   DLY             ;延时 10ms
        MOV     P1,#0FFH        ;关闭位选通
        INC     R0              ;计数 +1
        CJNE    R0,#4H,ST3      ;4 位是否扫描完
        SJMP    ST1             ;0~3 扫描完,重新开始
ST3:    MOV     A,R1            ;0~3 依次显示
        RL      A               ;更新选通位
        MOV     R1,A
        SJMP    ST2             ;循环,显示下一位
DLY:    MOV     R7,#20          ;延时 10ms
        MOV     R6,#0
DLY1:   DJNZ    R6, $
        DJNZ    R7,DLY1
        RET
SEG7:   INC     A               ;将数字转换为显示码
        MOVC    A,@A+PC
        RET
        DB      3FH,6,5BH,4FH   ;共阴极段码:0,1,2,3
        DB      66H,6DH,7DH,7   ;4,5,6,7
        DB      7FH,6FH,77H,7CH ;8,9,A,B
        DB      39H,5EH,79H,71H ;C,D,E,F
        END
```

根据第2章2.6节所述，在PROTEUS ISIS中以文件名B0712.ASM对上述程序进行设计编辑。汇编生成目标代码文件B0712.HEX。将它装置（高版本PROTEUS有自动装置功能）到单片机属性对话框（Edit Component）的Progran File栏中，并设置晶振频率为12MHz。

3. C51程序设计、编译

程序功能：使4个数码管动态从右至左稳定显示“0123”，要求视觉无闪烁。

```
//B0712.C            数码管动态扫描显示 0~3
#include <reg51.h>                                      //硬件资源定义头文件
#include <intrins.h>                                    /_nop_();所在的头文件
#define uchar unsigned char
uchar code tab[] = {0xC0,0xF9,0xA4,0xB0,0x99,0x92,0x82,
        0xF8,0x80,0x90,0x88,0x83,0xC6,0xA1,0x86,0x8E};  //共阳数码管显示码
void delay()                                            //延时函数
    {uchar i,j;
        for(i=0;i<10;i++)
```

```
            for(j=0;j<249;j++)
            {_nop_();}
        }
    void main(void)                              //主函数
    {uchar i,j,k;                                //变量定义
        P1=0xff;P2=0xff;                         //关显示
        while(1)                                 //死循环
        {j=0xfe;k=0;                             //变量初值
            for(i=0;i<4;i++)                     //循环扫描
            {P2=tab[k++];                        //P2 口,段码
            P1=_crol_(j,i);                      //P1 口位码
            delay();                             //延时
            P1=0xff;                             //关显示
            }
        }
    }
```

在 Keil 中以文件名 B0712. C 对上述 C51 语言程序进行设计编辑。编译生成目标代码文件 B0712. HEX 和带调试信息的目标代码文件 B0712. OMF。在 PROTEUS ISIS 中，将 B0712. OMF 装置到单片机属性对话框（Edit Component）的 Progran File 栏中，并设置晶振频率 12MHz。

7.1.3 “数码管动态显示装置”PROTEUS 仿真、调试

1. 下载

将在 PROTEUS（或 Keil）中生成的 B0712. HEX 通过单片机属性设置下载到单片机模型中。但要注意：

① 高版本 PROTEUS 在对汇编语言程序进行汇编时，会自动将生成的 B0712. HEX 文件下载到单片机模型中。

② 虽然使用汇编语言通过 PROTEUS 生成的 HEX 文件名和使用 C51 语言通过 Keil 编译生成的 HEX 文件名相同、功能也相同；但具体的代码有所不同。尤其要注意 Keil 生成的 HEX 文件开始有清零 RAM 代码段。

2. 仿真

所有操作正确完成后，则可单击仿真工具按钮 ▶ 进行仿真。仿真片段也如图 7-2 所示。观察到数码管动态稳定显示“3210”，视觉无闪烁。

为观察动态扫描过程和理解动态扫描原理，可降低时钟频率，如 1MHz、0. 1MHz。这时仿真看到：先显示 0，尔后依次显示 1、2、3。这正反映出动态扫描的过程；也反映出加快时钟频率，利用人的视觉暂留才能达到稳定显示效果。

3. 调试

进入仿真调试状态，可设置适当断点，观察动态显示是依次扫描循环显示 0、1、2、3；测量各延时子程序的延时时间。

实验 7-1："数码管动态显示装置"的实际制作、运行、思考

1. 制作

完成 PROTEUS 设计与仿真后，按照图 7-2 所示的电路要求，选购元件，在单片机课程教学实验板（或面包板、实验 PCB 等）上安装好电路。将 PROTEUS（或 Keil）生成目标代码 HEX 文件，通过编程器将它固化到 AT89C51 中。晶振频率为 12MHz。

若采用 AT89S51/52、STC89C51/52，可通过 ISP 下载线将目标代码固化到相应单片机中。图 7-3 是制作完成的"数码管动态显示装置"及运行情况照片。

2. 运行

图 7-3 "数码管动态显示装置"及运行情况照片（学生李臻制作）

检查电路无误后，上电运行。在 12MHz 晶振下则可观察到 4 个数码管稳定显示字符 0、1、2、3。

换接较低频率晶振再进行上电运行，观察运行结果，并解释不同结果的原因。

3. 思考

① 上述电路中用的是共阳 LED 数码管，而程序中用的是共阴 LED 数码管的段码表，但显示正确，为什么？

② 在上述程序中，指令"MOV P1，#0FFH；关闭位选通"的作用是什么？没有它会发生什么现象？（提示：从显示效果方面考虑。）

③ 用共阴 LED 数码管直接取代上述接口电路中的共阳数码管，行吗？为什么？

7.2 单片机与 LCD 液晶显示器的接口技术

目标：设计、仿真并制作一款"字符型液晶显示装置"，实现在 LCD 上显示"^_^TO LCD"和"Glad to see you"两行字符。从而掌握单片机与 LCD 的接口电路设计、程序设计、仿真与实际制作技术。

7.2.1 基础知识

1. LCD 液晶显示器优点和分类

在单片机应用系统中，LCD 液晶显示器因具有微功耗、小体积、使用灵活等优点而得到了广泛应用。LCD 可分笔段型、点阵字符型和点阵图符型。各类型都有与之配套的控制、驱动芯片。本项目以"字符型 LCD 液晶显示装置"（简称"字符型液晶显示装置"）为例讲解单片机与 LED 显示器的接口技术。该装置使用点阵字符型（简称"字符型"）1602C。首先熟悉有关字符型 LCD 液晶显示器等的基础知识。

2. 字符型 LCD 液晶显示器

字符型 LCD 液晶显示器是专用于显示字母、数字、符号等的点阵式 LCD。它们多与 HD44780 控制驱动器集成在一起，构成字符型 LCD 液晶显示模块，用 LCM（Liquid Crystal Display Module）表示，有 16×1、16×2、20×2、40×2 等产品。图 7-4 所示的是 16×2（可显示两行 16 个字符）的 1602 型字符液晶模块 JM1602C LCM 实物照片。

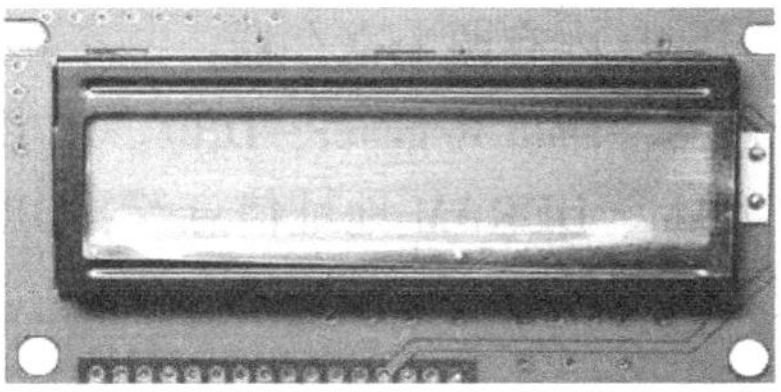

图 7-4　JM1602C LCM 实物照片

3. 液晶显示模块 LCM

液晶显示模块 LCM 由字符型 LCD 液晶显示器和 HD44780 控制驱动器构成。HD44780 由 DDRAM、CGROM、IR、DR、BF、AC 等大规模集成电路组成，具有简单且功能较强的指令集，可实现字符移动、闪烁等显示效果。

（1）引脚定义

字符型 LCM 通常有 14 条引脚线（也有 16 条引脚线的 LCD，根据各厂家的定义而应用，其控制原理与 14 引脚的 LCD 完全一样），引脚定义如表 7-1 所示。

表 7-1　字符型 LCD 引脚功能

<table>
<tr><th>引　脚</th><th>符　号</th><th colspan="3">功 能 说 明</th></tr>
<tr><td>1</td><td>GND</td><td colspan="3">接地</td></tr>
<tr><td>2</td><td>V_{CC}</td><td colspan="3">+5V</td></tr>
<tr><td>3</td><td>Vl</td><td colspan="3">显示字符的明暗对比。接一个可变电阻，调整输入电压。通常为得到最大的明暗对比，直接将此脚接地</td></tr>
<tr><td rowspan="3">4</td><td rowspan="3">RS</td><td rowspan="3">寄存器选择</td><td rowspan="2">0</td><td>指令寄存器 IR（WRITE）</td></tr>
<tr><td>Busy Flag，地址计数器（READ）</td></tr>
<tr><td>1</td><td>数据寄存器 DR（WRITE，READ）</td></tr>
<tr><td>5</td><td>$R/\overline{W}$</td><td colspan="3">READ：1；　　WRITE：0</td></tr>
<tr><td>6</td><td>E</td><td colspan="3">读/写使能（下降沿使能）</td></tr>
<tr><td>7</td><td>DB0</td><td colspan="2" rowspan="8">数据总路线
以 8 位数据读/写方式，
DB0～DB7 均有效；
若以 4 位数据读/写，则仅高 4 位有效，低 4 位悬空接不接</td><td rowspan="4">低 4 位三态，双向数据总线</td></tr>
<tr><td>8</td><td>DB1</td></tr>
<tr><td>9</td><td>DB2</td></tr>
<tr><td>10</td><td>DB3</td></tr>
<tr><td>11</td><td>DB4</td><td rowspan="4">高 4 位三态，双向数据总线
另外，BD7 为 忙碌 BF 标志位</td></tr>
<tr><td>12</td><td>DB5</td></tr>
<tr><td>13</td><td>DB6</td></tr>
<tr><td>14</td><td>DB7</td></tr>
</table>

（2）数据显示 RAM：DDRAM

数据显示 RAM（Data Display RAM，DDRAM）用以存放要显示的字符码，只要将标准的 ASCII 码放入 DDRAM 中，内部控制线路就会自动将数据传送到显示器上，并显示出该ASCII码对应的字符。

（3）指令寄存器IR、数据寄存器DR

LCD内有两个寄存器：一个是指令寄存器（Instruction Register，IR），另一个是数据寄存器（Data Register，DR）。IR用来存放由CPU送来的指令代码，如光标复位、清屏、CGRAM、DDRAM地址信息等；DR则用来存放要显示的数据。字符型LCD寄存器选择如表7-2所示。

表7-2 字符型LCD寄存器选择

RS	R/$\overline{W}$	操作说明
0	0	写入指令寄存器
0	1	读Busy Flag（DB7）及地址计数器AC（DB0～DB6）
1	0	写入数据寄存器DR
1	1	从数据寄存器DR读取数据

（4）忙碌标志BF

当BF=1时，LCM正忙于处理内部数据，执行完当前指令后，系统会自动清除BF。写指令前必须先检查BF标志，当BF=0时，才可将指令写入LCM控制器。

（5）显示器地址

① 地址计数器AC。AC根据指令对DDRAM或CGRAM指派地址。当指令地址写入IR时，地址信息也由IR送入AC中。执行将数据写入DDRAM或CGRAM（或由此读出）命令后，AC的内容会自动加1或减1。当读命令寄存器IR时（RS=0 、R/$\overline{W}$=1），AC的内容输出到DB0～DB6。由此得到当前字符显示地址，判断是否需要换行。

② 字符在LCD上的显示地址如表7-3所示。DB7=1（DB6～DB0），第一行为80H、81H…8FH，第二行为C0H、C1H…CFH。

表7-3 字符在LCD上的显示地址

	DB7	DB6	DB5	DB4	DB3	DB2	DB1	DB0
第一行（外）	1	0	×	×	×	×	×	×
第二行（外）	1	1	×	×	×	×	×	×

（6）LCD字库

HD44780内置了192个常用字符，存于字符产生器CGROM（Character Generator ROM）中。另外，还有由用户自定义的字符产生RAM，称为CGRAM（Character Generator RAM）。用户可以通过编程将字符图案写入CGRAM中，可写8个5×8点阵或4个5×10点阵的字符图案。

字库中的0x00～0x0F为用户自定义CGRAM，0x20～0x7F为标准的ASCII码，0xA0～0xFF为日文字符和希腊文字符，其余字符码（0x10～0x1F及0x80～0x9F）没有定义。

（7）指令组表

表7-4列出了LCM指令组表，说明如下。

表 7-4　LCM 指令组表

指令说明	指令码									
	RS	R/$\overline{W}$	D7	D6	D5	D4	D3	D2	D1	D0
清屏，光标回至左上角	0	0	0	0	0	0	0	0	0	1
光标回原点，屏幕不变	0	0	0	0	0	0	0	0	1	×
进入模式设定：设定读/写1字节后，光标移动方向（I/$\overline{D}$）及是否要移位显示（S）	0	0	0	0	0	0	0	1	I/$\overline{D}$	S
	I/$\overline{D}$=1（或0）：当读（或写）一个字符后，地址指针加1（减1），光标也加1（减1） S=1：当写一个字符后，整个屏幕左移（I/$\overline{D}$=1）或右移（I/$\overline{D}$=0），以得到光标不移动而屏幕移动的效果。S=0：当写一字符时，屏幕不移动									
显示屏开/关	0	0	0	0	0	0	1	D	C	B
	D=1：开显示屏；D=0：关显示屏，数据仍保留在 DDRAM 中 C=1：开光标显示；C=0：关闭光标 B=1：光标所在位置的字符闪烁；B=0：字符不闪烁									
移位：移动光标位置或令显示屏移动	0	0	0	0	0	1	S/C	R/L	×	×
	不读/写数据的情况下，（不影响 DD RAM 数据） S/C=1：显示屏移位，S/C=0：光标移位 R/L=1：右移；R/L=0：左移									
功能设定：设定数据库长度与显示格式	0	0	0	0	1	DL	N	F	×	×
	DL=1：数据长度为8位；DL=0：数据长度为4位 N=1：两行显示；N=0：一行显示 F=1：5×10字形；F=0：5×7字形									
CGRAM 地址设定	0	0	0	1	CGRAM 地址					
DDRAM 地址设定	0	0	1	DDRAM 地址						
忙 BF/地址计数器	0	1	BF	地址计数器内容						
写入数据	1	0	写入数据							
读取数据	1	1	读出数据							

① 清除显示屏，即将 20H（空格的 ASCII 码）填入所有的 DDRAM，使 LCD 显示器全部清除，地址计数器清零，光标移到原点。

② 光标回原点（屏幕左上角），DDRAM 中的数据库不变。

③ CGRAM 地址设定。此命令用来设定 CGRAM 地址，由 A5～A0 位决定，范围为0～3FH。地址存放在地址计数器 AC 中。写入本指令后，随后必须是数据写入/读取 CGRAM 的指令。

④ DDRAM 地址设定。由 A6～A0 来决定地址，并存放于 AC 中，写入本指令后，随后必须是数据写入/读取 DDRAM 的指令。

⑤ 读取 BF/地址计数器。读取数据前可检查 BF，BF=1，不可存取 LCD，直到 BF=0。而地址计数器的内容则为 DDRAM 或 CGRAMM 的地址。

⑥ 写入 CGRAM 或 DDRAM。在地址设定指令后，本指令把字符码写入 DDRAM 内，以便显示相应的字符，或把自创的字符码存入 CGRAM 中。

⑦ 读取 CGRAM 或 DDRAM 中的数据。在地址设定指令后，用来读取 CGRAM 或 DDRAM 中的数据。

7.2.2 “字符型液晶显示装置”电路设计和程序设计

1. 电路设计

单片机与 16 ×2 字符型 LCD 液晶显示装置的电路原理图如图 7-5 所示，图左下方为所用元件列表。图中的 16 ×2 LCD 采用 1602，它的引脚说明如表 7-1 所示。晶振频率为 12MHz。该设计是在 PROTEUS ISIS 中设计的，取文件名为 B0722. DSN。

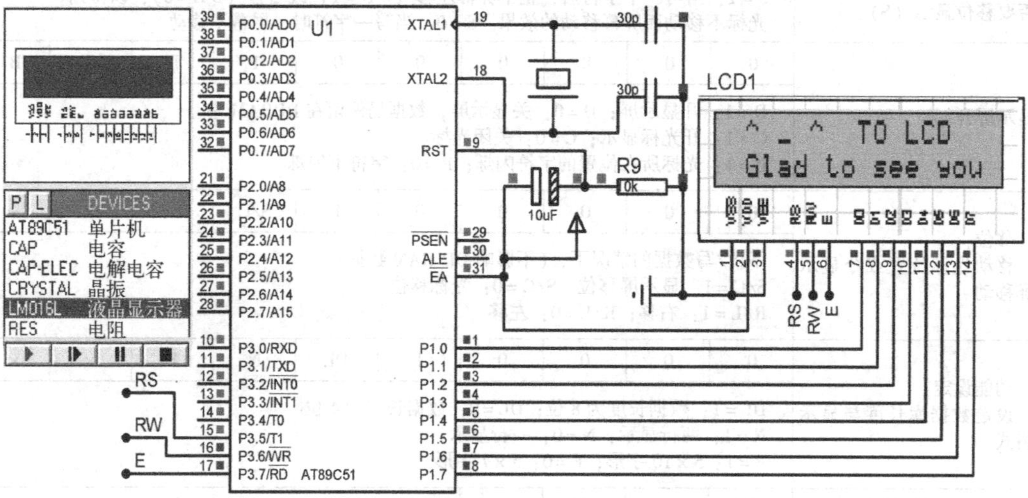

图 7-5 字符型 LCD 液晶显示装置的电路原理图

2. 汇编语言程序设计、汇编

程序功能：用单片机控制 LCD 显示两行字符。第一行显示“^_ ^ TO LCD”，第二行显示“Glad to see you”，并循环显示。

```
        ORG     00H
        RS      EQU P3.5            ;位定义
        RW      EQU P3.6
        E       EQU P3.7
        MOV     P3,#0FFH
        MOV     P1,#01H             ;清除屏幕
        ACALL   ENABLE
        MOV     P1,#38H             ;8 位、两行、5 ×7 点阵
        ACALL   ENABLE
        MOV     P1,#0FH             ;开显示
        ACALL   ENABLE
        MOV     P1,#06H             ;移动光标
        ACALL   ENABLE
        MOV     P1,#80H             ;显示位置
        ACALL   ENABLE
L3      MOV     P1,#01H
        ACALL   ENABLE
        MOV     DPTR,#TAB1          ;送第一字符
```

```
          CALL      WRITE1
          MOV       P1,#0C0H          ;写入显示起始地址(第二行第一个位置)
          ACALL     ENABLE            ;调用写入命令子程序
          MOV       DPTR,#TAB2        ;送第二字符
          CALL      WRITE1
          CALL      DELAY
          CALL      DELAY
          CALL      DELAY
          JMP       L3
ENABLE                                ;送命令,LCD 使能
          CLR       RS
          CLR       RW
          CLR       E
          ACALL     DELAY
          SETB      E
          RET
WRITE1:                               ;送字符串
          MOV       R1,#00H
A1:       MOV       A,R1
          MOVC      A,@A+DPTR
          CALL      WRITE2
          INC       R1
          CJNE      A,#00H,A1         ;以 00H 做字符串结束标志
          RET
WRITE2                                ;送单个字符
          MOV       P1,A
          SETB      RS
          CLR       RW
          CLR       E
          CALL      DELAY
          SETB      E
          RET
DELAY                                 ;延时子程序
          MOV       R7,#255
D1:       MOV       R6,#255
D2:       DJNZ      R6,D2
          DJNZ      R7,D1
          RET
;以下每个表格都是一行字符,以 00H 作为结尾。
TAB1      DB' ^_^ TO LCD' ,00
TAB2      DB' Glad to see you' ,00
          END
```

根据第 2 章 2.6 节所述，在 PROTEUS ISIS 中以文件名 B0722. ASM 对上述程序进行设计编辑。汇编生成目标代码文件 B0722. HEX。将它装置（高版本 PROTEUS 有自动装置功能）到单片机属性对话框（Edit Component）的 Progran File 栏中，并设置晶振频率为 12MHz。

3. C51 程序设计、编译

程序功能：用单片机控制 LCD 显示两行字符。第一行显示“^_^　TO LCD”，第二行

显示“Glad to see you”，并循环显示。

```
//b0722. C 字符 LCD 显示
#include <reg51. h>
#define uchar unsigned char
#include    <intrins. h>                        //_nop_();
sbit rs = P3^5;
sbit rw = P3^6;
sbit e = P3^7;
uchar code tab1[] = {' ','^','_','^',' ','T','O',' ','L','C','D',0};
uchar code tab2[] = {' ','G','l','a','d',' ','t','o',' ','s','e','e',' ','y','o','u',0};
void delay()                                    //延时函数
{   uchar i,j;
    for(i =0;i <225;i ++)
        for(j =0;j <160;j ++)
            {_nop_();}
}
//LCD 使能
void enable(void)
{   rs =0;rw =0;e =0;
    delay();
    e =1;
}
//写一个字符
void write2(uchar m)
{   P1 =m;rs =1;rw =0;e =0;
    delay();
    e =1;
}
//写一字符串 1
void write1(void)
{   uchar i =0;
    while((tab1[i]! =0))
        write2(tab1[i ++]);
}
//写一字符串 2
void write12(void)
{   uchar i =0;
    while((tab2[i]! =0))
        write2(tab2[i ++]);
}

void main(void)
{       P1 =0xff;
        P3 =0xff;
        enable();
        P1 =0x38;enable();                      //显示方式设置
        P1 =0x0f;enable();
        P1 =0x06;enable();
        P1 =0x80;enable();                      //起始位置,0 行,0 列
```

```
st:  P1 =0x01;enable();              //清屏
     write1();                       //写字符串 1
     P1 =0xc0;enable();              //1 行,0 列
     write12();                      //写字符串 2
     delay();delay();delay();        //延时
     goto st;                        //循环
}
```

在 Keil 中以文件名 B0722. C 对上述 C51 语言程序进行设计编辑。编译生成目标代码文件 B0722. HEX 和带调试信息的目标代码文件 B0722. OMF。在 PROTEUS ISIS 中，将 B0722. OMF 装置到单片机属性对话框（Edit Component）的 Progran File 栏中，并设置晶振频率为 12MHz。

7.2.3 “字符型液晶显示装置” PROTEUS 仿真、调试

1. 下载

将在 PROTEUS（或 Keil）中生成的 B0722. HEX 通过单片机属性设置装置到单片机模型中，并根据项目要求设置频率。但要注意：

① 高版本 PROTEUS 在对汇编语言程序进行汇编时，会自动将生成的 B0722. HEX 文件装置到单片机模型中。

② 虽然使用汇编语言通过 PROTEUS 生成的 HEX 文件名和使用 C51 语言通过 Keil 编译生成的 HEX 文件名相同、功能也相同；但具体的代码有所不同。尤其要注意 Keil 生成的 HEX 文件开始有清零 RAM 代码段。

2. 仿真

所有操作正确完成后，则可单击仿真工具按钮 ▶ 进行仿真。仿真片段也在图 7-5 中有所显示。观察到单片机控制 LCD 显示两行字符。第一行显示 “^_^ TO LCD”，第二行显示 “Glad to see you”，并循环显示。

3. 调试

可根据需要（如显示不正常），进入仿真调试状态，设置断点，进行调试。

实验 7-2：“字符型液晶显示装置” 的实际制作、运行、思考

1. 制作

PROTEUS 电路设计、程序设计、仿真、调试通过后，根据图 7-5 所示的电路原理图在单片机课程教学实验板（或面包板、实验 PCB 等）上安装好电路。将已固化目标代码的单片机安装到电路板对应的插座上。

若采用 AT89S51/52、STC89C51/52 可通过 ISP 下载线将目标代码固化到相应单片机中。

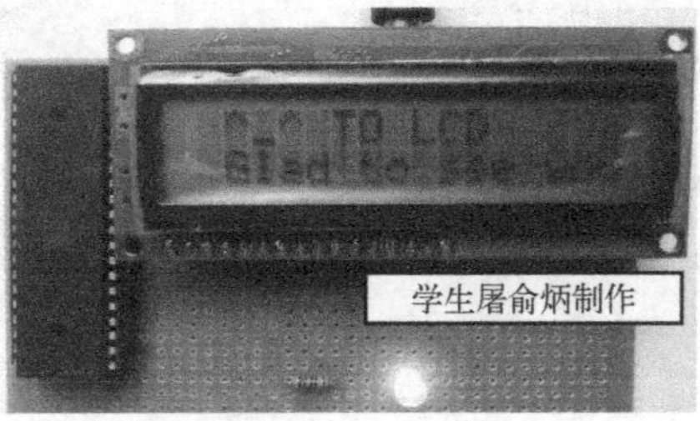

图 7-6 “字符型液晶显示装置”及其运行状态

2. 运行

检查电路无误后，上电运行。可观察到 LCD 显示屏上第一行字符一个个跳出来“^_^ TO LCD”，接着第二行字符一个个跳出来：“Glad to see you”。然后循环。

图 7-6 是制作完成的“字符型液晶显示装置”及其运行状态照片。

3. 思考

上述接口程序设计控制字符是一个一个跳出来显示的，试问能将整行的字符同时显示出来吗？若能，怎样设计？

7.3 单片机与矩阵式键盘的接口技术

目标：设计、仿真并制作一款“矩阵式键盘接口装置”，实现将键盘按键值实时显示在数码管上。从而掌握单片机与矩阵键盘的接口电路设计、程序设计、仿真与实际制作技术

7.3.1 基础知识

1. 键的可靠输入

按键和键盘是单片机应用系统中的重要输入设备，其作用是控制系统的工作状态，向系统输入数据和命令。根据按键的作用可分为数字键和功能键。根据按键的连接方式可分为独立式按键和矩阵式键盘。根据按键的类有机械型按键、触摸型按键之分。本项目以“AT89C51 与 4 ×4 矩阵式键盘接口装置”（以下简称“矩阵式键盘接口装置”）为例来讲解单片机与矩阵式键盘的接口技术。

机械型按键的开、关分别是机械触点的合、断作用。按键的电波形如图 7-7 所示（设按键口平时接高电平，有键按下时为低电平）。由于机械触点的弹性作用，在闭合及断开的瞬间均有抖动过程，会出现一系列电脉冲。抖动时间长短，与开关的机械特性、按键动作等因素有关，一般为 5 ~ 10ms。

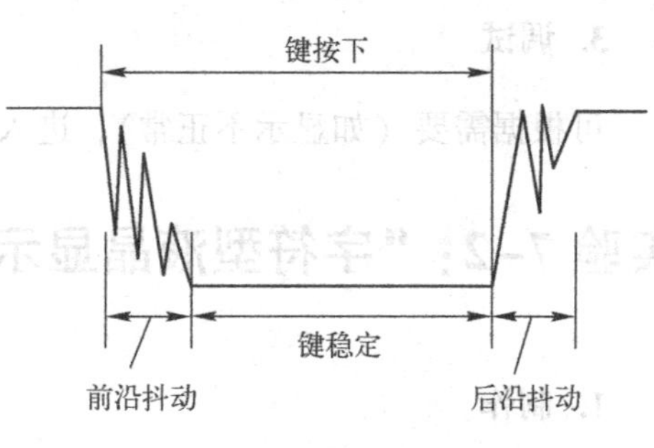

图 7-7 按键电波形

按键的键稳定时间，由操作者的按键动作决定，一般大于 0.1s。为保证单片机对键的一次闭合仅做一次键输入处理，必须去除抖动影响。通常可用硬件或软件方法去除抖动影响。硬件消抖可采用 R – S 触发器或单稳态电路，软件消抖可用延时法。单片机在检测到有键按下时，执行约 10ms 的延时程序，以消除前沿抖动影响。接着检查该键是否仍保持键闭合状态电平，若保持闭合状态电平，则确认该键按下。再检测按键是否弹起，一旦检

测到按键弹起，再延时约 10ms，消除后沿抖动影响。完成一个完整的确认按键的过程。

2. 独立式按键

独立式按键是指直接用 I/O 口线构成的单个按键电路，如图 7-8 所示。每个独立式按键单独占有一个 I/O 口线，其工作状态不会影响其他 I/O 口线的工作状态。按键输入采用低电平有效，上拉电阻保证了按键断开时，I/O 口线有确定的高电平。当 I/O 口内部有上拉电阻时，外电路可以不接上拉电阻。图中虚线部分（将各按键输入端口通过与门输出到中断口）为中断按键处理法而设。当不考虑虚线内电路时，相关独立式按键程序可设计如下（键转功能 WORK0、WORK1、WORK2 子程序未写出）。

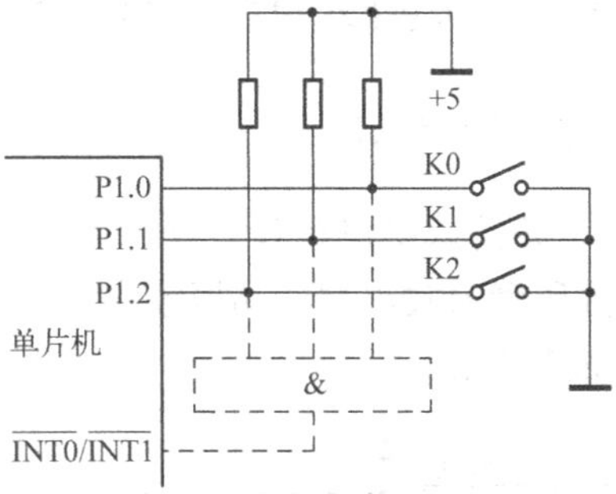

图 7-8　独立式按键电路

```
KEY:    MOV     P1,#0FFH        ;置 P1 口为输入态
        MOV     A,P1            ;读键
        CPL     A               ;取反
        ANL     A,#07H          ;屏蔽高 5 位
        JZ      RETT            ;无键闭合,返回
        LCALL   DELALY          ;有按键,前沿消抖动,延时 10ms
        JB      ACC.0,KEY0      ;转 K0 键功能程序
        JB      ACC.1,KEY1      ;转 K1 键功能程序
        JB      ACC.2,KEY2      ;转 K2 键功能程序
RETT:   SJMP    KEY
KEY0:   LCALL   WORK0           ;执行 K0 键功能程序
KEY1:   LCALL   WORK1           ;执行 K1 键功能程序
KEY2:   LCALL   WORK2           ;执行 K2 键功能程序
```

在按键较多时，独立式按键占用口线资源多，不宜采用，应采用矩阵式键盘。

3. 矩阵式键盘

矩阵式键盘又称行列式键盘。用 I/O 口线组成行、列结构，按键设置在行列的交点上。N 条口线最多可构造 N^2 个按键。4×4 的行列结构可构成 16 个键的键盘，如图 7-9 中部所示。无按键时各行、列线彼此相交而不相连。当有键按下时，如按下“F”键，则与“F”相连的行线 P2.3、列线 P2.7 相连。由行、列线的电平状态可以识别唯一与之相连的按键，此识别过程称为读键。

键盘读键程序设计一般有两种方法，即反转读键法和扫描读键法。两种方法其效果一样，程序长度差不多，执行速度也相近。所以本书只介绍反转读键法。其他方法参看文献 [2]。

采用反转读键盘法，行、列轮流作为输入线，如图 7-9 所示。

第一步：先置行线 P2.0 ~ P2.3 为输入线，列线 P2.4 ~ P2.7 为输出线，且输出为 0。相应的 I/O 口的编程数据为 0FH。若读入低 4 位的数据不等于 F，则表明有键按下，保存低 4 位数据。其中为电平“0”的位对应的是被按下键的行位置。

第二步：设置输入、输出口对换，行线 P2.0 ~ P2.3 为输出线，且输出为 0，列线 P2.4 ~ P2.7 为输入线，I/O 口编程数据为 F0H。若读入高 4 位数据不等于 F，即可确认按下的键。读入高 4 位数据中为 0 的位为列位置。保存高 4 位数据，将两次所读的数值组合，便得按键码。

7.3.2 “矩阵式键盘接口装置”电路设计和程序设计

1. 电路设计

“矩阵式键盘接口装置”电路原理图如图 7-9 所示。该图左下方为所用元件列表。图中数码管为共阳型，晶振频率为 12MHz。该设计是在 PROTEUS ISIS 中设计的，取文件名为 B0732. DSN。

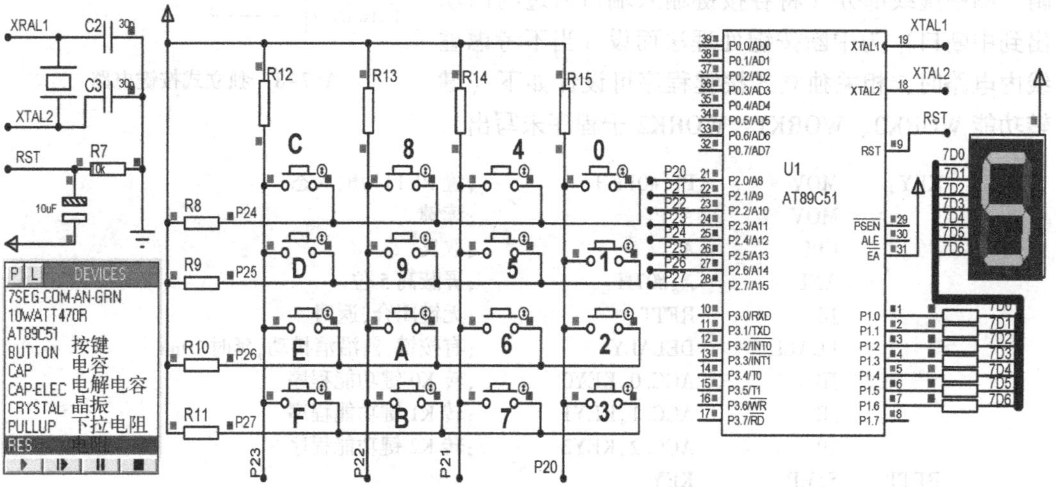

图 7-9　矩阵式键盘接口电路原理图

2. 汇编语言程序设计、汇编

程序功能：按 0 ~ F 任意一个键，数码管就显示该键的码号。

反转读键法的程序设计

```
        ORG     00H
        SJMP    STAR
        ORG     30H
STAR:   ACALL   DE100           ;调用延时
KEY:    MOV     P2,#0FH         ;查键开始,行定义输入,列定义输出为0
        MOV     A,P2            ;读入 P2 的值
        CPL     A
        ANL     A,#0FH          ;确保低4位
        JZ      KEY             ;无键按下,返回
        MOV     R5,A            ;有键按下,暂存
        MOV     P2,#0F0H        ;列定义输入,行定义输出为0
        MOV     A,P2
        CPL     A
        ANL     A,#0F0H
        JZ      KEY
        MOV     R4,A            ;暂存高 4 位输入
```

```
        LCALL   DE10            ;消抖动
KEY1:   MOV     A,P2            ;等待键松开
        CPL     A
        ANL     A,#0F0H
        JNZ     KEY1            ;按键没松开,等待
        LCALL   DE10
        MOV     A,R4            ;取列值
        ORL     A,R5            ;与行值相或为组合键值
        MOV     B,A             ;结果暂存于 B 中
        MOV     R1,#0           ;键值寄存器 R1 赋初值 =0
        MOV     DPTR,#TAB       ;取键码表首址到 DPTR
VAL0:   MOV     A,R1
        MOVC    A,@A+DPTR       ;查键码表
        CJNE    A,B,VAL         ;非当前按键码,继续查找
        ACALL   KEYV            ;以按键码查显示码
        MOV     P1,A            ;查找到显示码送 P1 二极管显示
        SJMP    KEY             ;下一次按键输入,循环
VAL:    INC     R1
        SJMP    VAL0
TAB:    DB      11H,21H,41H,81H ;组合键码
        DB      12H,22H,42H,82H
        DB      14H,24H,44H,84H
        DB      18H,28H,48H,88H
KEYV:   MOV     A,R1
        INC     A
        MOVC    A,@A+PC         ;取显示码(即共阳段码)
        RET
        DB      0C0H,0F9H,0A4H,0B0H ;共阳段码 0,1,2,3
        DB      99H,92H,82H,0F8H    ;共阳段码 4,5,6,7
        DB      80H,90H,88H,83H     ;共阳段码 8,9,A,B
        DB      0C6H,0A1H,86H,8EH   ;共阳段码 C,D,E,F
DE100:  MOV     R6,#200         ;延时 100ms
D1:     MOV     R7,#250
        DJNZ    R7, $
        DJNZ    R6,D1
        RET
DE10:   MOV     R6,#20          ;延时 10ms
D2:     MOV     R7,#248
        DJNZ    R7, $
        DJNZ    R6,D2
        RET
        END
```

根据第 2 章 2.6 节所述，在 PROTEUS ISIS 中以文件名 B0732. ASM 对上述程序进行设计编辑。汇编生成目标代码文件 B0732. HEX。将它装置（高版本 PROTEUS 有自动装置功能）到单片机属性对话框（Edit Component）的 Progran File 栏中，并设置晶振频率为 12MHz。

3. C51 程序设计、编译

程序功能：按哪个数码键，数码管就显示该码号。

```
//B0732.C         矩阵键盘扫描 1
#include <reg51.h>
#define uchar unsigned char
#include  <intrins.h>                                        //包含库函数,_nop_();

uchar code tab[] = {0x11,0x21,0x41,0x81,0x12,0x22,0x42,0x82,0x14,
                  0x24,0x44,0x84,0x18,0x28,0x48,0x88,};        //反转法键盘编码
uchar code tabv[] = {0xC0,0xF9,0xA4,0xB0,0x99,0x92,0x82,0xF8,0x80,
                   0x90,0x88,0x83,0xC6,0xA1,0x86,0x8E};        //共阳显示码

void delay()
{  uchar i,j;                                                  //延时函数
   for(i=0;i<20;i++)
       for(j=0;j<160;j++)
           { _nop_();}
}

void main(void)
{
   uchar i,j,k;
 keyscan:                                                      //反转扫描键盘程序段
   do
       {  P2 = 0x0f;
          i = P2;
          i = (~i)&0x0f;
       }
   while(i==0);

          P2 = 0xf0;
          j = P2;
          j = (~j)&0xf0;
     if(j==0)       goto keyscan;
     delay();
     do
          {k = P2;}
     while((~k)&0xf0);
          delay();
          i = i|j;
          k = 0;
          while(tab[k++]!=i);
          P1 = tabv[--k];
          goto keyscan;
}
```

在 Keil 中以文件名 B0732.C 对上述 C51 语言程序进行设计编辑。编译生成目标代码文件 B0732.HEX 和带调试信息的目标代码文件 B0732.OMF。在 PROTEUS ISIS 中，将 B0732.OMF 装

置到单片机属性对话框（Edit Component）的 Progran File 栏中，并设置晶振频率 12MHz。

7.3.3 “矩阵式键盘接口装置”仿真、调试

1. 下载

将在 PROTEUS（或 Keil）中生成的 B0732. HEX 通过单片机属性设置装置到单片机模型中，并根据项目要求设置频率。但要注意：

① 高版本 PROTEUS 在对汇编语言程序进行汇编时，会自动将生成的 B0732. HEX 文件装置到单片机模型中。

② 虽然使用汇编语言通过 PROTEUS 生成的 HEX 文件名和使用 C51 语言通过 Keil 编译生成的 HEX 文件名相同、功能也相同；但具体的代码有所不同。尤其要注意 Keil 生成的 HEX 文件开始有清零 RAM 代码段。

2. 仿真

上述各步操作正确完成后，则可单击仿真工具按钮中的按键仿真。仿真片段也如图 7-9 所示。在矩阵键盘上按什么键，数码管就显什么键号。

3. 调试

进入仿真调试状态，设置断点，进行调试。观察程序走向、测量消抖动延时时间。

实验 7-3：“矩阵式键盘接口装置”实际制作、运行、思考

1. 制作

PROTEUS 电路设计、程序设计、仿真、调试通过后，根据图 7-9 所示的电路原理图在单片机课程教学实验板（或面包板、实验 PCB 等）上安装好电路。将已固化目标代码的单片机安装到电路板对应的插座上。

若采用 AT89S51/52、STC89C51/52，可通过 ISP 下载线将目标代码固化到 AT89S51 中。

2. 运行

图 7-10 是制作完成的“矩阵式键盘接口装置”及其运行情况照片。检查电路无误后，上电运行。按键从行到列依次为 0、1、2、…、E、F。当按下矩阵式键盘上的某键时，数码管将显示该按键值，直到有新的不同的按键输入才更新显示。

图 7-10 “矩阵式键盘接口装置及其运行情况”（学生吴世敏制作）

3. 思考

指出上述程序中消除按键抖动影响的指令，并说明这些指令为什么能消除由于按键而导致的抖动影响。

第 8 章　AT89C51 后向通道接口技术

8.1 “简易信号发生器”的接口技术

目标：以“简易信号发生器”为项目，掌握单片机与 D/A（DAC0832）的接口电路设计、接口程序设计、仿真和实际制作技术；实现幅值为 5V、周期为 3ms 的锯齿波，幅值为 2.5V、周期为 1ms 的半圆波。

8.1.1　基础知识

1. 数字量转换为模拟量

单片机处理的是数字量。实际应用中，常常需要将数字量转换成模拟量以推动、控制外设或为外部所用（例单片机信号发生器）。D/A 转换器就是一种将数字量转换成模拟量（电流、电压等）的接口 IC。由单片机、D/A 转换器组成的电路加上相应的程序，便可产生外设所需的各种模拟信号。显然，该技术是单片机应用系统后向通道的接口技术。

本例以“AT89C51 和 DAC0832 构成的简易信号发生器”（以下称“简易信号发生器”）为例来讲解 AT89C51 后向通道接口技术。

2. D/A 转换器 DAC0832

1）主要性能指标

（1）分辨率

分辨率是输出数字量变化一个相邻数码所需的模拟电压的变化量。一个 N 位的 D/A 转换器的分辨率定义为满刻度电压与 2^N 的比值，其中 N 为 ADC 的位数。分辨率习惯上以输入数字量的位数表示。满量程为 10V 的 8 位 D/A 转换器（如 DAC0832）的分辨率为 $10V \times 2^{-8} \approx 39mV$；满量程为 10V 的 12 位 D/A 转换器（如 DAC1208）的分辨率为 $10V \times 2^{-12} \approx 2.4mV$。

（2）线性度

通常用非线性误差的大小表示 D/A 转换的线性度。在理想情况下，D/A 转换特性应该是线性的，实际转换中，把理想输入/输出特性的偏差与满刻度输入之比的百分数，称为非线性误差。

（3）转换精度

转换精度以最大静态转换误差的形式给出，包含非线性误差、比例系数误差以及漂移误差等综合误差。精度与分辨率是两个不同的概念。精度是指转换后所得的实际值与理论值的接近程度，而分辨率是指能够对转换结果发生影响的最小输入量。分辨率很高的转换器并不一定具有很高的精度。

（4）建立时间

建立时间是指当 D/A 转换器的输入数据发生变化后，输出模拟量达到稳定数值的时间，该指标反映了 D/A 转换器转换速度的快慢。

（5）温度系数

温度系数是指在满刻度输出的条件下，温度每升高 1℃，输出变化的百分数。该项指标表明了温度变化对 D/A 转换精度的影响。

2）主要特性

① 分辨率为 8 位，转换电流建立时间为 1μs；

② 直通、单缓冲、双缓冲工作方式；

③ 非线性误差：0.20% FSR（Full Scale Range，满刻度）；

④ 逻辑电平输入与 TTL 兼容；

⑤ 单一电源供电（+5 ~ +15V）；

⑥ 低功耗（20mW）。

3）逻辑符号图和引脚功能

图 8-1 所示为 DAC0832 的逻辑符号及内部结构框图。

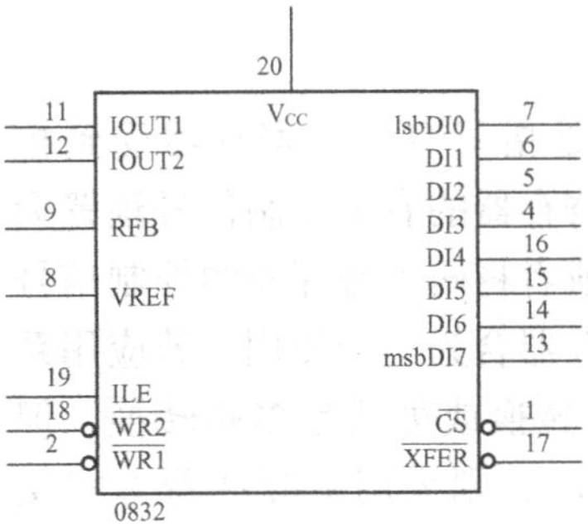

（a）DAC0832 的逻辑符号图

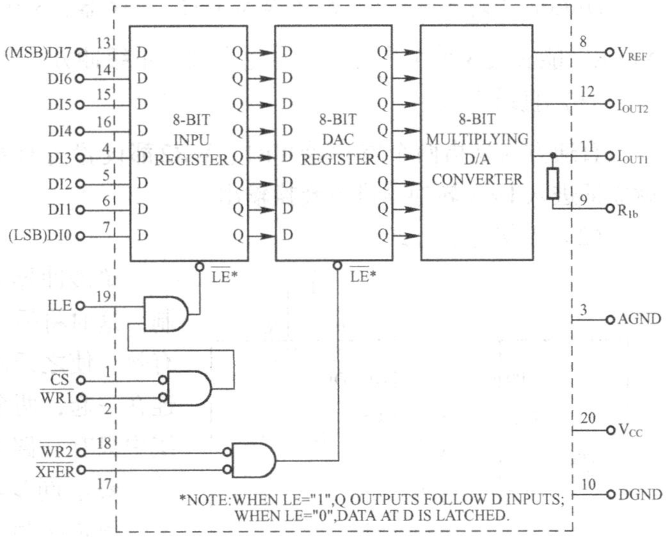

（b）DAC0832 的内部结构框图

图 8-1 DAC 0832 的逻辑符号及内部结构框图

DAC0832 是具有 8 位分辨率的 D/A 转换集成芯片。DAC0832 以其价廉、接口简单、转换控制容易等优点，在单片机应用系统中得到了广泛的应用。属于该系列的芯片还有 DAC0830、DAC0831 等。DAC0832 由 8 位输入寄存器、8 位 DAC 寄存器、8 位 D/A 转换电路及转换控制电路构成。

DI0 ~ DI7：8 位数据输入总线。

ILE：输入锁存允许，高电平有效。

$\overline{CS}$：片选信号，低电平有效；与 ILE 联合使能$\overline{WR1}$。

$\overline{WR1}$：输入寄存器写选通信号，低电平有效。

$\overline{XFER}$：数据传送控制信号，低电平有效。

$\overline{WR2}$：DAC 寄存器的写选通信号，低电平有效。

V_{REF}：基准电源输入；最大值 ±25V，一般选 -10 ~ +10V。

RFB：反馈信号输入引脚，反馈电阻在芯片内部。

I_{OUT1}：电流输出端 1，当 DAC 寄存器数据为全 0 时等于 0，全 1 时为最大值。

I_{OUT2}：电流输出端 2，$I_{OUT1} + I_{OUT2}$ = 常数（固定的参考电压下满刻度值）。

V_{CC}：电源输入端；最大值 17V，一般在可选 5 ~ 15V。

AGND：模拟地。

DGND：数字地。

4）应用特性

① 有两级锁存控制功能，能够实现多通道 D/A 的同步转换输出。

② 内部无参考电压，需外接参考电压电路。

③ 为电流输出型 D/A 转换器，要获得模拟电压输出时，需要外加转换电路。

5）与 AT89C51 单片机的接口方法

DAC0832 内部有输入寄存器和 DAC 寄存器，5 个控制端：ILE、$\overline{CS}$、$\overline{WR1}$、$\overline{WR2}$、$\overline{XFER}$，能实现 3 种工作方式：直通方式、单缓冲方式和双缓冲方式。

（1）直通方式

直通方式是指两个寄存器$\overline{WR1}$、$\overline{WR2}$都设置为有效。只要数字量送到数据输入端，就立即进入 D/A 转换器进行转换输出。

（2）单缓冲器方式

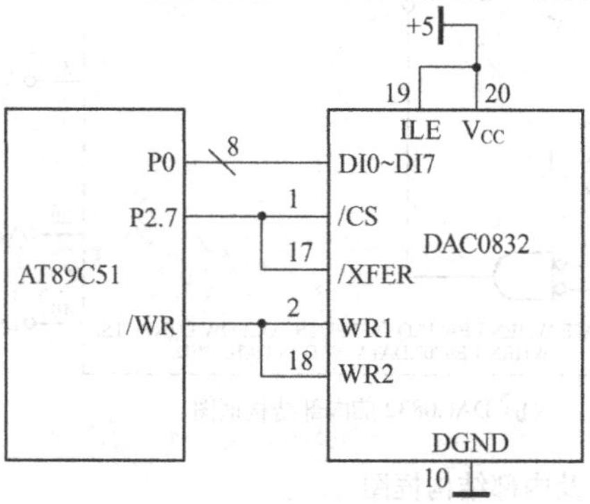

图 8-2　单缓冲器方式接口电路

单缓冲器方式是指只有一个寄存器受到控制。这时将另一个寄存器的有关控制信号预置为有效，使之开通；或者将两个寄存器的控制信号连在一起，两个寄存器合为一个使用。若应用系统中只有一路 D/A 转换或虽然是多路转换，但并不要求同步输出时，则采用单缓冲器方式接口，图 8-2 为这种用法的一个电路，两级寄存器的写信号都由单片机的$\overline{WR}$端控制。当地址线选择好 DAC0832 后，只要输出$\overline{WR}$控制信号，DAC0832 就能一步完成数字量的输入锁存和 D/A 输出。

（3）双缓冲器同步方式

双缓冲器同步方式是指两个寄存器分别受到控制，其接口电路如图 8-3 所示。当 ILE、$\overline{CS}$和$\overline{WR1}$信号均有效时，8 位数字量被写入输入寄存器，此时并不进行 D/A 转换。当$\overline{WR2}$和$\overline{XFER}$信号均有效时，原存在输入寄存器中的数据被写入 DAC 寄存器，并进行 D/A 转换。在一次转换完成后到下次转换开始之前，由于寄存器的锁存作用，数据保持不变，因此 D/A 转换的输出也保持不变。对于多路 D/A 转换接口，要求同步进行 D/A 转换输出时，必须采用双缓冲器同步方式。

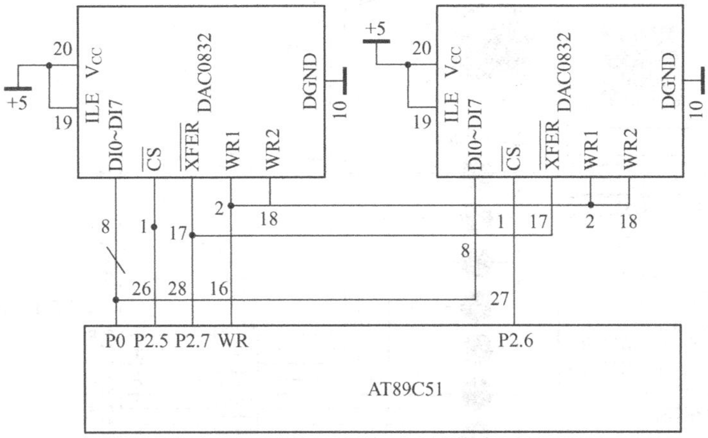

图 8-3　双缓冲器同步方式接口电路

DAC0832 采用双缓冲器同步方式时，数字量的输入锁存和 D/A 转换输出是分两步完成的，即 CPU 的数据总线分时地向各路 D/A 转换器输入要转换的数字量，并将数据锁存在各自的输入寄存器中。然后 CPU 对所有的 D/A 转换器发出控制信号，使各个 D/A 转换器输入寄存器的数据被存入 DAC 寄存器中，实现同步转换输出。与单缓冲线路不同的是，双缓冲器同步方式仅将$\overline{CS}$和$\overline{XFER}$分别独立由单片机控制。

3. PROTEUS 虚拟四踪数字示波器使用

以“跑马灯”为例，讲述使用“PROTEUS 虚拟四踪数字示波器”（简称“虚拟示波器”）的基本操作，及如何应用它来观测信号。

1）虚拟示波器的选用、连接和启用

（1）选用虚拟示波器

在设计好电路的 ISIS 窗口编辑区中，单击工具栏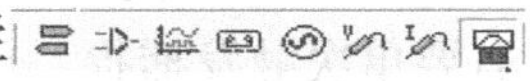中虚拟仪器按钮，则可在对象选择器中列出 PROTEUS 一系列的虚拟仪器。单击其中的“OSCILLOSCOPE”，再在 ISIS 编辑区中的适当位置单击，放置虚拟示波器。它是 4 信道虚拟数字示波器，有 A、B、C、D 4 个信道，如图 8-4 所示。

（2）连接虚拟示波器

调整好虚拟示波器方位后（操作类同元件操作），将信道 A、B、C、D 与 4 个 LED 连接，如图 8-4 所示。这 4 个连接点就是要检测电压波形的 4 个点。

（3）启用虚拟示波器

单击仿真启动按钮，则可以启动仿真，同时也启动了虚拟示波器，ISIS 编辑区中显示出虚拟示波器的运行界面，左边显示波形，右边是调整面板，如图 8-5 所示。

若启动仿真未显示如图 8-4 所示的虚拟示波器，可单击菜单栏中的“Debug”选项，出现下拉菜单。在此下拉菜单中单击“Digital Oscilloscope”选项，则在 ISIS 中显示出虚

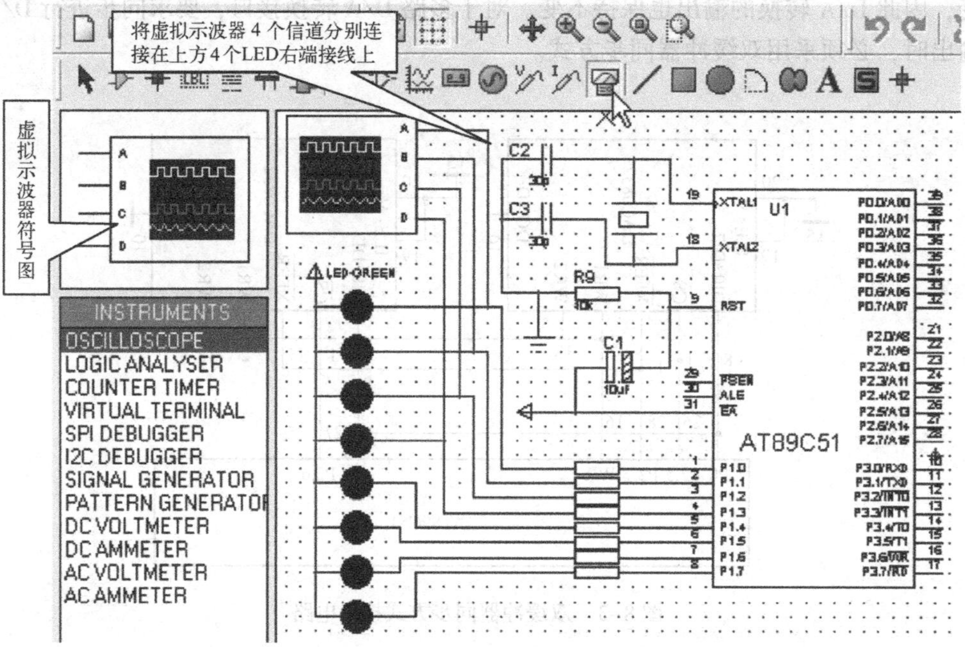

图8-4　虚拟示波器的选用、连接

拟示波器。

2）虚拟示波器面板的主要功能钮及其使用

（1）“信道操作”块

示波器右边示出4个信道操作块，即ChannelA、ChannelB、ChannelC和ChannelD，并分别用黄色、蓝色、红色、绿色加以区别。现以ChannelA为例，介绍其主要功能钮的使用。图8-5中已标注出主要钮的功能，其余3个信道类同。当前各信道选择的都是交流耦合，每格电压值为1V。波形各信道上下位置不同，分别为120、40、-40、-120。当前使用4个信道。

（2）“触发操作”块

标签为“Trigger”的块属于触发部分。当前为上沿触发方式，触发电平为-10，触发源为A信道。若要单次触发捕捉，单击“One - Shot”，该按钮变为亮粉红色，触发结束后恢复为灰色。图8-5中为单次触发捕捉后的状态。

（3）“水平功能操作”块

标签为“Horizontal”的块属于“水平功能操作”部分。当观察和测量波形时，“Source”钮一般选择最左边位置，即扫描位置。图8-5示出了其余钮的功能。“每格扫描时间选择钮”就是一般示波器的“时基”选择。可根据被测波形的频率（或周期）来选择。

3）波形的观察与测量

根据被测信号情况（如信道、频率、振幅、是否为周期性等）正确选择好各功能钮的位置，便可启动仿真并对虚拟示波器中显示的波形进行观测。图8-5中显示了虚拟示波器仿真片段，显示了当时的4个LED观测点的电压波形，低电平是LED显示亮的状态，从波形容易看出LED依次点亮的状态。每个LED持续亮的时间可根据低电平所占水平格

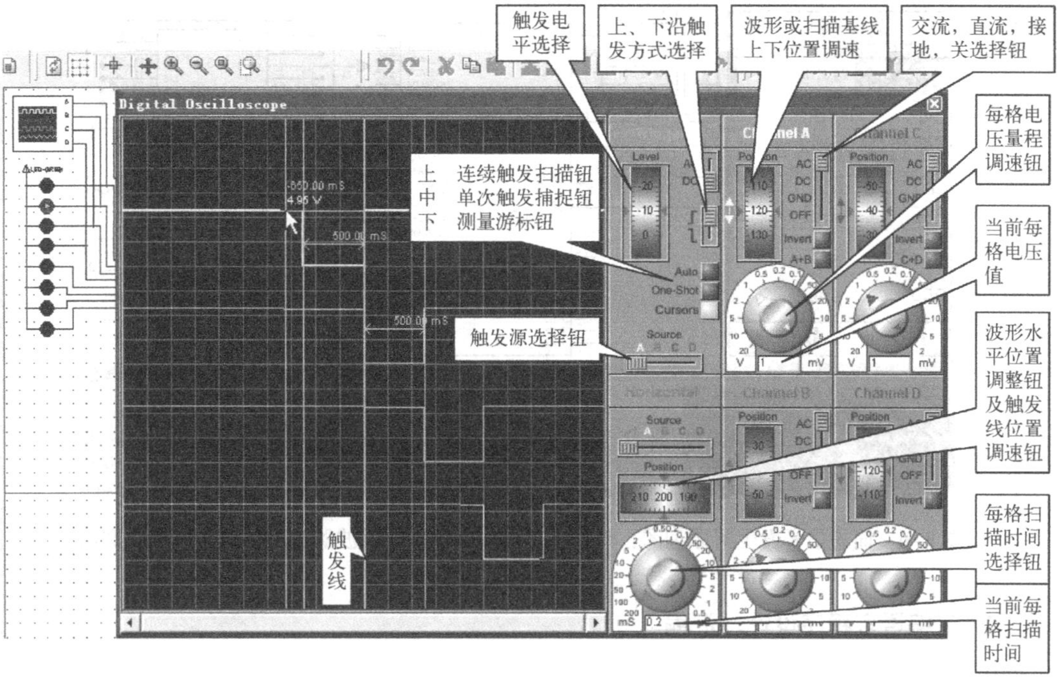

图 8-5　虚拟示波器在使用中

数来粗略测量，可看出它们都约占 2.5 格。从虚拟示波器中看出，当前每格扫描时间为 0.2s。所以亮点持续时间约为 0.2s × 2.5 = 0.5s，即 500ms。并可看出，上一个 LED 灭，相继下一个 LED 就亮。若要进行较精密的测量，则可采用"Cursors"（测量游标钮）测量。单击"Cursors"按钮，钮呈亮粉红色。将鼠标移至示波器显示窗口，出现测量游标。先对准测量起点，按住鼠标移至测量终点再松开，则显示所测时间（水平方位）或所测电压差（垂直方位）。从图 8-5 看出，测出上两个 LED 亮的持续时间都为 500ms。将鼠标移至波形区域中某点，还可直接显示出该点的电压与相对触发线的时间。图 8-5 中测出了 A 信道波形区 LED 灭时的电压（或电平）为 4.95V（鼠标箭头所指），在其上方显示出该点距触发线的时间为-650.00ms。

8.1.2 "简易信号发生器"电路设计和程序设计

1. 电路设计

图 8-6 所示为简易信号发生器电路原理图，左方为元件列表。晶振频率为 6MHz。

从图 8-6 可知，AT89C51 为其控制核心，采用单缓冲方式。图中 LM358N 作电流—电压转换用，其第 1 脚为模拟电压信号输出端。

$V_{OUT} = -(I_{OUT1} * R_{fb}) = -V_{REF}(\text{DIGITAL INPUT})_{10}/256$ 输出电压与参考电压 V_{REF} 及输入的数字量成正比。图中 $V_{REF} = -5\text{V}$，所以输入的数字量从 0 ~ FFH 对应输出的模拟电压值就是从 0 ~ 4.98V。

该电路是在 PROTEUS ISIS 中设计的，取名为 B0812.DSN。晶振频率为 6MHz。

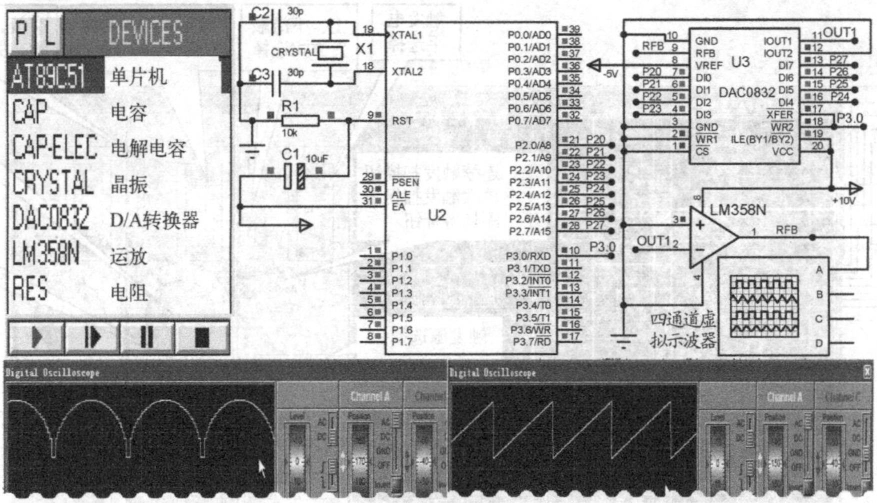

图 8-6　简易信号发生器原理图，元件、仿真片段及虚拟示波器显示的锯齿波及半圆波

2. 汇编语言程序设计、汇编

(1) 程序一

程序功能：产生幅值为 5V、周期约为 3ms 的锯齿波。文件名为 B0812_1. ASM。

```
         ORG    00H
JUCHI:   MOV    A,#00     ;第一个数据
JUCHI1:  SETB   P3.0      ;2μs;
         MOV    P2,A      ;2μs;输出数据到 DA            锯齿波周期为:
         INC A            ;2μs;数据更新,+1              12μs * 256 = 3.072ms
         CLR    P3.0      ;2μs;DAC 寄存器的写选通
         SJMP   JUCHI1    ;4μs;循环
         END              ;结束
```

(2) 程序二

程序功能：产生幅值为 2.5V、周期约为 1ms 的半圆波。文件名为 B0812_ 2. ASM。它是根据事先计算好的半圆十六进制数据，用查表法依次查出数据产生的。可见，用这种方法也可产生其他波形，如正弦波。

```
          ORG     00H
BANYUAN:  MOV     R2,#00        ; 2μs;数据序号起始为 0
          MOV     R1,#40        ; 2μs;数据长度为 40
BANY1:    SETB    P3.0          ; 2μs;
          MOV     DPTR,#TAB     ; 4μs;
          MOV     A,R2          ; 2μs;
          MOVC    A,A + DPTR    ; 4μs; 查表取数
          MOV     P2,A          ; 2μs;输出数据到 DAC
          CLR     P3.0          ; 2μs; DAC 寄存器的写选通
          DJNZ    R1,BANY2      ; 4μs;40 个数未取完,循环取数 ;
          SJMP    BANYUAN       ; 4μs;复位,重新开始          1042μs
BANY:     INC     R2            ; 2μs; 数据序号更新, +1
          SJMP    BANY1         ; 4μs;26μs * 40 - 6 = 1034μs
```

```
TAB2:   DB   0,40,56,67,77,85,91,97,102,107,111;要送出到DA的数据表,共40个数
        DB   114,117,120,122,124,125,127,127,128
        DB   128,127,127,125,124,122,120,117,114
        DB   111,107,102,97,91,85,77,67,56,40,0
        END
```

根据第2章2.6节所述，在PROTEUS ISIS中以文件名B0812_ 1. ASM、B0812_ 2. ASM对上述程序进行设计编辑。汇编生成目标代码文件B0812_ 1. HEX、B0812_ 2. HEX。将它们分别下载（高版本PROTEUS有自动下载功能）到单片机属性对话框（Edit Component）的Progran File栏中，并设置晶振频率为6MHz。

3. C51程序设计、编译

（1）程序一：文件名为B0812_ 1. C

```
//B0812_1.C 信号-锯齿波
#include <reg51.h>
#define uchar unsigned char
sbit DA_WR2 = P3^0;              //DAC寄存器的写选通控制引脚定义
void main()
    {uchar i = 0;
        while(1)
        {DA_WR2 = 1;
         P2 = i ++;              //从P2口传送DA的数据
         DA_WR2 = 0;             //DAC寄存器的写选通
        }
    }
```

（2）程序二：文件名为B0812_2. C

```
//B0812_2.C 信号-半圆
#include <reg51.h>                                   //硬件资源定义头文件
#define uchar unsigned char
sbit DA_WR2 = P3^0;                                  //DAC寄存器的写选通控制引脚定义
uchar tab[ ] = {0,40,56,67,77,85,91,97,102,107,111   //待DA转换的数据表
    ,114,117,120,122,124,125,127,127,128
    ,128,127,127,125,124,122,120,117,114
    ,111,107,102,97,91,85,77,67,56,40,0} ;
//延时函数
void dly()
{   uchar i,j;
    for(i = 0;i < 2;i ++ )
    for(j = 0;j < 2;j ++ )
    {;}
}
//主函数
void main(void)
{ uchar i = 0;
    while(1)                                         //死循环
    {DA_WR2 = 1;
    P2 = tab[i ++ ];                                 //输出数据
```

```
        DA_WR2 = 0;dly();                    //DAC寄存器的写选通,延时
        if(i = =40)                          //判断40个数到否
        i =0;                                //重新开始,计数变量i清0
        }
    }
```

在Keil中以文件名B0812_1. C、B0812_2. C对上述C51语言程序进行设计编辑。分别编译生成目标代码文件B0812_1. HEX、B0812_2. HEX和带调试信息的目标代码文件B0812_1. OMF、B0812_2. OMF。

注：有的接口电路设计，单片机往往将其外设（例DAC 0832、ADC0808/0809）视为片外RAM的一个地址单元，对它们的控制或读写数据可用MOVX指令。可参阅参考文献［3］。

8.1.3 "简易信号发生器"PROTEUS仿真、调试

1. 下载

在PROTEUS ISIS中，将B0812_ 1. HEX、B0812_ 2. HEX分别下载到单片机属性对话框（Edit Component）的Progran File栏中，并设置晶振频率为6MHz。

① 高版本PROTEUS在对汇编语言程序进行汇编时，会自动将生成的HEX文件下载到单片机模型中。

② 虽然使用汇编语言通过PROTEUS生成的HEX文件名和使用C51语言通过Keil编译生成的HEX文件名相同、功能也相同；但具体的代码有所不同。尤其要注意Keil生成的HEX文件开始有清零RAM代码段。

2. 仿真

打开单片机属性设置对话框，在Clock Frequency栏中设定时钟频率为6MHz。

所有操作正确完成后，则可单击仿真工具按钮▶进行仿真。仿真片段也在图8-6中有所显示。

3. 调试

上述各步操作正确完成后，则可单击仿真工具按钮中的按键▶仿真。仿真片段也如图8-6所示。图下方为仿真时该虚拟示波器分别测得的从模拟量输出端输出的半圆波及锯齿波信号图。

若仿真中出现与实际设计要求不一致或不满意的地方，可进入仿真调试状态，进行设置断点等调试，直至满意为止。

实验8-1："简易信号发生器"实际制作、运行、思考

1. 制作

PROTEUS设计、仿真和调试通过后，则可根据图8-6所示的电路原理图，在单片机

课程教学实验板（或面包板、实验 PCB 等）上安装好电路。将目标代码通过编程器固化到单片机中。

若使用 AT89S51/52、STC89C51/52 单片机，则可通过 ISP 下载线将目标代码固化相应单片机中。

2. 运行

将接口电路的“模拟电压输出”端接到示波器的 Y 输入端。调整好示波器上的控制旋钮。分别上电运行后，则在示波器上显示如图 8-6 下方所示的两种波形。

图 8-7 为制作完成的“简易信号发生器”及其运行、测试照片。

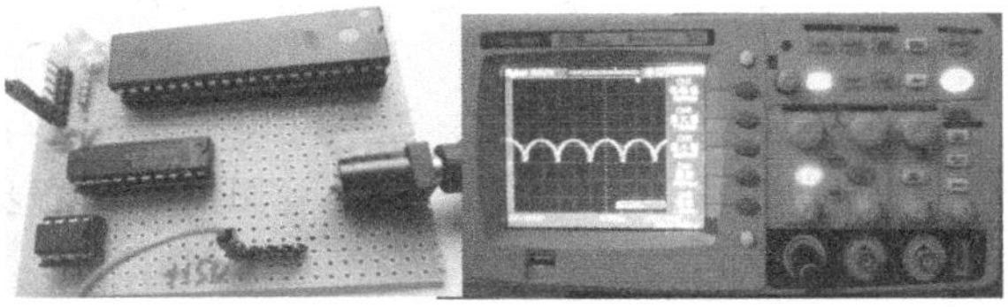

图 8-7　“简易信号发生器”及其运行情况（学生金鑫制作）

3. 思考

若要产生三角波或正弦波，如何设计程序？（设源程序文件名为 3P0812_ 3. ASM）

8.2　AT89C51 控制步进电动机的接口技术

目标：用 AT89C51 控制步进电动机步进正转，每按键一次正转一步。从而掌握“AT89C51 控制步进电动机装置”（简称“控制步进电机装置”）的电路设计、程序设计、仿真与制作技术。

8.2.1　基础知识

1. 步进电动机的种类

步进电动机是一种将电脉冲转化为角位移的执行机构，每给一个有效脉冲就转一个角度，一般用于精确的运动控制，常嵌入于应用系统中。图 8-8 所示的是一种小型步进电动机的外形照片。

常见的步进电动机分为 3 种：永磁式（PM，分为单极性、双极性电动机），反应式（VR）和变磁阻步进电动机（HB，混合式）。

步进电动机按绕在定子上的线圈配置分类可分为 2 相、4 相、5 相等。

本节使用的步进电动机是电磁式、4 相、单极步进电动机；型号为 20BY20H01，用脉冲信号进行驱动与控制。单极步进电动机绕组图如图 8-9 所示。

2. 步进电动机的工作原理

当给电动机适当的脉冲信号（也称励磁信号），电动机各相的通电状态就发生变化，转子会转过一定的角度（称为步进角）。步进电动机转过的总角度和输入的脉冲数成正比，可以通过控制脉冲个数来控制角位移量，从而达到准确定位的目的。电动机的转速与输入脉冲的频率保持严格的对应关系，不受电压波动和负载变化的影响。调整脉冲信号的频率可以改变步进电动机的转速，正转、反转可由脉冲顺序来控制。若步进电动机的步进角为18°，则每来一个励磁脉冲，电动机转动18°，来20个励磁信号，电动机就转动一周。

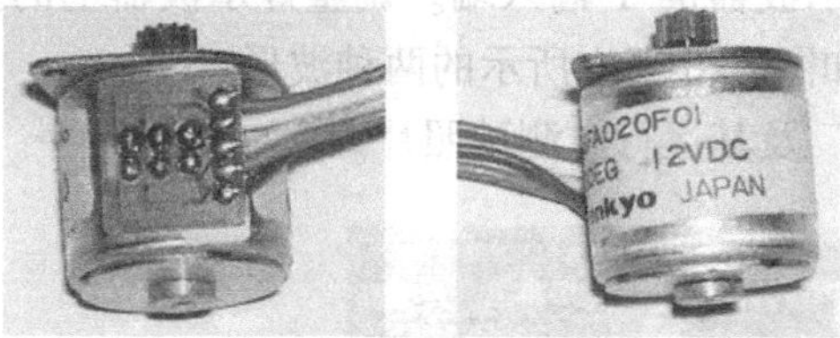

图8-8　步进电动机

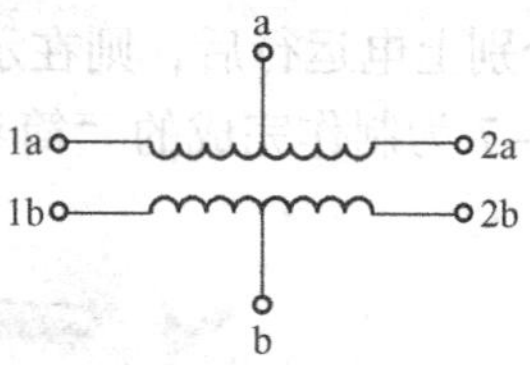

图8-9　单极步进电动机绕组图

3. 步进电动机的励磁方式

步进电动机的励磁方式可分为全部励磁及半步励磁，其中全部励磁又有1相励磁及2相励磁之分，而半步励磁又称1～2相励磁。

（1）1相励磁法

1相励磁法是指在每一瞬间只有一个线圈导通。这种方法消耗的电力小、精确度好，但转矩小、振动较大，每送一个励磁信号可转过一个步进角度。若以1相励磁法控制步进电动机正转，其励磁顺序如表8-1所示。若励磁信号反向传送，则步进电动机反转。

表8-1　1相励磁脉冲

步进数	激励信号状态			
	1a	1b	2a	2b
1	1	0	0	0
2	0	1	0	0
3	0	0	1	0
4	0	0	0	1

（2）2相励磁法

2相励磁法在每一瞬间会有两个线圈同时导通。因2相励磁法转矩大、振动小，故为目前使用最多的励磁方式，每送一个励磁信号可转过一个步进角度。若以2相励磁法控制步进电动机正转，其励磁顺序如表8-2所示。若励磁信号反向传送，则步进电动机反转。

表8-2　2相励磁脉冲

步进数	激励信号状态			
	1a	1b	2a	2b
1	1	1	0	0
2	0	1	1	0
3	0	0	1	1
4	1	0	0	1

（3）1 ~ 2 相励磁法

1 ~ 2 相励磁法为 1 相与 2 相轮流交替导通。因 1 ~ 2 相励磁法分辨率提高，且运转平滑，每送一个励磁信号可走 9°，故也广泛被采用。若以 1 ~ 2 相励磁法控制步进电动机正转，其励磁顺序如表 8-3 所示。若励磁信号反向传送，则步进电动机反转。

表 8-3　1 ~ 2 相励磁脉冲

	激励信号状态			
步进	1a	1b	2a	2b
1	1	0	0	0
2	1	1	0	0
3	0	1	0	0
4	0	1	1	0
5	0	0	1	0
6	0	0	1	1
7	0	0	0	1
8	1	0	0	1

步进电动机的负载转矩与速度成反比，速度越快，负载转矩越小，但速度快至其极限时，步进电动机即不再运转。所以在每走一步后，程序必须延时一段时间，以限制转速。

4. 步进电动机的驱动

一般来说，驱动步进电动机需要较大的驱动电流。AT89C51 单片机的 I/O 口不能直接驱动，所以要加驱动芯片。2003 是较常用的驱动芯片，它的每个引脚的驱动电流可达 50mA。图 8-10 所示为 2003 芯片引脚图及内部逻辑图。

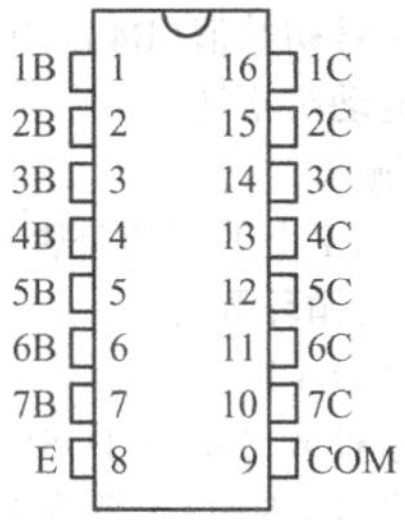

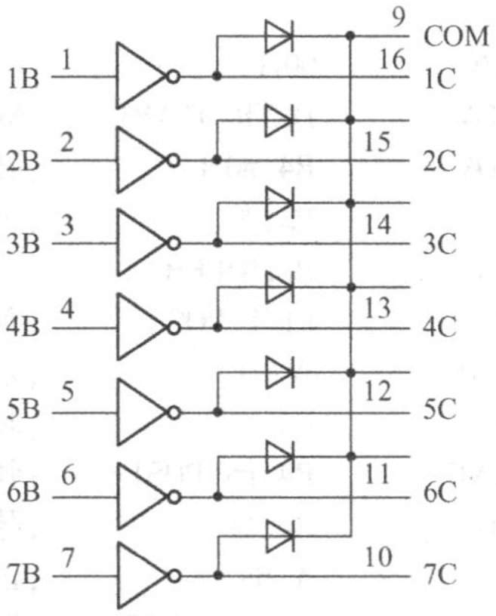

图 8-10　2003 芯片引脚图及内部逻辑图

8.2.2 “控制步进电动机装置”电路设计和程序设计

1. 电路设计

本设计用 AT89C51 控制步进电动机步进正转，每按键一次正转一步。其电路原理图如图8-11所示，左下方为元件列表。图中与P1.1相接的按键FOR用来控制步进运行，单片机P2.0～P2.3经驱动器ULN2003A连接到步进电动机的控制线。

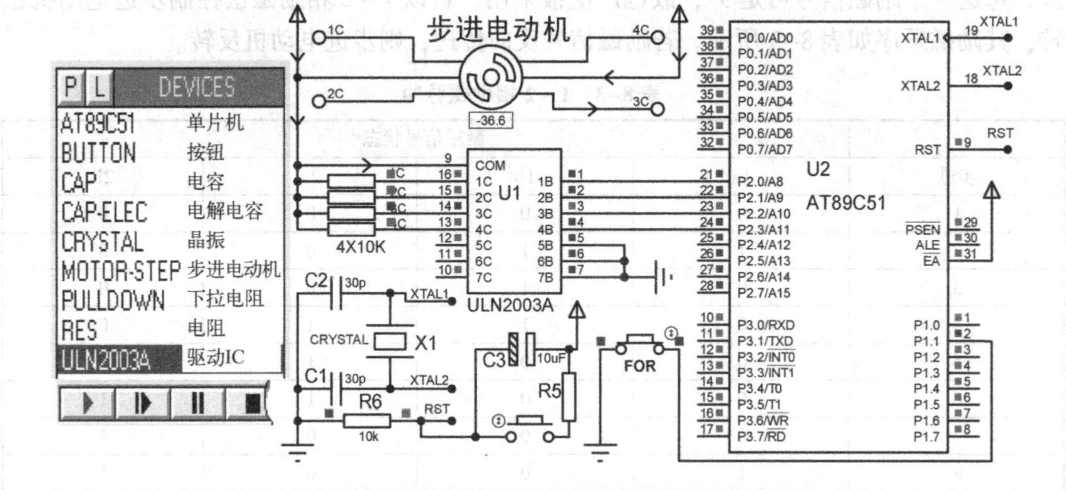

图8-11 单片机控制步进电动机电路原理图及仿真片段

本接口电路通过按键，用1相励磁法实现步进。单片机采用12MHz晶振。单片机I/O口线的P2.0～P2.3端按正向励磁顺序1a→1b→2a→2b→1a输出脉冲，步进电动机正转。每按一次FOR按钮，步进电动机正转一个步进角。该设计是在PROTEUS ISIS下设计的，取名为B0822.DSN。晶振频率为12MHz。

2. 汇编语言程序设计、汇编

程序功能：控制步进电动机正转。每按一次FOR按钮，步进电动机转一个步进角。

```
        ORG     00H
START:  MOV     DPTR,#TAB1      ;取步进电动机控制脉冲表首地址
        MOV     R4,#0H          ;脉冲序号初始值(R4)=0
        MOV     P2,#0           ;步进电动机不转
WAIT:   MOV     P1,#0FFH        ;P1为输入
        JNB     P1.1,POS        ;判断P1.1上的按钮是否按下,按下转POS
        SJMP    WAIT            ;未按下,循环等待
POS:    INC     R4              ;脉冲序号+1
        CJNE    R4,#5,POS1      ;脉冲序号≠15时转POS1
        MOV     R4,#1           ;脉冲序号=5时,重置为1
POS1:   MOV     A,R4            ;正转18°
        MOVC    A,@A+DPTR       ;根据脉冲序号,取脉冲数据
        MOV     P2,A            ;脉冲数据送P2口,控制步进电动机转动
        ACALL   DELAY           ;延时
        AJMP    WAIT            ;循环
DELAY:  MOV     R6,#5           ;延时
DD1:    MOV     R5,#080H        ;256×2×128×5=0.329s
DD2:    MOV     R7,#0
DD3:    DJNZ    R7,DD3
        DJNZ    R5,DD2
        DJNZ    R6,DD1
```

```
        RET
TAB1:   DB      0,1,2,4,8;      ;1 相励磁正转脉冲数据
        END
```

根据第 2 章 2.6 节所述，在 PROTEUS ISIS 中以文件名 B0822.ASM 对上述程序进行设计编辑。汇编生成目标代码文件 B0822.HEX。将它们分别下载（高版本 PROTEUS 有自动下载功能）到单片机属性对话框（Edit Component）的 Progran File 栏中，并设置晶振频率为 12MHz。

3. C51 程序设计、编译

程序功能：控制步进电动机正转。每按一次 FOR 按钮，步进电动机转一个步进角。

```
//B0822.C    步进电动机控制
#include <reg51.h>
#define uchar unsigned char
#include <intrins.h>                    //_nop_();
sbit STP_mot_run = P1^1;                //步进电动机运行控制键的引脚位变量定义
uchar tab[] = {0,1,2,4,8};              //控制时序
//延时函数
void delay()
{   uchar i,j;
    for(i=0;i<255;i++)
        for(j=0;j<255;j++)
            { _nop_();_nop_();}
}
void main(void)
{ uchar i=0;
    P2=0;                               //电动机停
    while(1)                            //死循环
    {   P1=0xff;                        //P1 为输入口
        if(STP_mot_run==0)              //键是否按下
            {  P2=tab[i++];             //P2 口输出控制时序数据
               delay();                 //延时
               if(i==5)
               i=1;                     //4 个时序数据读完,从 1 再开始
            }
    }
}
```

在 Keil 中以文件名 B0822.C 对上述 C51 语言程序进行设计编辑。编译生成目标代码文件 B0822.HEX 和带调试信息的目标代码文件 B0822.OMF。

8.2.3 "控制步进电动机装置" PROTEUS 仿真、调试

1. 下载

在 PROTEUS ISIS 中，将 B0822.HEX 下载到单片机属性对话框（Edit Component）的 Progran File 栏中，并设置晶振频率为 12MHz。但要注意：

① 高版本 PROTEUS 在对汇编语言程序进行汇编时，会自动将生成的 B0822.HEX 文

件下载到单片机模型中。

② 虽然使用汇编语言通过PROTEUS生成的HEX文件名和使用C51语言通过Keil编译生成的HEX文件名相同、功能也相同；但具体的代码有所不同。尤其要注意Keil生成的HEX文件开始有清零RAM代码段。

2. 仿真

打开单片机属性设置对话框，在Clock Frequency栏中设定时钟频率。本例为12MHz。

上述各步操作完成后，则可单击仿真工具按钮中的按键 ▶ 仿真。仿真片段也在图8-11中有所显示。每按一次FOR键，步进电动机转动一步进角，可从单片机控制引脚的色块观察控制信号的电平状态。

步进角可设置。左双击步进电动机，弹出属性设置对话框，在Step Angle栏中填上所需角度（本项目设置为18°），则完成。

3. 调试

进入仿真调试状态，设置断点，观察单片机如何通过励磁脉冲控制步进电动机步进。

实验8-2：“控制步进电动机装置”的实际制作、运行、思考

1. 制作

PROTEUS设计、仿真和调试林成功后，根据图8-11所示的电路原理图，在单片机课程教学实验板（或面包板、实验PCB等）上安装好电路，仔细检查安装是否正确、合理，元件是否选择正确。晶振频率为12MHz。

将已固化目标代码的单片机安装到电路板对应插座上。若使用AT89S51/52、STC89C51/51单片机，则可通过ISP下载线将目标代码固化到相应单片机中。

图8-12 “控制步进电动机装置”及其运行照片（学生朱嘉制作）

2. 运行

上电运行，则可观察到每按键一次，步进电动机正转一个步进角，按20次键，步进电动机转动一周。

图8-12是制作完成的“控制步进电动机装置”及其运行照片。

3. 思考

（1）若要用按键控制步进电动机单步正转、连续正转、停转，如何设计？

（2）若要用按键控制步进电动机单步反转、连续反转、停转，如何设计？

第 9 章　AT89C51 单片机前向通道接口技术

9.1 “简易数字电压表”的设计与制作

目标：通过“简易数字电压表”的设计、仿真、实际制作，掌握单片机与 ADC0808/0809 的（A/D）接口电路设计、程序设计、仿真与制作技术。要求在两位数码管上实时显示 0 ~ 5V 模拟量所对应的数字量。

9.1.1 基础知识

1. 模拟量转换为数字量

在单片机检测和控制系统中，许多被测量、控制量往往是模拟量。这些模拟量经过预处理（放大、I/V 转换等）后，在进入单片机之前必须经过 A/D 转换，变成数字量。

A/D 转换可用专用的 A/D 转换器完成，是单片机应用系统前向通道接口技术中的重要环节。A/D 转换技术的主要内容是合理选择 A/D 转换器及其外围元件、与单片机的正确连接及设计接口程序。A/D 转换器有逐次比较型、双积分型、量化反馈型和并行型等之分；有 8 位、10 位等数据输出之分；还有并行、串行输出之分。

A/D 转换器 ADC0808（ADC0809）是逐次比较型、8 位二进制并行输出。其数据输出符合 8 位单片机（例 AT89C51、AT89S51）数据总线的要求，与单片机接口的兼容性好，具有程序简单、转换精度较高、速度较快等优点，是目前单片机应用系统中应用很广的 A/D 转换器类型之一。

本节以 AT89C51 与 A/D 转换器 ADC0808（ADC0809）（简写为 ADC080808/09）构成的“简易数字电压表”为项目，讲述单片机与 A/D 转换的接口技术。

2. ADC0809（0808）的主要性能指标

ADC0808/09 是同类的逐次比较型 A/D 转换芯片。芯片引脚相同，性能指标基本相同。

① 分辨率为 8 位。

② 最大不可调误差为±1LSB（0808 为±1/2LSB）。LSB（Least Significant Bit）是数字量的最小有效值所表示的模拟量。

③ 单电源 +5V 供电，基准电压由外部提供，典型值为 +5V，此时允许输入模拟电压为 0 ~ 5V，具有锁存控制的 8 路模拟选通开关。

④ 可锁存三态输出，输出电平与 TTL 电平兼容，可直接连接到单片机的数据总线上。

⑤ 功耗为 15mW。

⑥ 转换速度取决于芯片的时钟频率。时钟频率范围为 10 ~ 1280kHz，典型的时钟频

率为640kHz，此时A/D转换的时间最小为90μs，典型值为100μs，最大为116μs。

3. ADC0808（ADC0809）逻辑图与引脚功能

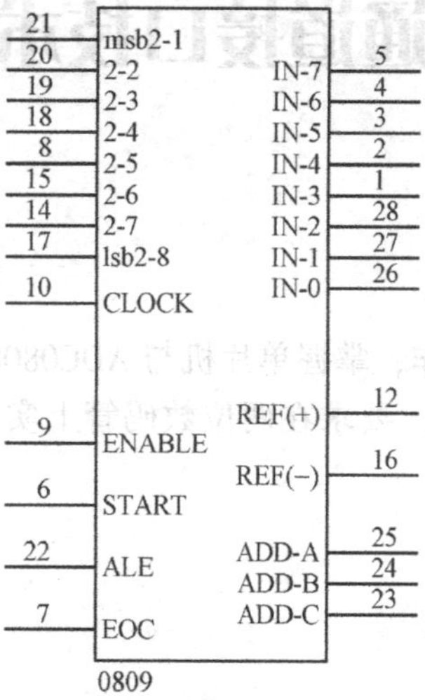

图9-1　ADC0808/09逻辑符号

ADC0808/09的逻辑符号如图9-1所示。

① IN－0～IN－7：8路模拟信号输入端。

② ADD－A、ADD－B、ADD－C：3位地址码输入端。8路模拟信号转换选择由A、B、C决定。C＝0，B＝0，A＝0，则为IN－0 A/D通道；C＝0，B＝0，A＝1，则为IN－1A/D通道；一共有8路A/D通道：IN－0～IN－7。

③ CLOCK：外部时钟输入端。时钟频率越高，A/D转换速度越快。当AT89C51单片机无读/写片外RAM操作时，ALE端信号固定为CPU时钟频率的1/6。此时CLK可直接与ALE相接。

④ msb2－1～lsb2－8：数字量输出端。

⑤ ENABLE（Output Enable）：A/D转换结果输出允许控制端。通常与单片机的$\overline{RD}$端相接，或通过门电路相接。转换结束后，结果存放在输出锁存器中，当单片机对ENABLE发出高电平信号，选通AD芯片内部的三态输出缓冲器将数据取出。

⑥ALE：锁存由A、B、C决定的8路模拟通道地址允许信号。

⑦ START：启动A/D转换信号。当输给START一个正脉冲时，则启动进行A/D转换。

⑧ EOC：A/D转换结束信号。当启动转换后，EOC输出低电平；转换结束后，EOC输出高电平，表示可读取A/D转换结果。此端可作为查询信号，也可取反后，作为请求单片机中断的信号。

⑨ REF（＋）、REF（－）：正负基准电压输入端。基准电压的典型值为＋5V，可与电源电压＋5V相连，但电源电压往往有一定的波动，会影响转换精度。因此在精度要求较高时，可用高稳定度基准电源输入。当模拟信号电压较低时，基准电压可取低于5V的数值。

ADC0808转换精度为±0.2%；ADC0809转换精度为±0.4%。

4. 编写ADC0808/09转换程序的3种方式

（1）中断方式

中断方式是最方便、最及时、效率最高的方式，但必须占用一个外中断资源。该方式的电路设计中应将ADC0808/09的EOC端通过反向器与单片机的P3.2（外中断0）或P3.3（外中断1）相接；程序设计中要启动相应中断。本节简易数字电压表一例未采用此方式。

（2）查询方式

ADC0808/09的EOC端与单片机的任一位I/O端口相连。启动A/D后，不断查询此I/O口，直到EOC变为高电平，转换结束，再读A/D的值。本项目“简易数字电压表”未采用此方式。

（3） 延时方式

不使用 ADC0808/09 的 EOC 端转换结束信号。启动 A/D 后，由程序设计延时一段时间，再读 A/D 的值。延时时间不能小于 A/D 转换器的转换时间。否则 A/D 转换尚未结束，便得到不正确的转换结果。本节简易数字电压表一例采用此方式。

9.1.2　电路设计和程序设计

1. 电路设计

图 9-2 所示的是 AT89C51 与 ADC0808 构成的"简易数字电压表"的接口电路原理图，左方为元件列表。被测电压（≤5V）从 ADC0808 的第 0 道模拟信号端 IN－0 输入（输入通道选择位 ADD－A、ADD－B、ADD－C 三端直接接地），用 AT89C51 的 P2.7 脚控制 ADC0808 的启动。转换结果（十六进制）显示在两个数码管上。晶振频率采用 6 MHz。该设计是在 PROTEUS ISIS 下设计的，取文件名为 B0912. DSN。

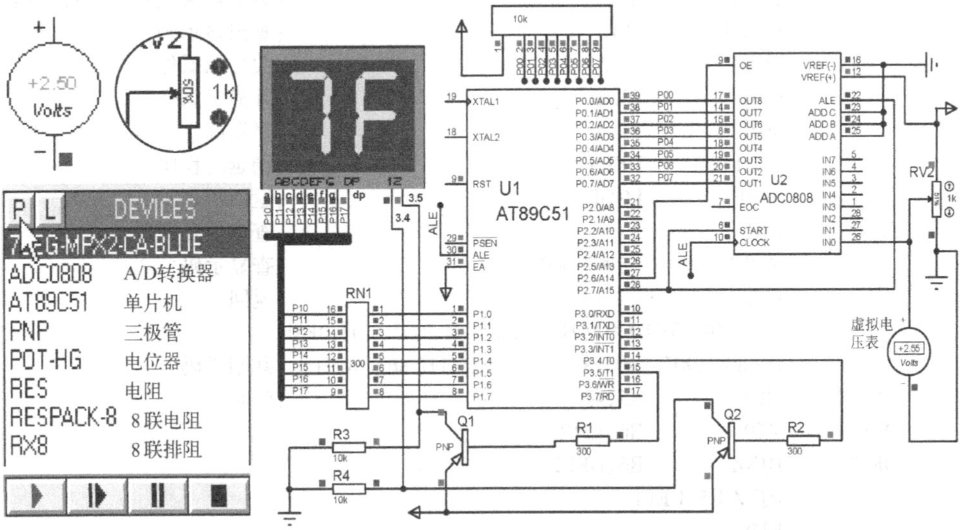

图 9-2　"简易数字电压表"的电路原理图、元件列表及仿真片段

该图的右下部为虚拟电压表。为清楚起见，是将虚拟电压表、电位器的放大截图置于左上方。

2. 汇编语言程序设计、汇编

程序功能：在单片机控制下，令 ADC0808 转换所得的电压数字量（十六进制）显示在两数码管上。本项目程序设计采用延时方式。

```
        ORG     0H
        LJMP    MAIN
        ORG     100H
MAIN:   CLR     P2.7
        CLR     P2.6
LOOP:   SETB    P3.4                    ;关显示
        SETB    P3.5                    ;关显示
```

```
        SETB    P2.7                            ;启动 0809
        CLR     P2.7
        MOV     R6,#18                          ;编程方式为延时
        DJNZ    R6,$                            ;6MHz 延时 72μs
        SETB    P2.6
        MOV     A,P0                            ;读 A/D 转换数
        CLR     P2.6
        MOV     30H,A                           ;暂存 RAM30H 单元
        ANL     A,#0FH                          ;屏蔽高 4 位,显示低 4 位
        LCALL   SEG7                            ;查出显示码
        SETB    P3.4                            ;关显示高位
        CLR     P3.5                            ;开显示低位
        MOV     P1,A                            ;显示低位
        LCALL   DELAY                           ;延时 2ms
        MOV     A,30H                           ;将转换数重新存入累加器
        ANL     A,#0F0H                         ;屏蔽低 4 位,显示高 4 位
        SWAP    A                               ;累加器 A 的高低 4 位互换
        LCALL   SEG7                            ;查出显示码
        SETB    P3.5                            ;关显示低位
        CLR     P3.4                            ;开显示高位
        MOV     P1,A                            ;显示高位
        LCALL   DELAY                           ;调延时程序
        SJMP    LOOP                            ;返回再来
SEG7:   INC     A                               ;查表位置调整
        MOVC    A,@A+PC                         ;查显示码
        RET                                     ;返回
        DB 0C0H,0F9H,0A4H,0B0H,99H,92H,82H,0F8H
        DB 80H,90H,88H,83H,0C6H,0A1H,86H,8EH    ;共阳段码
DELAY   MOV     R5,#2                           ;延时
DEL1:   MOV     R6,#249
DEL2    DJNZ    R6,DEL2
        DJNZ R5,DEL1
        RET
        END
```

根据第2章2.6节所述，在PROTEUS ISIS中以文件名B0912.ASM对上述程序进行设计编辑。汇编生成目标代码文件B0912.HEX。将它下载（高版本PROTEUS有自动下载功能）到单片机属性对话框（Edit Component）的Progran File栏中，并设置晶振频率为6MHz。

3. C51程序设计、编译

程序功能：在单片机控制下，令ADC0808转换所得的电压数字量（十六进制）显示在两数码管上。本项目程序设计采用延时方式。

```
//B0912_1.C  -ad
#include <reg51.h>
#define uchar unsigned char
#include  <intrins.h>                         //_nop_();
//#include  <absacc.h>
```

```
//#define AD0808 XBYTE[0xFEFF]
sbit D_high4 = P3^4;                        //数字量显示的高 4 位控制引脚定义
sbit D_low4 = P3^5;                         //数字量显示的低 4 位控制引脚定义
    sbit AD_star = P2^7;                    //AD 的 star 信号控制引脚定义
    sbit AD_OE = P2^6;                      //AD 的 OE 信号控制引脚定义
//共阳数码管显示码
uchar data tab [ ] = {0xC0,0xF9,0xA4,0xB0,0x99,0x92,0x82,0xF8,0x80,0x90,0x88,0x83,0xC6,
            0xA1,0x86,0x8E};
//延时函数
void delay( )
{   uchar i,j;
    for( i =0;i <3;i ++ )
        for( j =0;j <160;j ++ )
            { _nop_( );}
}
//主函数
void main( void)
{   uchar a,i;
  while(1)                                  //外层死循环
    {AD_star =1;                            //起始信号
        AD_star =0;                         //
        for( i =60;i >0;i -- )              //延时
            {;}
        AD_OE =1;                           //AD 的输出有效
        a = P0;                             //AD 的结果从 P0 口读入到变量 a
        AD_OE =0;                           //AD 的输出关闭
        D_high4 =1;D_low4 =0;               //低 4 位的数据显示
        P1 = tab[ a&0x0f];                  //
        delay( );                           //
        D_low4 =1;                          //低 4 位消隐
        D_high4 =0;                         //高 4 位的位控制端有效
        P1 = tab[_cror_( ( a&0xf0) ,4) ];   //高 4 位的数据显示
        delay( );D_high4 =1;                //延时,高 4 位消隐
    }
}
```

在 Keil 中以文件名 B0912. C 对上述 C51 语言程序进行设计编辑。编译生成目标代码文件 B0912. HEX 和带调试信息的目标代码文件 B0912. OMF。在 PROTEUS ISIS 中，将 B0912. OMF 下载到单片机属性对话框（Edit Component）的 Progran File 栏中，并设置晶振频率为 6MHz。

9.1.3　PROTEUS 仿真、调试

1. 下载

将在 PROTEUS ISIS（或 Keil）中生成的 B0912. HEX 通过单片机属性设置下载到单片机模型中，并根据项目要求设置频率 6MHz。但要注意：

① 高版本 PROTEUS 在对汇编语言程序进行汇编时，会自动将生成的 B0912. HEX 文件下载到单片机模型中。

② 虽然使用汇编语言通过PROTEUS生成的HEX文件名和使用C51语言通过Keil编译生成的HEX文件名相同、功能也相同；但具体的代码有所不同。尤其要注意Keil生成的HEX文件开始有清零RAM代码段。

2. 应用ALE信号的设置、仿真

因要用ALE信号作为ADC的时钟CLOCK信号，故仿真时首先要设置使ALE信号输出有效，在单片机的属性窗口设置 Simulate Program Fetches ▾ Yes 。所有操作正确完成后，则可单击仿真工具按钮进行仿真。仿真片段也如图9-2所示。当缓慢调节电位器改变输入模拟量电压（范围为0～5V）时，两位数显管显示对应变化的十六进制电压值，其范围为00～FFHV。调节电位器电压为2.5V（虚拟电压表示度值），数码管显示为7FH。

3. 调试

进入仿真调试状态，在必要处设置断点，进行仿真调试。观察程序走向、测量延时程序的延时时间等。

实验9-1："简易数字电压表"的实际制作、运行、思考

1. 制作

PROTEUS设计、仿真、调试通过后，根据图9-2所示的电路原理图，在单片机课程教学实验板（或面包板、实验PCB等）上安装好电路，将目标代码通过编程器固化到单片机中。晶振频率为6MHz。

若采用AT89S51/52S可通过ISP下载线将目标代码件固化到相应单片机中。

2. 运行

仔细检查安装好的电路，无误后上电运行。调精密电位器输入不同的模拟电压，则可看到数码管上的显示值随之变化。当输入的电压从0V到5V慢慢上升时（可通过电压表观测），数码管上同步从00H到FFH变化。

图9-3为制作完成的"简易数字电压表"及其运行情况的照片。

图9-3 "简易数字电压表"及其运行情况（学生陈敏杰制作）

3. 思考

单片机应用系统中往往将其外设（如DAC0832、ADC0808/0809）视为片外RAM的一个地址单元，对它们的控制或读写数据可用MOVX指令。可参阅参考文献[3]。你能根据此思想将本节程序修改而实现同样目标吗？

9.2 “控制直流电动机装置”的设计与制作

目标：设计、仿真并制作一款“控制直流电动机装置”，控制直流电动机的转向与转速。要求用串行 ADC0831 通过单片机输出脉宽调制（PWM）信号控制电动机转速。通过该项目掌握单片机控制直流电动机的电路设计、程序设计、仿真与实际制作。

9.2.1 基础知识

1. 直流电动机控制电路

直流电动机应用极广，种类、型号很多。本节只讲 AT89C51 对普通直流电动机进行控制的接口技术，即控制转向、转速。转速由控制输出占空比的 PWM 波调节；而占空比的控制是通过单片机采集 ADC0831 的（A/D）转换结果来实现。ADC0831 是 8 位串行逐次逼近式 A/D 转换器，所以这里既用到前向接口电路，又用到后向接口电路。(思考：哪部分电路属前向接口电路？哪部分电路属后向接口电路？)

图 9-6 右方所示的是一种常用的直流电动机控制电路图。DIR 端控制转向，PWM 端控制转速。

当 DIR 端输入为高电平时，VT4 和 VT2 导通，VT1 和 VT3 关断，此时图中电动机左端为低电平。当 PWM 端输入低电平时，VT6 和 VT8 关断，VT5 和 VT7 导通，电流从 VT5 流向 VT2，电动机正转；这时若 PWM 端输入高电平时，VT6 和 VT8 导通，VT5 和 VT7 关断，没有电流通过电动机。当 DIR 端输入低电平时，VT4 和 VT2 关断，VT3 和 VT1 导通，当 PWM 端为高电平时，VT8 和 VT6 导通，VT5 和 VT7 关断，电流从 VT1 流向 VT6，电动机反转；这时若 PWM 端为低电平，则 VT8 和 VT5 关断，没有电流通过电动机。所以，只要控制 DIR 和 PWM 的电平就可控制直流电动机正转、反转、停转。在 DIR 电平确定（高或低）的情况下，若输入 PWM 端的电控信号是脉冲信号，则还可以通过脉冲信号的占空比控制电动机的转速。

本接口电路将单片机的 P3.2 口、P3.7 口分别接到电动机控制电路的 DIR 端和 PWM 端，通过单片机控制电动机的正转、反转及其转速。

2. 串行 A/D 转换器 ADC0831

本设计采用 8 位串行逐次逼近型 A/D 转换器 ADC0831。ADC0831 采用单 5V 供电，输入电压范围为 0 ~ 5V，其引脚如图 9-4所示。图中，$\overline{CS}$为片选信号输入端，V_{IN}（+）和 V_{IN}（-）为差分输入端，V_{REF}为参考电压输入端，DO 为 A/D 转换数据输出端，CLK 为时钟信号输入端。ADC0831 的工作时序如图 9-5 所示。

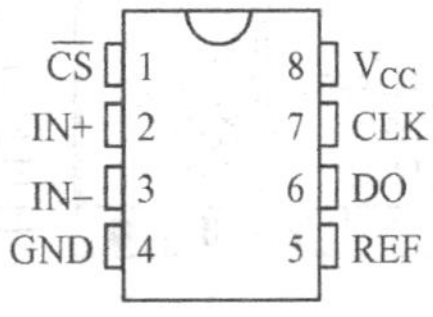

图 9-4　ADC0831 引脚图

ADC0831 的工作过程如下。

首先，将 ADC0831 的时钟线拉低，再将片选端$\overline{CS}$置低，启动 AD 转换。接下来在第一个时钟信号的下降沿到来时，ADC0831 的数据输出端被拉低，准备输出转换数据。从时钟信号的第 2 个下降沿到来时开始，ADC0831 开始输出转换数据，直到第 10 个下降沿

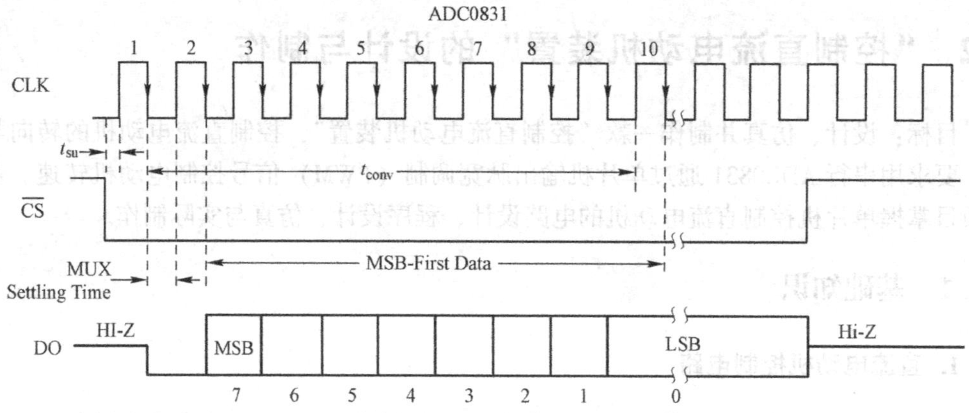

图9-5　ADC0831的工作时序

为止，共8位，输出的顺序为从最高位到最低位。

9.2.2　电路设计和程序设计

1. 电路设计

单片机控制直流电动机装置的原理图如图9-6所示，由图中部的单片机控制电路和图右方的直流电动机控制电路组成，它们通过标号DIR、PWM联系起来。用一个电位器（RV1）调节ADC0831的模拟量输入，最大输入电压及参考电压均为5V。单片机的P3.2口接一个单刀双掷开关SW-SPDT，在程序运行时查询开关所选通的电平，从而决定电动机的旋转方向。调节电位器输出到ADC0831电压，该电压经ADC0831转换为对应的数字量，该数字量经单片机P2.5引脚输进单片机，单片机处理后经其引脚P3.7输出对应占空比的PWM信号，最后由此信号控制电动机转速。本电路晶振频率为12MHz。该电路是在PROTEUS ISIS下设计的，取名为B0922.DSN。

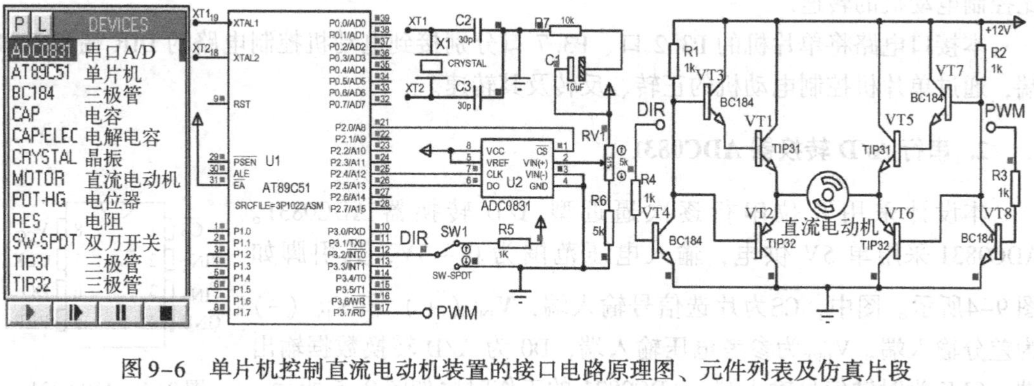

图9-6　单片机控制直流电动机装置的接口电路原理图、元件列表及仿真片段

2. 汇编语言程序设计、汇编

设计功能：实现直流电动机正反转，用编写程序的方法，形成PWM控制信号，从而控制直流电动机的转速。

（1）程序设计流程图

直流电动机控制程序流程如图 9-7 所示。

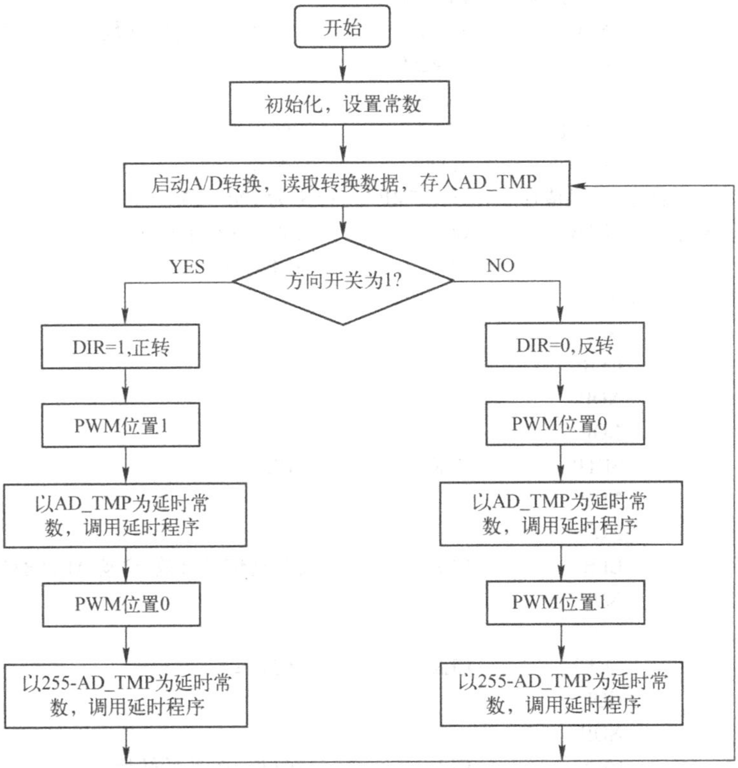

图 9-7　直流电动机控制程序流程图

（2）程序设计

```
;B0922. ASM
CS          BIT         P2. 0           ;ADC0831 各信号位定义
CLK         BIT         P2. 4
DO          BIT         P2. 5
AD_TMP      EQU         30H             ;ADC0831 的 AD 转换结果寄存器
PWM         BIT         P3. 7           ;PWM 输出位
DIR         BIT         P3. 2           ;方向控制位
            ORG         00H
MAIN:       LCALL       AD_CONV         ;调用 ADC0831 的 AD 转换子程序
            SETB        DIR             ;方向控制端为输入
            JB          DIR,POS         ;判断开关状态,开关位为 1,则正转
            AJMP        NEG             ;开关位为 0,则反转
POS:        SETB        PWM             ;正转
            MOV         A,AD_TMP        ;PWM = 1,时间常数为 AD_TMP
            LCALL       DELAY
            CLR         PWM             ;PWM = 0,时间常数为 255 - AD_TM
            MOV         A,#255
            SUBB        A,AD_TMP
            LCALL       DELAY           ;调用延时
            SJMP        MAIN
NEG:        CLR         PWM             ;反转
```

```
            MOV     A,AD_TMP     ;PWM=0,时间常数为AD_TM
            LCALL   DELAY
            SETB    PWM          ;PWM=1,时间常数为255-AD_TM
            MOV     A,#255
            SUBB    A,AD_TMP
            LCALL   DELAY        ;调用延时
            SJMP    MAIN         ;循环
;AD转换子程序,转换值存放在AD_TMP中,范围为128~255
AD_CONV:    SETB    CS           ;0831 AD子程序
            CLR     CLK          ;CLK=0
            NOP
            NOP
            CLR     CS           ;CS=0
            NOP
            NOP
            SETB    CLK          ;CLK=1
            NOP
            NOP
            CLR     CLK          ;片选信号有效,启动ADC0831
            NOP
            NOP
            SETB    CLK          ;CLK=1
            NOP
            NOP
            CLR     CLK          ;CLK=0,开始转换
            NOP
            NOP
            SETB    CLK          ;CLK=1
            NOP
            MOV     R0,#08H
AD_READ:    CLR     CLK          ;下降沿,串行数据移出一位
            MOV     C,DO         ;读取DO端数据
            RLC     A
            SETB    CLK          ;CLK=1
            NOP
            NOP
            DJNZ    R0,AD_READ   ;8位AD结果未读完,继续读
            SETB    CS           ;数据读完,片选置高,结束一次转换
            MOV     AD_TMP,A     ;AD转换结果写入AD_TMP
            RET
;延时子程序
;根据AD转换的结果,确定延时时间,即为1+2×5+256×2×((A)-1))+ 2×(A)+2
DELAY:      MOV     R6,#5        ;1μs
D1:         DJNZ    R6,D1 ;
            DJNZ    ACC,D1       ;5×2+256×2×((A)-1))+2×(A)(μs)
            RET                  ;2μs
            END
```

(3) 汇编

根据第2章2.6节所述，在PROTEUS ISIS中以文件名B0922.ASM对上述程序进行设

计编辑。汇编生成目标代码文件 B0922. HEX。将它下载（高版本 PROTEUS 有自动下载功能）到单片机属性对话框（Edit Component）的 Progran File 栏中，并设置晶振频率为 12MHz。

3. C51 程序设计、编译

```
//B0922. C 直流电动机
#include <reg51. h>                   //硬件资源定义头文件
#define uchar unsigned char
#include  <intrins. h>                //_nop_();
//#include <absacc. h>

sbit CS = P2^0;                       //串行 AD 的片选端 CS 控制引脚位定义
sbit CLK = P2^4;                      //串行 AD 的时钟端 CLK 控制引脚位定义
sbit DO = P2^5;                       //串行 AD 的数据端 DO 控制引脚位定义
sbit PWM = P3^7;                      //PWM 信号输出引脚位定义
sbit DIR = P3^2;                      //方向控制引脚位定义
//延时函数,入口参数,a
void delay(uchar a)
{   uchar i,j;
    for(j =5;j >0;j --);
    for(i =0;i <a;i ++)
          for(j =0;j <255;j ++);
}
//AD 转换函数,出口参数 j
uchar Ad_conv(void)
{   uchar i,j =0;
     CS =1;CLK =0;
     _nop_();_nop_();
     CS =0;                           //CS 有效后,CLK 有两个下降沿后开通 AD 转换
     _nop_();_nop_();
     CLK =1;
     _nop_();_nop_();
     CLK =0;
     _nop_();_nop_();
     CLK =1;
     _nop_();_nop_();
     CLK =0;
     _nop_();_nop_();
     CLK =1;_nop_();
     for(i =0;i <8;i ++)              //8 位 AD,转换后串行读入
     {  CLK =0;
        j< < =1;
        if(DO = =1) j =j|0x01;
        else     j =j&0xfe;
        CLK =1;
        _nop_();_nop_();
     }
     CS =1;                           //ADC 后,数据读完,释放 CS
     return j;                        //返回读入的数据
```

```
}
void main(void)
{  uchar a;                          //变量 a 定义
   while(1)                          //死循环
   {  a = Ad_conv();                 //调用 ADC 函数,结果给 a
      DIR = 1;                       //DIR 脚为输入
      _nop_();_nop_();
      if(DIR = =1)                   //根据 DIR 的值,输出不同的 PWM 信号
      {   PWM = 1;delay(a);
      PWM = 0;delay(255 - a);
      }
      else
      { PWM = 0;delay(a);
      PWM = 1;delay(255 - a);

      }
   }
}
```

在 Keil 中以文件名 B0922. C 对上述 C51 语言程序进行设计编辑。编译生成目标代码文件 B0922. HEX 和带调试信息的目标代码文件 B0922. OMF。在 PROTEUS ISIS 中，将 B0922. OMF 下载到单片机属性对话框（Edit Component）的 Progran File 栏中，并设置晶振频率为 12MHz。

9.2.3 PROTEUS 仿真、调试

1. 下载

将在 PROTEUS（或 Keil）中生成的 B0922. HEX 通过单片机属性设置下载到单片机模型中，并根据项目要求设置频率 12MHz。

① 高版本 PROTEUS 在对汇编语言程序进行汇编时，会自动将生成的 B0922. HEX 文件下载到单片机模型中。

② 虽然使用汇编语言通过 PROTEUS 生成的 HEX 文件名和使用 C51 语言通过 Keil 编译生成的 HEX 文件名相同、功能也相同；但具体的代码有所不同。

2. 仿真

上述各步操作正确完成后，则可单击仿真工具按钮中的按键 ▶ 仿真。仿真片段也如图 9-6 所示。操作 SW1 和调节电位器 RV1，则可观察到电动机的正转、反转及其转速变化情况。

3. 调试

进入仿真调试状态，按必要设置断点，进行程序流程观察、分析。测量根据 A/D 转换的结果确定的延时时间等。

实验 9-2："控制直流电动机装置"的实际制作、运行、思考

1. 制作

PROTEUS 设计与仿真通过后，根据图 9-6 所示的电路原理图，在单片机课程教学实验板（或面包板、实验 PCB 等）上安装好电路，仔细检查电路安装是否正确，确认元件选择是否正确。将已固化目标代码的单片机安装到电路板对应的插座上，连接好电动机。

若单片机为 AT89S51/52、STC89C51/52，则可用 ISP 下载线固化目标代码到相应单片机中。

2. 运行

检查电路无误后，上电运行。操作 SW1 和调节电位器 RV1，观察到电动机的正转、反转及其转速变化情况。可观察到实际运行结果与 PROTEUS 仿真结果的一致。

图 9-8 为制作完成的"控制直流电动机装置"及其运行照片。单片机右下方为控制电机正反转拨动开关，电动机右下方为调节转动速度的电位器。

图 9-8　"控制直流电动机装置"及其运行情况（学生陈伟鹏制作）

3. 思考

试分析程序中如何通过延时时间来确定占空比。

第 10 章　AT89C51 串行通信通道接口技术

10.1 “单片机间串行通信装置”的设计与制作

目标：设计一款 AT89C51 “单片机间串行通信装置”。实现两单片机相互间传递数据。甲发数据给乙，乙将收到的数据加一后再发给甲，两机显示接收到对方的数据。从而熟悉单片机串行通信及通信接口电路的设计、程序设计、仿真与制作。

10.1.1 基础知识

1. 三线制连接方式

AT89C51 单片机有一个串行通信口。单片机的 11 脚（TXD）为发送数据引脚，10 脚（RXD）为接收数据的引脚；容易构成单片机之间和单片机与 PC 间的串行通信系统。

AT89C51 间的串行通信接口的连接方式很方便，只要将它们的串口和地线按下列方式配对接起来便可。

TXD1——RXD2

RXD1——TXD2

GND1——GND2

因连线只有三根线，故称三线制连接方式。

2. 发送、接收寄存器 SBUF

单片机 SBUF 既是发送缓冲寄存器又是接收缓冲寄存器。其地址是 99H，可位寻址。

物理上，发送及接收各有一个 SBUF 缓冲寄存器。当对它执行写 SBUF 指令时，则将数据写入发送缓冲寄存器 SBUF 中发送出去；当执行读 SBUF 指令时，则从接收缓冲寄存器 SBUF 中读取数据。所以，发送、接收数据非常方便。

串行通信口接收到一个字节的数据后，置接收中断标志 RI，通知 CPU 到 SBUF 读取数据。同样，当一个字节的数据写入发送 SBUF 中，便可通过串行通信口将数据发送出去。发送完毕后，置发送中断标志 TI，通知 CPU 数据已发送，可继续发送下一个数据。

3. 串口的工作模式

模式 0：串行数据通过 RXD 进入，TXD 输出时钟。每次发送或接收的数据以 LSB（最低位）为首位，每次 8 位。波特率固定为 MCU 时钟频率的 1/12。

模式 1：TXD 发送，RXD 接收。一帧数据为 10 位，一个起始位（0）、8 个数据位（LSB 在前）及一个停止位（1）。当接收数据时，停止位存于 SCON 的 RB8 内。波特率可变，由定时器 1 溢出率和 SMOD 共同决定。

数据发送由一条写 SBUF 指令开始。串口由硬件自动加入起始位和停止位，构成一个完整的帧格式，然后在移位脉冲的作用下，由 TXD 端串行输出。一个字符帧发送完后，使 TXD 输出线维持在“1”状态下，并将串行控制寄存器 SCON 中的 TI 置 1，通知 CPU 可以发送下一个字节。

接收数据时，REN 处于允许接收状态。在此前提下，串口采样 RXD 端，当采样到从 1 向 0 的状态跳变时，就认定为已接收到起始位。随后在移位脉冲的控制下，把接收到的数据移入接收缓冲器中，直到停止位到来之后，把停止位送入 RB8 中，并置位中断标志位 RI，通知 CPU 从 SBUF 取走接收到的数据。

模式 2：TXD 发送，RXD 接收。一帧数据为 11 位，一个起始位（0）、8 个数据位（LSB 为首位）、一个可编程第 9 位数据及一个停止位（1）。波特率可编程为单片机时钟频率的 1/32（SMOD = 1）或 1/64（SMOD = 0）。

模式 3：TXD 发送，RXD 接收。一帧数据为 11 位，一个起始位（0）、8 个数据位（LSB 为首位）、一个可编程的第 9 位数据及一个停止位（1）。事实上模式 3 除了波特率外均与模式 2 相同，其波特率可变并由定时器 1 溢出率和 SMOD 共同决定。

多机通信：UART 模式 2 及模式 3 有一个专门的应用领域即多机通信。本书不讲这一内容。

4. 串口控制寄存器 SCON

(1) SCON 的位地址

SCON 用于串行数据通信的控制，其地址为 98H，是一个可位寻址的专用寄存器，其中的每个位可单独操作。SCON 寄存器及位地址如表 10-1 所示。

表 10-1 SCON 寄存器及位地址

SM0	SM1	SM2	REN	TB8	RB8	TI	RI
SCON.7	SCON.6	SCON.5	SCON.4	SCON.3	SCON.2	SCON.1	SCON.0
9FH	9EH	9DH	9CH	9BH	9AH	99H	98H

(2) SCON 各位的功能

SM0、SM1：其功能如表 10-2 所示。

表 10-2 SM0、SM1 功能

SM0	SM1	工作方式	功能说明
0	0	0	同步移位寄存器输入/输出，波特率为 $f_{osc}/12$
0	1	1	8 位 UART，波特率可变（2^{SMOD} * 溢出率/32）
1	0	2	9 位 UART，波特率为 $2^{SMOD} * f_{osc}/64$
1	1	3	9 位 UART，波特率可变（2^{SMOD} * 溢出率/32）

SM2：多机通信控制位。

REN：允许接收位。REN = 1，允许接收；REN = 0，禁止接收。它由软件置位、复位。

TB8：方式 2 或方式 3 中要发送的第 9 位数据。可以按需要由软件置位或清 0。

RB8：方式 2 或方式 3 中要接收的第 9 位数据。在模式 1 中，若 SM2 = 0 时，RB8 是已接收的停止位。在模式0中RB8未用。

TI：发送中断标志。在方式0下，发送完第8位数据后，该位由硬件置位。在其他方式下，开始发送停止位时，由硬件置位。因此TI=1，表示一帧数据发送结束。可通过软件查询TI标志位，也可经中断系统请求中断。TI位必须由软件清0。

RI：接收中断标志。在方式0下，接收完第8位数据后，该位由硬件置位。在其他方式下，当收到停止位或第9位时，该位由硬件置位。因此RI=1，表示一帧数据接收结束。可通过软件查询RI标志，也可经中断系统请求中断。RI必须由软件清0。

5. 电源控制寄存器PCON

PCON的地址为87H，其最高位SMOD是串口波特率的倍增位。当SMOD=1时，串口波特率加倍。SMOD=0时，波特率不加倍。

6. 波特率

这里着重讲述工作方式1的波特率。它由定时器/计数器1的计数溢出率和SMOD位决定。

在此应用中，定时器1不能用作中断。定时器1可以工作在定时或计数方式和3种工作模式中任何一个。在最典型应用中，定时器1以定时器方式工作，并处于自动重装载模式（即定时方式2）。设计数初值为COUNT，单片机的机械周期为T，则定时时间为（256－COUNT）×T。从而在1s内发生溢出的次数为（即溢出率）为

$$1/[(256-\text{COUNT})\times T]=f_{osc}/[12\times(256-\text{COUNT})]$$

其波特率为$2^{SMOD}/[32(256-\text{COUNT})\times T]=2^{SMOD}\times f_{osc}/[32\times12\times(256-\text{COUNT})]$

例如：SMOD=0，$T=2\ \mu s$（即6MHz的晶振），COUNT=243=F3H。代入上式可得波特率为1200bps。

可用定时器1的中断实现非常低的波特率，此时定时器1工作在方式1，为16位定时器，在中断中要进行定时初值重装。表10-3列出了几个常用的波特率以及重装值。

表10-3　串口方式1常用的波特率以及重装值

晶振频率 / 波特率（bps）	11.059MHz（重装值）	12MHz（重装值）	SMOD	定时模式
62.5k		FFH	1	2
19.2k	FDH		1	2
9.6k	FDH		0	2
4.8k	FAH		0	2
4.8k		F3H	1	2
2.4k	F4H	F3H	0	2
1.2k	E8H	E6H	0	2
600	D0H	CCH	0	2
300	A0H	98H	0	2
150	40H	30H	0	2
110	72H（6MHz）		0	2
110	FEEBH（12MHz）		0	1

10.1.2　电路设计与程序设计

1. 电路设计

甲机与乙机采用半双工的串行通信方式。

AT89C51 间串行通信接口装置的电路原理图及 PROTEUS 仿真片段如图 10-1 所示（图中未画出复位电路和晶振电路），左下方为其使用元件列表。图中 R8 ~ R15 为上拉电阻，其值 10kΩ 左右。甲、乙机均采用 12MHz 晶振。该电路是在 PROTEUS ISIS 下设计的，取文件名为 B1012. DSN。

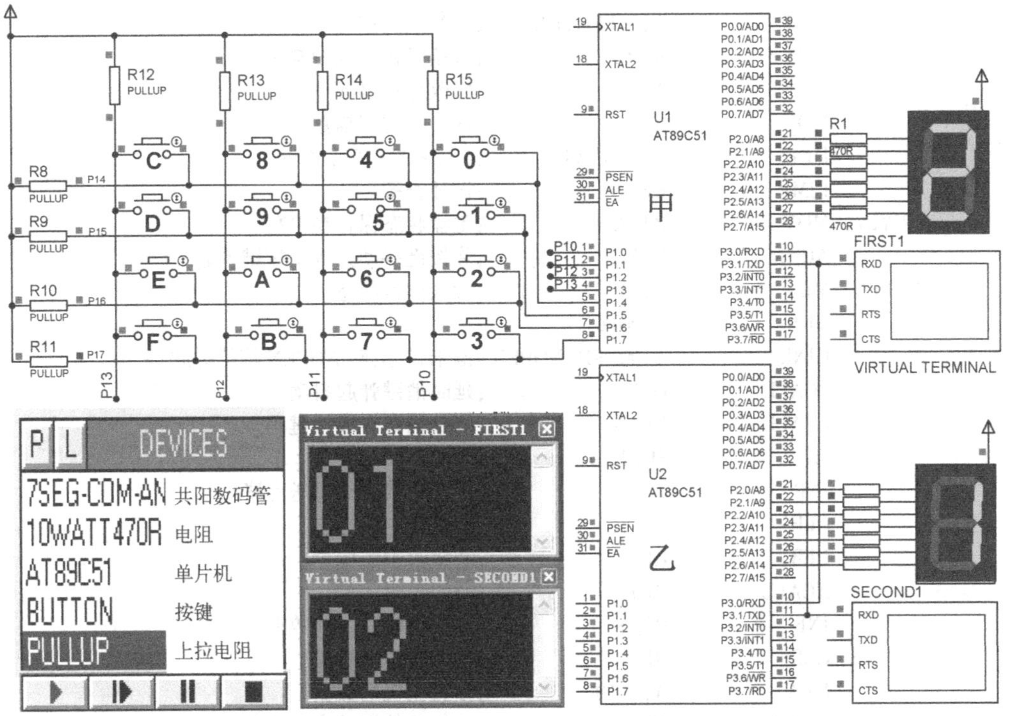

图 10-1　AT89C51 间串行通信接口装置的电路原理图及 PROTEUS 仿真片段

2. 汇编语言程序设计、汇编

程序功能：甲机发送键盘输入的键值（0 ~ F），乙机接收甲机发来的数据并显示；接着乙机将刚接收到的数据加 1 再发送到甲机，甲机显示从乙机发送来的数据。

（1）甲机程序（键盘输入，发送给乙机数据，接收乙机发来数据，显示数据）

```
        ORG     00H
        SJMP    STAR
        ORG     30H
STAR    MOV     SCON,#50H       ;设置串口方式 1,允许接收
        MOV     TMOD,#20H       ;设计定时器 1 工作方式 2
        MOV     PCON,#0H        ;波特率不加倍
        MOV     TH1,#0E6H       ;12MHz 晶体,波特率为 1200bps
        MOV     TL1,#0E6H
```

```
        SETB    TR1             ;启动定时器1
        CLR     ES              ;禁止串口中断
        MOV     SP,#5FH         ;设置堆栈指针
        MOV     P2,#0H          ;数码管显示"8"
        ;P1.0~P1.3为列,P1.4~P1.7为行
KEYS    MOV     R0,#4           ;键盘扫描和数码管显示子程序
        MOV     R1,#11101111B   ;行扫描,从0行开始扫描
        MOV     R2,#11111111B   ;(R2)=0FFH,假设未按键
SNEXT:  MOV     A,R1            ;送出行扫描码
        MOV     P1,A
        MOV     A,P1            ;读键状态
        ORL     A,#0F0H
        CJNE    A,#0FFH,KEYIN   ;判断是否按键
        MOV     A,R1            ;未按键盘继续扫描下一行
        RL      A               ;修改行扫描数
        MOV     R1,A            ;保存行键扫描数
        DJNZ    R0,SNEXT        ;4行未扫描完,循环
        LJMP    KEYS            ;循环查键
KEYIN:  MOV     R2,A            ;键盘状态保存在R2
        ACALL   DLY             ;除按键抖动并等待按键弹起
NOPEN:  MOV     A,P1            ;读入键盘状态,
        ORL     A,#0F0H
        CJNE    A,#0FFH,NOPEN   ;键未弹起,转NOPEN等待弹起
        LCALL   DLY             ;延时消键弹起抖动
        LCALL   KEYV            ;将扫描码转成按键码
        MOV     SBUF,A          ;发送
        JNB     TI, $           ;等待一帧数据发送完毕
        CLR     TI              ;清发送中断标志
        CLR     RI              ;清接收中断标志
        ACALL   DLY             ;调用延时
        JNB     RI, $           ;等待接收完一帧数据
        CLR     RI              ;清接收中断标志
        MOV     A,SBUF          ;接收乙机的数据
        LCALL   SEG7            ;乙机的数据转成显示码
        CPL A                   ;取反为共阳段码
        MOV     P2,A            ;显示按键值
        LJMP    KEYS            ;重新扫描按键
DLY     MOV     R7,#30          ;延时15ms(12MHz晶振时)
        MOV     R6,#0
S1      DJNZ    R6, $
        DJNZ    R7,S1
        RET                     ;延时子程序返回
        ;求键值子程序KEYV P1.0~P1.3为列,P1.4~P1.7为行
KEYV:   MOV     B,#0            ;(B)=按键码,预设为0
        MOV     A,R2            ;判断目前是哪一列
C1      RRC     A
        JNC     C2              ;按键在当前列,转C2
        INC     B               ;按键不在本列,(B)+4,因为每一列按键码相差4
        INC     B
        INC     B
```

```
        INC     B
        LJMP    C1              ;返回继续判断按键在哪一列
C2      MOV     A,R1            ;(A)=(R1),行扫描码
        RR      A               ;右移 4 位,将高 4 位移到低 4 位,以便后继的判断
        RR      A
        RR      A
        RR      A
C3      RRC     A               ;判断哪一行被按下
        JNC     C4              ;在当前行,转 C4
        INC     B               ;非当前行,键值 +1(每一行每个按键差 1)
        LJMP    C3
C4      MOV     A,B             ;(A)=(B)按键码给 A
        RET                     ;键值判断子程序返回
SEG7:   INC     A               ;将键值转换为共阴显示码
        MOVC    A,@A+PC
        RET
        DB      03FH,06H,5BH,4FH,66H,6DH,7DH,07H  ;共阴数码管显示码 0~7
        DB      7FH,6FH,77H,7CH,39H,5EH,79H,71H,03FH ;共阴数码管显示码 8~
F,0
        END                     ;程序结束
```

根据第 2 章 2.6 节所述，在 PROTEUS ISIS 中以文件名 B1012_ 1. ASM 对上述程序进行设计编辑。汇编生成目标代码文件 B1012_1. HEX，将它下载（高版本 PROTEUS 有自动下载功能）到单片机属性对话框（Edit Component）的 Progran File 栏中，并设置晶振频率为 12MHz。

（2）乙机程序（接收甲机发来的数据并显示在数码管上，加 1 后再发送到甲机）

```
        ORG     00H
        SJMP    STAR
        ORG     23H
        LJMP    LOOP            ;通信中断服务程序入口
        ORG     30H
STAR    MOV     R7,#50H
        MOV     SP,#5FH         ;设置堆栈指针
        MOV     P2,#0H          ;开始,显示"8"
        MOV     SCON,#50H       ;设置串口方式,REN=1 允许接收
        MOV     TMOD,#20H       ;定时器 1 方式 2
        MOV     PCON,#0H        ;波特率不加倍
        MOV     TL1,#0E6H       ;2MHz 晶体,波特率为 1200bps 时的定时器重装值

        MOV     TH1,#0E6H
        SETB    TR1             ;启动定时器 1
        SETB    EA              ;中断总允许
        SETB    ES              ;开串行中断
        SJMP    $
LOOP    LCALL   S_R
        LCALL   S_T
        RETI
S_T     CLR     TI              ;清发送中断标志
        MOV     SBUF,10H
        JNB     TI, $
```

```
        CLR     TI
        RET
S_R     JNB     RI,$                    ;等待接收完一帧数据
        CLR     RI                      ;清接收中断标志
        MOV     A,SBUF                  ;接收数据
        MOV     10H,A
        INC     10H                     ;将接收到的数据加1后再回发到甲机
        ACALL   SEG7                    ;调显示子程序
        CPL     A
        MOV     P2,A
        RET
SEG7    INC     A
        MOVC    A,@A+PC
        RET
        DB      03FH,06H,5BH,4FH,66H,6DH,7DH,07H    ;共阴数码管显示码0~7
        DB      7FH,6FH,77H,7CH,39H,5EH,79H,71H     ;共阴数码管显示码8~F
        END                             ;程序结束
```

根据第2章2.6节所述，在PROTEUS ISIS中以文件名B1012_2.ASM对上述程序进行设计编辑。汇编生成目标代码文件B1012_2.HEX。

3. C51程序设计、编译

程序功能：甲机发送键盘输入的键值（0~F），乙机接收甲机发来的数据并显示；接着乙机将刚接收到的数据加1再发送到甲机，甲机显示从乙机发送来的数据。

（1）甲机程序（键盘输入，发送给乙机数据，接收乙机发来数据，显示数据）

```
//B1012_1.C
#include <reg51.h>
#define uchar unsigned char
#include <intrins.h>
//反转读键法下各键的数据
uchar data tab[] = {0x11,0x21,0x41,
0x81,0x12,0x22,0x42,0x82,0x14,0x24,
0x44,0x84,0x18,0x28,0x48,0x88,};
//共阳数码管的显示码数组
data tabv[] = {0xC0,0xF9,0xA4,
0xB0,0x99,0x92,0x82,0xF8,0x80,0x90,
0x88,0x83,0xC6,0xA1,0x86,0x8E,0xC0};
void delay()
{   uchar i,j;
    for(i=0;i<20;i++)
        for(j=0;j<250;j++)
            {_nop_();}
}
//读键函数
uchar key(void)
{   uchar i,j,k;
 keyscan:
   do
      {  P1=0x0f;
         i=P1;
         i=(~i)&0x0f;
      }
   while(i==0);
         P1=0xf0;       j=P1;
         j=(~j)&0xf0;
      if(j==0)   goto keyscan;
      delay();
      do
         {k=P1;}
      while((~k)&0xf0);
         delay();
         i=i|j;
         k=0;
         while(tab[k++]!=i);
         P2=tabv[--k];
         return k;
}
//主函数
void main(void)
{   uchar a;
    SCON=0X50;
```

```
    TMOD = 0X20;
    PCON = 0;
    TH1 = 0XE6;
    TL1 = 0XE6;
    TR1 = 1;
    ES = 0;
    P2 = 0XFF;
    TI = 0;
    RI = 0;
    while(1)
    {   a = key();
        SBUF = a;
        while(TI = =0){;}
        TI = 0;
        RI = 0;
        delay();
        while(RI = =0) ;
        RI = 0;
        a = SBUF;
        P2 = tabv[a];
    }
}
```

(2) 乙机程序（接收甲机发来的数据并显示在数码管上，加 1 后再发送到甲机）

```
//B1012_2.C
#include <reg51.h>
#include <intrins.h>
#define uchar unsigned char
//共阳数码管的显示码数组
uchar code tabv[] = {0xC0,0xF9,0xA4,
0xB0,0x99,0x92,0x82,0xF8,0x80,0x90,
0x88,0x83,0xC6,0xA1,0x86,0x8E,0xC0};
//接收数据函数,入口参数,无;出口参数 a
uchar S_Rec(void)
{uchar a;
    while(RI = =0);
    RI = 0;
    a = SBUF;
    //接收的数据显示在 P2 口,a ++
    P2 = tabv[a ++];
    return a;          //返回 a
}
// 发送数据函数,入口参数 a
void S_T(uchar a)
{TI = 0;
    SBUF = a;
    while(! TI);
    TI = 0;
}
//串口中断函数
void S_F() interrupt 4
{S_T(S_Rec());}      //发送接收到的数据

void main(void)
{ SCON = 0X50;
    TMOD = 0X20;
    PCON = 0;
    TH1 = 0XE6;
    TL1 = 0XE6;
    TR1 = 1;EA = 1;
    ES = 1;P2 = 0XFF;
    for(;;);          //死循环
}
```

在 Keil 中以文件名 B1012_1.C、B1012_2.C 分别对上述 C51 语言程序进行设计编辑。分别编译生成目标代码文件 B1012_1.HEX、B1012_2.HEX 和带调试信息的目标代码文件 B1012_1.OMF、B1012_2.OMF。在 PROTEUS ISIS 中，分别将 B1012_1.OMF、B1012_2.OMF 下载到单片机甲、乙的属性对话框（Edit Component）的 Progran File 栏中，并设置晶振频率为 12MHz。

10.1.3　PROTEUS 仿真、调试

1. 下载

将在 PROTEUS（或 Keil）中生成的 B1012_1.HEX 通过甲单片机属性设置下载到甲单片机模型中；生成的 B1012_2.HEX 通过乙单片机属性设置下载到乙单片机模型中。根据项目要求甲、乙单片机属性设置设甲、乙单片机晶振置频率频率均为 12MHz。

2. 仿真

分别打开甲、乙单片机属性设置对话框，在 Clock Frequency 栏中设定时钟频率，均为 12MHz。PROTEUS 仿真时，可以不画上时钟电路和复位电路；实际安装时必须安装上。

所有操作正确完成后，则可单击仿真工具按钮 ▶ 进行仿真（甲、乙两单片机同时仿真）。当按键为“1”时，甲机接收后发射给乙单片机并送数码管显示。乙单片机接收后加一再发射给甲机并送在数码管显示。仿真片段也如图 10-1 所示。

3. 调试

为显示 AT89C51 间通信的情况，该仿真还使用了 PROTEUS 虚拟仪器“虚拟终端”。

单击 ISIS 的工具按钮，在对象选择器中选择“VIRTTUAL TERMINAL（虚拟终端）”，将它放置（方法类同放置元件）到编辑区期望位置，再连线，如图 10-1 中两数码管下方所示。双击虚拟终端打开其属性设置对话框，如图 10-2 上方所示，设置波特率为 1200bps。为方便识别两个虚拟终端，可在最上面的元件编号栏写上编号，如 Component Reference: FIRST1 。详细参阅参考文献［3］。

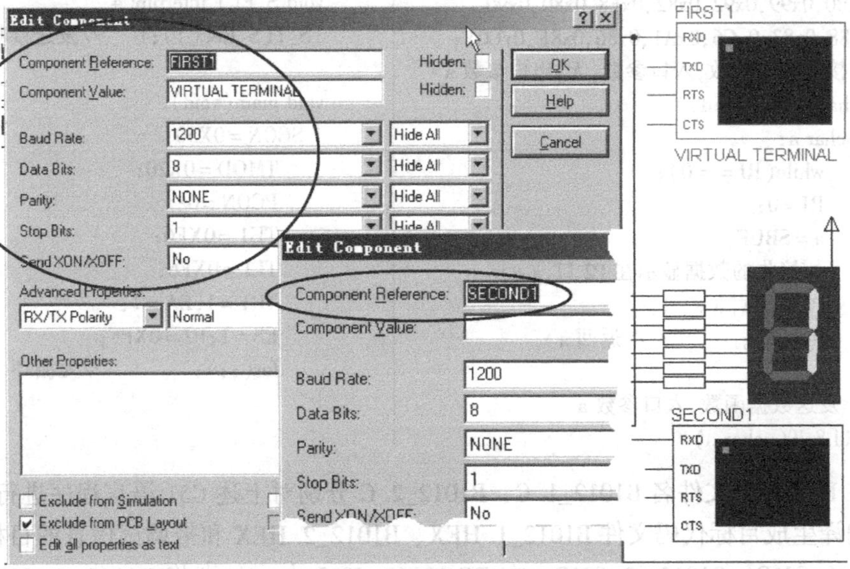

图 10-2　VIRTTUAL TERMINAL（虚拟终端）设置

仿真中两相应虚拟终端弹出如图 10-1 中下部所示的两个图表。上表表示甲 AT89C51 发送的键值 1；下表表示乙 AT89C51 将此值加 1 后回发给甲 AT89C51 的数据 2。

实验 10-1：“单片机间串行通信装置”的实际制作、运行、思考

1. 制作

根据图 10-1 所示的电路原理图，在单片机课程教学实验板（或面包板、实验 PCB 等）上安装好电路，仔细检查安装是否正确，元件是否选对，要按要求安装上复位电路和晶振电路。

将已固化目标代码的两个 AT89C51 安装到电路板的对应插座上，晶振均为 12MHz。

若单片机为 AT89S51/52、STC89C51/52，则可用 ISP 下载线固化目标代码到相应的单片机中。

2. 运行

图 10-3 为"AT89C51 间通信接口装置"及其运行照片。右下方为 16 个输入键盘（0、1、2、…E、F）。当按 7 并输送到甲机时，甲机（左）先控制左方数码管显示"7"，再甲机加一后转送给乙机，乙机控制右方数码管显"8"。

图 10-3　"AT89C51 间通信接口装置"及其运行照片（学生诸成成制作）

两机的显示随甲机按键改变而改变。甲机采用查询（查询 TI 的电平）方式，乙机采用中断方式。

3. 思考

（1）本程序设置波特率为 1200bps。若设置波特率为 2400bps，可采用几种方法？如何实现？

（2）程序中多处使用指令"CLR TI"、"CLR RI"，不使用它们行吗？为什么？

10.2　"AT89C51 与 PC 间通信装置"的设计与制作

目标：设计一款"AT89C51 与 PC 间通信装置"，实现单片机与 PC 间的通信。用 VB 设计 PC 端界面和程序。PC 发送（"5"、"A"、…）给通信接口装置，装置接收后将其 ASCII 码（35H、41H、…）送数码管显示并将数加 1 回送给 PC，PC 接收后将其（"6"、"B"、…）显示在 PC 的 VB 通信界面下方框中。从而熟悉单片机接收、发送数据的通信接口设计、程序设计、仿真和实际制作，同时了解 PC 机与单片机通信的 VB 程序设计。

10.2.1　基础知识

1. AT89C51 与 PC 通信的意义

AT89C51 的控制功能强，但运算能力较差，存放数据的 RAM 也有限。所以，对数据进行较复杂的处理时，往往要借助PC计算机系统。因此，AT89C51与PC间通信的接口技术是重要的实用技术，是实现信息相互传送、相互控制的通信通道接口技术。

2. RS－232C总线标准

在实现PC计算机与单片机之间的串行通信中，RS－232C是由美国电子工业协会（EIA）公布的应用最广的串行通信标准总线，适用于短距离或带调制解调器的通信场合。后来公布的RS－422、RS－423和RS－485串行总线接口标准在传输速率和通信距离上有了很大的提高。

RS－232C的逻辑电平与CMOS电平、单片机信号电平TTL完全不同。其逻辑0电平为+5～+15V，逻辑1电平为－5～－15V。所以采用RS－232C标准时，必须进行信号电平转换。MC1489、MC1488、MAX232和ICL232是常用的电平转换芯片。本节采用MAX232芯片。

3. MAX 232（或ICL232）

MAX232内部结构如图10-4所示。应用中的电容配置如表10-4所示。

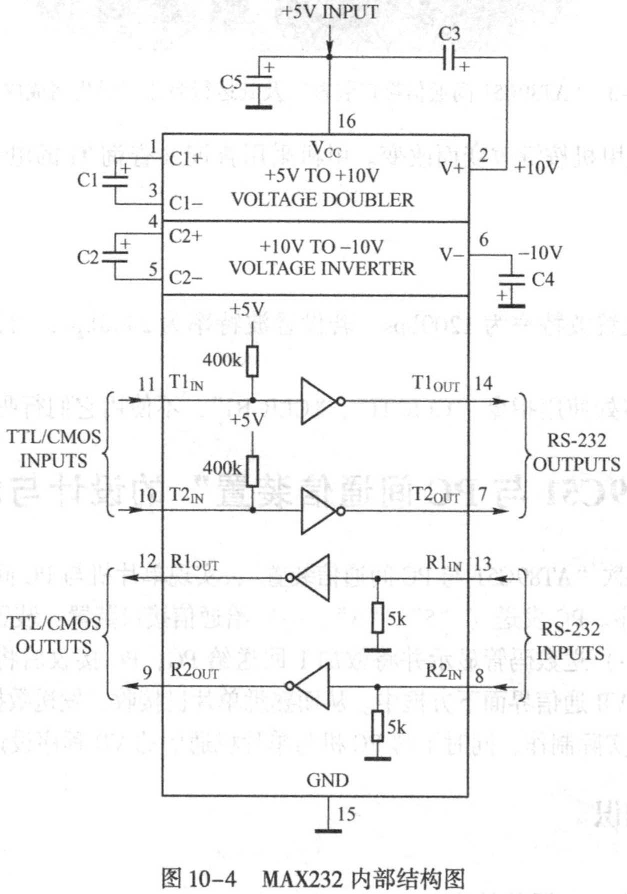

图10-4 MAX232内部结构图

MAX232内部有电压倍增电路和电压转换电路，4个反相器，只需+5V的单一电源，便能实现TTL/CMOS电平与RS－232电平转换。

表 10-4　MAX232 电容配置表

	电容（μF）				
元器件	C1	C2	C3	C4	C5
MAX220	4.7	4.7	10	10	4.7
MAX232	1.0	1.0	1.0	1.0	1.0
MAX232A	0.1	0.1	0.1	0.1	0.1

4. RS－232C 标准信号定义

RS－232C 标准规定设备间使用带 D 型 25 针连接器的电缆通信，一般都使用 9 针 D 型连接器。在计算机串行通信中，RS－232C 连接器的主要信号如表 10-5 所示。

表 10-5　RS－232C 连接器的主要信号

信　号	符号	25 芯连接器引脚号	9 芯连接器引脚号
请求发送	RTS	4	7
清除发送	CTS	5	8
数据设置准备	DSR	6	6
数据载波探测	DCD	8	1
数据终端准备	DTR	20	4
发送数据	TXD	2	3
接收数据	RXD	3	2
接地	GND	7	5

还需注意：

① 电压型负逻辑总线标准。

② 标准数据传送速率有 50bps、75bps、110bps、300bps、600bps、1200bps、2400bps、4800bps、9600bps、19200bps。

③ 传输电压高，传输速率最高为 19.2kbp/s。在不增加其他设备的情况下，电缆长度最大为 15m，不适于接口两边设备间要求绝缘的情况。

10.2.2　电路设计和程序设计

1. 电路设计

（1）单片机与计算机通信

PC 通过用 VB（或 VC）设计的界面向串口发送数据，再由单片机接收。单片机的控制程序用汇编语言完成。晶振为 11.059MHz，波特率为 9600bps。

图 10-5 是单片机与计算机通过 VB 界面通信的示意图。

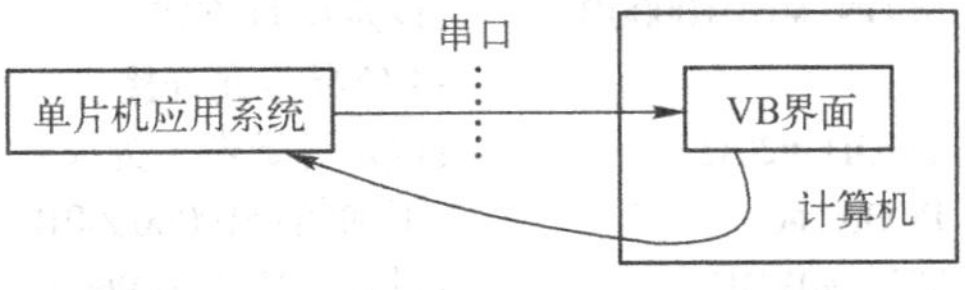

图 10-5　单片机与计算机通信示意图

（2）AT89C51与PC间的通信接口电路原理图

图10-6所示为AT89C51与PC间通信接口装置原理图、PC通信界面及仿真片断。图的左上方为元件列表，使用时要通过通信电缆与PC串行通信口1（COM1）接好。该电路对MCS-51系列及其兼容机也适用。该图中P1为串口模型（COMPIM），是电路元件。图中RECEIVE和SEND是PROTEUS仿真调试中的虚拟终端（虚拟仪器），不是电路设计中的元件。左下方为PC通信界面。该图是在PROTEUS ISIS下设计的，取文件名为B1022.DSN。图10-6中未设计上芯片MAX232（作用为电平转换），这对PROTEUS仿真无影响。但实际制作时必须安装上该芯片。

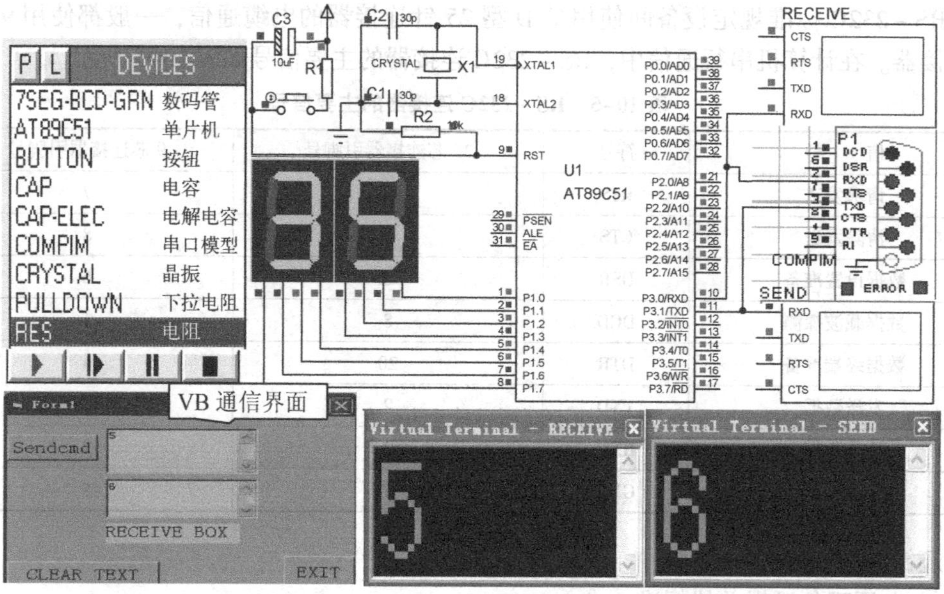

图10-6　AT89C51与PC间通信接口装置原理图、PC通信界面及仿真片段

2. 程序设计

程序功能：用VB语言设计PC与单片机通信程序，包括人机交流的界面和数据的发送、接收。AT89C51中的通信程序用汇编语言设计；使用晶振频率为11.059MHz，波特率为9600bps。PC先发，AT89C51接收，接收后将接收数以ASCII码的形式显示在数码管上，并将数加1后回送到PC并显示在PC通信界面的接收框中。

1）单片机接收、发送数据的汇编语言程序

```
        ORG     0
        SJMP    STAR
        ORG     30H
STAR:   MOV     SP,#60H
        MOV     SCON,#01010000B     ;设定串行方式：
                                    ;8位异步允许接收
        MOV     TMOD,#20H           ;设定计数器1为模式2
        ORL     PCON,#0             ;不加倍;#10000000B
        MOV     TH1,#0FDH           ;设定波特率为9600
        MOV     TL1,#0FDH
```

```
        SETB    TR1             ;计数器 1 开始计时
LOOP:   JNB     RI, $           ;等待接收完成
        MOV     A,SBUF          ;接收数据送缓冲区
        MOV     P1,A
        CLR     RI
        INC     A               ;将接收数加 1
        MOV     SBUF,A          ;发送收到的数据
        JNB     TI, $           ;等待发送完成
        CLR     TI              ;清发送标志
        SJMP    LOOP
        END
```

按第 2 章 2.6 节所述，在 PROTEUS ISIS 中单击菜单选项“Source（源程序）”，进行添加程序文件、编写程序、汇编程序生成目标代码等操作。程序名取为 B1022. ASM，汇编生成目标代码文件 B1022. HEX。

2）单片机接收、发送数据的 C51 语言程序

```
//B1022. C      单片机与 PC 机间的通信
#include < reg51. h >
#define uchar unsigned char
#include < intrins. h >              //_nop_()所在的库函数头文件
void main(void)
{       uchar tmp;                  //变量定义
        SCON =0X50;                 //串口设置,8 位异步允许接收
        TMOD =0X20;                 //T1 定时,方式 2
        PCON =0;                    //波特率不加倍
        TH1 =0Xfd;                  //11.0592Mhz,9600
        TL1 =0Xfd;
        TR1 =1;                     //启动 T1
        TI =0;                      //清收、发标志
        RI =0;
        while(1)                    //死循环
        {   _nop_();_nop_();
            while(RI ==0)    ;      //等待接收
            RI =0;                  //接收到,先清接收标志
            tmp = SBUF;             //接收数据保存在变量 tmp 中
            P1 = tmp;               //接收到的数据送 P1 口显示
            tmp = tmp +1;
            SBUF = tmp;             //接收到的数据 +1 后再发送
            while(TI ==0)
                {;}                 //等待发送完毕
            TI =0;                  //发送完,清发送标志
        }
}
```

3）PC 通信界面及发射、接收程序设计（VB 代码）

（1）PC 通信 VB 界面设计

如图 10-6 左下方为 PC 的 VB 通信界面设计，VB 设计的界面上有：

发送按钮：Sendcmd

清除按钮：CLEAR TEXT
发送文本框：Text1
接收文本框：Text2
退出按钮：EXIT
通信控件：MScomm1
(2) VB 程序设计
PC 中 VB 通信程序设计如图 10-7 所示。

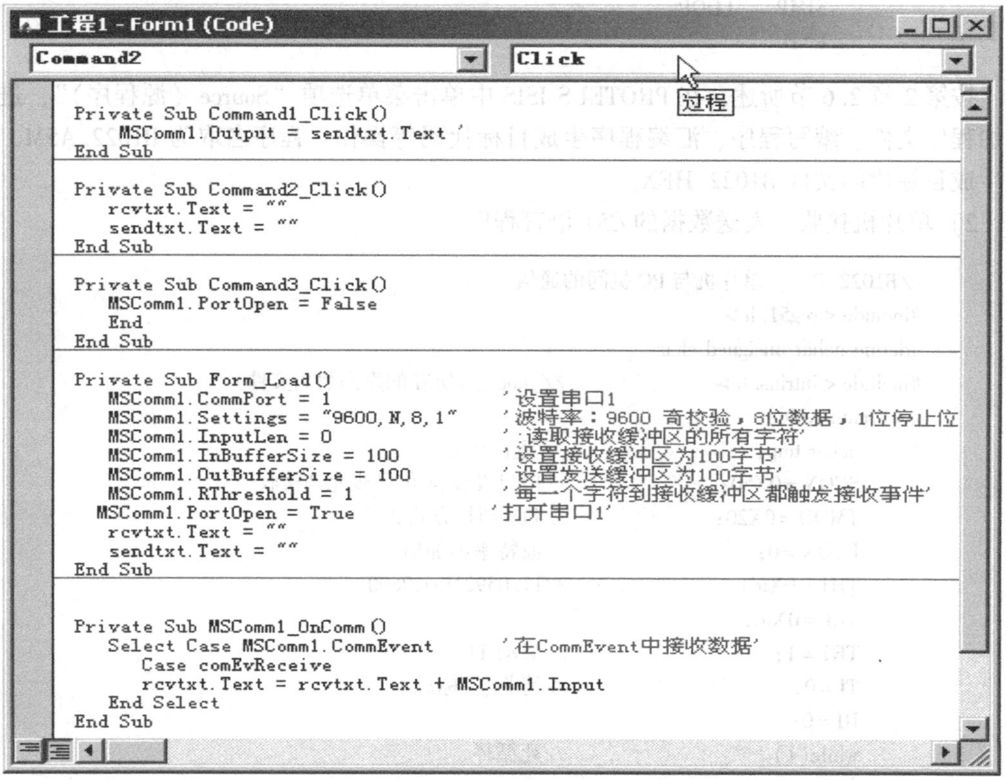

```
Private Sub Command1_Click()
    MSComm1.Output = sendtxt.Text '
End Sub

Private Sub Command2_Click()
   rcvtxt.Text = ""
   sendtxt.Text = ""
End Sub

Private Sub Command3_Click()
   MSComm1.PortOpen = False
   End
End Sub

Private Sub Form_Load()
   MSComm1.CommPort = 1                       '设置串口1
   MSComm1.Settings = "9600,N,8,1"            '波特率：9600 奇校验，8位数据，1位停止位
   MSComm1.InputLen = 0                       ':读取接收缓冲区的所有字符'
   MSComm1.InBufferSize = 100                 '设置接收缓冲区为100字节'
   MSComm1.OutBufferSize = 100                '设置发送缓冲区为100字节'
   MSComm1.RThreshold = 1                     '每一个字符到接收缓冲区都触发接收事件'
  MSComm1.PortOpen = True                    '打开串口1'
   rcvtxt.Text = ""
   sendtxt.Text = ""
End Sub


Private Sub MSComm1_OnComm()
   Select Case MSComm1.CommEvent              '在CommEvent中接收数据'
      Case comEvReceive
      rcvtxt.Text = rcvtxt.Text + MSComm1.Input
   End Select
End Sub
```

图 10-7　VB 程序设设计

10.2.3　PROTEUS 仿真、调试

1. 下载

将在 PROTEUS 中生成的 B1022.HEX 通过单片机属性设置下载到单片机模型中。

2. 仿真

打开单片机属性设置对话框，在 Clock Frequency 栏中设定时钟频率，本例为 11.059MHz。

连接上仿真调试虚拟仪器虚拟终端 RECEIVE 和 SEND，连接方法如图 10-6 所示。设置虚拟终端（串口仿真模型）COMPIM 的波特率为 9600bps，如图 10-8 所示。有关它的使用方法和属性设置方法，可参阅参考文献 [3]。

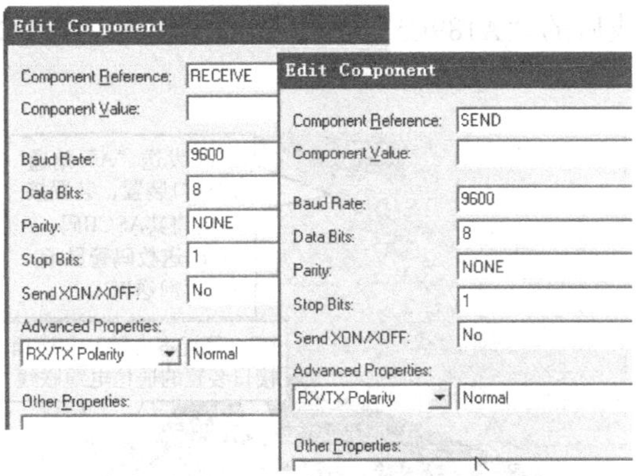

图 10-8　串口模型属性设置

注意：图 10-6 中的串口模型（COMPIM）P1 的属性要根据通信波特率、自己计算机的串口编号等进行设置，如图 10-8 所示。串口模型的编号与 VB 通信程序中的串口号要成为一对。

3. 调试

上述各步操作正确完成后，则可单击仿真工具按钮中的按键 ▶ 仿真。同时运行 VB 程序；在（图 10-6 左下方）通信界面的上方文本框中键入数据（如“5”），再单击 Sendcmd 按钮，则通过虚拟串口发送数据，如图 10-6 下方所示。AT89C5 接收发送来的数据并送数码管显示（ASCII 码），然后将数据加 1 再发送到 PC。PC 接收后在通信界面的接收文本框中显示接收数据（如“6”）。VB 发送、AT89C51 接收数据的仿真片段也如图 10-6 中所示。

实验 10-2：“AT89C51 与 PC 间通信装置”的实际制作、运行、思考

1. 制作

PROTEUS 设计与仿真通过后，根据图 10-6 所示的电路原理图及元件表，在单片机课程教学实验板（或面包板、实验 PCB 等）上安装好电路。仔细检查安装是否有误，元件选择是否有误。将已固化目标代码的单片机安装到电路板的对应插座上。

若采用 AT89S51/52、STC89C51/52，可通过 ISP 下载线将目标代码件固化到相应的单片机中。

2. 运行

上电运行。在 PC 上运行 VB 程序。设在发送文本框中输入“A”字符，按发送按钮“Sendcmd”，AT89C51 接收处理后将其 ASCII 码（41）显示在数码管上，再加 1 回送到 PC，PC 接收后显示在接收文本框中（显示“B”）。通过以上通信运行，说明单片机系统与计算机串行通信成功，硬件与软件设计正确。

图10-9为制作完成后的“AT89C51与PC间通信装置”与PC（笔记本电脑）联机通信运行情况照片。

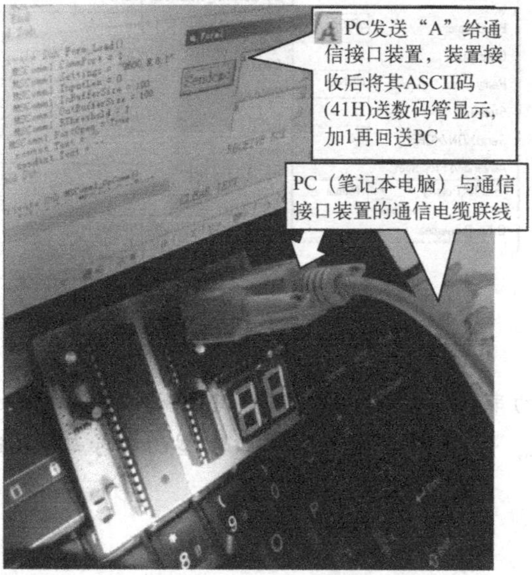

图10-9 “AT89C51与PC间通信装置”与PC联机通信照片（学生李守帅制作）

3. 思考

（1）MAX232在单片机与PC通信中的作用是什么？

（2）AT89C51单片机串行接口有几种工作方式？如何选择？

第 11 章　AT89C51 单片机的实际应用

11.1　带存储功能的简易电子琴

目标：设计并制作一款“带存储功能的简易电子琴”（简称“简易电子琴”），它是以 AT89C51 为核心的能弹唱音乐的玩具电子琴。有弹唱、存储、重奏功能。目的是使读者进一步理解单片机控制发声原理；掌握单片机中断、定时器/计数器等资源的应用；熟悉单片机应用产品的电路设计、程序设计、仿真及制作技术。

11.1.1　功能与操作

1. 功能

可弹唱音乐，有 16 个音键，从 C 大调音符低音 5 到高音 5，0 按键留作扩充存储功能，后作为休止符使用。

2. 操作

上电，则进入“弹唱”状态。弹什么键发什么音，并自动存储。

11.1.2　技术要点

1. 发声原理简述

机械振动在空气中传播构成声波。不同频率的声波对应不同的声音。电振动通过发声器（如电磁喇叭、压电陶瓷发声器）可转换成声音。音乐各音符所对应的频率及对应半周期计数初值（十六进制）如表 11-1 所示。

表 11-1　C 大调音符对应频率及对应的定时器/计数器半周期计数初值

音　符	频　率	计数初值	音　符	频　率	计数初值
低音 5	392	FB03	中音 6	880	FDC7
低音 6	440	FB83	中音 7	988	FE05
低音 7	494	FC0B	高音 1	1046	FF21
中音 1	523	FC43	高音 2	1175	FE55
中音 2	587	FCAB	高音 3	1318	FE83
中音 3	659	FD08	高音 4	1397	FE99
中音 4	698	FD32	高音 5	1568	FEC0
中音 5	784	FD81	高音 6		

2. 定时器0应用

根据C大调音符频率表计算出对应各音符的单片机定时器/计数器1的半周期初值，应用正确的电路设计和程序设计使发声器发出对应简谱的音符琴音。

3. 外中断1应用

为及时响应按键音符信息和连续发声效果，外中断1采用电平触发方式，外中断信号及其撤除由编程实现。中断服务程序即发声程序。

11.1.3 电路设计和程序设计

1. 电路设计

图11-1所示的是简易电子琴的电路原理图，图左上方元件列表。该电路是在PROTEUS ISIS下设计的。取文件名B1112. DSN。时钟电路（晶振为12MHz）及复位电路图未画上；这对PROTEUS仿真无影响；但实际制作时一定要安装上。

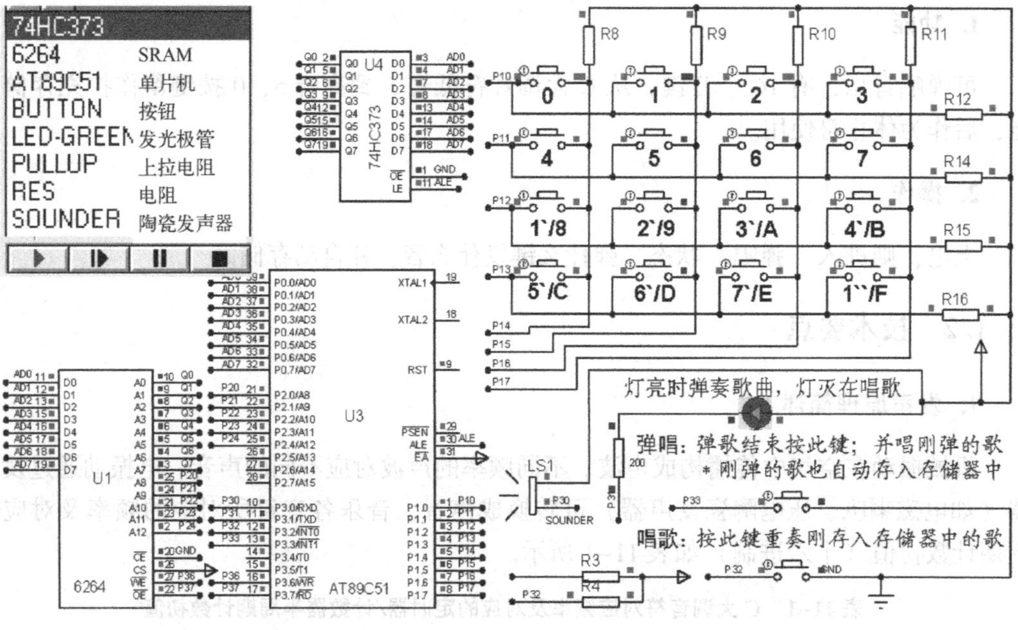

图11-1 带存储功能的简易电子琴的电路原理图、元件列表及仿真片段

2. 汇编语言程序设计、汇编

功能：弹奏、存储、重奏音乐。

```
        ORG     0H
        SJMP    MAIN
        ORG     0BH
        LJMP    TIME0           ;定时器0中断服务程序
        ORG     1BH
        LJMP    TIME1           ;定时器1中断服务程序
```

```
        ORG     30H
MAIN:   MOV     SP,#5FH
        MOV     9H,#0
        MOV     0AH,#0
        MOV     DPTR,#1000H         ;存储器 2624 首地址
        MOV     TMOD,#11H           ;设定时器 0 和定时器 1 工作方式为 1
        MOV     IE,#8AH             ;开中断 T0,T1
LOOP:   CLR     TR0                 ;关 T0
        CLR     TR1                 ;关 T1
AAA:    JB      P3.3,LOOP5
        MOV     A,#0                ;按"00"键盘则将"00"
        MOVX    @DPTR,A             ;写入 2864 中以表结束音乐
        LCALL   DELAY1              ;消键盘抖动
        JNB     P3.3,$
        LCALL   DELAY1
        LJMP    SING0               ;转复奏音乐
LOOP5:  JB      P3.2,LOOP4
        LCALL   DELAY1              ;消键盘抖动
        JNB     P3.2,$
        LCALL   DELAY1
        LJMP    SING0               ;转演奏音乐
LOOP4:  CLR     P3.1                ;奏音乐指示灯亮
        MOV     R0,#4               ;扫描键盘子程序
        MOV     R3,#11101111B
NLINE:  MOV     A,R3
        MOV     P1,A
        MOV     A,P1
        ORL     A,#0F0H
        CJNE    A,#0FFH,KEYIN       ;判断有无按键,有则转
        MOV     A,R3                ;无按键继续扫描
        RL      A
        MOV     R3,A
        DJNZ    R0,NLINE
        LJMP    LOOP
KEYIN:  MOV     R2,A
        LCALL   DELAY1
        LCALL   TRANF               ;将扫描码转成按键码
        ANL     A,#0FH              ;屏蔽高 4 位
        SWAP    A                   ;半字节对换
        MOV     09H,A               ;存放于 09H 中,单元
        SWAP    A                   ;09H 为音符码节拍工作
        CJNE    A,#0,ZZZ            ;音符码不为 0 则转
;       CLR     TR1                 ;为 0 则关中断 1,不发声音
        SETB    TR0                 ;开 T0
        LJMP    ZZZZ
ZZZ:    DEC     A
        MOV     22H,A
        CLR     C
        RLC     A
        PUSH    DPH
```

```
        PUSH    DPL
        MOV     DPTR,#TABLE1        ;到 TABLE1 取相应的高字节值
        MOVC    A,@A+DPTR
        MOV     TH1,A               ;高字节值存入 TH1 和 21H
        MOV     21H,A
        MOV     A,22H
        CLR     C
        RLC     A
        INC     A                   ;取低字节值存在 TL1 和 20H 中
        MOVC    A,@A+DPTR
        POP     DPL
        POP     DPH
        MOV     TL1,A
        MOV     20H,A
        MOV     TH0,#0A4H           ;1/32 节拍初值
        MOV     TL0,#0H
        SETB    TR0                 ;开中断 0
        SETB    TR1                 ;开中断 1
ZZZZ:   LCALL   NOPEN               ;等待按键放开
        CLR     TR0                 ;关中断 T0
        CLR     TR1                 ;关中断 T1
        MOV     A,0AH               ;(0AH)单元中表示按键时间长短
        CLR     C
        RRC     A
        CLR     C
        RRC     A
        CLR     C
        RRC     A
        CJNE    A,#0FH,NODE
        SJMP    DDD
NODE:   JC      DDD
        MOV     A,#0FH
DDD:    ORL     09H,A
        MOV     0AH,#0
WWW:    MOV     A,09H
        SETB    P3.1
        MOVX    @DPTR,A             ;写 2864 子程序
        LCALL   DELAY1              ;延时 15ms
        INC     DPTR
        LJMP    LOOP
DELAY1:MOV      R7,#3               ;延时 15ms
        MOV     R6,#0
S1:     DJNZ    R6,$
        DJNZ    R7,S1
        RET
NOPEN:  MOV     A,P1                ;等待键盘按键盘放开
        ORL     A,#0F0H             ;并消键抖动
        CJNE    A,#0FFH,NOPEN
        LCALL   DELAY1
        RET
```

```
TRANF:  MOV     B,#0            ;将扫描码转成按键盘码子程序
        MOV     A,R2
C1:     RRC     A
        JNC     C2
        INC     B
        INC     B
        INC     B
        INC     B
        LJMP    C1
C2:     MOV     A,R3
        RR      A
        RR      A
        RR      A
        RR      A
C3:     RRC     A
        JNC     C4
        INC     B
        LJMP    C3
C4:     MOV     A,B             ;(A) = (B)为按键码
        RET
TIME0:  INC     0AH             ;按键盘时间长短中断服务程序
        MOV     TH0,#0A4H       ;重载初值
        MOV     TL0,#0H
        RETI
SING0:  SETB    P3.1            ;复奏时指示灯灭
START0:
NEXT:   MOV     DPTR,#1000H     ;到外 ROM 处取简码指针
NEXTX:  MOVX    A,@ DPTR
        PUSH    DPH
        PUSH    DPL
        MOV     R2,A            ;取到的简码暂存于 R2 中
        JZ      ENDF            ;取到"00"则结束
        ANL     A,#0FH          ;否,取低 4 位节拍码
        MOV     R5,A            ;将节拍码存于 R5 中
        MOV     A,R2            ;取高 4 位简符码
        SWAP    A
        ANL     A,#0FH
        JNZ     SING            ;取到的是非 0,则去发声
        CLR     TR1             ;取到 0 则不发声
        SJMP    DLY1
SING:   DEC     A
        MOV     22H,A
        RL      A               ;到 TABLE1 取相应的高字节计数值
        MOV     DPTR,#TABLE1
        MOVC    A,@ A + DPTR
        MOV     TH1,A           ;高字节存入 TH1 和 21H
        MOV     21H,A
        MOV     A,22H
        RL      A
        INC     A               ;取低字节并存在 TL1 和 20H 中
```

```
         MOVC   A,@A+DPTR
         MOV    TL1,A
         MOV    20H,A
         SETB   TR1
DLY1:    INC    R5
         ACALL  DELAY
         POP    DPL                ;基本单位时间 1/4 拍 187μs
         POP    DPH
         INC    DPTR
         SJMP   NEXTX              ;取下一个码
ENDF:    CLR    TR1                ;停止定时器
         CLR    TR0
         LJMP   MAIN               ;得复循环
TIME1:   MOV    TL1,20H            ;重装计数值
         MOV    TH1,21H
         CPL    P3.0               ;发音
         RETI
DELAY:   MOV    R7,#187            ;187ms 延时子程序
DLY2:    MOV    R4,#02
DLY3:    MOV    R3,#248
         DJNZ   R3, $
         DJNZ   R4,DLY3
         DJNZ   R7,DLY2
         DJNZ   R5,DELAY
         RET
TABLE1:  DW   63628,63835,64021,64103,64260,64400,64524
         DW   64580,64684,64777,64820,64898,64968,65030
         DW   65058,65110,65157,65178,65217,65252,65283
         END
```

根据第2章2.6节所述，在PROTEUS ISIS中以文件名B1112.ASM对上述程序进行设计编辑，汇编生成目标代码文件B1112.HEX。将它下载（高版本PROTEUS有自动下载功能）到单片机属性对话框（Edit Component）的Progran File栏中，并设置晶振频率为12MHz。

3. C51程序设计、编译

功能：弹奏、存储、重奏音乐。

```
//B1112.c      6264存储电子琴
//矩阵键盘扫描1; 反转法读键
#include   <reg51.h>
#include   <intrins.h>
#include   <absacc.h>
#define uchar unsigned char
#define uint unsigned int
#define xram XBYTE[0x1000]          //弹奏的音乐数据存入外RAM0x1000开始的单元
sbit sound = P3^0   ;               //发声引脚定义
sbit  led = P3^1;                   //指示灯引脚定义
sbit  play = P3^2;                  //播放键引脚定义
```

```
sbit   stor_play = P3^3;                //存储键引脚定义
sfr   keyin = 0x90;                     //矩阵键盘引脚定义,P1
uchar   data S_time,S_high,S_low;       //按键音长数据, 发音定时数据高 8 位、低 8 位
uchar    * addrs;                       //指向外 RAM 的指针变量
uchar code tab[ ] = {0x11,0x21,0x41,0x81,0x12,0x22,0x42,0x82,0x14,0x24,0x44,
                     0x84,0x18,0x28,0x48,0x88,};
uint code music_F[ ] = {63628,63835,64021,64103,64260,64400,64524,
                        64580,64684,64777,64820,64898,64968,65030,
                        65058,65110,65157,65178,65217,65252,65283};
void dly15ms( )                         //延时约 15ms
  {    uchar g,h;
  for(g=0;g<1;g++)
       for(h=0;h<8;h++)
          { _nop_( );}
  }

void dly187ms(uchar n)                  //延时约 187ms
  {uchar g,h,m;
         n++;
       for( ;n>0;n--)
          {for(g=0;g<187;g++)
              for(h=0;h<2;h++)
              for(m=0;m<248;m++);
          }
  }
//T0 ,音长定时
void t0_sound( ) interrupt 1
  {S_time++;
          TH0=0XA4;
          TL0=0;
  }
//处理发声的定时数据函数,入口参数 SS
void getsoundT(uchar SS)
  {      SS=SS-1;
         TH1 = music_F[SS]/256;
         TL1 = music_F[SS]%256;
         S_high=TH1;
         S_low=TL1;
  }
//定时发声函数,T1,确定发哪个音,
void t1_time( ) interrupt 3
  {      sound = ! sound;
         TH1 = S_high;
         TL1 = S_low;
  }
//按键处理函数
void keyup( )
  {   uchar p;
         do{  p=keyin;
              p=p|0x0f;}
```

```
        while( ~p!=0);
    }
    //按键扫描函数,反转读键法
    uchar keyscan( )
      { uchar i,j,k;
          keyin =0x0f;
          i = keyin;
          i = ( ~i)&0x0f;
      if(i ==0) { k =0xff;goto goback;}
          keyin =0xf0;
          j = keyin;
          j = ( ~j)&0xf0;
      if(i ==0) { k =0xff;goto goback;}
          i =i | j;
          if(i ==0) { k =0xff;goto goback;}
          k =0;
          while(tab[k ++ ]!  =i);
          --k ;
          goback:return(k);                //返回按键值
      }
      //播放音乐函数
  void PlayS( )
      {   uchar rd;
          led =1;
          addrs = &xram;
      rdx:rd = * addrs;
          if(rd ==0) goto endf;
          if((rd&0xf0) ==0) {TR1 =0;goto gettime;}
          getsoundT(rd >>4);
          TR1 =1;
      gettime:dly187ms(rd&0x0f);
          addrs ++ ;
          goto rdx;
      endf:TR1 =0;TR0 =0;
          S_time =0;
          addrs = &xram;
      }
      //主函数
      void main( )
      {       uchar keyvalue;
              TMOD =0x11;               //T0、T1 定时,工作方式 1
                IE =0x8a;               //开中断
                S_time =0;
                addrs = &xram;          //指针首址
      loop:
          TR0 =0;TR1 =0;
      if(play ==0)
        { dly15ms( );
          while(play ==0);                      //消抖
              dly15ms( );
```

```
            PlayS();                         //播放
          goto loop;
        }
        if(stor_play == 0)
      {   *addrs = 0;
          dly15ms();
          while(stor_play == 0);
          dly15ms();
          PlayS();                           //播放
          goto loop;
      }
    led = 0;                                 //灯亮
        keyvalue = keyscan();
        if(keyvalue == 0xff)
                goto loop;                   //未按键,返回
        else if(keyvalue == 0)
                {TR1 = 0;TR0 = 1;}           //按 0 键,不发声
        else
            {getsoundT(keyvalue);            //非 0 键
              TR1 = 1;TR0 = 1;
            }
              keyup();                       //调用键处理函数
        TR0 = 0;TR1 = 0;
        S_time = (S_time >> 3);
        if(S_time > 15)
                S_time = 15;
        keyvalue = (keyvalue << 4) | S_time; //keyvalue 更新为音值 + 音长
        S_time = 0;
        led = 1;                             //灯灭
         *addrs = keyvalue;                  //声音数据存储
        dly15ms();                           //延时
        addrs ++;                            //下一个地址
        goto loop;                           //循环
}
```

在 Keil 中以文件名 B1112. C 对上述 C51 语言程序进行设计编辑。编译生成目标代码文件 B1112. HEX 和带调试信息的目标代码文件 B1112. OMF。

11.1.4　PROTEUS 仿真、调试

1. 下载

在 PROTEUS ISIS 中，将 B1112. OMF 下载到单片机属性对话框（Edit Component）的 Progran File 栏中，并设置晶振频率为 12MHz。

2. 仿真

打开单片机属性设置对话框，在 Clock Frequency 栏中设定时钟频率，本例为 12MHz。上述各步操作完成后，则可单击仿真工具按钮中的按键 ▶ 仿真。仿真片段也如图 11-1

所示。当指示灯亮时，按弹唱键进入弹奏状态，指示灯暗；根据歌曲，按音乐键盘上的键，弹奏音乐。弹奏完后，再按弹奏键则唱歌并将刚弹奏的歌曲存入6264中。按唱歌键，则将存入6264中的歌曲唱出来。

3. 调试

进入仿真调试状态后，可根据需要在适当指令处设置断点，调出调试窗口进行仿真调试。观察各子程序功能，中断服务程序功能等。在扩展SRAM窗口中，观察到所弹奏的音乐信息安排在1000H后相继单元中。

实验11-1："简易电子琴"的实际制作、运行、思考

1. 制作

PROTEUS电路设计、程序设计、仿真完成并通过后，则可根据图11-1所示的电路原理图，在或面包板、实验PCB上安装好电路（注意安装上时钟电路和复位电路）。再将目标代码通过编程器下载（固化）到单片机中。

若使用AT89S51/52、STC89C51/52单片机，则可通过ISP下载线将目标代码下载（固化）相应单片机中。

2. 运行

仔细检查电路安装、使用元件、代码下载等项且无误后，通电运行。要求实际操作调试成功并达项目设计目标。

图11-2是制作成功的"简易电子琴"及其运行照片。右下方为音乐键盘，依次为低SO、NA、XI、中DO、…、高SO。若嫌声音不够响，可加驱动芯片（或三极管）驱动发声器。

图11-2 "简易电子琴"及其运行情况（学生李守帅制作）

3. 思考

若要断电后能保存弹奏的音乐，存储元件该选何存储芯片？试修改电路与程序。

11.2 单片机控制的DS18B20的数字温度计

目标：设计并制作一款"单片机控制的DS18B20的数字温度计"（简称"数字温度

计”)。它是 AT89C51 控制的“数字温度计”，是许多智能电子产品的功能部件。目的是熟悉目前广泛应用的 DS18B20 数字温度传感器及其“一线总线”数据传送原理，掌握 AT89C51 与 DS18B20 的接口电路设计、程序设计、仿真及制作技术。

11.2.1　功能与操作

1. 功能

温度计是广泛使用的测温装置。可使用的温度传感器种类很多，DS18B20 是 DALLAS 公司生产的数字温度传感器，是近来得到广泛应用的数字温度传感器。DS18B20 是大规模集成电路，采用“一线总线”的数据传送，很容易与单片机接口，实现单点或多点网络温测、温控。本节讲述“单片机数字温度计”的电路设计、程序设计、仿真及制作技术，可实现如下功能。

① 实时显示环境温度。4 位数码管显示，当测量正温度时，3 位整数，1 位小数；当测量负温度时，1 位显示“ - ”标志，两位显示负温度值的整数，1 位显示小数。

② 温度范围：-55 ~ 125℃。实时显示温度

2. 操作

上电运行。仿真时调节 DA18B20 传感器的调节按键即可。

11.2.2　技术要点

DS18B20 是大规模集成电路，外形如图 11-3 所示。其内部结构、通信协议、信号方式、读/写时序等诸多技术问题请参阅相关参考文献。这里只介绍它的引脚功能和主要特点。

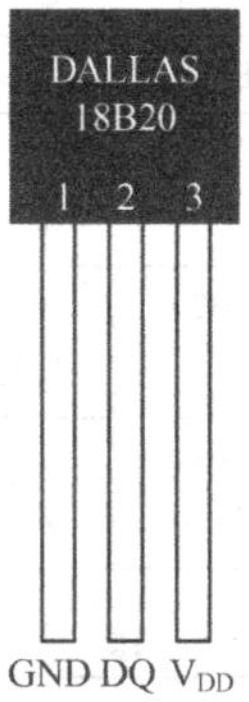

图 11-3　DS18B20 的外形

1. DS18B20 引脚功能

DS18B20 的引脚功能描述如表 11-2 所示。

表 11-2　DS18B20 详细引脚功能描述

序　号	名　称	引脚功能描述
1	GND	地信号
2	DQ	数据输入/输出引脚，开漏单总线接口引脚。当工作于寄生电源时，也可以向器件提供电源
3	V_{DD}	可选择的 V_{DD} 引脚。当工作于寄生电源时，此引脚必须接地

2. DS18B20 的主要特点

测量结果为数字温度信号，以“一线总线”串行传送给 CPU，具有极强的抗干扰能力。在每个 DS18B20 的器件上都有独一无二的序列号。

① 不需要外部元器件即可实现测温。

② 测量温度范围在 -55 ~ +125℃之间，在 -10 ~ 85℃时精度为 ±0.5℃。

③ 数字温度计的分辨率可由用户设置为 9 ~ 12 位，对应的可分辨的温度为 0.5℃、

0.125℃、0.0625℃。

④ 用户可定义非易失性温度报警设置。

⑤ 多分支性能简化的分布式温度传感器，支持多点组网功能，实现组网多点测温。

⑥ 作用电压范围宽，电压范围为 3 ~5.5V，在寄生电源方式下可由数据线供电。

11.2.3 电路设计和程序设计

1. 电路设计

本温度计的显示器是 4 位数码管，电路原理图如图 11-4 所示（未画出复位电路和晶振电路），其使用元件如该图左方所示。该电路是在 PROTEUS ISIS 中设计的，取文件名为 B1122. DSN。注意：时钟电路、复位电路未画，不影响仿真，但制作实际电路时要画上。

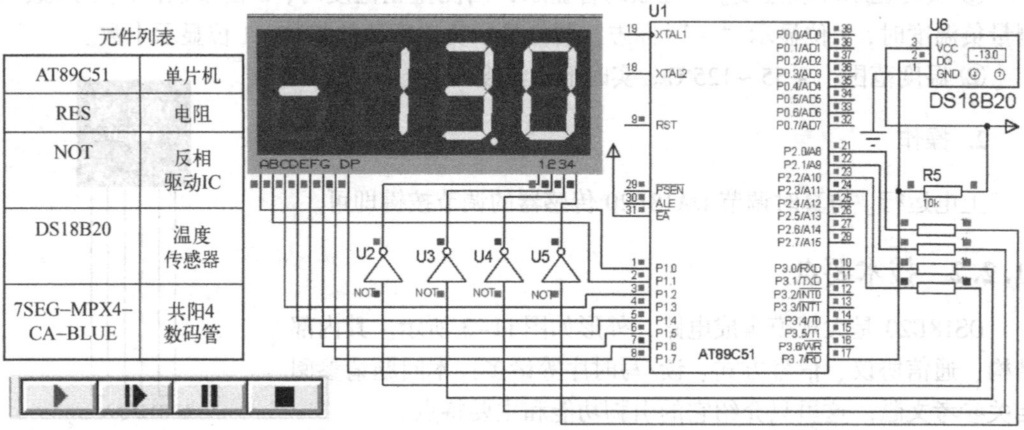

元件列表	
AT89C51	单片机
RES	电阻
NOT	反相驱动IC
DS18B20	温度传感器
7SEG-MPX4-CA-BLUE	共阳4数码管

图 11-4 “数字温度计”的电路原理图、元件列表、PROTEUS 仿真片段

温度传感器 18B20 采用器件默认的 12 位转化。晶振频率为 12MHz 时，最大转化时间为 750ms。DS18B20 的通信线与 P3.7 相接。

2. 汇编语言程序设计、汇编

功能：实现温度实时测量，并显示在 4 位数码管上，测温范围为 -55 ~ +125℃。

```
            ORG      00H
            TMPL     EQU 29H        ;用于保存读出温度的低 8 位
            TMPH     EQU 28H        ;用于保存读出温度的高 8 位
            FLAG1    BIT 38H        ;是否检测到 DS18B20 标志位 27H.0
            DATAIN   BIT P3.7
MAIN:       LCALL    GET_TEMPER     ;调用读温度子程序
            LCALL    CVTTMP
            LCALL    DISP1
            AJMP     MAIN
;DS18B20 复位初始化子程序
INIT_1820:  SETB     DATAIN
            NOP
```

```
            CLR     DATAIN
;主机发出延时 537ms 的复位低脉冲
            MOV     R1,#3
TSR1:       MOV     R0,#107
            DJNZ    R0, $
            DJNZ    R1,TSR1
            SETB    DATAIN          ;然后拉高数据线
            NOP
            NOP
            NOP
            MOV     R0,#25H
TSR2:       JNB     DATAIN,TSR3     ;等待 DS18B20 回应
            DJNZ    R0, TSR2
            CLR     FLAG1           ;清标志位,表示 DS18B20 不存在
            SJMP    TSR7
TSR3:       SETB    FLAG1           ;置标志位,表示 DS18B20 存在
            CLR     P1.7            ;检查到 DS18B20 就点亮 P1.7LED
            MOV     R0,#117
TSR6:       DJNZ    R0, $           ;时序要求延时一段时间
TSR7:       SETB    DATAIN
            RET
;读出转换后的温度值
GET_TEMPER:
            SETB    DATAIN
            LCALL   INIT_1820       ;先复位 DS18B20
            JB      FLAG1,TSS2
            NOP
            RET                     ;判断 DS1820 是否存在? 若 DS18B20 不存在,则返回
TSS2:       MOV     A,#0CCH         ;跳过 ROM 匹配
            LCALL   WRITE_1820
            MOV     A,#44H          ;发出温度转换命令
            LCALL   WRITE_1820
            ACALL   DISP1
            LCALL   INIT_1820       ;准备读温度前先复位
            MOV     A,#0CCH         ;跳过 ROM 匹配
            LCALL   WRITE_1820
            MOV     A,#0BEH         ;发出读温度命令
            LCALL   WRITE_1820
            LCALL   READ_18200      ;将读出的温度数据保存到 35H/36H
            RET
            ;写 DS18B20 的子程序(有具体的时序要求)
WRITE_1820:
            MOV     R2,#8           ;一共 8 位数据
            CLR     C
WR1:        CLR     DATAIN
            MOV     R3,#6
            DJNZ    R3, $
            RRC     A
            MOV     DATAIN,C
            MOV     R3,#23
```

```
        DJNZ    R3, $
        SETB    DATAIN
        NOP
        DJNZ    R2,WR1
        SETB    DATAIN
        RET
;读 DS18B20 的程序,从 DS18B20 中读出 2 字节的温度数据
READ_18200:
        MOV     R4,#2           ;将温度高位和低位从 DS18B20 中读出
        MOV     R1,#29H         ;低位存 29H(TEMP_L)中,高位存 28H(TEMPH)中
RE00:   MOV     R2,#8           ;数据一共有 8 位
RE01:   CLR     C
        SETB    DATAIN
        NOP
        NOP
        CLR     DATAIN
        NOP
        NOP
        NOP
        SETB    DATAIN
        MOV     R3,#9
RE10:   DJNZ    R3,RE10
        MOV     C,DATAIN
        MOV     R3,#23
RE20:   DJNZ    R3,RE20
        RRC     A
        DJNZ    R2,RE01
        MOV     @R1,A
        DEC     R1
        DJNZ    R4,RE00
        RET
CVTTMP: MOV     A,TMPH
        ANL     A,#80H
        JZ      TMPC1
        CLR     C
        MOV     A,TMPL
        CPL     A
        ADD     A,#1
        MOV     TMPL,A
        MOV     A,TMPH
        CPL     A
        ADDC    A,#0
        MOV     TMPH,A
        MOV     73H,#0BH        ;显示负号"-"
        SJMP    TMPC11
TMPC1:  MOV     73H,#0AH;       ;正数符号不显示
TMPC11: MOV     A,TMPL
        ANL     A,#0FH
        MOV     DPTR,#TMPTAB
        MOVC    A,@A+DPTR
```

```
        MOV     70H,A           ;小数部分
        MOV     A,TMPL
        ANL     A,#0F0H
        SWAP    A
        MOV     TMPL, A
        MOV     A,TMPH
        ANL     A,#0FH
        SWAP    A
        ORL     A,TMPL
H2BCD:  MOV     B,#100
        DIV     AB
        JZ      B2BCD1
        MOV     73H,A           ;百位不等于 0 时,保存
B2BCD1: MOV     A,#10
        XCH     A,B
        DIV     AB
        MOV     72H,A           ;十位
        MOV     71H,B           ;个位
TMPC12: NOP
DISBCD: MOV     A,73H;
        ANL     A,#0FH;
        CJNE    A,#1,DISBCD0;
        SJMP    DISBCD1         ;百位为 1,个位、十位不管是不是 0,都要显示
DISBCD0: MOV    A,72H           ;百位不为 1,就是 0A 不显,0B 为负号
        ANL     A,#0FH          ;十位是 0 时,正数只显示个位
        JNZ     DISBCD1         ;十位是 0 时,负数的负号移到十位的位置上
        MOV     A,73H;          ;此时百位不显示,为 0BH
        MOV     72H,A
        MOV     73H,#0AH
DISBCD1: RET
TMPTAB: DB 0,1,1,2,3,3,4,4,5,6,6,7,8,8,9,9
DISP1:  MOV     R1,#70H
        MOV     R5,#0FEH
PLAY:   MOV     P1,#0FFH
        MOV     A,R5
        MOV     P2,A
        MOV     A,@R1
        MOV     DPTR,#TAB
        MOVC    A,@A+DPTR
        MOV     P1,A
        MOV     A,R5
        JB      ACC.1,LOOP1
        CLR     P1.7            ;显示小数点
LOOP1:  LCALL   DL1MS
        INC     R1
        MOV     A,R5
        JNB     ACC.3,ENDOUT
        RL      A
        MOV     R5,A
        SJMP    PLAY
```

```
ENDOUT: MOV     P1,#0FFH        ;关显示,消串影
        MOV     P2,#0FFH
        RET
TAB:    DB 0C0H,0F9H,0A4H,0B0H,99H
        DB 92H,82H,0F8H,80H,90H,0FFH,0BFH
DL1MS:  MOV     R6,#14H
DL1:    MOV     R7,#100
        DJNZ    R7,$
        DJNZ    R6,DL1
        RET
        END
```

根据第2章2.6节所述，在PROTEUS ISIS中以文件名B1122.ASM对上述程序进行设计编辑。汇编生成目标代码文件B1122.HEX。将它下载（高版本PROTEUS有自动下载功能）到单片机属性对话框（Edit Component）的Progran File栏中，并设置晶振频率为12MHz。

3. C51程序设计、编译

功能：实现温度实时测量，并显示在4位数码管上，测温范围为-55～+125℃。

```
#include <reg51.h>
#include <intrins.h>
typedef unsigned char uchar;
typedef unsigned int uint;
uchar data disdata[5];

sbit DQ = P3^7;                     //温度传送数据IO口
//F0位用作正负温度的标志,0为正,1为负
uchar tempint,tempdp;               //温度整数部分和小数部分
uchar TempTab[4];//week_value[2];
uchar code discode[] = {0xC0,0xF9,0xA4,0xB0,
          0x99,0x92,0x82,0xF8,0x80,0x90,0xff,0xbf};  //10为不显示,11为负号
/***********ds18b20延迟子函数(晶振12MHz) *******/
 void delay()
{   uchar i,j;
       for(i=0;i<3;i++)        //5实物有点闪,改为3就OK
            for(j=0;j<250;j++)
                 {   _nop_();
                     _nop_();
                 }
 }
void delay_18B20(uint i)
{
       while(i--);
}
/***************ds1820程序 ****************/
void ds1820rst()                  /*ds1820复位*/
{ unsigned char x=0;
DQ=1;                             //DQ复位
```

```
delay_18B20(4);                  //延时
DQ=0;                            //DQ 拉低
delay_18B20(100);                //精确延时大于 480μs
DQ=1;                            //拉高
delay_18B20(40);
}
/*读数据*/
uchar ds1820rd()
{ unsigned char i=0;
      unsigned char dat=0;
      for(i=8;i>0;i--)
      {   DQ=0;                   //给脉冲信号
          dat>>=1;
          DQ=1;                   //给脉冲信号
          if(DQ)
          dat|=0x80;
      delay_18B20(10);
      }
    return(dat);
}
void ds1820wr(uchar wdata)       /*写数据*/
{unsigned char i=0;
      for(i=8;i>0;i--)
     { DQ=0;
       DQ=wdata&0x01;
       delay_18B20(10);
       DQ=1;
       wdata>>=1;
     }
}

void read_temp()                          /*读取温度值并转换*/
{uchar temph,templ,k;
    F0=0;
    ds1820rst();
    ds1820wr(0xcc);                       //*跳过读序列号*/
    ds1820wr(0x44);                       //*启动温度转换*/
    ds1820rst();
    ds1820wr(0xcc);                       //*跳过读序列号*/
    ds1820wr(0xbe);                       //*读取温度*/
    templ=ds1820rd();
    temph=ds1820rd();

if((temph&0xf80)!=0x00)
    {
        F0=1;                             //为负温度 f 置 1
        temph=~temph;
        templ=~templ;
        k=templ+1;
        templ=k;
```

```
            if(k==0)
            {
                temph++;
            }
        }
        tempdp=(templ&0x0f)*10/16;          //取小数点的最高位
        templ>>=4;
        temph<<=4;
        tempint=temph|templ;
}
void distemp()                              //温度数据转换成液晶字符显示
{   uchar i,j;
    if(F0==0)
    {       if(tempint<10)
                {TempTab[0]=TempTab[1]=10;}
            else
            {TempTab[1]=(tempint/10)%10;
            if(tempint>99)
                TempTab[0]=1;
            else
                    TempTab[0]=10;
            }
            TempTab[2]=tempint%10;
            TempTab[3]=tempdp;
    }
    else
    {       if(tempint<10)
              {TempTab[0]=10;TempTab[1]=11;}
                else
                  {TempTab[0]=11;TempTab[1]=tempint/10;}
          TempTab[2]=tempint%10;
          TempTab[3]=tempdp;
        }
      for(i=0;i<4;i++)
        {       P2=_cror_(0xf7,i);
                j=TempTab[i];
                        if(i==2)
                            P1=discode[j]&0x7f;
                        else
                            P1=discode[j];
                  delay();
                P2=0xff;P1=0xff;
                _nop_();_nop_();
        }
}
void main()
{       delay();
        read_temp();
        delay();
        delay();
```

```
        while(1)
        {       read_temp();
                _nop_();
                _nop_();
                distemp();

        }
    }
```

在 Keil 中以文件名 B1122. C 对上述 C51 语言程序进行设计编辑。编译生成目标代码文件 B1122. HEX 和带调试信息的目标代码文件 B1122. OMF。在 PROTEUS ISIS 中，将 B1122. OMF 下载到单片机属性对话框（Edit Component）的 Progran File 栏中，并设置晶振频率为 12MHz。

11. 2. 4　PROTEUS 仿真、调试

1. 下载

将在 PROTEUS（或 Keil）中生成的 B1122. HEX 通过单片机属性设置下载到单片机模型中，并按项目要求设置晶振频率。但要注意：

① 高版本 PROTEUS 在对汇编语言程序进行汇编时，会自动将生成的 B1122. HEX 文件下载到单片机模型中。

② 虽然使用汇编语言通过 PROTEUS 生成的 HEX 文件名和使用 C51 语言通过 Keil 编译生成的 HEX 文件名相同、功能也相同；但具体的代码有所不同。尤其要注意 Keil 生成的 HEX 文件开始有清零 RAM 代码段。

2. 仿真

所有操作正确完成后，则可单击仿真工具按钮进行仿真。仿真片段也如图 11-4 所示。调节 DS18B20 传感器模型的高、低温度调节钮，则对应温度显示在 4 位数码管上。

3. 调试

进入仿真调试状态，可设置适当断点，观察程序运行走向；测量转换时间及各延时子程序的延时时间。

实验 11-2：“数字温度计”的实际制作、运行、思考

1. 制作

PROTEUS 电路设计、程序设计、仿真完成并通过后，则可根据图 11-4 所示的电路原理图，在或面包板、实验 PCB 上安装好电路（注意：安装时钟电路和复位电路，非门可用 74LS04 替代），再将目标代码通过编程器下载（固化）到单片机中。

若使用 AT89S51/52、STC89C51/52 单片机，则可通过 ISP 下载线将目标代码下载（固化）相应单片机中。

2. 运行

仔细检查电路安装、使用元件、代码下载等项且无误后，通电运行。要求实际操作调试成功并达到设计目标。

图11-5是制作成功的“数字温度计”及其运行照片。

图11-5 “数字温度度”及其运行情况（学生吴世敏制作）

3. 思考

本温度计只能实时测温度，读者可进一步学习DS18B20的资料，完善电路，修改程序，使其能设置上、下限的温度，当超过上、下限温度时，有声光提示。

第 12 章　C51、汇编多模块、混合编程

12.1　多模块、混合编程基础

12.1.1　基本概念

1. 工程、模块、函数

“工程”是 Keil μvision2（以下简称 Keil）中为完成某项任务的总体构建。它可由一个或多个 C51 语言编程模块（以下简称 C51 模块）或汇编语言编程模块（以下简称汇编模块）构成，也可由 C51 模块、汇编模块混合构成。

“模块”是指 C51 语言“源程序”或汇编语言“源程序”。“模块名”指不带路径、扩展名的“源程序”名。

“函数”指 C51 模块中的“函数”。为方便叙述起见，本章也将汇编模块中的“子程序”称为“函数”。当然，“模块”可含一个或多个“函数”。

2. 汇编模块编程及其多模块编程

“汇编模块编程”是为实现“工程”目标编写汇编模块的依据、方法、技巧等。

优点：占用内存较小，运行时间较短，操作硬件方便，时序、时控精确高等。

缺点：计算功能较差，可读性较差，可移植性较差，编写模块效率较低等。

“汇编多模块编程”是编写工程中多个汇编模块的依据、方法、技巧等。

3. C51 语言编程及其多模块编程

“C51 语言编程”是为实现“工程”目标编写 C51 模块的依据、方法、技巧等。

优点：计算功能较强，可读性较好，可移植性较好，编写模块效率较高等。

缺点：占用内存较大、运行时间较长、时序时控较差等。

“C51 多模块编程”是编写“工程”中多个 C51 模块的依据、方法、技巧等。

4. C51 模块、汇编模块混合编程

“C51 模块、汇编模块混合编程”（简称“C51、汇编混合编程”）是为实现“工程”目标编写 C51 模块（一个或多个）、汇编模块（一个或多个）且相互调用的多模块编程。

优点：取长补短，综合发挥了两种语言的优点，避开了两种语言的缺点；明显提高了“工程”的质量及运行效率，明显提高了为完成“工程”任务的工作效率；特别是能实现多人员的分任务、分模块的协同编程，使得大“工程”也能短时高效完成。因此得到了越来越广泛的应用，是现代科技人员必备的技术、技能。

在单片机应用系统的混合编程中常用 C51 语言来编写主调模块。对那些使用频率高，要求控制精度高、速度高的部分用汇编语言编写，由 C51 语言主调模块调用。有时也以汇编语言来编写主模块，在涉及复杂的数学运算时，调用 C51 模块（函数）。

值得注意的是，汇编模块编程时，单片机资源（如存储器的分配、寻址方式、数据类型等）的使用、分配由编程者确定；而 C51 模块编程，许多单片机资源的使用、分配由编译器确定。这也是前者比后者编程较难的原因之一。

12.1.2 PROTEUS 与 Keil 的联合仿真

Keil 支持 C51 编程（含多模块）和汇编编程（含多模块）；支持 C51 模块、汇编模块相互调用的混合编程。本书采用 Keil，它是高效灵活的、以 8051 为内核的单片机应用系统开发平台。

PROTEUS 是集电路设计、源程序设计、人机交互式实时仿真调试直到 PCB 设计的高效、灵活的单片机应用系统 EDA（电子自动化设计）平台，具有实时、直观、高效的优点；支持包括 8051 内核单片机系列在内的多种单片机系列（如 PIC 系列、AVR 系列）。

可将 PROTEUS 与 Keil 链接起来，充分发挥各自的优势，实现两著名设计平台的强强联合，这样做可明显提高单片机应用系统的研发、生产效率。本章使用 Keil 和 PROTEUS 链接的统一设计平台。PROTEUS 通过 TCP、IP 协议与 IDE 通信，充当虚拟在线仿真器 ICE（In CircuitEmulator）。在同台计算机中可调出 Keil 与 PROTEUS，进行仿真与联调。若只有 Keil 软件，本章内容及实例也能正确运行。

PROTEUS 与 Keil 联合仿真步骤如下。

① 安装 Keil 与 PROTEUS。

② 将 PROTEUS 提供的驱动器 VDMAGDI. EXE 装在 Keil 的安装路径下。此文件在 PROTEUS 安装光盘的 UTILITY 目录下，或到 LABCENTER 公司的网站上下载：http://downloads. labcenter. co. uk/vdmagdi. exe。

③ 打开 PROTEUS ISIS，画出相应电路，选择菜单：Debug→Use Remote Debug Monitor。

④ 参照 3. 10 节的叙述，在 Keil 中新建工程，对当前新建工程添加源程序（模块）。

⑤ 设置 Keil 工程目标选项。单击 Keil 菜单：Project→Option for Target ‘Target1’ 选择当前目标工程，在弹出的对话框中设置以下各项：

- Output：设置输出文件格式，参考图 3 - 20，勾选☑ Create HEX Fi:。
- Debug：设置调试工具，如图 12-1 所示，在下拉组合框选择 Proteus VSM Simulator。

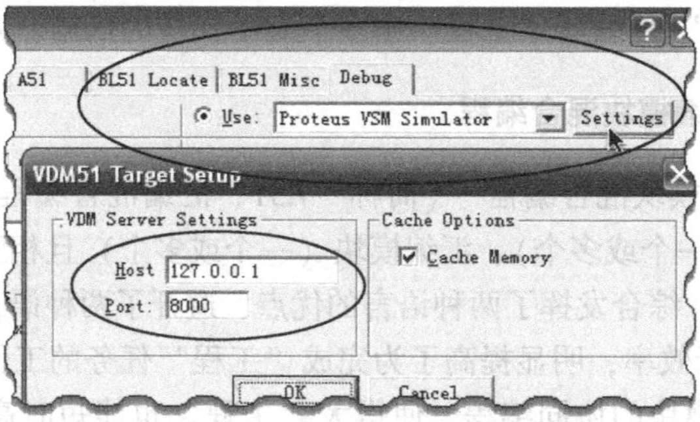

图 12-1 Keil 中目标调试工具设置

- 通信设置，左击调试工具框右边的 Settings，如图 12-1 所示，设置 Host、Port。Keil 与 PROTEUS 在同一台计算机上时，Host 设为 127.0.0.1。若不在同一台计算机上时，则填另一台的 IP 地址。Port 为 8000 。

⑥ 编辑、编译源程序。在 Project 菜单下对如图 12-2 所示的两项编辑命令二选一，生成代码文件。也可直接单击相应的工具按钮、。

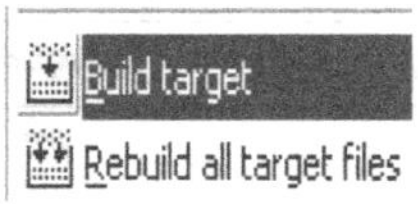

图 12-2　源程序编译

⑦ 在 Keil 中进行调试 debug，PROTEUS 被 Keil 启动，在 PROTEUS 中观察实时运行状态。

12.1.3　多模块、混合编程接口

1. Keil 编译、汇编、连接定位过程

Keil 支持 C51 语言和汇编语言。依据所支持的单片机，编译器（C51/CX51）、汇编器（A51/Ax51）、连接定位器（BL51/Lx51/）、符号转换工具（OH51/OHX51）略有不同。本书叙述采用 C51、A51、BL51 及 OH51。C51 模块经编译器 C51 编译（汇编模块经 A51 汇编）生成目标文件（.obj），它们经 BL51 连接定位器生成绝对地址目标文件，再经符号转换工具 OH51 将绝对地址目标文件转成标准的 HEX 文件。利用编程器或 ISP，经 HEX 文件将工程的机器码下载到单片机的 ROM 中。该简明过程可用示意图 12-3 表示。

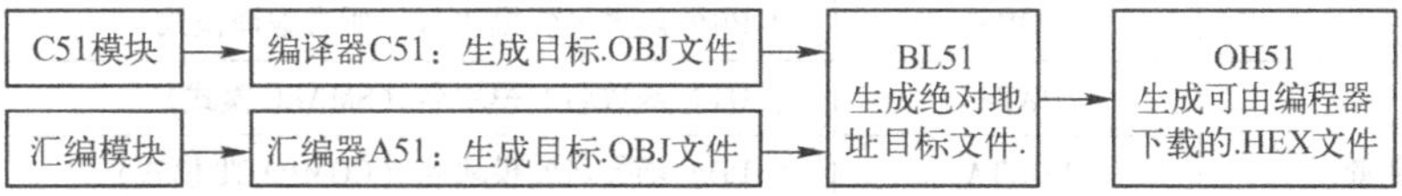

图 12-3　编译、汇编、链接定位过程示意图

分析图 12-3 得出，若工程是多模块、混合编程，就会出现各模块之间的相互调用、参数传递、返回值等问题。如何解决呢？若能使 C51 模块转换为汇编模块（或汇编模块转换为 C51 模块），则问题就解决了。

Keil 有将 C51 模块转换为一定格式的汇编（为叙述方便，以下称“Keil 格式汇编”）模块功能。若编程者遵循 Keil 格式编写汇编模块，或将已有的汇编模块构造为 Keil 格式汇编模块，Keil 就能将 C51 代码同 Keil 格式汇编代码无缝地结合在一起，从而实现多模块、混合编程。

Keil 为实现这种转换，规定了函数名转换、各种段命名、参数传递、参数值返回等规则，特别是提供了为实现这种转换的编译控制命令“SRC”。

2. 函数名转换规则

C51 编译器对 C51 模块编译后生成目标文件，目标文件中的函数名将按表 12-1 中的转换规则命名。BL51 连接定位时将使用此函数名。多模块、混合编程时，汇编模块中的

函数名也必须符合此规则。

表 12-1 C51 编译器的函数名转换规则

C51 函数声明	汇编符号名	编译后目标文件中对应函数名的命名规则
Void func1(void)	FUNC1	无参数传递或不含寄存器参数的函数，不作改变地转入目标文件中
Void func2(char)	_FUNC2	有经寄存器传递参数的函数，其编译后目标文件中的对应函数名前加前缀"_"
Void func3(void)reentrant	?_FUNC3	再人函数通过堆栈传递参数，编译后的目标文件中对应函数名前加前缀"?_"

3. 函数代码段、变量段的段命名规则

段是函数代码或数据对象的存储器区。函数代码被放入代码段，数据对象被放入数据段。

段又分为绝对段和再定位段。绝对段在汇编模块中指定；再定位段是编译器对 C51 模块编译时产生的，且与编译模式有关。编译器生成的目标文件中的函数以"？PR？函数名？模块名"为名建立 CODE（代码）段。如果函数中包含有 data 或 bit 类型的局部变量，则在 SMALL 编译模式下分别以"？DT？函数名？模块名"、"？BT？函数名？模块名"为名建立 data 或 bit 段，对应段的首地址分别表示为"?函数名?BYTE"、"?函数名?BIT"。若为全局变量，则编译后的段名为"？DT ?模块名"。这就是函数代码段、各种变量段的命名规则。不同模块间相互调用时，汇编模块必须服从该规则。表 12-2 列出了各种编译模式（SMALL COMPACT、LARGE）下的函数、变量段名的命名规则。

表 12-2 各种存储模式下 C51 函数各种段名的命名规则

数 据	段类型	段 名
程序代码	CODE	？PR？函数名？模块名（所有编译模式）
局部变量	DATA	？DT？函数名？模块名（SMALL 模式）
	PDATA	？PD？函数名？模块名（COMPACT 模式）
	XPATA	？XD？函数名？模块名（LARGE 模式）
局部 bit 变量	BIT	？BI？函数名？模块名（所有存储器模式）
全局变量	data	？DT?模块名（SMALL 模式）

编译模式有三种，即 SMALL（variables in DATA）（默认）、COMPACT（variables in PDATA）、LARGE（variables in XDATA）。它们可在工程选项中经 Target 选项卡中选取。

4. 参数传递规则

在多模块、混合编程中，参数传递和函数的返回值是重要问题，它们有严格的规则。C51 中调用汇编模块函数时参数传递有两种方式：一种是经寄存器（指工作寄存器）传递，另一种是经存储区传递。Keil 规定，调用函数时，经寄存器最多可传递 3 个参数，余下的通过存储器区传递，如表 12-3 所示。如果在模块中采用了编译控制命令"#pragma NOREGPARMS"，则所有参数传递都发生在存储器区，所使用的地址空间依赖于所选择的编译模式。用寄存器传递参数的函数在编译后被 C51 编译器在函数名前加一个"_"的前缀，用存储区传递参数的函数转换成的函数名没有下划线，见表 12-1。

表 12-3　参数传递的寄存器分配规则（最多可传递 3 个参数）

传递的参数	char、1 字节指针	int、2 字节指针	long、float	一般指针
第一个参数	R7	R6（高字节），R7（低字节）	R4 ~ R7	R1，R2，R3
第二个参数	R5	R4（高字节），R5（低字节）	R4 ~ R7	R1，R2，R3
第三个参数	R3	R2（高字节），R3（低字节）	无	R1，R2，R3

例如：

```
func1(int a)              "a"是 int 类型参数,可使用 R6、R7 传递。
Func2(int b,int * d)      "b"由 R6、R7 传递,"d"由 R1、R2、R3 传递。
Func4(long e,long f)      "e"由 R4、R5、R6、R7 传递,"f"只能经存储器传递。
```

当 C51 模块与汇编模块需要相互调用且参数的传递发生在参数段时，若传递的参数是 char、int、long、float 类型数据，则其传递段的首地址为“?functionname?BYTE”（公共符号 PUBLIC）；若传递的参数是 bit 类型数据，则其传递段的首地址为“?functionname?BIT”（公共符号 PUBLIC）。所有被传递的参数按顺序存放在以首地址开始递增的存储器区域内。参数传递段存储器空间取决于所采用的编译模式，在 SMALL 模式下参数传递段位于内部 RAM 空间。

5. 函数返回值规则

当被调函数有返回值时，则返回值通过寄存器传递。其规则如表 12-4 所示。

表 12-4　函数返回值规则

返回类型值	寄　存　器	说　　明
Bit	进位位 CY	返回值在进位标 CY 中
(unsigned) char	R7	返回值在寄存器 R7 中
(unsigned) int	R6，R7	返回值高位字节在 R6 中，低位字节在 R7 中
(unsigned) long	R4 ~ R7	返回值高位字节在 R4 中，低位字节在 R7 中
float	R4 ~ R7	32 位 IEEE 格式，指数和符号位在 R7 中，尾数在 R5 中
一般指针	R3，R2，R1	R3 放存储器类型，高位字节在 R2 中，低位字节在 R1 中

12.1.4　多模块、混合编程的原则方法及 Keil 格式汇编模块

1. 用 C51 模块调用 C51 模块简例说明 C51 多模块编程的原则方法

在 Keil 平台中建立名为 BB1201. μv2 的工程，其中包含两个 C51 模块：BB1201F1. C（模块 1）和 BB1201F2. C（模块 2）。采用编译模式 SMALL，编程如下。

```
  //BB1201F1. C
#include <reg51. h>
extern char afunc(int I,char J,long K,bit L);
                                   //声明为外部函数
extern char z;                     //声明为外部变量
/* extern:汇编伪指令,程序连接指令*/
  void main()
```

```
      {int I;char J;long K;
      bit L;char R;
      R = afunc(I,J,K,L);
      P1 = R + z;
      while(1);}
//BB1201F2.C
char z;                    //全局变量
char afunc(int I,char J,long K,bit L)
      {int II = I;char JJ = J;
      long KK = K;bit LL = L;
      char RR = 0X68;
      z ++ ;
      return(RR);
      }
```

本例中模块 1 中的主函数 main 通过调用外部函数 afunc，将参数 I、J、K、L 传递给模块 2 的函数 afunc。函数 afunc 将传来的参数 I、J、K、L 分别赋值给 II、JJ、KK、LL 后，将其变量 RR 的值通过指令 return （RR） 值返回到模块 1 的函数 main。因 afunc 类型为 char，所以返回值在 R7 中。返回模块 1 后，将返回值与模块 2 中的全局变量 z 相加（值为 0X69），其值送单片机 P1 显示。单击按钮，运行全通过，且运行正常，如图 12-4 所示。

图 12-4　C51 模块调用 C51 模块简例及其运行结果

特别注意：模块 1 中为表明变量（或函数）是在另一模块中，要用 extern 声明变量（或函数）为外部变量（或函数）；否则单击按钮通不过。

容易看出，上述例子实际上就是 C51 多模块编程，只不过模块只有两个，每个模块只有一个函数，可很容易扩展到一般情况。上述方法就是 C51 多模块编程的原则方法。

2. 编译控制命令“SRC”应用步骤及 Keil 格式汇编模块

C51 编译器有个很有用的编译控制命令“SRC”，借助它可生成与 C51 模块同名的 Keil 格式汇编模块，其扩展名为 SRC。为避免叙述混乱，称它为“Keil 格式汇编模块”，以区别通常所说的“汇编模块”。

现以上例来说明如何借助“SRC”将 C51 模块转换为 Keil 格式汇编模块。

（1）第一阶段

首先应用“SRC”将上例中的模块 2（BB1201F2. C，被调 C51 模块）转换为 Keil 格式汇编模块 BB1201F2. SRC，其操作步骤如图 12-5 所示。图中已标明分 5 步，第 5 步通过编译生成 Keil 格式汇编模块 BB1201F2. SRC。

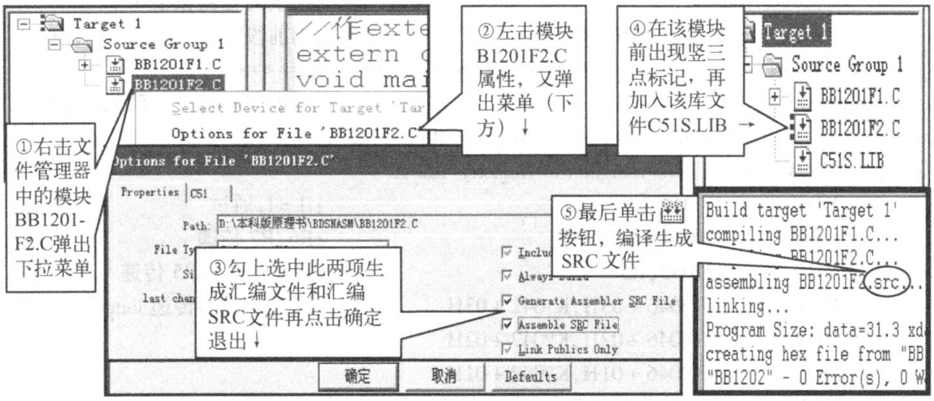

图 12-5　使用“SRC”将 BB1201F2. C 转换为 Keil 格式汇编模块 BB1201F2. SRC

可用 BB1201F2. SRC 直接取代工程中的 BB1201F2. C；也可直接将它的可删去部分删去（也可作必要的修改）后更名为 BB1201F2. ASM，取代工程中的 BB1201F2. C。两种取代方法均可通过单击按钮通过并正常运行。BB1201F2. SRC、BB1201F2. ASM（由前者而来）都是对应 BB1201F2. C 的 Keil 格式汇编模块。

下面是 BB1201F2. ASM 模块编程列表。为方便读者理解、分析 Keil 格式汇编模块，在重要处都加了注释。

```
;\BB1201F2. ASM  < --BB1201F2. SRC                          ;来自 BB1201F2. SRC
NAMEBB1201F2                                                ;模块名
?PR?_afunc?BB1201F2 SEGMENT CODE                            ;定义函数代码段
                                                            ;汇编伪指令,段控制指令,可再定位段
?DT?_afunc?BB1201F2  SEGMENT DATA OVERLAYABLE;定义可覆盖局部数据段
?BI?_afunc?BB1201F2  SEGMENT BIT OVERLAYABLE               ;定义可覆盖局部位段
?DT?BB1201F2         SEGMENT DATA                           ;定义全局变量段
    PUBLIC     z                                            ;汇编伪指令,段控制指令声明为公共
符号
    PUBLIC     ?_afunc?BIT                                  ;声明为公共符号
    PUBLIC     ?_afunc?BYTE                                 ;声明为公共符号
    PUBLIC     _afunc                                       ;声明为公共符号
    RSEG     ?DT?_afunc?BB1201F2                            ;汇编伪指令,段控制指令,当前段
?_afunc?BYTE:                                               ;局部数据段首址
        I?040:     DS     2                                 ;给变量预留字节
        J?041:     DS     1
        K?042:     DS     4
    ORG 7
        II?044:    DS     2
        JJ?045:    DS     1
        KK?046:    DS     4
```

```
    RSEG   ?BI?_afunc?BB1201F2                          ;当前段
?_afunc?BIT:                                            ;局部位段首址
     L?043:     DBIT   1                                ;给位变量预留位
    ORG 1
     LL?047:    DBIT   1
    RSEG   ?DT?BB1201F2                                 ;当前段
          z:        DS      1                           ;给全局变量预留字节
    RSEG   ?PR?_afunc?BB1201F2                          ;当前段
; ************************************************
_afunc:                                                 ;函数代码首址,有参数传递加前缀"_"
; ---- Variable J?041 assigned to Register R5 ----
; ---- Variable I?040 assigned to Register R6/R7 ----
    MOV       II?044,R6                                 ;II = I,通过
    MOV       II?044 +01H,R7                            ;R6/R7 传递
    MOV       JJ?045,R5                                 ;JJ = J,通过 R5 传递
    MOV       KK?046 +03H,K?042 +03H                    ;通过存储器传递 long 类型参数
    MOV       KK?046 +02H,K?042 +02H
    MOV       KK?046 +01H,K?042 +01H
    MOV       KK?046,K?042
    MOV       C,L?043                                   ;LL = L
    MOV       LL?047,C
; ---- Variable RR?048 assigned to Register R7 ----
    MOV       R7,#068H                                  ;返回值送 R7
    INC       z                                         ;z ++
; ************************************************
    RET                                                 ;返回(这里带返回值)
    END
```

容易看出：转换要遵守 Keil 多模块、混合编程接口规则。同时看出，被调的 Keil 格式汇编模块大致分为三部分，即

① 从 NAME BB1201F2 到_afunc 之前为相关段定义、各种声明、各种数据预留等。

② 从_afunc 到 RET 前为执行汇编指令部分。

③ RET 为返回部分，若有返回值，则带参数返回。

(2) 第二阶段

再按照上述 5 步骤将例中模块 1（BB1201F1. C，主调 C51 模块）转换成 Keil 格式汇编模块 BB1201F1. SRC。可直接删去 BB1201F1. SRC 中可删部分（也可作必要修改）后更名为 BB1201F1. ASM。下面为其编程列表，为理解、分析 Keil 格式汇编模块，已在重要处加注释。

```
;\BB1201F1. ASM < -- BB1201F1. SRC                    ;来自 BB1201F1. SRC
NAME                 BB1201F1                         ;模块名
?PR?main?BB1201F1    SEGMENT CODE                     ;定义函数 main 代码段
?DT?main?BB1201F1    SEGMENT DATA OVERLAYABLE         ;定义可覆盖局部数据段
?BI?main?BB1201F1    SEGMENT BIT OVERLAYABLE          ;定义可覆盖局部位段
    EXTRN      CODE(_afunc)                           ;汇编伪指令,段控制指令
                                                      ;声明外部函数代码段名
    EXTRN      DATA(?_afunc?BYTE)                     ;声明外部函数数据段名
    EXTRN      BIT(?_afunc?BIT)                       ;声明外部函数位段名
```

```
    EXTRN     DATA(z)                          ;声明全局变量名
    EXTRN     CODE(?C_STARTUP)                 ;声明外部函数(启动程序段)
    PUBLIC    main                             ;声明函数 main 为公共符号
  RSEG   ?DT?main?BB1201F1                     ;当前段
?main?BYTE:                                    ;数据段首址
        I?040:    DS  2                        ;给变量预留字节,以下同
        J?041:    DS  1
        K?042:    DS  4
    RSEG   ?BI?main?BB1201F1                   ;当前段
?main?BIT:                                     ;位数据首址
        L?043:    DBIT1                        ;给位变量预留位
    RSEG   ?PR?main?BB1201F1                   ;当前段
; **************************************************
main:                                          ;函数代码首址
    MOV       ?_afunc?BYTE+06H,K?042+03H       ;通过存储器传递 long 类型参数
    MOV       ?_afunc?BYTE+05H,K?042+02H
    MOV       ?_afunc?BYTE+04H,K?042+01H
    MOV       ?_afunc?BYTE+03H,K?042
    MOV       C,L?043                          ;传递位参数
    MOV       ?_afunc?BIT,C
    MOV       R5,J?041                         ;通过 R5 传递参数 J
    MOV       R7,I?040+01H                     ;通过 R6/R7 传递参数 I
    MOV       R6,I?040
    LCALL     _afunc                           ;调用外部函数,有参数传递加前缀
"_"
; - Variable R?044 assigned to Register R7 -   ;返回值在 R7 中
    MOV       A,z                              ;实现 P1=R+z
    ADD       A, R7                            ;
    MOV       P1,A                             ;送单片机 P1 口
?C0001:  SJMP     ?C0001
    END
```

容易看出：转换要遵守 Keil 多模块、混合编程接口规则。同时看出主调 BB1201F1. ASM 较之被调 BB1201F2. ASM 略有差别，但格式基本相同。主调的 Keil 格式汇编模块结构大致分为两个部分，即

① 从 NAMEBB1201F1 到 main 前为相关段定义、各种声明、各种数据预留等。

② 从 main 到最后为执行汇编指令部分。

3. 实现多模块、混合编程的原则方法

到此，得到 4 个模块，即：BB1201F1. C、BB1201F2. C 和使用“SRC”而得到的 Keil 格式汇编模块 BB1201F1. ASM（或 SRC）、BB1201F2. ASM（或 SRC）。4 个模块可有四种组合，分别是：

① BB1201F1. C、BB1201F2. C 构成 C51 多模块编程；

② BB1201F1. C、BB1201F2. ASM（或 SRC）构成 C51、汇编混合编程；

③ BB1201F1. ASM（或 SRC）、BB1201F2. C 构成汇编、C51 混合编程；

④ BB1201F1. ASM（或 SRC）、BB1201F2. ASM（或 SRC）构成汇编多模块编程。

分别将上述 4 组加入工程 BB1201. μv2 中，单击按钮均可通过并正常运行。四种组

合▦的结果一致（如编程规模 Program Size：data = 31.3 xdata = 0 code = 74 项都一样），它们分别运行的结果也都一样（（P1） = 0X69）。其中，BB1201F1.C、BB1201F2.C 组合的编译、连接定位、运行等情况已在图 12-4 中示出。其余 3 种组合的编译、汇编、运行等情况分别如图 12-6、图 12-7、图 12-8 中所示。

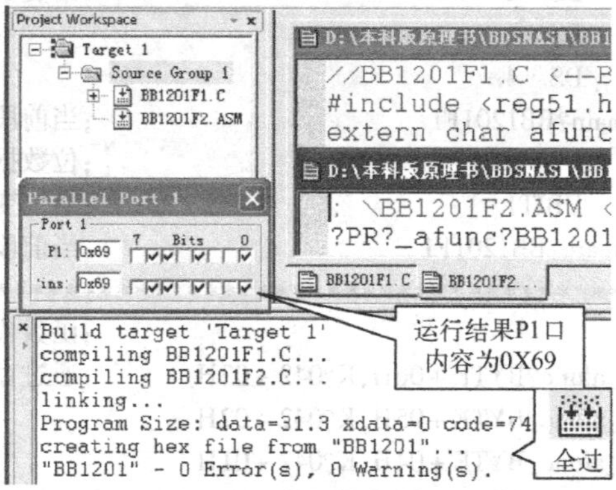

图 12-6　组② C51 调汇编混合编程及其结果

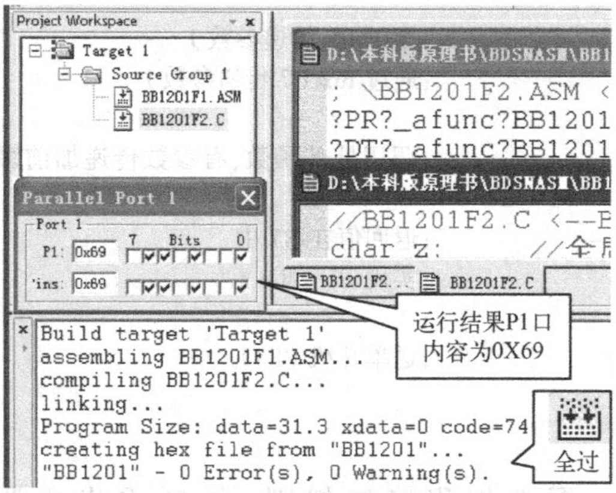

图 12-7　组③汇编调 C51 混合编程及其结果

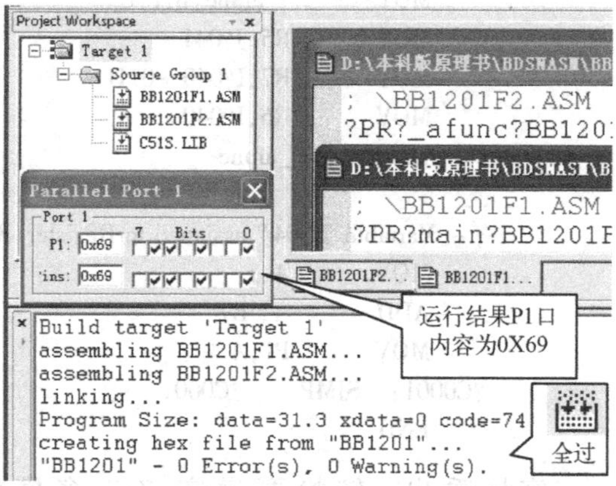

图 12-8　组④汇编调汇编多模块编程及其结果

综上所叙，实际上给出了 C51、汇编混合编程，汇编、C51 混合编程及汇编多模块编程的原则方法，如下所示。

方法 1：先设计与汇编模块功能相同的 C51 模块（一般较容易），再应用“SRC”将其转换为 Keil 格式汇编模块，然后进行多模块、混合编程。

方法 2：将汇编模块按 Keil 格式汇编模块构建为 Keil 格式汇编模块，再进行多模块、混合编程。

特别注意：以上叙述仅对简单模块（含一个函数）而言，可看出主调、被调之间略有差别。若是多个模块（含多个函数）之间的多模块、混合编程，其方法与上述方法相同，但要关注它们间的差别。

下面几节分别是多模块、混合编程实例，重要之处都加了注释或注意。能在 12.1 节内容中找到答案的地方则未加注释，读者可自行加上注释，这样有利于读者对多模块、混合编程加深理解，从而进快掌握多模块、混合编程的技能。

12.2　C51 多模块编程实例

12.2.1　将被调 C51 模块作为“工程”中的模块

本实例使与单片机 P1 口相接的数码管依次循环显示“E7”、“E8”、“AA”，时隔 1s。晶振频率为 12MHz。

本实例采用 Keil 、PROTEUS 联合设计、仿真平台，如图 12-9 所示。左边是 Keil（BB122. μv2）设计、仿真平台，右边是 PROTEUS（BB122. DSN）设计、仿真平台。电路设计也在其中，采用 SMALL 编译模式。

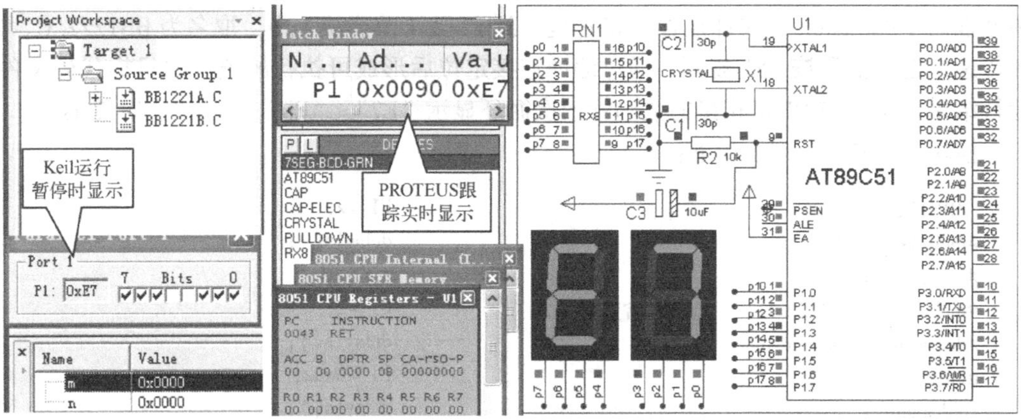

图 12-9　C51 多模块编程（Keil、PROTEUS 联合设计、仿真平台）

本实例工程中有两个 C51 编程模块，编程列表如下。

模块 1：

```
//BB1221A. C
#include <reg51. h>
#include <intrins. h>
#define uint unsigned int
extern func(uint x,uint y);  //外部函数声明
extern delay1s();          //外部函数声明
 uint z;                   //z 为外部变量
void main()
{while(1)
     {func(21,11);  //带参数传递
     P1 =  z;           //z 值为返回的值
     delay1s();          //延时 1s
          z=z+1;      P1 =z;
          delay1s(); P1 =0xAA;
          delay1s();
          }
}
```

模块 2：

```
//BB1221B. C

#define uint unsigned int
extern uint z;  //声明 z 为外部变量
uint func(uint x,uint y)
{     z=x*y;
      return(z);     //返回值 z
}
void delay1s()        //延时 1s
{     uint m;
      uint n;
      for(m=2008;m>0;m--)
      for(n=61;n>0;n--);
}
```

本实例 Keil、PROTEUS 联合设计后的运行、仿真、调试情况如图 12-9 所示。Keil 平台中有跟踪显示、变量显示，但这些显示只在运行暂停后示出。PROTEUS 平台中也有跟

踪显示（实时的）及各种存储器显示窗口。

注意：

① 工程中C51多模块中必有一个且只能包含一个主函数（main）模块。

② 若调用函数（或全局变量）是在另一模块中，则要用extern声明函数（或全局变量）为外部函数（或全局变量），否则单击按钮通不过。

③ C51多模块编程遵守C51规则。

12.2.2 将被调C51模块作为模块包含文件

采用12.2.1节实例。

将12.2.1节模块2（BB1221B.C）构造为包含文件，取名为BB1222C.C，使用编译预处理命令#dinclude（文件包含）将它包含到12.2.1节模块1中，取名为BB1222.C。参数传递、返回值等按C51规则。通过编译连接定位后形成可执行的统一的目标代码文件。运行结果也是使与P1口相接的数码管依次循环显示“E7”、“E8”、“AA”，时隔1s。

模块BB1222.C列表如下：

```
//BB1222.C
#include <reg51.h>
#include <intrins.h>
#include <BB12222.C>        //包含文件
#define uint unsigned int
uint z;
void main()
{while(1)
    {func(21,11);
    P1=z;
    delay1s();
    z=z+1;
    P1=z;
    delay1s();
    P1=0xaa;
    delay1s();
    }
}
```

包含文件BB1222C.C编程列表如下。

```
//BB1222C.C
#define uint unsigned int
uint z;        //注意没加extern
uint func(uint x,uint y)
{
    z=x*y;
    return(z);
}
void delay1s()            //延时1s
{
    uint m,n;
    for(m=2008;m>0;m--)
    for(n=61;n>0;n--);
}
```

因为模块BB1222C.C是作为BB1222.C模块的包含文件，所以没有内外模块之分，不涉及外部函数、外部全局变量声明等问题，不需要使用extern。故一切都按C51编程规则进行。

图12-10所示为本例的Keil、PROTEUS联合设计后运行、仿真、调试片段。左边是Keil设计及其运行、仿真、调试界面，包括跟踪显示、及设置的变量显示，这些显示只在运行暂停后示出。右边为PROTEUS设计及其运行、仿真、调试界面，包括电路设计、跟踪显示（实时的）及各种变量显示窗口。

注意：可将多个文件包含于一个C51编程模块中。从工程结构看，这里不似多模块编程，因工程中只有一个模块。若从编程角度看，是将较大任务分成多个模块由多个人编写，又似多模块编程。工程窗口中，在模块BB1222.C中出现bb1222c.c包含文件。

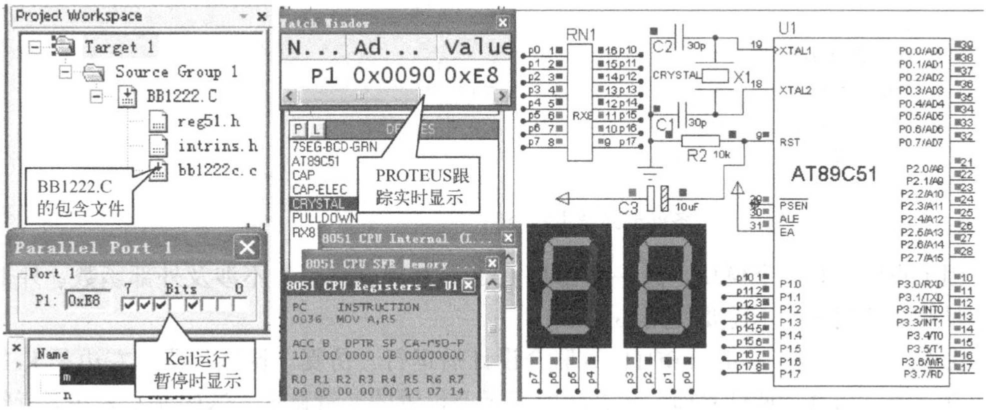

图 12-10　C51 多模块编程的运行、仿真、调试片段（被调模块作为调函数的包含文件）

12.2.3　将被调 C51 文件构造为头（.h）文件

采用 12.2.1 节实例。

可将模块 2（BB1221B.C）构造为头（.h）文件，再包含到模块 1 中，取名为模块 BB1223.C，因为都是 C51 模块，若多人分工编写，需要协调到位，最后通过编译连接定位后形成可执行的统一的目标代码文件。运行结果是使与 P1 口相接的数码管依次循环显示“E7”、“E8”、“AA”，时隔 1s。

包含头文件的模块 BB1223.C（包含了自做头文件）的编程列表如下。

```
//BB1223.C
#include <reg51.h>
#include <intrins.h>
#define uint unsigned int
#include <B13332.h>           //包含自做头文件
uint z;
void main()
{while(1)
    {func(21,11);             //带参数传递
    P1 = z;                   //z 值为返回的值
    delay1s();                //延时 1s
    z = z + 1;
    P1 = z;
    delay1s();
    P1 = 0xaa;
        delay1s();
        }
//BB1222C.C
#define uint unsigned int
uint z;
uint func(uint x,uint y)
{
    z = x * y;
    return(z);
}
void delay1s()              //延时 1s
{   uint m,n;
    for(m = 2008;m > 0;m --)
    for(n = 61;n > 0;n --);
}
```

下面是将模块 2（BB1221B.C）构造而成的头文件 B1223.h 编程列表。

```
/* B1223.h */
/* keil\C51\inc\B1223.H */
#ifndef   _B1223_H_     //条件编译指令
#define   _B1223_H_
uint z;
uint func(uint x,uint y)
{    z = x * y;
     return(z);
```

```
}
void delay1s()
{uint m,n;
for(m=2008;m>0;m--)
for(n=61;n>0;n--);
}
#endif                    //条件编译结束指令
```

因工程中只有一个模块。故一切都按 C51 编程规则进行。不涉及外部函数、外部全局变量声明等问题，不需要使用 extern 。

图 12-11 表示出 Keil、PROTEUS 联合设计后运行、仿真、调试片段。左边是 Keil 设计及其运行、仿真、调试界面，包括跟踪显示及设置的变量显示，这些显示只在运行暂停后示出。右边为 PROTEUS 设计及其运行、仿真、调试界面，包括电路设计、跟踪显示（注：是实时的）及各种变量显示窗口。

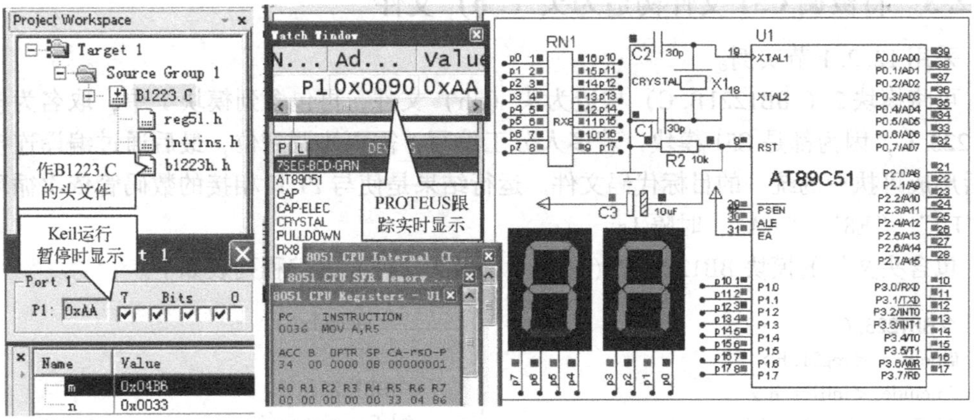

图 12-11　C51 多模块编程的运行、仿真、调试片段（被调模块作为调函数的 h 头文件）

注意：

① 可将多个头文件包含于一个 C51 编程模块中。从工程结构看，这里不似多模块编程，因工程中只有一个模块。若从编程角度看，是将较大任务分成多个模块由多个人编写，又似多模块编程。在此例的实际工程窗口中，可看到在模块 BB1223.C 中出现 b1223h.h 头文件。

② 构造头文件（.h）格式如下。

```
#ifndef_B1223_H_          //条件编译指令
#define _B1223_H_
.....                     //有关模块函数
#endif                    //条件编译结束指令
```

12.3　C51、汇编混合编程实例

12.3.1　在 C51 模块中使用编译控制命令嵌入汇编语言程序段

1. 在 C51 编程模块中嵌入汇编语言程序段的步骤

在 C51 编程模块中嵌入汇编语言程序段的步骤如图 12-12 所示。

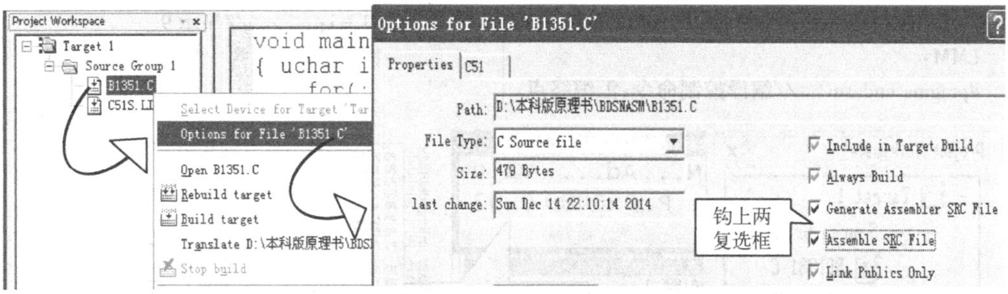

图 12-12　在 C51 编程模块中嵌入汇编语言程序段的步骤

第一步：在 Keil 环境下，创建好项目，通过编译控制命令"#pragma asm"和"#pragma endasm"在 C51 编程模块中嵌入汇编语言程序段。插入格式为：

```
C51 程序
#pragma asm
插入的汇编语言程序段
#pragma endasm
C51 程序
```

将该模块取名（如 B1351 . C），加入项目中。

第二步：Keil C51 环境下，在 Project 窗口中右击 B1351 . C 模块；在弹出的快捷菜单中选择"Options for…"命令；单击勾选中右边的"Generate Assembier SRC File（建立汇编 SRC 文件）"和"Assembler src File（汇编 SRC 文件）"复选框。

第三步：根据所选编译模式（此处为 SMALL），把相应的库文件（此处是 Keil \ C51 \ Lib \ C51S. Lib）加入工程中。

第四步：编译、连接定位生成目标代码。

2. 实例

C51 编程模块中嵌入汇编语言段运行实例如图 12-13 所示。本例工程为 BB1231. μv2，PROTEUS 设计平台为 BB123. DSN，C51 模块为 BB1231. C，图左方有电路设计。运行后依次循环显示"5、"2"、"0"、"2"、"1"、"9"，时隔约 0. 4s（晶振为 4MHz 时）。模块 BB1231. C 编程列表如下。

```
//BB1231. C
#include <reg51. h>
#define uchar unsigned char
void main( )
{ uchar i = 0x90;
      for( ; ; )
      {
#pragma asm    //编译控制命令:汇编起点
      LCALL     LML
STA:  MOV       P1,#92H       ;显示 5
      LCALL     LML
      MOV       P1,#0A4H      ;显示 2
      LCALL     LML
      MOV       P1,#0C0H      ;显示 0
      LCALL     LML
      MOV       P1,#0A4H      ;显示 2
      LCALL     LML
      MOV       P1,#0F9H      ;显示 1
      LCALL     LML
      JMP       LMM
LML:  LCALL     DELAY         ;延时 0. 4s
      MOV       P1,#0FFH      ;关显示
      LCALL     DELAY         ;延时 0. 4s
      RET
DELAY:                        ;延时 0. 4s
D1:   DJNZR6, $
      DJNZR5,D1
```

```
        RET                                    P1 = i;          //显示9
LMM:                                        }
#pragma endasm    //编译控制命令:汇编终点    }
```

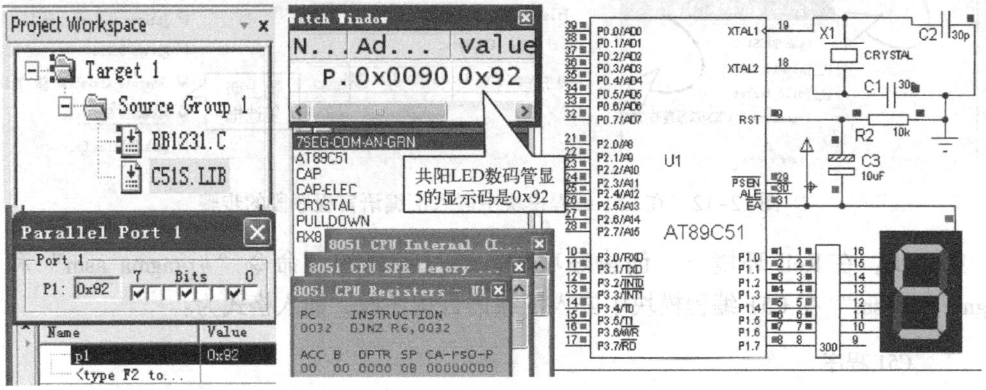

图 12-13　C51编程模块中嵌入汇编语言段运行片段

（左为Keil工程结构，右为PROTEUR设计与仿真）

在汇编代码比较短的场合，可以使用上述在C51程序中直接嵌入汇编语言的方法。如果要用汇编语言实现比较复杂的功能，就需要用汇编语言编写模块，再采用C51模块调用汇编模块的方法，即进行混合编程。

注意： 因运行中可能导致改变A、PSW、工作寄存器等的值。嵌入汇编程序段时，要视情况保护现场和恢复现场。

12.3.2　使用编译控制命令“SRC”

1. 使用编译控制命令“SRC”的步骤

① 用C51语言编写与被调汇编模块功能相同的被调C51模块（一般较容易）。

② 将被调C51模块同主调的C51模块加入Keil工程中，进行调试直到编译、连接定位通过。

③ 将被调C51模块使用编译控制命令生成同名的Keil格式汇编模块，扩展名为SRC。将其中的可删除部分删掉（可做简化修改），更扩展名为ASM。具体做法可看本章12.1.3的内容。

④ 用Keil格式汇编模块取代工程中的被调同名C51编程模块，即成为C51编程模块调用汇编语言的混合编程，具体可参看本章12.1.3的内容。

2. 实例

① 设C51模块BB1232.C中有两个函数，其中函数char xdelay（uint m）是带参数传递和有返回值的延时0.5s（晶振为4MHz）的被调C51模块，它有模块BB1232.C中main()要调用汇编函数的相同功能。调试通过后，运行结果使单片机P1口上显示返回值的值。两个模块的编程列表如下。

```
//BB1232.C                          char xdelay(uint m) //延时.5s(4M)
#include <reg51.h>                  {  uint i,n=0;
#define uint unsigned int              for(;m>0;m--)
```

```
    {    for(i=0;i<255;i++)
         {;}
         n++;
    }
    return(n);
}
```

```
void main()
{
for(;;)
    {     P1 = xdelay(81);
    }
}
```

② 将模块 BB1232.C 分成两个模块，即 BB1232A.C 和 BB1232B.C。将它们加入工程中，取代模块 BB1232.C 。经调试至编译、连接定位通过。但是要注意：两个模块的相互关系为外部关系。所以，调用外部函数要用 extern 声明为外部。两个模块的编程列表如下。

```
//BB1232A.C
#include <reg51.h>
#define uint unsigned int
extern xdelay(uint m);
//声明为外部函数
void main()
{
    for(;;)
    {P1 = xdelay(81);      //传递参数 81
    }
}
//BB1232B.C
#define uint unsigned int
char xdelay ( uint  m)  //延时 0.5s(晶振为 4MHz)
{     uint i,n=0;
      for(;m>0;m--)
      {     for(i=0;i<255;i++)
            {;}
            n++;
      }
      return(n);     //返回变量 n 的值
}
```

③ 按本章 12.1.3 的叙述，生成对应 BB1232B.C 模块的 BB1232B.SRC 模块，删除可删除部分，再视情况做些正确的简化修改，最后更名为 BB1232B.ASM（也可不更名）。BB1232B.ASM 的编程列表如下。

```
;.\BB1232B.ASM <--BB1232B.SRC
          NAME      BB1232B
?PR?_xdelay?BB1232B SEGMENT CODE
          PUBLIC    _xdelay
          RSEG   ?PR?_xdelay?BB1232B
_xdelay:
          CLR       A
          MOV       R5,A
          MOV       R4,A
?C0001:   SETB      C
          MOV       A,R7
          SUBB      A,#00H
          MOV       A,R6
          SUBB      A,#00H
          JC        ?C0002
          CLR       A
          MOV       R3,A
          MOV       R2,A
?C0004:   INC       R3
          CJNE      R3,#00H,?C0008
          INC       R2
?C0008:   MOV       A,R3
          CPL       A
          ORL       A,R2
          JNZ       ?C0004
?C0005:   INC       R5
          CJNE      R5,#00H,?C0009
          INC       R4
?C0009:   MOV       A,R7
          DEC       R7
          JNZ       ?C0001
          DEC       R6
?C0010:   SJMP      ?C0001
?C0002:   MOV       A,R5
          MOV       R7,A
?C0007:   RET
          END
```

④ 用模块 BB1232B.ASM 取代工程中的 BB1232B.C ，即成为 C51 模块调用汇编模块的混合编程。在 Keil（BB1232.μv2）、PROTEUS（BB1232.DSN）联合设计、仿真平台

中，将BB1232A.C和BB1232B.ASM加入工程，编译、连接定位通过后，运行片段如图12-14所示。

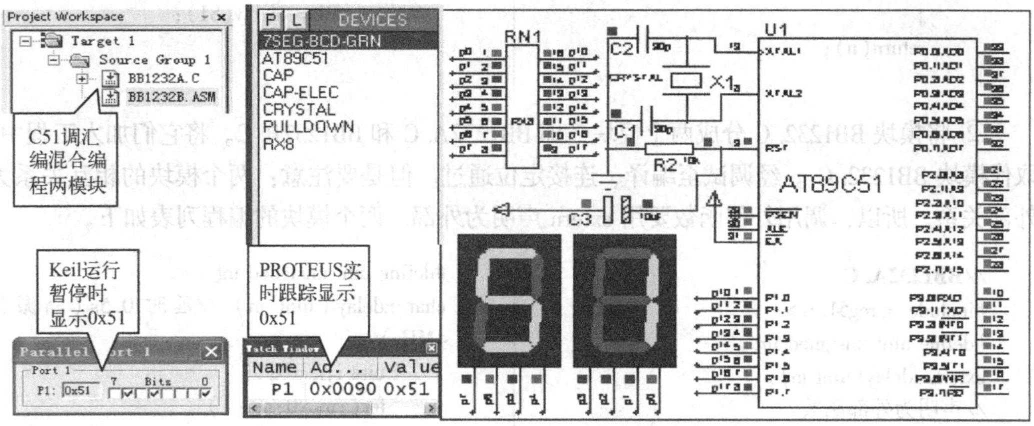

图12-14 用“SRC”实现C51调汇编的混合编程（左边为Keil平台，右边为PROTEUS平台）

12.3.3 将汇编模块构造为Keil格式汇编模块

1. 步骤

① 编写汇编模块（或利用已有的汇编模块），并汇编、调试通过。

② 根据本章12.1节的叙述，将汇编模块按实际情况构造为Keil格式汇编模块。

③ 在Keil、PROTEUS联合设计、仿真平台中，将主调的C51模块及被调Keil格式汇编模块加入工程中，设计好电路，编译、汇编、连接定位通过，仿真调试通过，最后生成可供编程器、ISP下载的目标代码文件（如.HEX）（也可单使用Keil设计平台）。

2. 实例

① 本例要实现与单片机P1相接的数码管循环显示“5”、“2”、“0”的功能，显示时间依次为0.5s、1s、2s，晶振频率为12MHz，编译模式为SMALL。主调C51模块为BB1233C.C，其中要调用的汇编模块列表如下。

```
DD0:  MOV   R3,#0F3H
DD:   MOV   R2,#0FFH
      DJNZ  R2, $
      NOP
      NOP
      DJNZ  R3,DD
      DJNZ  R7,DD0
      RET
```

② 将上述汇编模块根据12.1节的叙述构造为Keil格式汇编模块，取名为BB1233A.ASM。主调C51模块BB1233C.C及被调Keil格式汇编模块BB1233A.ASM列表如下。

```
//BB1233C.C
#include <reg51.h>
#define uchar unsigned char
extern DELAY(uchar x);                  //外部函数声明
void main(void)
{while(1)
```

```
    {P1 =0x92;DELAY(4);           //显示 5 时,延时 0.5s
     P1 =0xA4;DELAY(8);           //显示 2 时,延时 1s
     P1 =0xC0;DELAY(16);          //显示 0 时,延时 2s
    }
}
;BB1233A.ASM
;***********************************
;     构造 Keil 格式汇编要加以下 5 行      *
;***********************************
NAME BB1233A                          ;定义模块名
?PR?_DELAY?BB1233A SEGMENT CODE       ;定义代码段
PUBLIC _DELAY                         ;声明公共符号
RSEG ?PR?_DELAY?BB1233A               ;可重定位当前段
_DELAY:                               ;有参数传递加"_"
;***********************************
;              下面是汇编模块              *
;***********************************
DD0:    MOV    R3,#0F3H
DD:     MOV    R2,#0FFH
        DJNZ   R2, $
        NOP
        NOP
        DJNZ   R3,DD
        DJNZ   R7,DD0                 ;传来数据在 R7 中
;***********************************
;     若汇编模块最后不是指令 RET,则      *
;     构造 Keil 格式汇编时要加以 RET     *
;***********************************
    RET
    END
```

③ 在 Keil（BB1233. μv2）、PROTEUS（BB1233. DSN）联合设计平台中，设计电路，将主调的 C51 模块 BB1233C. C 及被调 Keil 格式汇编模块 BB1233A. ASM 加入工程中，编译、汇编、连接定位通过等，最后生成可供编程器、ISP 下载的目标代码文件（如. HEX）。设计与仿真片段如图 12-15 所示。

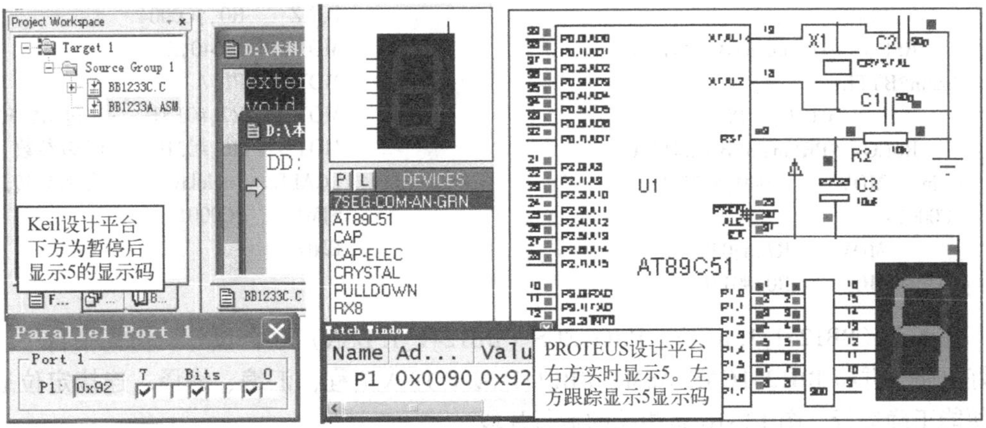

图 12-15　C51 调汇编混合编程（将汇编模块构造为 Keil 格式汇编模块）

12.4 汇编、C51混合编程实例

12.4.1 使用编译控制命令“SRC”

本例为两个C51编程模块，BB1241CA.C和BB1241CB.C。在Keil、PROTEUS联合设计、仿真平台上编译、连接定位并运行通过。结果是与单片机P1口相接的8个发光二极管依次循环显示，时隔0.5s（即跑马灯，晶振为12MHz）。现要将模块BB1241CA.C通过编译控制命令“SRC”生成BB1241CA.SRC，再删除可删除部分（可视情况做些修改）更名为BB1241CAF.ASM，具体可参看本章12.1节的内容。这样就可组成两个C51、汇编混合编程组合，BB1241CA.SRC、BB1241CB.C和BB1241CA.ASM、BB1241CB.C。分别将两个组合加入到工程中，并分别运行，可得到与BB1241CA.C和BB1241CB.C多模块编程同样的效果。以下是BB1241CA.C、BB1241CB.C和BB1241CAF.ASM的编程列表。

```
//BB1241CA.C
#include <reg51.h>
#include  <intrins.h>
#define uchar unsigned char
extern mdelay(delay);       //声明为外部函数
void main(void)
     {uchar a = 0x7f;
         for(;;)
         { a = _crol_(a,1);
            P1 = a;
mdelay(1000);}      //通过R6/R7传递参数
         }
```

```
//BB1241CB.C
#define uint unsigned int
void mdelay(uint delay)
       {uint i;
           for(;delay>0;delay--)
           for(i=0;i<124;i++);}
```

BB1241CAF.ASM由BB1241CA.SRC经删除可删除部分再更扩展名而得，编程列表如下。

```
;\BB1241CAF.ASM
?PR?main?BB1241CA  SEGMENT CODE
?DT?main?BB1241CA SEGMENT DATA OVER-
LAYABLE
     EXTRN      CODE(_mdelay)
     EXTRN      CODE(?C_STARTUP)
     PUBLIC     main
     RSEG   ?DT?main?BB1241CA
?main?BYTE:
          a?040:   DS   1
     RSEG   ?PR?main?BB1241CA
main:  MOV      a?040,#07FH
?C0001:
        MOV      R7,a?040
        MOV      R0,#01H
        MOV      A,R7
        INC      R0
        SJMP     ?C0005
?C0004:
        RL       A
?C0005:
        DJNZ     R0,?C0004
        MOV      a?040,A
        MOV      P1,A
        MOV      R7,#0E8H    ;通过R6/R7
        MOV      R6,#03H     ;传递参数
        LCALL    _mdelay     ;有参数传递调
        SJMP     ?C0001
        END
```

在Keil（BB1241_1.μv2）、PROTEUS（BB1241_1.DSN）联合设计、仿真平台中，设计好电路，并将BB1241CAF.ASM、BB1241CA.C加入工程，汇编、编译、连接定位通过后便能正确运行。图12-16是相关的运行片段。

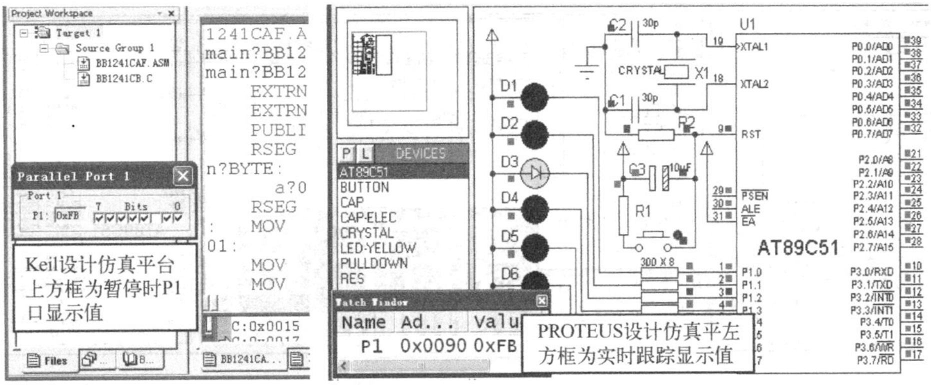

图 12-16 汇编、C51 混合编程运行片段（左方为 Keil 平台，右方为 PROTEUS 平台）

12.4.2 将汇编模块构造为 Keil 格式汇编模块

编写（或现有）的汇编模块为 BB1242A0. ASM，其中 LCALL_func 是带参数调用 C51 模块 BB1242_C 中的函数 func。BB1242A0. ASM 编程列表如下。

```
;BB1242A0. ASM
    ORG   0H
    MOV   SP,#70H
;通过 R7 传参数低位给 BB1242_C. C
    MOV   R7,#76H
;通过 R6 传参数高位给 BB1242_C. C
    MOV   R6,#0
    LCALL_func       ;此处带参数调 C51 中
;函数返回值 36H 于 R6 中,低位 64H 于 R7 中
    MOV   P1,R6      ;R6(H)送 P1 显示 36H
    MOV   P2,R7      ;R7(L)送 P2 显示 64H
AA1 SJMP  AA1
    END
```

根据本章 12.1 节的叙述，将上述 BB125242A0. ASM 构造为 Keil 格式汇编模块。并更名为 BB1242_A. ASM。它与被调 C51 模块 BB1242_C. C 的编程列表如下。

```
;BB1242_A. ASM
EXTRN   CODE(_func)   ;声明为外部函数
     ORG      0H      ;可使用 CSEG AT 0H
     MOV      SP,#70H
;通过 R7 传参数低位给 BB1242_C. C
     MOV      R7,#76H
;通过 R6 传参数高位给 BB1242_C. C
     MOV      R6,#0
     LCALL    _func
;带参数调 BB1242_C. C 中函数 func
     MOV      P1,R6  ;R6(H)送 P 显示 36H
     MOV      P2,R7  ;R7(L)送 P2 显示 64H
AA1: SJMP     AA1
     END
//BB1242_C. C
#define uint unsigned int
uint func(uint x)//uchar func(uchar x)
     {    return(x * x);
     }
     //;返回值高位 36H 于 R6 中,低位 64H
于 R7 中
```

在 Keil（BB1242_2F. μv2）、PROTEUS（BB124_2F. DSN）联合设计、仿真平台中，设计好电路，将 BB1242_A. ASM、BB1242_C. C 加入工程 BB1242_2F 中，编译、汇编、连接定位通过后的运行片段如图 12-17 所示。显示返回值 x * x = 3664H。

注意：

① 这里，汇编模块不涉及重新定位（ORG 0H），所以无代码段、数据段。

② 汇编模块中若调用函数（或变量）在另一模块（这里是 BB1242C. C）中，则要用

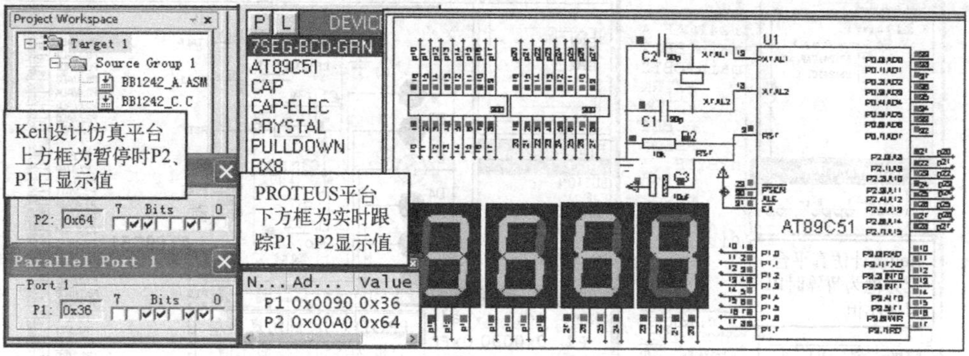

图 12-17　汇编、C51 混合编程运行片段（左方为 Keil 设计平台，右方为 PROTEUS 设计平台）

EXTEN 声明为外部函数（或变量）。

③ 汇编模块中带参数调用，则要函数名前加前缀“_”。

12.5　汇编多模块编程及带中断混合编程实例

12.5.1　汇编多模块编程实例

1. 方法

方法 1：依据本章 12.1 节的叙述，将对应汇编模块功能又容易编写的 C51 模块写好，使用“SRC”生成 Keil 格式汇编模块。再参照本章 12.3、12.4 节的内容，在 Keil、PROTEUS 联合设计、仿真平台中，建立工程，设计电路，分别将各模块加入工程中，汇编、连接定位通过后运行即可。

方法 2：依据本章 12.1 节的叙述，将现有汇编模块构造为 Keil 格式汇编模块，再参照本章 12.3、12.4 节的内容，在 Keil、PROTEUS 联合设计、仿真平台中，建立工程，设计电路，分别将各模块加入工程中，汇编、连接定位通过后运行即可。

2. 实例

本例采用上述方法 2。实现的功能是使与 P1 相接的数码管循环显示 51H、FDH，间隔 0.5s。晶振频率为 12MHz 。

在 Keil（工程 BB125. μv2）、PROTEUS（BB125. DSN）联合设计、仿真平台中，按汇编语言指令编写好 3 个汇编模块（之间有参数传递及返回值），依据本章 12.1 节的叙述，将它们分别构造为 3 个 Keil 格式汇编模块，即 BB125A. ASM 、BB125B. ASM 和 BB125C. ASM，再加入到工程 BB125. μv2 中，设计好电路，通过 Keil 汇编、连接定位后生成目标代码文件（如 HEX）。在 Keil 平台中操作运行按钮，则可看到与 P1 相接的数码管循环显示 51H、F5H，间隔 0.5s。Keil 格式汇编模块 BB125A. ASM 、BB125B. ASM 和 BB125C. ASM 编程列表如下。

```
;BB125A. ASM
extrn CODE(func)        ;A1 声明为外部函数
extrn CODE(delay05s)    ;A2 声明为外部函数
```

```
        ORG    0H
AA1:    MOV    R7,#09H      ;通过 R7 传参数 9
        LCALL  func         ;调用 func
```

```
        MOV     P1,R7       ;P1 口显示 51H
        LCALL   delay05s    ;延时 0.5s
        MOV     P1,R6       ;P1 口显示 F5H
        LCALL   delay05s
        SJMP    AA1
        END
```

;BB125B. ASM

```
?PR?func?BB125B SEGMENT CODE; B1 声明函数代码段
PUBLIC    func      ;B2 声明为公共符号
RSEG ?PR?func?BB125B ;B3 可重定位当前段
func:   MOV     A,R7
        MOV     B,A
        MUL     AB
        MOV     R7,A        ;返回 R7 中值 51H
        RET
        END
```

;BB125C. ASM

```
?PR?delay05s?BB125C SEGMENT CODE
                            ;C1 定义函数代码段
PUBLIC delay05s     ;C2 声明为公共符号
RSEG   ?PR?delay05s?BB125C ;C3 可重定位当前段
delay05s:
        MOV     R7,#0
A_A1:   MOV     R6,#0
A_A2:   NOP
        NOP
        NOP
        NOP
        NOP
        INC     R6
        CJNE    R6,#0F5H,A_A2
        INC     R7
        CJNE    R7,#0FFH,A_A1
        ET
        END
```

构造 Keil 格式模块时，要视情况挑选代码段、数据段、预留字节、EATRN、PUBLIC 等。

构造 Keil 格式模块 BB125A. ASM 时，加了 A1、A2 两行，原因是它所调用的 func、delay05s 分别在外部模块 BB125B. ASM、BB125C. ASM 中。此模块没有代码段，原因是该模块函数经汇编后已绝对定位（ORG 0H）。

构造 Keil 格式模块 BB125B. ASM 时，加了 B1、B3 两行，原因是此模块函数在汇编时要重定位；又加了 B2 行，原因是此模块函数要被外部模块调用，故要声明为外部符号。

构造 Keil 格式模块 BB125C. ASM 时，加了 C1、C3 两行，原因是此模块在汇编时要重定位；又加了 C2 行，原因是此模块函数要被外部模块调用，故要声明为外部符号。

各模块设计者应协调统一合理使用单片机各资源，安排好存储器（工作寄存器、RAM 等）。为防止互相冲突，必要时要加现场保护及现场恢复。本例联合运行片段如图 12-18 所示。

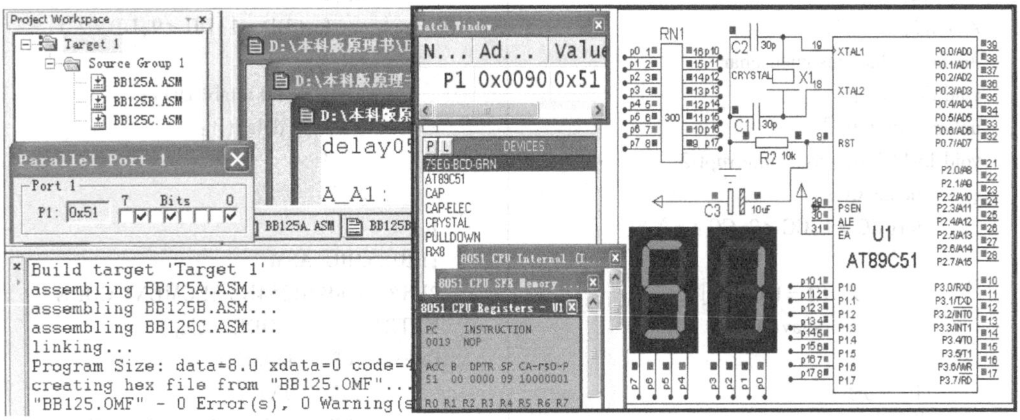

图 12-18　Keil、PROTEUS 的联合设计和仿真平台中汇编多模块编程运行片段

12.5.2 带中断混合编程实例

本例是有两个外中断的多模块、混合编程实例，即本书4.2.2节的“中断优先级实验装置”。外中断1优先，由与单片机P1口相接的LED数码管显示（显示1~8），表示在执行高优先级外中断1服务程序；由与单片机P2口相接的LED数码管显示（显示1~8），表示在执行外中断0服务程序；由与单片机P0口相接的LED数码管显示（显示1~8）表示在执行主程序。晶振频率为4MHz。

通过此例可了解多模块、混合编程中处理中断的方法。

本例在Keil（BB1252.μv2）、PROTEUS（BB1252.DSN）联合设计、仿真平台上进行，运行情况如图12-19所示。其中，电路设计在PROTEUS平台中进行。本例是C51模块嵌入汇编程序、C51模块调用C51模块、C51模块调用汇编模块的综合实例。特别要注意的是C51模块调用汇编模块中断服务函数及C51模块调用C51模块中断服务函数的方法。4个模块的编程列表如下。

```
//BB1252A.C
#include <reg51.h>
#include <intrins.h>
#define uchar unsigned char
void delay()
{
#pragma asm
      Push    07h
      Push    06h
      Mov     r7,#0ffh
zz:   mov     r6,#0ffh
      djnz    r6,$
      djnz    r7,zz
      pop     06h
      pop     07h
#pragma endasm
}
//BB1252C.C
#include <reg51.h>
#define uchar unsigned char
void delay();
uchar code tab[]
void Int1() reentrant interrupt 2
{     uchar CC;
      for(CC=1;CC<9;CC++)
         {
               P1=tab[CC];
               delay();
         }
      P1=0xff;
}
//BB1252D.C
#include <reg51.h>
#define uchar unsigned char
extern void delay();
extern uchar code tab[]={0xC0,0xF9
,0xA4,0xB0,0x99,0x92,0x82,0xF8,0x80
,0x90,0x88,0x83,0xC6,0xA1,0x86,0x8E};
void main(void)
{   uchar DD;
//SP=10;   //15/3/4+
P0=0xff;
    P2=0xff;
    P1=0xff;
    IT0=1;       //设置为下降沿触发
    IT1=1;
    EA=1;        //开总中断
    EX0=1;       //开外部中断
    EX1=1;
    PX1=1;
    while(1)
    {     for(DD=1;DD<9;DD++)
          {
               P0=tab[DD];
               delay();
          }
    }
}
;BB1252BG.ASM
?PR?_?Int0?B1354BZ SEGMENT CODE
EXTRN         CODE(delay)
CSEG    AT    00003H
        LJMP  INT0S
        RSEG  ?PR?_?Int0?B1354BZ
        USING    0
;*********************************
```

```
INT0S:  PUSH    ACC
        MOV     A,#0
LOOP:   INC     A
        PUSH    ACC
        ACALL   SEG7
        MOV     P2,A
        POP     ACC
        ACALL   DELAY
        CJNE    A,#8,LOOP
        POP     ACC
        MOV     P2,#0FFH
        RETI
SEG7:   INC     A
        MOVC    A,@A+PC
        RET
DB 0C0H,0F9H,0A4H,0B0H,99H,92H,82H,
0F8H,80H
;*********************************
     END
```

编译、汇编、连接定位通过后则生成统一的目标代码（.HEX）。安装好电路，将它下载到单片机中即可运行。图 12-19 所示为 Keil 、PROTEUS 联合设计、仿真片段。可通过操作 PROTEUS 电路图中的按钮观察中断过程及中断优先级状况。

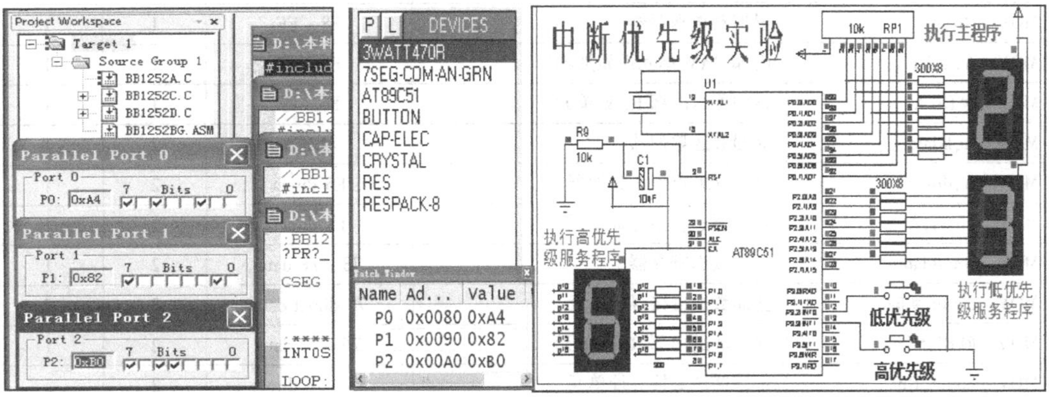

图 12-19　在 Keil、PROTEUS 联合设计、仿真平台中综合实例的仿真片段

附　　录

（一）AT89C 系列单片机指令表

附录表 1　AT89C 系列单片机指令表

指令格式	功能说明	代　码	指令字节	机器周期
数据传送类指令				
MOV　A,Rn	寄存器送累加器	E8 ~ EF	1	1
MOV　Rn,A	累加器送寄存器	F8 ~ FF	1	1
MOV　A,@Ri	内部 RAM 单元送累加器	E6 ~ E7	1	1
MOV　@Ri,A	累加器送内部 RAM 单元	F6 ~ F7	1	1
MOV　A,#data	立即数送累加器	74 data	2	1
MOV　A,direct	直接寻址单元送累加器	E5 direct	2	1
MOV　direct,A	累加器送直接寻址单元	F5 direct	2	1
MOV　Rn,#data	立即数送寄存器	78 ~ 7F data	2	1
MOV　direct,#data	立即数送直接寻址单元	75 direct data	3	2
MOV　@Ri,#data	立即数送内部 RAM 单元	76 ~ 77 data	2	1
MOV　direct,Rn	寄存器送直接寻址单元	88 ~ 8F direct	2	2
MOV　Rn,direct	直接寻址单元送寄存器	A8 ~ AF direct	2	2
MOV　direct,@Ri	内部 RAM 单元送直接寻址单元	86 ~ 87 direct	2	2
MOV　@Ri,direct	直接寻址单元送内部 RAM 单元	A6 ~ A7 direct	2	2
MOV　direct2,direct1	直接寻址单元送直接寻址单元	85 direct1 direct2	3	2
MOV　DPTR,#data16	16 位立即数送数据指针	90 data15 ~ 8 data7 ~ 0	3	2
MOVX　A,@Ri	外部 RAM 单元送累加器(8 位地址)	E2 ~ E3	1	2
MOVX　@Ri,A	累加器送外部 RAM 单元(8 位地址)	F2 ~ F3	1	2
MOVX　A,@DPTR	外部 RAM 单元送累加器(16 位地址)	E0	1	2
MOVX　@DPTR,A	累加器送外部 RAM 单元(16 位地址)	F0	1	2
MOVC　A,@A+DPTR	查表数据送累加器(DPTR 为基址)	93	1	2
MOVC　A,@A+PC	查表数据送累加器(PC 为基址)	83	1	2
XCH　A,Rn	累加器与寄存器交换	C8 ~ CF	1	1
XCH　A,@Ri	累加器与内部 RAM 单元交换	C6 ~ C7	1	1
XCH　A,direct	累加器与直接寻址单元交换	C5 direct	2	1
XCHD　A,@Ri	累加器与内部 RAM 单元低 4 位交换	D6 ~ D7	1	1
SWAP　A	累加器高 4 位与低 4 位交换	C4	1	1
POP　direct	栈顶弹出指令直接寻址单元	D0 direct	2	2
PUSH　direct	直接寻址单元压入栈顶	C0 direct	2	2

续表

指令格式	功能说明	代码	指令字节	机器周期
数据传送类指令				
ADD A,Rn	累加器加寄存器	28~2F	1	1
ADD A,@Ri	累加器加内部 RAM 单元	26~27	1	1
ADD A,direct	累加器加直接寻址单元	25 direct	2	1
ADD A,#data	累加器加立即数	24 data	2	1
ADDC A,Rn	累加器加寄存器和进位标志	38~3F	1	1
ADDC A,@Ri	累加器加内部 RAM 单元和进位标志	36~37	1	1
ADDC A,#data	累加器加立即数和进位标志	34 data	2	1
ADDC A,direct	累加器加直接寻址单元和进位标志	35 direct	2	1
INC A	累加器加 1	04	1	1
INC Rn	寄存器加 1	08~0F	1	1
INC direct	直接寻址单元加 1	05 direct	2	1
INC @Ri	内部 RAM 单元加 1	06~07	1	1
INC DPTR	数据指针加 1	A3	1	2
DA A	十进制调整	D4	1	1
SUBB A,Rn	累加器减寄存器和进位标志	98~9F	1	1
SUBB A,@Ri	累加器减内部 RAM 单元和进位标志	96~97	1	1
SUBB A,#data	累加器减立即数和进位标志	94 data	2	1
SUBB A,direct	累加器减直接寻址单元和进位标志	95 direct	2	1
DEC A	累加器减 1	14	1	1
DEC Rn	寄存器减 1	18~1F	1	1
DEC @Ri	内部 RAM 单元减 1	16~17	1	1
DEC direct	直接寻址单元减 1	15 direct	2	1
MUL AB	累加器乘寄存器 B	A4	1	4
DIV AB	累加器除以寄存器 B	84	1	4
逻辑运算类指令				
ANL A,Rn	累加器与寄存器	58~5F	1	1
ANL A,@Ri	累加器与内部 RAM 单元	56~57	1	1
ANL A,#data	累加器与立即数	54 data	2	1
ANL A,direct	累加器与直接寻址单元	55 direct	2	1
ANL direct,A	直接寻址单元与累加器	52 direct	2	1
ANL direct,#data	直接寻址单元与立即数	53 direct data	3	2
ORL A,Rn	累加器或寄存器	48~4F	1	1
ORL A,@Ri	累加器或内部 RAM 单元	46~47	1	1
ORL A,#data	累加器或立即数	44 data	2	1
ORL A,direct	累加器或直接寻址单元	45 direct	2	1
ORL direct,A	直接寻址单元或累加器	42 direct	2	1

续表

指令格式	功能说明	代　码	指令字节	机器周期
逻辑运算类指令				
ORL　direct,#data	直接寻址单元或立即数	43 direct data	3	2
XRL　A,Rn	累加器异或寄存器	68~6F	1	1
XRL　A,@Ri	累加器异或内部RAM单元	66~67	1	1
XRL　A,#data	累加器异或立即数	64 data	2	1
XRL　A,direct	累加器异或直接寻址单元	65 direct	2	1
XRL　direct,A	直接寻址单元异或累加器	62 direct	2	1
XRL　direct,#data	直接寻址单元异或立即数	63 direct data	3	2
RL　A	累加器左循环移位	23	1	1
RLC　A	累加器连进位标志左循环移位	33	1	1
RR　A	累加器右循环移位	03	1	1
RRC　A	累加器连进位标志右循环移位	13	1	1
CPL　A	累加器取反	F4	1	1
CLR　A	累加器清零	E4	1	1
控制转移类指令				
AJMP　Addr11	2KB范围内绝对转移	$a_{10}a_9a_8$00001 Addr7~0	2	2
ACALL　Addr11	2KB范围内绝对调用	$a_{10}a_9a_8$10001 Addr7~0	2	2
LCALL　Addr16	64KB范围内长调用	12Addr15~8 Addr7~0	3	2
LJMP　Addr16	64KB范围内长转移	02Addr15~8 Addr7~0	3	2
SJMP　rel	相对短转移	80　rel	2	2
JMP　@A+DPTR	相对长转移	73	1	2
RET	子程序返回	22	1	2
RET1	中断返回	32	1	2
JZ　rel	累加器为零转移	60 rel	2	2
JNZ　rel	累加器非零转移	70 rel	2	2
CJNE　A,#data,rel	累加器与立即数不等转移	B4 data rel	3	2
CJNE　A,direct,rel	累加器与直接寻址单元不等转移	B5 direct rel	3	2
CJNE　Rn,#data,rel	寄存器与立即数不等转移	B8~BF data rel	3	2
CJNE　@Ri,#data,rel	RAM单元与立即数不等转移	B6~B7 data rel	3	2
DJNZ　Rn,rel	寄存器减1不为零转移	D8~DF rel	2	2
DJNZ　direct,rel	直接寻址单元减1不为零转移	D5 direct rel	3	2
NOP	空操作	00	1	1
位操作类指令				
MOV　C,bit	直接寻址位送C	A2 bit	2	1
MOV　bit,C	C送直接寻址位	92 bit	2	1

续表

指令格式	功能说明	代　码	指令字节	机器周期
位　操　作　类　指　令				
CLR　C	C 清零	C3	1	1
CLR　bit	直接寻址位清零	C2 bit	2	1
CPL　C	C 取反	B3	1	1
CPL　bit	直接寻址位取反	B2 bit	2	1
SETB　C	C 置位	D3	1	1
SETB　bit	直接寻址位置位	D2 bit	2	1
ANL　C,bit	C 逻辑与直接寻址位	82 bit	2	2
ANL　C,/bit	C 逻辑与直接寻址位的反	B0 bit	2	2
ORL　C,bit	C 逻辑或直接寻址位	72 bit	2	2
ORL　C,/bit	C 逻辑或直接寻址位的反	A0 bit	2	2
JC　rel	C 为 1 转移	40 rel	2	2
JNC　rel	C 为零转移	50 rel	2	2
JB　bit,rel	直接寻址位为 1 转移	20 bit rel	3	2
JNB　bit,rel	直接寻址为 0 转移	30 bit rel	3	2
JBC　bit,rel	直接寻址位为 1 转移并清该位	10 bit rel	3	2

(二) BCD 码和 ASCII 码

1. BCD 码

BCD 码（Binary - Coded Decimal）是用二进制编码表示十进制码。这种编码方式的特点是保留了十进制的权，数字则用二进制数表示。其中最常用的是 8421BCD 码。

8421BCD 码就是用 4 位二进制数 0000H ~ 1001H 表示十进制 0 ~ 9 这 10 个数码。BCD 码与十进制数的对应关系如附录表 2 所示。

附录表 2　BCD 码与十进制数的对应关系

十进制数	BCD 码	十进制数	BCD 码
0	0000	5	0101
1	0001	6	0110
2	0010	7	0111
3	0011	8	1000
4	0100	9	1001

2. ASCII 码

ASCII：American National Standard Code for Information Interchange。

在计算机中除了处理数字信息外，还必须处理用字母和符号表示的信息。这些字母和符号，统称为字符，在计算机中字符按特定的规则用二进制编码表示。

ASCII 码是美国国家标准信息交换代码，是计算机中最通用的字符信息编码。ASCII 码通常是 7 位编码，第 8 位常作为奇偶校验位。7 位编码包括 26 个英文大小写字母，0 ~ 9 个十进制数码以及其他一些专用字符和控制字符等，共 128 种，如附录表 3 所示。

附录表 3　ASCII 码表

低位 LSD ＼ 高位 MSD		0	1	2	3	4	5	6	7
		000	001	010	011	100	101	110	111
0	0000	NUL	DLE	(SP，空格)	0	@	P	`	p
1	0001	SOH	DC1	!	1	A	Q	a	q
2	0010	STX	DC2	"	2	B	R	b	r
3	0011	ETX	DC3	#	3	C	S	c	s
4	0100	EOT	DC4	$	4	D	T	d	t
5	0101	ENQ	NAK	%	5	E	U	e	u
6	0110	ACK	SYN	&	6	F	V	f	v
7	0111	BEL	ETB	'	7	G	W	g	w
8	1000	BS	CAN	(	8	H	X	h	x
9	1001	HT	EM	)	9	I	Y	i	y
A	1010	LF	SUB	*	:	J	Z	j	z
B	1011	VT	ESC	+	;	K	[	k	{
C	1100	FF	FS	,	<	L	\\	l	|
D	1101	CR	GS	-	=	M	]	m	}
E	1110	SO	RS	.	>	N	Ω	n	~
F	1111	SI	US	/	?	O	_	o	DEL

参考文献

[1] 何立民. 单片机高级教程［M］. 北京：北京航空航天大学出版社，2000.

[2] 张靖武，周灵彬. 单片机原理、应用与 PROTEUS 仿真（第二版）. 北京：电子工业出版社，2011

[3] 张靖武，周灵彬. 单片机系统的 PROTEUS 设计与仿真［M］. 北京：电子工业出版社，2007

[4] 周灵彬，任开杰编著，张靖武审定. 基于 PROTEUS 的电路与 PCB 设计［M］. 北京：电子工业出版社，2010

[5] 徐爱钧，彭秀华. 单片机高级高级语言编程与 uVision2 应用实践［M］. 北京：电子工业出版社，2008

[6] 周灵彬，匡载华，张靖武. 基于 PROTEUS 的电子产品仿真设计［J］. 电子技术应用. 2010

[7] 张靖武，周灵彬. 高职仿真教学研究与实践［J］. 中国职业技术教育，2009

[8] 匡载华，邓小鹏. 电子类学科专业 PROTEUS 实验室建设［J］. 实验技术与管理，2009

[9] 周灵彬，张靖武. PROTEUS 单片机仿真教学与应用仿真［J］. 单片机与嵌入式系统应用，2008

[10] AT89C51 数据手册. Rev. 0265G－02/00

反侵权盗版声明